高职高专土建专业"互联网+"创新规划教

第三版

地基与基础

主　编◎肖明和　张成强　张　毅
副主编◎邓庆阳　张翠华　赵　娜
陈玉萍
参　编◎陈为国　赵树行　孙　勇
葛春兰　穆　兰　孟姗姗
赵继伟

北京大学出版社
PEKING UNIVERSITY PRESS

内 容 简 介

本书根据高职高专院校土建类专业的教学要求，按照国家颁布的有关新规范、新标准，并依据行业发展的新动态、新需求编写而成。

本书共分 11 章，主要内容包括绪论、土的物理性质及工程分类、地基土中的应力计算、地基的变形、土的抗剪强度与地基承载力、土压力与土坡稳定、建筑场地的工程地质勘察、浅基础设计、桩基础与其他深基础、基坑支护、地基处理等。本书结合高等职业教育的特点，立足基本理论的阐述，注意实践能力的培养，把“案例教学法”的思想贯穿于整个教材的编写过程中，旨在培养学生的地基与基础实践能力，具有“实用性、系统性、先进性”的特色。

本书可作为高职高专建筑工程技术、工程造价、工程监理及相关专业的教学用书，也可作为土建类工程技术人员的参考用书。

图书在版编目(CIP)数据

地基与基础/肖明和，张成强，张毅主编. —3 版. —北京：北京大学出版社，2021. 3
高职高专土建专业“互联网+ ”创新规划教材
ISBN 978 - 7 - 301 - 31983 - 3

Ⅰ. ①地…　Ⅱ. ①肖…②张…③张…　Ⅲ. ①地基—高等职业教育—教材②基础（工程）—高等职业教育—教材　Ⅳ. ①TU47

中国版本图书馆 CIP 数据核字(2021)第 021405 号

书　　名　地基与基础（第三版）
DIJI YU JICHU （DI - SAN BAN）
著作责任者　肖明和　张成强　张　毅　主　编
策 划 编 辑　杨星璐　刘健军
责 任 编 辑　曹圣洁　刘健军
数 字 编 辑　蒙俞材
标 准 书 号　ISBN 978 - 7 - 301 - 31983 - 3
出 版 发 行　北京大学出版社
地　　址　北京市海淀区成府路 205 号　100871
网　　址　http://www.pup.cn　新浪微博：@北京大学出版社
电 子 信 箱　pup_6@163.com
电　　话　邮购部 010 - 62752015　发行部 010 - 62750672　编辑部 010 - 62750667
印 刷 者　天津中印联印务有限公司
经 销 者　新华书店
787 毫米×1092 毫米　16 开本　19.5 印张　468 千字
2009 年 1 月第 1 版　2014 年 1 月第 2 版
2021 年 3 月第 3 版　2022 年 10 月第 2 次印刷（总第 15 次印刷）
定　　价　55.00 元

第三版

为适应21世纪高等职业教育发展需要，培养建筑行业具备地基与基础知识的专业技术与管理应用型人才，编者结合地基与基础现行规范编写了本书。本书第1版自2009年1月问世以来，受到了读者的一致好评。

本书根据高职高专院校土建类专业的人才培养目标、教学计划、地基与基础课程的教学特点和要求，并以《建筑地基基础设计规范》(GB 50007—2011)、《建筑抗震设计规范(2016年版)》(GB 50011—2010)、《建筑地基处理技术规范》(JGJ 79—2012)、《混凝土结构设计规范(2015年版)》(GB 50010—2010) 等为主要依据修订而成，全书理论联系实际，重点突出案例教学，多数章节设置了实际综合案例，以提高学生的应用能力，具有"实用性、系统性、先进性"的特色。

本书共分11章，具体内容及学习要求见下表。

章名	内容	学习要求
第1章	绪论	要求掌握地基与基础的概念、重要性及学习要求
第2章	土的物理性质及工程分类	要求熟练掌握土的物理指标的概念及换算方法，掌握土的工程分类方法
第3章	地基土中的应力计算	第3～5章是土力学的基本理论部分，也是本书的重点内容，要求学生掌握土中应力的分布规律及计算方法、两种地基沉降的计算方法，掌握土的抗剪强度定律、抗剪强度指标的测定方法，掌握地基承载力的确定方法
第4章	地基的变形	
第5章	土的抗剪强度与地基承载力	
第6章	土压力与土坡稳定	要求掌握各种情况下土压力的计算方法，掌握重力式挡土墙的设计及土坡的稳定分析方法
第7章	建筑场地的工程地质勘察	第7～11章是关于地基与基础的勘察与设计、基坑支护及地基处理的有关知识，要求学生能够熟练地阅读和应用建筑场地的工程地质勘察报告，掌握天然地基上浅基础设计的一般方法、基坑支护方法，以及各类软弱土地基处理的方法等
第8章	浅基础设计	
第9章	桩基础与其他深基础	
第10章	基坑支护	
第11章	地基处理	

本书由济南工程职业技术学院肖明和、张成强，山东城市建设职业学院张毅担任主编，阳泉职业技术学院邓庆阳，济南工程职业技术学院张翠华、赵娜，焦作大学陈玉萍担任副主编。参加编写的人员有济南工程职业技术学院陈为国、孟姗姗、赵继伟，山东省舜泰工程检测鉴定集团有限公司赵树行，开封大学孙勇，内蒙古机电职业学院葛春兰，石家庄铁路职业技术学院穆兰。本书建议采用 60～80 学时，部分章节可根据地区性差异进行取舍。

本书在编写过程中参考了国内外同类教材和相关资料，在此，对相关作者表示深深的谢意！并对为本书付出辛勤劳动的编辑同志们表示衷心的感谢！

由于编者水平有限，书中难免有不足之处，恳请读者批评指正。联系 E－mail：1159325168@qq. com。

编　者

2020 年 7 月

目录

第1章 绪论

学习目标

通过本章的学习，了解地基与基础在工程中的重要性、地基与基础工程的发展概况；熟悉本课程的内容和学习要求；熟练掌握地基与基础的概念、地基与基础设计的基本要求。

学习要求

能力目标	知识要点	相关知识	权重
掌握地基与基础的概念	地基的概念、人工地基、天然地基； 基础的概念、浅基础、深基础	土的概念、应力和变形、持力层、下卧层； 建筑物上部结构和下部结构、基础埋置深度	0.5
掌握地基与基础设计的基本要求	地基承载力要求和变形要求、基础结构本身的强度和刚度要求	基底压力、建筑物变形允许值、基底反力	0.2
熟悉本课程的内容和学习要求	本课程各章的主要内容及学习要求	工程地质学、土力学、建筑结构、建筑材料及建筑施工	0.3

第1章课件

引　例

加拿大特朗斯康谷仓，1913年秋完工，建筑长59.44m，宽23.47m，高31m，容积36368m^3，由65个钢筋混凝土圆柱形筒仓组成，基础采用钢筋混凝土筏板基础，厚61cm，埋置深度3.66m，谷仓自重200000t，相当于装满谷物后满载总质量的42.5%。建成当年10月第一次装谷子31822m^3，约1h后，谷仓下沉达30.5cm，但没有引起相关人员的重视，而是任其发展，结果24h内整座谷仓倾斜，西端下沉7.32m，东端抬高1.52m，仓身整体倾斜26°53′，如图1.1所示。由于谷仓整体刚度较大，地基破坏后，钢筋混凝土筒仓仍保持完整，无明显裂缝。事故发生后，经勘察发现，谷仓的场地位于冰川湖的盆地中，地基中存在冰河沉积的黏土层，厚12.2m，黏土层上面是更近代沉积层，厚3.0m，黏土层下面为固结良好的冰川下冰碛层，厚3.0m。谷仓加载后使基础底面上的平均压力达329.4kPa，超过了地基的极限承载力276.6kPa，因而造成地基强度破坏而整体失稳。事后为了修复谷仓，在基础下面设置了70多个混凝土墩，支承在16m深的基岩上，使用了388个500kN的千斤顶及支撑系统，逐渐将倾斜的谷仓纠正过来。经过纠倾处理后，谷仓从1916年起恢复使用，但修复后的谷仓位置比原来下降了4m。

图1.1　加拿大特朗斯康谷仓地基事故

地基、基础和上部结构是建筑物系统的三大组成部分。在地基、基础设计中，技术人员首先要选择一个适合上部结构的地基和基础。它应满足两个基本要求：一是能承受上部建筑荷载；二是不产生过大沉降及沉降差。从技术和经济的角度看，地质资料越可靠，就越可能获得更好的地基、基础设计方案。因此，掌握地质资料在建筑地基设计中是十分重要的。

1.1 地基与基础的概念

1.1.1 土的概念

土是自然界岩石经过物理、生物和化学风化等作用所形成的产物，是多种大小不同矿物颗粒的集合体。它是由固体土颗粒、水和空气三相物质组成的三相体系。土的最主要特点就是它的散粒性和多孔性，以及由于它的自然条件和地理环境的不同所形成的具有明显区域性的一些特殊性质。

1.1.2 地基的概念

当土层承受建筑物的荷载作用后，土层在一定范围内会改变其原有的应力状态，产生附加应力和变形，该附加应力和变形随着深度的增加向周围土层中扩散并逐渐减弱。我们将受建筑物影响在土层中产生附加应力和变形所不能忽略的那部分土层称为地基。

地基是有一定深度和范围的，当地基由两层及两层以上土层组成时，通常将直接与基础底面（以下简称基底）接触的土层称为持力层；在地基范围内持力层以下的土层称为下卧层（当下卧层的承载力低于持力层的承载力时，称为软弱下卧层），如图 1.2所示。

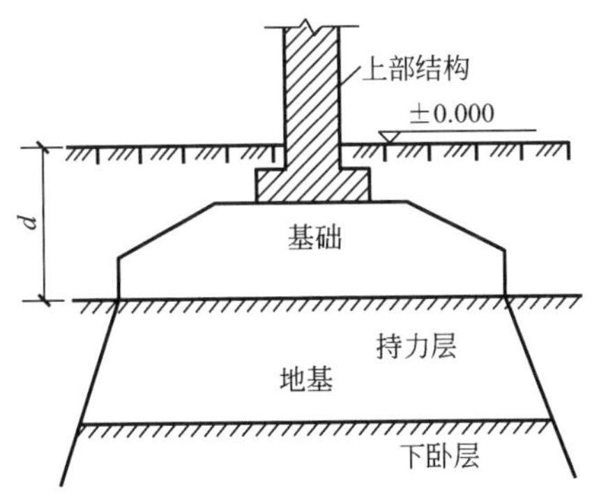

图 1.2　地基与基础示意

地基是有一定深度和范围的，只有土层中附加应力和变形所不能忽略的那部分土层才能称之为地基。

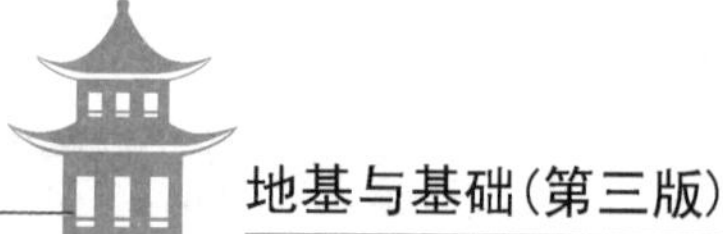

良好的地基应该具有较高的承载力和较低的压缩性。如果地基土较软弱，工程性质较差，需对其进行人工加固处理后才能作为建筑物地基的，称为人工地基；未经加固处理直接利用天然土层作为地基的，称为天然地基。由于人工地基施工周期长、造价高，基础工程的造价一般占建筑物总造价的10%～30%，因此建筑物应尽量建造在良好的天然地基上，以减少基础部分的工程造价。

天然地基不能计入工程总造价，人工地基可以将经过人工加固处理的部分计入工程总造价。

1.1.3 基础的概念

建筑物的下部通常要埋入土层一定深度，使之坐落在较好的土层上。我们将埋入土层一定深度的建筑物下部承重结构称为基础。基础位于建筑物上部结构和地基之间，承受上部结构传来的荷载，并将荷载传递给下部的地基，因此，基础起着上承和下传的作用，如图1.2所示。

基础都有一定的埋置深度 d（简称埋深），根据基础埋深的不同，可将基础分为浅基础和深基础。一般房屋的土质较好、埋深不大（$d \leqslant 5m$）、采用一般方法与设备施工的基础，称为浅基础，如独立基础、条形基础、筏板基础、箱形基础及壳体基础等；如果建筑物荷载较大或下部土层较软弱，需要埋置于较深处（$d > 5m$）的达标土层上，并需采用特殊的施工方法和机械设备施工的基础，称为深基础，如桩基础、沉井基础及地下连续墙基础等。

基础埋深是指室外设计地面至基底之间的距离。

1.1.4 地基与基础设计的基本要求

为了保证建筑物的安全和正常使用，地基与基础设计应满足以下基本要求。

① 地基承载力要求：应使地基具有足够的承载力（不小于基底压力），在荷载作用下地基不发生剪切破坏或失稳。

② 地基变形要求：不使地基产生过大的沉降和不均匀沉降（不大于建筑物的变形允许值），保证建筑物的正常使用。

③ 基础结构本身应具有足够的强度和刚度，在地基反力作用下不会发生强度破坏，并且具有改善地基沉降与不均匀沉降的能力。

1.2 地基与基础的重要性

基础是建筑物的主要组成部分，应具有足够的强度、刚度和耐久性，以保证建筑物的安全和使用年限，而且由于地基与基础位于地面以下，属隐蔽工程，它的勘察、设计和施工质量的好坏，会直接影响建筑物的安全，一旦发生质量事故，其补救和处理往往比上部结构困难得多，有时甚至是不可能的。

应用案例 1-1

苏州云岩寺塔，位于苏州市西北部的虎丘公园山顶，俗称虎丘塔，落成于北宋建隆二年（公元 961 年），全塔 7 层，塔高 47.7m，塔底直径 13.66m。塔平面呈八角形，由外壁、回廊及塔心 3 部分组成，塔身全部砖砌，外形完全模仿楼阁式木塔，每层都有 8 个壶门，拐角处的砖特制成圆弧形，十分美观。1961 年 3 月 4 日国务院将此塔列为全国重点文物保护单位。苏州云岩寺塔地基为人工地基，由大块石组成，人工块石填土层厚 1～2m，西南薄，东北厚；下部为粉质黏土，呈可塑至软塑状态，也是西南薄，东北厚；底部为风化岩石和基岩。由于地基土压缩层厚度、土质不均匀及砖砌体偏心受压等原因，造成塔身向东北方向严重倾斜，塔顶偏离中心线 2.34m，塔身东北面出现若干条垂直裂缝，而西南面塔身裂缝则呈水平方向。后来对该塔地基进行了加固处理，第一期加固处理是在塔身周围建造了一圈桩排式地下连续墙，第二期加固处理是采用注浆法和树根桩加固地基，基本控制了塔的继续沉降和倾斜。苏州云岩寺塔如图 1.3 所示。

图 1.3 苏州云岩寺塔

应用案例 1-2

意大利比萨斜塔，位于比萨城北部，是比萨大教堂的一座钟塔，在大教堂东南方向约 25m 处，是一座独立的建筑，周围空旷。比萨斜塔的建造经历了 3 个时期：第一个时期，于 1173 年 8 月 9 日动工至 1178 年，建至第 4 层、高度约 29m 时，因塔倾斜而停工；第二个时期，钟塔施工中断 94 年后，于 1272 年复工至 1278 年，建完第 7 层、高度约 48m 时，再次停工；第三个时期，经第二次施工中断 82 年后，于 1360 年再复工至 1372 年竣工，全塔共 8 层，高度为 55m。该塔地基土的土层分布从上至下依次为耕填土 1.6m、粉砂 5.4m、粉土 3.0m、黏土 15.5m、砂土 2.0m、黏土 12.5m、砂土 20.0m，地下水位深 1.6m，位于粉砂层。目前塔北侧沉降约 0.9m，南侧沉降约 2.7m，沉降差约 1.8m，塔倾斜约 3.99°，塔顶偏离中心线 3.5m 以上，约等于我国苏州云岩寺塔塔顶偏离中心线距离的 1.5 倍。该塔建成的 600 多年里，每年下沉约 1mm。由于钟塔的沉降在不断加大，为了游人的安全，该塔于 1990 年 1 月 14 日被封闭，并对塔身进行了加固，用压重法和取土法对地基进行了处理。目前，该塔已向游人开放。意大利比萨斜塔见图1.4。

图1.4 意大利比萨斜塔

【案例点评】

比萨斜塔倾斜的原因为：①钟塔基底位于第二层粉砂层中，由于施工不慎，南侧粉砂层局部外挤，造成基础偏心受压，使塔南侧地基中的附加应力大于北侧，导致钟塔向南倾斜；②钟塔基底压力高达500kPa，超过了持力层粉砂的地基承载力，地基产生塑性变形，使塔下沉，并且由于钟塔南侧的基底压力大于北侧，南侧地基的塑性变形必然大于北侧，使钟塔的倾斜加剧；③由于钟塔地基中的黏土层厚度达28m，处于地下水位以下，呈饱和状态，在长期重荷作用下，土体发生蠕变，也是钟塔继续缓慢倾斜的一个原因；④在钟塔建成后的历史进程中，由于比萨平原的深层抽水，促使地下水位下降（相当于在地面进行大面积加载），这是钟塔倾斜的重要原因。

应用案例1-3

墨西哥国家美术宫是一座巨型的具有纪念性的早期建筑，该美术宫落成于1934年，至今已有80余年的历史。该建筑所处地区的土层分布为：地表层为人工填土与砂夹卵石硬壳层，厚度5m；其下为超高压缩性淤泥，其天然孔隙比e高达7～12，天然含水率ω高达150%～600%，为世界罕见的软弱土，厚度达25m。在上部结构传来的荷载作用下，这座美术宫严重下沉，沉降量高达4m，邻近的公路下沉2m，致使公路路面至美术宫门前高差达2m，参观者需步下9级台阶，才能从公路进入美术宫。这是地基沉降最严重的典型实例。墨西哥国家美术宫如图1.5所示。

图1.5 墨西哥国家美术宫

应用案例1-4

日本新潟市公寓，在1964年6月16日发生的7.5级大地震中，当地大面积砂土地基产生了液化（地基土呈液态），致使地基丧失了承载力。据统计，此次地震共造成2890幢房屋受到不同程度的毁坏，新潟市3号公寓高层建筑为其中之一。地震后，3号公寓因地基土发生液化，被震沉并倾斜成约65°，无法使用，房屋的上部结构经检查仍完好，并未损坏。日本新潟市1964年震害状况如图1.6所示。

图1.6 日本新潟市1964年震害状况

以上工程案例足以说明地基与基础的重要性，因此，在对地基与基础进行设计时，一定要充分掌握地基土的工程性质，要从实际出发，做出多种方案进行比较，以免发生工程事故。

1.3 本课程内容与学习要求

地基与基础是一门理论性和实践性均较强的专业课，它涉及工程地质学、土力学、建筑结构、建筑材料及建筑施工等学科领域，所以内容广泛、综合性强，学习时应理论联系实际、抓住重点、掌握原理、搞清概念，从而学会设计、计算与工程应用。从建筑工程技术专业的要求出发，学习本课程时，应注意以下要求。

① 应该重视工程地质基本知识的学习，掌握土的物理性质指标，培养学生阅读和使用工程地质勘察资料的能力，能够在工程现场进行验槽。

② 要紧紧抓住土的应力、变形、强度这一核心问题，掌握土的自重应力和附加应力的计算、地基变形的计算及地基承载力的确定。

③ 应用已掌握的基本概念和原理并结合建筑结构理论和施工知识，熟练地进行浅基础和深基础的设计、挡土墙的设计、软弱土的地基处理及基坑支护设计等，从而提高学生分析和解决地基与基础中存在的工程问题的能力。

本书共分 11 章：第 1 章“绪论”，要求掌握地基与基础的概念、重要性及学习要求；第 2 章“土的物理性质及工程分类”是本课程的基本知识，要求熟练掌握土的物理指标的概念及换算方法，掌握土的分类方法；第 3 章“地基土中的应力计算”、第 4 章“地基的变形”、第 5 章“土的抗剪强度与地基承载力”是土力学的基本理论部分，也是本课程的重点内容，要求学生掌握地基土中应力的分布规律及计算方法、地基沉降的计算方法，掌握土的抗剪强度定律、抗剪强度指标的测定方法，掌握地基承载力的确定方法；第 6 章“土压力与土坡稳定”，要求掌握各种情况下土压力的计算方法，掌握重力式挡土墙的设计；第 7 章“建筑场地的工程地质勘察”至第 11 章“地基处理”，是关于地基与基础的勘察、设计、基坑支护及地基处理的有关知识，要求学生能够熟练地阅读和应用建筑场地的工程地质勘察报告，掌握天然地基上浅基础设计的一般方法、基坑支护方法，以及各类软弱土地基处理的方法等。

1.4 地基与基础工程的发展概况

地基与基础是土木工程领域的一个重要分支，是人类在长期的生产实践中发展起来的。它既是一项古老的工程技术，又是一门年轻的应用学科。早在几千年以前，人类的祖先就已在建筑活动中创造了自己的地基与基础工艺。例如，在我国西安半坡村新石器时代遗址的考古发掘中，就发现有土台和石础，这就是古代建筑的地基与基础形式；公元前2世纪修建的举世闻名的万里长城及后来修建的京杭大运河等，如果不处理好有关地基与基础的问题，怎么能够穿越各种地质条件的广阔地区，而被誉为亘古奇观；遍布各地的巍巍高塔，宏伟壮丽的宫殿、寺院等都必须有坚固的地基与基础，才能历经千百年多次强震、强风暴的考验而留存至今。

应用案例1-5

赵州桥，又名安济桥，坐落在石家庄东南40多千米赵县城南的洨河之上，当地俗称为大石桥，建于隋开皇十四年至大业二年（公元594—606年），由著名石匠李春修建，是世界上现存最早、保存最好的石拱桥，1991年被美国土木工程师学会选定为“国际土木工程历史古迹”，标志着赵州桥与巴黎埃菲尔铁塔、巴拿马运河、埃及金字塔等世界著名景观齐名。该桥是一座单孔弧形敞肩石拱桥，大桥通体用巨大花岗岩石块组成，由28道独立石拱纵向并列砌筑而成，全长64.4m，宽9m，净跨37.02m。赵州桥最大的科学贡献，就在于它的“敞肩拱”的创造，即在大拱的两肩，砌了4个并列的小孔，既增大了流水通道，节省石料，减轻桥身质量，又有利于减轻小拱对大拱的被动压力，增强了桥身的稳定性。而桥台则设置成既浅又小的普通矩形，厚度仅1.529m，由5层排石垒成，砌置于密实的粗砂层上，基底压力为500～600kPa，1400多年来沉降甚微（仅约几厘米），这就有力地保证了赵州桥在漫长的历史过程中，经受住无数次洪水的冲击，8次大地震的摇撼，以及车辆的重压，至今仍安然无恙。赵州桥如图1.7所示。

图1.7 赵州桥——世界最古老的敞肩石拱桥

大量的工程实践证明，我国古代劳动人民在长期的工程实践中，已经积累了有关地基与基础方面极其宝贵的知识和经验，但由于受到当时生产力水平的限制，还未能提炼成为系统的科学理论。

18世纪欧洲工业革命开始以后，随着资本主义工业化的发展，城市建设、水利、道路等的兴建推动了土力学的发展。1776年法国的库仑（Coulomb）根据试验创立了著名的土的抗剪公式，提出了计算挡土墙的土压力理论；1857年英国的朗肯（Rankine）通过不同假定，又提出了另一种计算挡土墙的土压力理论；1885年法国的布辛奈斯克（Boussinesq）求得了弹性半空间在竖向集中力作用下，应力和变形的理论解答等。这些古典的理论和方法，直到今天仍在广泛应用。到了20世纪20年代，太沙基（Terzaghi）在归纳并发展了前人研究成果的基础上，分别发表了《土力学》和《工程地质学》等专著，这些比较系统完整的科学著作的出现，带动了各国学者对本学科各方面进行研究和探索，并不断取得进展。1936 年，第一届国际土力学与基础工程会议在美国召开，至今已召开了十余次国际会议，提交了大量的论文、研究报告和技术资料。我国也从 1962 年开始定期召开全国性的土力学与基础工程学术研讨会，这标志着我国在土力学与基础工程领域的发展又迈入了一个新的阶段。

近年来，由于土木工程建设的发展和需要，特别是计算机的应用和试验测试技术的提高，地基与基础工程无论在设计理论方面，还是在施工技术方面，都取得了迅猛的发展。例如，在地基处理方面，出现了如强夯法、砂井堆载预压法和真空预压法、振冲法、深层搅拌法、高压喷射注浆法、加筋法及树根桩法等；在基础方面，出现了如补偿性基础、桩-箱基础、桩-筏基础、沉井基础及地下连续墙等。

本章小结

(1) 由于地基与基础属于隐蔽工程，其勘察、设计和施工质量的好坏，会直接影响建筑物的安全，一旦发生质量事故，其补救和处理往往比上部结构困难得多，有时甚至是不可能的，因此，必须重视地基与基础在整个建筑物中的地位。

(2) 由于地基与基础是一门理论性和实践性均较强的专业课，其内容广泛、综合性强，因此，要求学生应熟悉本课程各章节内容及掌握正确的学习方法，不断提高学生分析和解决地基与基础工程中存在的实际问题的能力。

(3) 熟练掌握地基的概念及分类：如果根据基础下部的土层来划分，可分为持力层和下卧层（软弱下卧层）；如果根据地基是否经过人工加固处理来划分，可分为人工地基和天然地基。

(4) 熟练掌握基础的概念及分类：根据基础埋深、采用的施工方法及施工机械来划分，可分为浅基础和深基础。

(5) 熟练掌握地基与基础设计的基本要求，即地基承载力要求、地基变形要求及基础结构本身的强度和刚度要求。

习　题

1. 什么是地基？什么是基础？它们各自的作用是什么？
2. 什么是持力层？什么是下卧层？
3. 什么是天然地基？什么是人工地基？
4. 什么是浅基础？什么是深基础？
5. 简述地基与基础设计的基本要求。
6. 简述与地基与基础有关的主要工程事故。

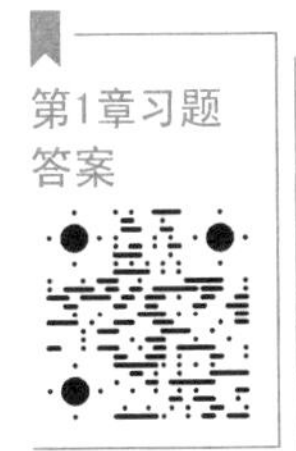

第2章 土的物理性质及工程分类

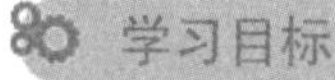

学习目标

第2章课件

通过本章的学习，了解土的形成过程，理解土的基本概念及其结构构造特点；理解土的三相组成，明确土是由固体颗粒、水和气体组成的三相体，掌握土的颗粒级配的分析方法；理解各种土物理性质指标的定义及表达式，能根据指标判别土的性状；理解土的三相比例指标的定义并掌握其计算方法，建立土的三相图，推导换算公式；了解表征土的状态指标，掌握如何利用这些指标对土的状态做出判断；掌握测定土的重度、相对密度、含水率的方法，掌握颗粒大小分析试验、击实试验原理。

学习要求

能力目标	知识要点	相关知识	权重
会通过颗粒大小分析试验绘出颗粒级配累积曲线，并会用颗粒级配累积曲线判别土的颗粒级配的优劣	土的组成与结构	土的固体颗粒； 土中的水和气体； 土的结构和构造	0.2
会测定土的物理性质和物理状态指标，并会进行有关指标的换算	土的物理性质指标； 土的物理状态指标	土的三相比例指标	0.3
能根据击实试验成果确定有关压实参数，并会进行填土压实质量的检查	土的压实原理	土体密实度的评价方法； 液、塑限含水率的测定方法和塑性指数、液性指数的概念及其作用； 黏性土的灵敏度和触变性； 黏性土击实性的影响因素； 填土压实的质量控制标准	0.3
能对土体分类、定名	地基土（岩）的工程分类	岩石、碎石、砂土、粉土、黏性土、特殊土的工程分类	0.2

引 例

香港宝城大厦建于中国香港的某一山坡上，1972 年雨季来临时，连续的大暴雨引起了山坡上残积土软化而滑动。7 月 18 日清晨 7 时左右，数万立方米残积土从山坡上下滑，巨大的冲击力正好通过一幢高层住宅——宝城大厦，顷刻之间，宝城大厦被冲毁倒塌。因楼间净距太小，宝城大厦倒塌时，砸毁相邻一幢大楼一角约 5 层住宅。当时宝城大厦居住着金城银行等银行界人士，由于人们都还在睡梦中，事故造成当场死亡 120 人，这起重大伤亡事故引起了国际上的极大震惊。香港宝城大厦滑坡如图 2.1 所示。

图 2.1 香港宝城大厦滑坡

【原因分析】 山坡上残积土本身强度较低，加之雨水入渗使其强度进一步降低，使得土体滑动力超过土的强度，于是山坡土体发生滑动。由此可见，掌握土的物理力学性质及正确评价土的工程特性具有重要作用。

2.1 概述

土是连续、坚固的岩石在风化作用下形成的大小悬殊的颗粒，经过不同的搬运方式，在各种自然环境中生成的沉积物。在漫长的地质年代中，由于各种内力和外力地质作用形成了许多类型的岩石和土。岩石历经风化、剥蚀、搬运、沉积生成土，而土历经压密固结、胶结硬化也可再生成岩石。

土的物质成分包括作为土骨架的固态矿物颗粒、孔隙中的水及其溶解物质、气体。自然界中土的性质是千变万化的，在工程实际中具有意义的是由固体颗粒（固相）、水（液相）和气体（气相）所组成的三相体系的比例关系、相互作用及在外力作用下所表现出来的一系列性质。土的物理性质是指三相的质量与体积之间的相互比例关系及固、液二相相互作用表现出来的性质。前者称为土的基本物理性质，主要研究土的密实程度和干湿状况；后者主要研究黏性土的可塑性、胀缩性及透水性等。各种土的颗粒大小和矿物成分差别很大，土的三相间的数量比例也不尽相同，而且土与其周围的水又发生了复杂的物理化学作用。所以，要研究土的性质就必须了解土的三相组成及在天然状态下土的结构和构造等特征。

土的三相组成、物质的性质与相对含量及土的结构构造等各种因素，必然在土的轻重、松密、干湿、软硬等一系列物理性质和状态上有不同的反映。土的物理性质又在一定程度上决定了它的力学性质，所以物理性质是土的最基本的工程特性。

土的工程分类是岩土工程学中重要的基础理论课题。对种类繁多、性质各异的土，按一定的原则进行分类，给出合适的名称，可以概略评价土的工程性质。

2.2 土的生成

地球表面的整体岩石在大气中经过漫长的历史年代，受到风、霜、雨、雪的侵蚀和生物活动的破坏作用——风化作用，崩解破碎而形成的大小不同、形状不一的松散颗粒堆积物，在建筑工程中称之为土。

由于气温变化，岩石胀缩开裂，或者岩石在运动过程中因碰撞和摩擦而破碎，崩解为碎块的作用属于物理风化，这种风化作用只改变颗粒的大小与形状，不改变矿物成分，形成土颗粒较大的原生矿物。由于水溶液、大气等因素影响，岩石的矿物成分不断溶解、水化、氧化、碳酸盐化引起岩石破碎的作用属于化学风化，这种风化作用使岩石的矿物成分发生改变，土颗粒变细，产生次生矿物。动植物的生长使岩石破碎的作用属于生物风化，这种风化作用具有物理风化和化学风化的双重作用。

风化后残留在原地的土称为残积土，它主要分布在岩石暴露地面受到强烈风化的山区和丘陵地带。如果风化的土受到各种自然力（如重力、雨雪水流、山洪急流、河流、风力和冰川等）的作用，搬运到陆地低洼地区或在海底沉积下来，在漫长的地质年代里，沉积的土层逐渐加厚，在自重作用下逐渐压密，这样形成的土称为沉积土。陆地上大部分平原地区的土都属于沉积土。

工程上遇到的大多数土是在距今较近的新生代第四纪地质年代（土的生成年代划分见表 2-1）沉积生成的，因此称为第四纪沉积物。由于其沉积的历史不长，尚未胶结岩化，通常是松散软弱的多孔体，因此与岩石的性质有较大的差别。第四纪沉积物根据不同的成因条件可分为如下几类：残积土、坡积土、洪积土、冲积土及风积土等，见表 2-2。

表 2-1 土的生成年代划分

纪	世		距今年代/万年
第四纪 Q	全新世 Qh		2.5
	更新世	晚更新世 QP_3	13
		中更新世 QP_2	50
		早更新世 QP_1	100

表 2-2 第四纪沉积物

名称	成因	特征与分布	工程特征
残积土	岩石风化所形成的碎屑，残留在原地堆积而成	土颗粒粗细不均，多棱角且无分选性，无层理，矿物成分与下伏母岩相同	厚度变化大，作为建筑物地基时，应注意不均匀沉降
坡积土	风化产物在重力、雨雪水流等作用下，沿斜坡移动，沉积在坡面和坡脚堆积而成	自坡面至坡脚，土颗粒由粗到细，表现出轻微的分选性，矿物成分与下伏母岩无关；厚度变化大，薄者仅数厘米，厚者可达数十米	常沿下伏岩层斜面滑动，土颗粒粗细变化大，土质不均，其强度及压缩性差异也较大，为不良地基土
洪积土	由山洪暴雨和大量融雪形成的暂时性洪水，把大量残积土和坡积土剥蚀、搬运到山谷或山麓平原沿途堆积而成	呈扇形分布，土颗粒从近到远由粗变细，表现出一定的分选性；因搬运距离不远，颗粒磨圆度较差；土中常有不规则交替层理构造，并具有夹层、尖灭或透镜体等；山洪不规则周期性暴发所形成的堆积物各不相同	一般离山前较近的强度较高，是较好地基；离山前较远地段，洪积物颗粒较细、成分均匀、厚度大，也可作为较好地基；在过渡地段，常为宽广的沼泽，是不良地基
冲积土	河流流水的作用将两岸岩石及上覆残积土、坡积土、洪积土剥蚀后搬运、沉积在河流坡降平缓地带堆积而成	具有明显的层理构造和分选性，加上水中长距离搬运时的碰撞和摩擦，冲积土中的粗颗粒有较好的磨圆度；河流上游土颗粒较粗，下游土颗粒较细	在河流上游修建水工建筑物时，应考虑渗透和渗透变形问题；对于河流下游的建筑物，应考虑沉降和稳定等问题
风积土	风力搬运堆积而成	我国西北地区广泛分布的黄土是一种典型的风积土，其主要特征是组成黄土的颗粒十分均匀，以粉粒为主，没有层理，有肉眼可以分辨的大孔隙，垂直裂隙发育，能形成直立的陡壁	黄土在干燥条件下有较高的承载力和较小的变形，但遇水后会产生湿陷，变形显著增大，因此在黄土地区修建水工建筑物应当谨慎

2.3 土的组成与结构构造

土的主要特征

土是由固体颗粒、水和气体组成的三相分散体系。

2.3.1 土的固体颗粒

土的固体颗粒称为土粒，它是由大小不等、形状不同的矿物颗粒或岩石碎屑按照各种不同的排列方式组合在一起的，构成土的骨架，是土中最稳定、变化最小的成分。土粒的大小和形状、矿物成分及其组成情况是决定土的物理力学性质的重要因素。不同大小的土粒的组合，也就是各种不同粒径的颗粒在土中的相对含量，称为土的颗粒组成；各种土粒的矿物种类及其相对含量称为土的矿物组成。土的颗粒组成与矿物组成是决定土的物理力学性质的物质基础。

1. 土的颗粒级配

在自然界中存在的土，都是由大小不同的土粒组成的。当土粒的粒径由小到大逐渐变化时，土的性质也相应地发生变化，例如土的性质随着粒径的变小可由无黏性变化到有黏性。为了研究各种大小土粒的相对含量及其与土的工程地质性质的关系，一般将工程地质性质相似的土粒归并成组，按其粒径的大小分为若干组别，称为粒组；各个粒组随着分界尺寸的不同而呈现出一定质的变化，划分粒组的分界尺寸称为界限粒径。目前土的粒组划分方法并不完全一致，表 2-3 提供的是一种常用的土粒粒组的划分方法，表中根据界限粒径 200mm、60mm、2mm、0.075mm 和 0.005mm 把土粒分为六大粒组：漂石（块石）颗粒、卵石（碎石）颗粒、圆砾（角砾）颗粒、砂粒、粉粒及黏粒。

表 2-3　土粒粒组划分

粒组名称		粒径范围/mm	一般特征
漂石（块石）颗粒		>200	透水性很大；无黏性；无毛细水
卵石（碎石）颗粒		60～200	
圆砾（角砾）颗粒	粗	20～60	透水性大；无黏性；毛细水上升高度不超过粒径大小
	中	5～20	
	细	2～5	
砂　粒	粗	0.5～2	易透水，当混入云母等杂质时透水性减小，而压缩性增大；无黏性，遇水不膨胀，干燥时松散；毛细水上升高度不大，随粒径变小而增大
	中	0.25～0.5	
	细	0.1～0.25	
	极细	0.075～0.1	
粉　粒	粗	0.01～0.075	透水性小，湿时稍有黏性，遇水膨胀小，干时稍有收缩；毛细水上升高度较大、较快，极易出现冻胀现象
	细	0.005～0.01	
黏　粒		≤0.005	透水性很小，湿时有黏性、可塑性，遇水膨胀大，干时收缩显著；毛细水上升高度大，但速度较慢

工程上常以土中各个粒组的相对含量（即各粒组占土粒总重的百分数）表示土粒的组成情况，称为土的颗粒级配。土的颗粒级配直接影响土的性质，如土的密实度、土的透水性、土的强度、土的压缩性等。

土的颗粒级配是通过土的颗粒大小分析试验测定的。实验室常用的有筛分法和沉降分析法（比重计法或移液管法）。对于粒径大于 0.075mm 的粗粒组可用筛分法测定。试验时将风干、分散的代表性土样通过一套孔径不同的标准筛，充分筛选，将留在各级筛上的土粒分别称重，然后计算小于某粒径的土粒含量。粒径小于 0.075mm 的粉粒和黏粒难以筛分，一般可以根据土粒在水中匀速下沉时的速度与粒径的平方之比来判别，粗颗粒下沉速度快，细颗粒下沉速度慢。用比重计法或移液管法根据下沉速度就可以将颗粒按粒径大小分组测得颗粒级配。实际上，土粒并不是球体颗粒，因此用理论公式求得的粒径并不是实际的土粒尺寸，而是与实际土粒在液体中有相同沉降速度的理想球体的直径（称为水力直径）。

根据颗粒大小分析试验成果，可以绘制如图 2.2 所示的颗粒级配累积曲线。图中 C_u 为不均匀系数，d_{10}、d_{60} 分别为土中小于此粒径土的质量占总土质量的 10%和 60%。

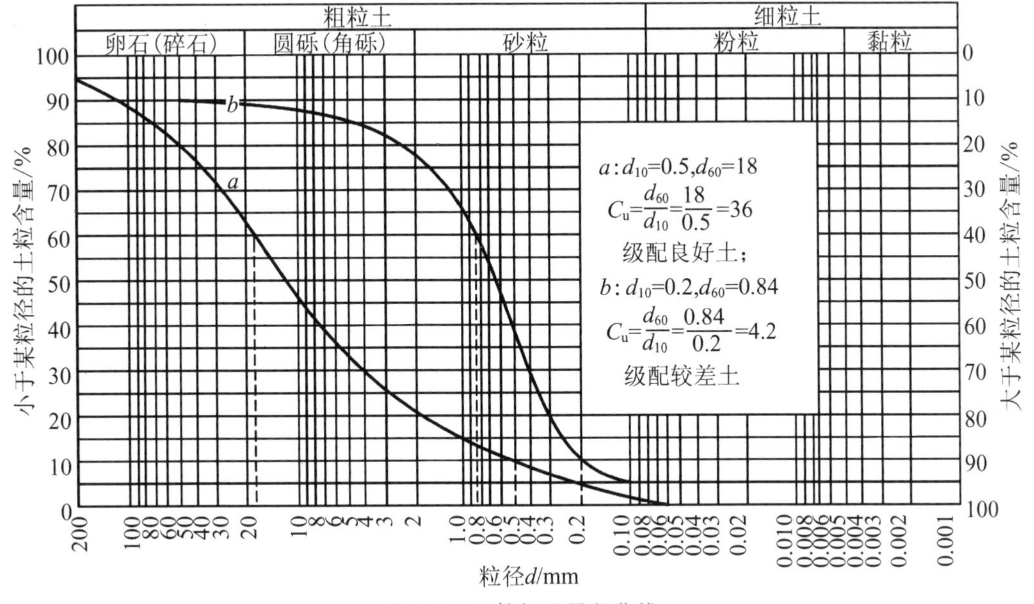

图 2.2 颗粒级配累积曲线

工程中常用颗粒级配累积曲线直接了解土的级配情况。曲线的横坐标表示粒径（因为土粒粒径相差常在百倍、千倍以上，所以宜采用对数坐标表示），单位为 mm；纵坐标则表示小于（或大于）某粒径的土粒含量（或称累积百分含量）。从曲线中可直接求得各粒组的颗粒含量及粒径分布的均匀程度，进而估测土的工程性质。由曲线的坡度可以大致判断土的均匀程度。如果曲线较陡，则表示粒径范围较小，土粒较均匀，即级配较差；反之，则表示粒径大小相差悬殊，土粒不均匀，即级配良好。

为了定量地反映土的级配特征，工程中常用以下两个级配指标来评价土的级配优劣，即粒径分布的均匀程度，由不均匀系数 C_u 表示；土的颗粒级配累积曲线的形状，尤其是确定其是否连续，可用曲率系数 C_c 反映。

2. 土粒的矿物成分

土粒的矿物成分主要取决于母岩的成分及其所经受的化学风化作用。不同的矿物成分对土的性质有着不同的影响，其中细粒组的矿物成分尤为重要。

漂石、卵石、圆砾等粗大土粒都是岩石的碎屑，它们的矿物成分与母岩相同。

砂粒大部分是母岩中的单矿物颗粒，如石英、长石和云母等。其中石英的抗化学风化能力强，在砂粒中尤为多见。

粉粒的矿物成分多样，主要是石英和 $MgCO_3$、$CaCO_3$ 等难溶盐的颗粒。

黏粒的矿物成分主要有黏土矿物、氧化物、氢氧化物和各种难溶盐类（如 $CaCO_3$），它们都是次生矿物。由于黏土矿物是很细小的扁平颗粒，颗粒表面具有很强的与水相互作用的能力，表面积越大，这种能力就越强。

除黏土矿物外，黏粒组中还包括氢氧化物和腐殖质等胶态物质，如水合氧化铁。它在土层中分布很广，是地壳表层的含铁矿物质分解的最后产物，使土呈现红色或褐色。土中胶态腐殖质的颗粒更小，能吸附大量水分子（亲水性强）。土中胶态腐殖质的存在使土具有高塑性、膨胀性和黏性，这对工程建设是不利的。

2.3.2 土中水

在自然条件下，土中总是含水的。土中水可以处于液态、固态或气态 3 种形态。土中细粒越多，即土的分散度越大，水对土的性质的影响也越大。研究土中水，必须考虑到水的存在状态及其与土粒的相互作用。

存在于土粒矿物的晶体骨架内部或是参与矿物构造的水称为矿物内部结合水，它只有在比较高的温度（80～680℃，随土粒的矿物成分不同而异）下才能转化为气态水而与土粒分离。从土的工程性质上分析，可以把矿物内部结合水当作矿物颗粒的一部分。

水对无黏性土的工程地质性质影响较小，但黏性土中水是控制其工程地质性质的重要因素，如黏性土的可塑性、压缩性及抗剪性等，都直接或间接地与其含水率有关。

存在于土中的液态水可分为结合水和自由水两大类，如图 2.3 所示。

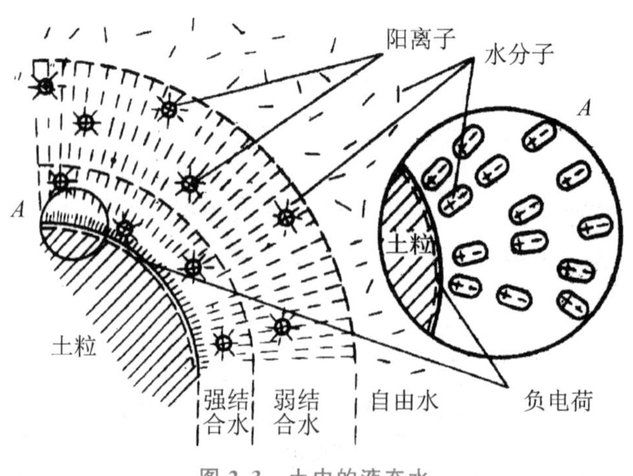

图 2.3　土中的液态水

1. 结合水

在电场作用力范围内，水中的阳离子和极性分子被吸引在土粒周围，距离土粒越近，作用力越大；距离越远，作用力越小，直至不受电场力作用。通常称这一部分水为结合水。其特点是包围在土粒四周，不传递静水压力，不能任意流动。由于土粒的电场有一定的作用范围，因此结合水有一定的厚度。

(1) 强结合水

强结合水是指紧靠土粒表面的结合水。它的特征是没有溶解盐类的能力，不能传递静水压力，只有在吸热变成蒸汽时才能移动。这种水极其牢固地结合在土粒表面上，其性质接近于固体，密度约为 1.2～2.4g/cm^3，冰点为－78℃，具有极大的黏滞度、弹性和抗剪强度。如果将干燥的土移到天然湿度的空气中，则土的质量将增加，直到土中吸着的强结合水达到最大吸着度为止。土粒越细，土的比表面越大，则最大吸着度越大。

(2) 弱结合水

弱结合水是指紧靠于强结合水的外围形成的一层结合水膜。它仍然不能传递静水压力，但水膜较厚的弱结合水能向邻近的较薄的水膜缓慢转移。当土中含有较多的弱结合水时，土则具有一定的可塑性。砂土比表面较小，几乎不具可塑性，而黏性土的比表面较大，其可塑性范围就大。

弱结合水离土粒表面越远，其受到的电分子吸引力越弱小，并逐渐过渡到自由水。

2. 自由水

自由水是存在于土粒表面电场影响范围以外的水。它的性质和普通水一样，能传递静水压力，冰点为 0℃，有溶解能力。自由水按其移动所受作用力的不同，可以分为重力水和毛细水。

(1) 重力水

重力水是在重力或压力差作用下运动的自由水，它是存在于地下水位以下的透水土层中的地下水，对土粒有浮力作用。重力水对土中的应力状态和开挖基槽、基坑及修筑地下构筑物时所应采取的排水、防水措施有重要的影响。

(2) 毛细水

毛细水是受到水与空气交界面处表面张力作用的自由水。它存在于地下水位以上的透水层中。毛细水按其与地下水是否联系，可分为毛细悬挂水（与地下水无直接联系）和毛细上升水（与地下水相连）两种。当土孔隙中局部存在毛细水时，毛细水的弯液面和土粒接触处的表面引力反作用于土粒，使土粒由于这种毛细压力而挤紧，土因而具有微弱的黏聚力，称为毛细黏聚力。

特别提示

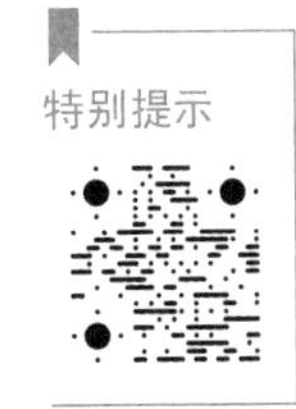

2.3.3 土中气体

土中气体存在于土孔隙中未被水所占据的部位。在粗粒的沉积物中常存在与大气相连通的空气，它对土的力学性质影响不大。在细粒土中则常存在与大气隔绝的封闭气泡，使土在外力作用下的弹性变形增加，透水性减小。对于淤泥和泥炭等有机质土，由于微生物(厌氧细菌）的分解作用，在土中蓄积了某种可燃气体（如硫化氢、甲烷），使土层在自重作用下长期得不到压密，而形成高压缩性土层。

2.3.4 土的结构与构造

1. 土的结构

土的结构是指由土粒单元的大小、形状，土粒间的相互排列、联结关系等因素形成的综合特征，一般分为单粒结构、蜂窝结构和絮状结构3种基本类型。

单粒结构是由粗大土粒在水或空气中下沉而形成的，如图2.4所示。全部由砂粒及更粗土粒组成的土都具有单粒结构。因其颗粒较大，土粒间的分子吸引力相对很小，所以颗粒间几乎没有联结，至于未充满孔隙的水分只可能使其具有微弱的毛细水联结。单粒结构可以是疏松的，也可以是紧密的。

图2.4 单粒结构

呈紧密状单粒结构的土，由于其土粒排列紧密，在动、静荷载作用下都不会产生较大的沉降，所以强度较大，压缩性较小，是较为良好的天然地基。具有疏松单粒结构的土，其骨架是不稳定的，当受到振动及其他外力作用时，土粒易于发生移动，土中孔隙剧烈减少，引起土的很大变形，因此，这种土层如未经处理一般不宜作为建筑物的地基。

蜂窝结构是主要由粉粒组成的土的结构，如图2.5所示。粒径在0.005～0.05mm的土粒在水中沉积时，基本上是以单个土粒下沉的，当碰上已沉积的土粒时，由于它们之间的相互引力大于其重力，因此土粒会停留在最初的接触点上不再下沉，而形成具有很大孔隙的蜂窝结构。

絮状结构是由黏粒集合体组成的结构形式，如图2.6所示。黏粒能够在水中长期悬浮，不会因自重而下沉。当这些悬浮在水中的黏粒被带到电解质浓度较大的环境（如海水）中时，黏粒凝聚成絮状的集粒（黏粒集合体）而下沉，并相继和已沉积的絮状集粒接触，形成类似蜂窝而孔隙很大的絮状结构。

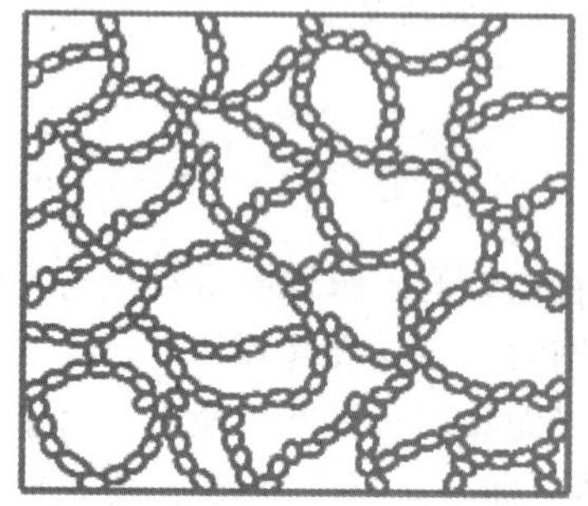

图2.5 细砂和粉土的蜂窝结构

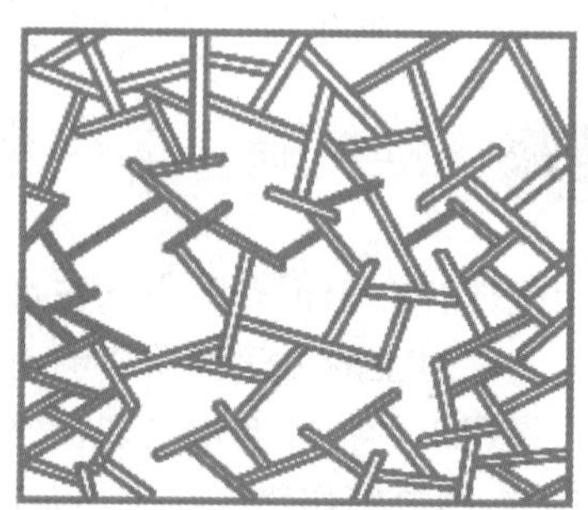

图2.6 黏性土的絮状结构

2. 土的构造

具有蜂窝结构和絮状结构的黏性土，其土粒之间的联结强度（结构强度），往往存在在同一土层中的物质成分和颗粒大小等都相近的各部分之间的相互关系，这种特征称为土的构造。土的构造的最主要特征就是成层性，即层理构造，它是在土的形成过程中，由于不同阶段沉积的物质成分、颗粒大小或颜色不同，而沿竖向呈现的成层特征。常见的有水平层理构造和交错层理构造。土的构造的另一特征是土的裂隙性，如黄土的柱状裂隙，裂隙的存在大大降低了土体的强度和稳定性，增大了透水性，对工程不利。从土力学的角度，高承载力的土（或低压缩性土）常常嵌入低承载力土体内，反之亦然。这些层状土会引起如下问题：① 由软弱层而引起的长期沉降；② 在水平方向上层状土体厚度变化引起的不均匀沉降；③ 基础开挖引起沿软弱层的滑坡。因此，为了更好地设计地基基础，应对现场软弱层进行仔细调查。

土的构造的另一特征是土的非均质性。土属非均质材料，在各个方向上的变形和强度都有差异性。土的非均质特性不仅由沉积条件变化引起，也受到应力历史的影响。土的粒径和形状变化很大，大多的土呈尖棱状，这是由沉积条件变化引起的。而土中由纵深方向发展的裂缝，则与土的应力历史有关。在土体研究中，应重视局部的非均质性，如高压缩性的透镜体，它们嵌于土体内，常会导致建筑物的非均匀沉降。在土体的宏观结构中，层理、断层、透镜体和深部裂隙等的存在都很危险，因为它们的存在会导致土的高压缩性、低强度和高沉降差。

2.4 土的物理性质指标

自然界中的土体结构组成十分复杂，为了分析问题方便，常将其看成是三相体，简化成一般的物理模型进行分析。表示土的三相组成部分的质量、体积之间的比例关系指标，称为土的三相比例指标。这些指标随着土体所处条件的变化而改变，如地下水位升高或降低，土中水的含量也相应增大或减小；密实的土，其气相和液相占据的孔隙体积少。这些变化都可以通过相应指标的数值反映出来。

土的三相比例指标是土的物理性质的反映，但也与土的力学性质有内在联系。显然，固相成分的比例越高，土的压缩性越小，抗剪强度越大，承载力越高。

2.4.1 土的三相图

为了便于说明和计算，用图 2.7 所示的土的三相图来表示各部分之间的数量关系。

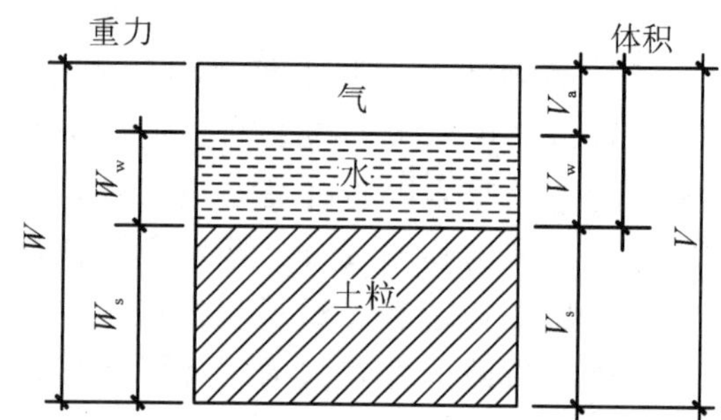

W_s—土粒重力；W_w—土中水的重力；W—土的总重力，$W=W_s+W_w$；
V_s—土粒体积；V_w—土中水体积；V_a—土中气体积；
V_v—土中孔隙体积，$V_v=V_w+V_a$；V—土的总体积，$V=V_s+V_v=V_s+V_w+V_a$

图 2.7　土的三相图

2.4.2　三个基本物理性质指标

1. 土的重度 γ

天然状态下，土单位体积的重力，称为土的重度，即

$$\gamma=\frac{W}{V}=\frac{mg}{V} \tag{2-1}$$

式中　W——土的重力，$W=mg$，其中 m 是质量；

g——重力加速度，$g=9.8\text{m/s}^2$，实用计算时取 $g=10\text{m/s}^2$。

土的重度取决于土粒的重力，孔隙体积的大小和孔隙中水的重力综合反映了土的组成和结构特征。对具有一定成分的土而言，结构越疏松，孔隙体积越大，重度值将越小。当土的结构不发生变化时，则重度随孔隙中含水率的增加而增大。

天然状态下土的重度变化范围较大，一般黏性土 γ 取值范围为 18～20kN/m^3；砂土 γ 取值范围为 16～20kN/m^3；腐殖土 γ 取值范围为 15～17kN/m^3。

土的重度一般用环刀法测定，用一圆环刀（刀刃向下）放在削平的原状土样面上，徐徐削去环刀外围的土，边削边压，使保持天然状态的土样压满环刀内，称得环刀内土样质量，求得其重力与环刀容积之比值，即为其重度。

2. 土的含水率 ω

土中水的重力与土粒重力之比，称为土的含水率，以百分数表示，即

$$\omega=\frac{W_w}{W_s}\times100\%=\frac{m_w}{m_s}\times100\% \tag{2-2}$$

含水率 ω 是标志土的干湿程度的一个重要物理指标。天然状态下土层的含水率称为天然含水率，其变化范围很大，它与土的种类、埋藏条件及其所处的自然地理环境等有关。一般干的粗砂土，其值接近于零，而饱和砂土可达 40%；坚硬的黏性土的含水率可小于 30%，而饱和状态的软黏性土（如淤泥）则可达 60%或更大。一般来说，同一类土，当其含水率增大时，其强度会降低。

土的含水率一般用烘干法测定。先称小块原状土样的湿土质量，然后将土样置于烘箱

内维持100～105℃烘至恒重，再称干土质量，湿、干土质量之差与干土质量的比值，就是土的含水率。

3. 土粒相对密度 d_s

土粒重力与4℃时同体积的水的重力之比，称为土粒相对密度（无量纲），即

$$d_s=\frac{W_s}{V_s}\cdot\frac{1}{\gamma_w} \tag{2-3}$$

式中 γ_w——纯水在4℃时的重度（单位体积的重力），即 $\gamma_w=9.8\text{kN/m}^3$，实际上近似取 $\gamma_w=10\text{kN/m}^3$。

土粒相对密度决定于土的矿物成分，它的数值一般为2.6～2.8，有机质土为2.4～2.5，泥炭土为1.5～1.8。同一种类的土，其相对密度变化幅度很小。

土粒相对密度在实验室内用比重瓶测定。将置于比重瓶内的土样在105～110℃下烘干后冷却至室温并用精密天平测其重力，用排水法测得土粒体积，并求得同体积4℃纯水的重度，土粒重力与土粒体积及4℃纯水重度的比值就是土粒相对密度。由于相对密度变化的幅度不大，通常可按经验数值选用。

2.4.3 六个其他物理性质指标

1. 土的干重度 γ_d

土单位体积中固体颗粒部分的重力，称为土的干重度，即

$$\gamma_d=\frac{W_s}{V} \tag{2-4}$$

在工程上常把干重度作为评定土体紧密程度的标准，以控制填土工程的施工质量。

2. 土的饱和重度 γ_{sat}

土孔隙中充满水时，单位体积的重力，称为土的饱和重度，即

$$\gamma_{sat}=\frac{W_s+V_v\gamma_w}{V} \tag{2-5}$$

3. 土的有效重度 γ'

在地下水位以下，土体中土粒的重力扣除浮力后，即为单位体积中土的有效重力，即

$$\gamma'=\frac{W_s-V_s\gamma_w}{V} \tag{2-6}$$

处于水下的土受到水的浮力作用，使土的重力减轻，土受到的浮力等于同体积的水重 $V_s\gamma_w$。

4. 土的孔隙比 e 和孔隙率 n

土中孔隙体积与土粒的体积之比称为土的孔隙比，用小数表示，即

$$e=\frac{V_v}{V_s} \tag{2-7}$$

土在天然状态下的孔隙比称为天然孔隙比，它是一个重要的物理性质指标，可以用来评价天然土层的密实程度。一般 $e<0.6$ 的土是密实的低压缩性土，$e>1.0$ 的土是疏松的高压缩性土。

土中孔隙所占体积与总体积之比称为土的孔隙率，用百分数表示，即

$$n=\frac{V_v}{V}\times 100\% \tag{2-8}$$

土的孔隙率亦用来反映土的密实程度，一般粗粒土的孔隙率比细粒土的小，黏性土的孔隙率为30%～60%，无黏性土为25%～45%。

土的孔隙比和孔隙率都是用来表示孔隙体积的含量的指标。同一种土，孔隙比和孔隙率不同，土的密实程度也不同。它们随土在形成过程中所受到的压力、颗粒级配和颗粒排列的不同而有很大差异。一般来说，粗粒土的孔隙率小，细粒土的孔隙率大。

5. 土的饱和度S_r

土中被水充满的孔隙体积与孔隙总体积之比，称为土的饱和度，用百分数表示，即

$$S_r=\frac{V_w}{V_v}\times 100\% \tag{2-9}$$

土的饱和度反映土中孔隙被水充满的程度。当土处于完全干燥状态时，$S_r=0$；当土处于完全饱和状态时，$S_r=100\%$。砂土根据饱和度S_r的指标值分为稍湿、很湿与饱和3种湿度状态，其划分标准见表2-4。

表2-4　砂土的湿度状态

砂土湿度状态	稍湿	很湿	饱和
饱和度S_r/%	$S_r\leqslant 50$	$50<S_r\leqslant 80$	$S_r>80$

2.4.4 指标换算

土的三相比例指标中，土粒相对密度d_s、土的含水率ω和土的重度γ 3个指标是通过试验测定的。在测定这3个基本指标后，可以导得其余各个指标。

常用图2.8所示土的三相物理指标换算图进行各指标间关系的推导。这里令$V_s=1$，则

$$V=1+e$$

$$W_s=V_s d_s \gamma_w=d_s\gamma_w \qquad W_w=\omega W_s=\omega d_s\gamma_w \qquad W=W_s+W_w=d_s(1+\omega)\gamma_w$$

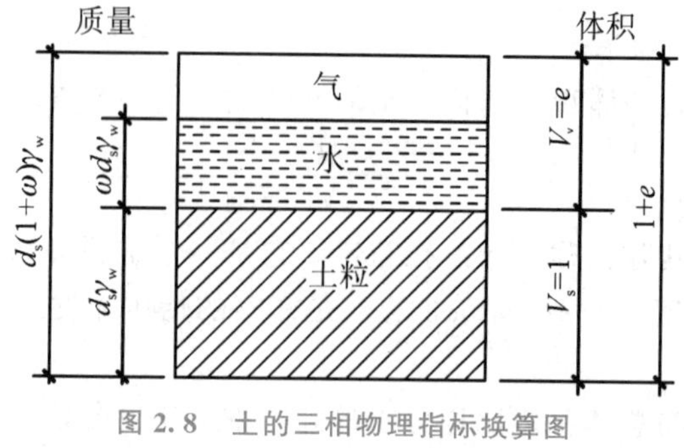

图2.8　土的三相物理指标换算图

根据图 2.8，可由指标定义得换算公式(表 2-5)。

表 2-5 常用三相比例指标之间的换算公式

名称	符号	三相比例表达式	常用换算公式	单位	常见的数值范围
土粒相对密度	d_s	$d_s=\frac{W_s}{V_s}\cdot\frac{1}{\gamma_w}$	$d_s=\frac{S_r e}{\omega}$	—	黏性土：2.72～2.76 粉　土：2.70～2.71 砂　土：2.65～2.69
含水率	ω	$\omega=\frac{W_w}{W_s}\times100\%$	$\omega=\frac{S_r e}{d_s}\times100\%$； $\omega=\left(\frac{\gamma}{\gamma_d}-1\right)\times100\%$	%	20%～60%
重度	γ	$\gamma=\frac{W}{V}$	$\gamma=\frac{d_s(1+\omega)}{1+e}\gamma_w$； $\gamma=\frac{d_s+S_r e}{1+e}$	kN/m³	16～20kN/m³
干重度	γ_d	$\gamma_d=\frac{W_s}{V}$	$\gamma_d=\frac{d_s}{1+e}\gamma_w$；$\gamma_d=\frac{\gamma}{1+\omega}$	kN/m³	13～18kN/m³
饱和重度	γ_{sat}	$\gamma_{sat}=\frac{W_s+V_v\gamma_w}{V}$	$\gamma_{sat}=\frac{d_s+e}{1+e}\gamma_w$	kN/m³	18～23kN/m³
有效重度	γ'	$\gamma'=\frac{W_s-V_v\gamma_w}{V}$	$\gamma'=\frac{d_s-1}{1+e}\gamma_w$	kN/m³	8～13kN/m³
孔隙比	e	$e=\frac{V_v}{V_s}$	$e=\frac{d_s\gamma_w}{\gamma_d}-1$； $e=\frac{d_s(1+\omega)\gamma_w}{\gamma}-1$	—	黏性土和粉土： 0.40～1.20 砂　土：0.30～0.90
孔隙率	n	$n=\frac{V_v}{V}\times100\%$	$n=\frac{e}{1+e}$；$n=1-\frac{\gamma_d}{d_s\gamma_w}$	%	黏性土和粉土： 30%～60% 砂土：25%～45%
饱和度	S_r	$S_r=\frac{V_w}{V_v}\times100\%$	$S_r=\frac{\omega d_s}{e}$；$S_r=\frac{\omega\gamma_d}{n\gamma_w}$	%	0～100%

应用案例 2-1

某一原状土样，经试验测得的基本指标值如下：重度 $\gamma=16.7\text{kN/m}^3$，含水率 $\omega=12.9\%$，土粒相对密度 $d_s=2.67$。试求该原状土样的孔隙比 e、孔隙率 n、饱和度 S_r、干重度 γ_d、饱和重度 γ_{sat} 及有效重度 γ'。

解：$e=\frac{d_s(1+\omega)\gamma_w}{\gamma}-1=\frac{2.67\times(1+0.129)\times10}{16.7}-1\approx0.805$

$$n=\frac{e}{1+e}=\frac{0.805}{1+0.805}\approx44.6\%$$

$$S_r=\frac{\omega d_s}{e}=\frac{0.129\times2.67}{0.805}\approx42.8\%$$

$$\gamma_d=\frac{\gamma}{1+\omega}=\frac{16.7}{1+0.129}\approx 14.8\ (\text{kN/m}^3)$$

$$\gamma_{sat}=\frac{(d_s+e)\gamma_w}{1+e}=\frac{(2.67+0.805)\times 10}{1+0.805}\approx 19.3\ (\text{kN/m}^3)$$

$$\gamma'=\gamma_{sat}-\gamma_w=19.3-10=9.3\ (\text{kN/m}^3)$$

应用案例 2-2

某饱和土体积为97cm³，土的重力为1.98N，土烘干后重力为1.64N，求该饱和土的含水率ω、孔隙比e和土粒相对密度d_s。

解：$$\omega=\frac{W-W_s}{W_s}\times 100\%=\frac{1.98-1.64}{1.64}\times 100\%\approx 20.7\%$$

$$\gamma=\frac{W}{V}=\frac{1.98\times 10^{-3}}{97\times 10^{-6}}\approx 20.4\ (\text{kN/m}^3)$$

$$V_w=\frac{W-W_s}{\gamma_w}=\frac{(1.98-1.64)\times 10^{-3}}{10}=3.4\times 10^{-5}\ (\text{m}^3)=34\text{cm}^3$$

$$e=\frac{V_w}{V-V_w}=\frac{34}{97-34}\approx 0.539$$

$$\gamma_d=\frac{\gamma}{1+\omega}=\frac{20.4}{1+0.207}\approx 16.9\ (\text{kN/m}^3)$$

$$d_s=\frac{(1+e)\gamma_d}{\gamma_w}=\frac{(1+0.539)\times 16.9}{10}\approx 2.6\ (\text{kN/m}^3)$$

2.5 无黏性土的密实度

无黏性土一般是指具有单粒结构的碎石土和砂土，土粒之间无黏结力，呈松散状态。无黏性土的密实度是指碎石土和砂土的疏密程度，其与工程性质有着密切的关系。密实的无黏性土由于压缩性小，抗剪强度高，承载力大，可作为建筑物的良好地基。但如果处于疏松状态，尤其是细砂和粉砂，那么其承载力就有可能很低。这是因为疏松的单粒结构是不稳定的，在外力作用下很容易产生变形，且强度也低，很难作天然地基。如果位于地下水位以下，那么在动荷载作用下还有可能由于超静水压力的产生而发生液化。因此，当工程中遇到无黏性土时，首先要注意的就是它的密实度。

同一种无黏性土，当其孔隙比小于某一限度时，处于密实状态，随着孔隙比的增大，则处于中密、稍密直到松散状态。无黏性土的这种特性是由其具有的单粒结构决定的。

2.5.1 碎石土的密实度

碎石土的颗粒较粗，试验时不易取得原状土样，《建筑地基基础设计规范》(GB

50007—2011）（以下简称《规范》）根据重型圆锥动力触探锤击数 $N_{63.5}$ 将碎石土的密实度划分为松散、稍密、中密和密实（表 2-6），也可根据野外鉴别方法确定其密实度（表 2-7）。

表 2-6 碎石土的密实度

重型圆锥动力触探锤击数 $N_{63.5}$	密实度	重型圆锥动力触探锤击数 $N_{63.5}$	密实度
$N_{63.5} \leqslant 5$	松散	$10 < N_{63.5} \leqslant 20$	中密
$5 < N_{63.5} \leqslant 10$	稍密	$N_{63.5} > 20$	密实

1. 表 2-6 适用于平均粒径小于或等于 50mm 且最大粒径不超过 100mm 的卵石、碎石、圆砾、角砾。对于平均粒径大于 50mm 或最大粒径大于 100mm 的碎石，可按表 2-7 鉴别其密实度。

2. 表内 $N_{63.5}$ 为经综合修正后的平均值。

表 2-7 碎石土的密实度野外鉴别方法

密实度	骨架颗粒含量和排列	可挖性	可钻性
密实	骨架颗粒含量大于总重的 70%，呈交错排列，连续接触	锹镐挖掘困难，用撬棍方能松动，井壁一般稳定	钻进极困难，冲击钻探时，钻杆、吊锤跳动剧烈，孔壁较稳定
中密	骨架颗粒含量等于总重的 60%～70%，呈交错排列，大部分接触	锹镐可挖掘，井壁有掉块现象，从井壁取出大颗粒处能保持颗粒凹面形状	钻进较困难，冲击钻探时，钻杆、吊锤跳动不剧烈，孔壁有坍塌现象
稍密	骨架颗粒含量等于总重的 55%～60%，排列混乱，大部分不接触	锹镐可挖掘，井壁易坍塌，从井壁取出大颗粒后，砂土立即塌落	钻进较容易，冲击钻探时，钻杆稍有跳动，孔壁易坍塌
松散	骨架颗粒含量小于总重的 55%，排列十分混乱，绝大部分不接触	锹镐易挖掘，井壁极易坍塌	钻进很容易，冲击钻探时，钻杆无跳动，孔壁极易坍塌

骨架颗粒是指表 2-6【特别提示】第 1 条相对应粒径的颗粒。

碎石土的密实度应按表列各项要求综合确定。

2.5.2 砂土的密实度

砂土的疏密程度通常采用相对密实度来判别，即以最大孔隙比 e_{max} 与天然孔隙比 e 之差和最大孔隙比 e_{max} 与最小孔隙比 e_{min} 之差的比值 D_r 表示，即

$$D_r=\frac{e_{max}-e}{e_{max}-e_{min}} \tag{2-10}$$

式中 e——砂土在天然状态下的孔隙比；

e_{max}——砂土在最松散状态下的孔隙比，即最大孔隙比，一般用松砂器法测定；

e_{min}——砂土在最密实状态下的孔隙比，即最小孔隙比，一般采用振击法测定。

从式(2-10) 可知，若无黏性土的天然孔隙比 e 接近于 e_{min}，即当相对密实度 D_r 接近于 1 时，土呈密实状态；当 e 接近于 e_{max}时，即相对密实度 D_r 接近于 0，则呈松散状态。

根据 D_r 值可把砂土的密实度状态划分为下列 3 种。

① 密实：$1\geqslant D_r>0.67$。

② 中密：$0.67\geqslant D_r>0.33$。

③ 松散：$0.33\geqslant D_r>0$。

对于不同的无黏性土，其 e_{min} 与 e_{max} 的测定值也是不同的，e_{min} 与 e_{max} 之差（即孔隙比可能变化的范围）也是不一样的。一般土粒粒径较均匀的无黏性土，其 e_{max} 与 e_{min} 之差较小；土粒粒径不均匀的无黏性土，其差值较大。

相对密实度是无黏性粗粒土密实度的指标，它对于土作为土工构筑物和地基的稳定性，特别是在抗震稳定性方面具有重要的意义。

对于砂土，也可用天然孔隙比 e 来评定其密实度。但是矿物成分、颗粒级配、粒度成分等各种因素对砂土的密实度都有影响，并且在具体的工程中难于取得砂土原状土样，因此，利用标准贯入试验、静力触探等原位测试方法来评价砂土的密实度得到了工程技术人员的广泛采用。砂土的密实度根据标准贯入试验的锤击数 N 分为松散、稍密、中密及密实 4 种（表 2-8）。

表 2-8 砂土的密实度

标准贯入试验的锤击数 N	密实度	标准贯入试验的锤击数 N	密实度
$N\leqslant 10$	松散	$15<N\leqslant 30$	中密
$10<N\leqslant 15$	稍密	$N>30$	密实

2.6 黏性土的物理状态指标

土的物理状态指标一般指的是黏性土的液限、塑限（由实验室测得）及由这两个指标

计算得来的液性指数和塑性指数，这几个指标也是工程中必须提供的。对于饱和黏性土，还有灵敏度和触变性。

2.6.1 黏性土的界限含水率

黏性土由于其含水率的不同，而分别处于固态、半固态、可塑状态及流动状态。可塑状态就是当黏性土在某含水率范围内时，可用外力塑成任何形状而不发生裂纹，并当外力移去后仍能保持既得的形状，土的这种性能叫作可塑性。黏性土由一种状态转到另一种状态的分界含水率，叫作界限含水率，它对黏性土的分类及工程性质的评价有重要意义。

如图 2.9 所示，土由可塑状态转到流动状态的界限含水率称为液限（也称塑性上限含水率或流限），用符号 ω_L 表示；土由半固态转到可塑状态的界限含水率称为塑限（也称塑性下限含水率），用符号 ω_P 表示；土由半固态经过不断蒸发水分，体积逐渐缩小，直到体积不再缩小时的界限含水率称为缩限，用符号 ω_S 表示。它们都以百分数表示。

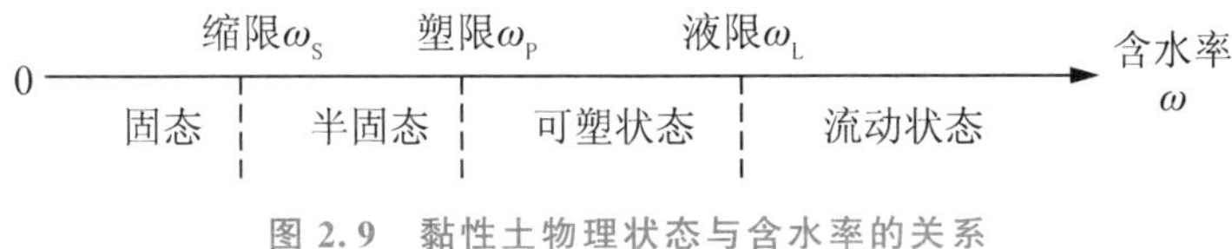

图 2.9 黏性土物理状态与含水率的关系

2.6.2 黏性土的塑性指数和液性指数

塑性指数是指黏性土液限和塑限的差值（省去%符号），即土处在可塑状态的含水率变化范围，用符号 I_P 表示，即

$$I_P=\omega_L-\omega_P \tag{2-11}$$

显然，塑性指数越大，土处于可塑状态的含水率范围也越大。塑性指数的大小与土中结合水的可能含量有关，土中结合水的含量与土的颗粒组成、土粒的矿物成分及土中水的离子成分和浓度等因素有关。由于塑性指数在一定程度上综合反映了影响黏性土特征的各种重要因素，因此，在工程上常按塑性指数对黏性土进行分类。

《规范》规定，黏性土按塑性指数 I_P 值可划分为黏土、粉质黏土，即 $I_P>17$ 为黏土，$10<I_P\leqslant 17$ 为粉质黏土。

液性指数是指黏性土的天然含水率和塑限的差值与塑性指数之比，用符号 I_L 表示，即

$$I_L=\frac{\omega-\omega_P}{\omega_L-\omega_P}=\frac{\omega-\omega_P}{I_P} \tag{2-12}$$

从式中可见，当土的天然含水率 $\omega<\omega_P$ 时，$I_L<0$，天然土处于坚硬状态；当 $\omega>\omega_L$ 时，$I_L>1$，天然土处于流动状态；当 ω 在 ω_P 与 ω_L 之间，即 I_L 在 0～1 之间时，则天然土处于可塑状态。

因此可以利用液性指数 I_L 来表示黏性土所处的软硬状态。I_L 值越大，土质越软；反之，土质越硬。《规范》规定，黏性土根据液性指数值划分为坚硬、硬塑、可塑、软塑及流塑 5 种状态，如表 2-9 所示。

表 2-9　黏性土的状态

液性指数 I_L	$I_L \leqslant 0$	$0 < I_L \leqslant 0.25$	$0.25 < I_L \leqslant 0.75$	$0.75 < I_L \leqslant 1$	$I_L > 1$
状态	坚硬	硬塑	可塑	软塑	流塑

应用案例 2-3

已知一黏性土天然含水率 $\omega = 40.8\%$，液限 $\omega_L = 38.5\%$，塑限 $\omega_P = 18.6\%$，给该黏性土定名并确定其状态。

解：塑性指数 $I_P = \omega_L - \omega_P = 38.5 - 18.6 = 19.9$

因为 $19.9 > 17$，所以该黏性土为黏土。

液性指数 $I_L = \dfrac{\omega - \omega_P}{\omega_L - \omega_P} = \dfrac{0.408 - 0.186}{0.385 - 0.186} \approx 1.12 > 1$

因此土的物理状态为流塑。

2.6.3　黏性土的灵敏度和触变性

天然状态下的黏性土通常都具有一定的结构性，当受到外来因素的扰动时，土粒间的胶结物质及土粒、离子、水分子所组成的平衡体系受到破坏，土的强度降低，压缩性增大。土的结构性对强度的这种影响一般用灵敏度来衡量。土的灵敏度是以原状土的强度与同一土经重塑（指在含水率不变条件下使土的结构彻底破坏）后的强度之比来表示的。

重塑试样具有与原状试样相同的尺寸、密度和含水率，测定强度的常用方法有无侧限抗压强度试验和十字板抗剪强度试验，对于饱和黏性土的灵敏度 S_t，可按下式计算。

$$S_t = q_u / q'_u \tag{2-13}$$

式中　q_u——原状试样的无侧限抗压强度，kPa；

q'_u——重塑试样的无侧限抗压强度，kPa。

根据灵敏度可将饱和黏性土分为低灵敏（$1 < S_t \leqslant 2$）、中灵敏（$2 < S_t \leqslant 4$）和高灵敏（$S_t > 4$）3 类。土的灵敏度越高，其结构性越强，受扰动后土的强度降低就越多。所以在基础施工中应注意保护基槽，尽量减少土结构的扰动。饱和黏性土的结构受到扰动，导致强度降低，但当扰动停止后，土的强度又随时间而逐渐增长，这是由于土粒、离子和水分子体系随时间而逐渐趋于新的平衡状态。黏性土的这种抗剪强度随时间恢复的胶体化学性质称为土的触变性。例如在黏性土中打桩时，桩侧土的结构受到破坏而强度降低，但停止打桩以后，土的强度渐渐恢复，桩的承载力逐渐增加，这也是受土触变性影响的结果。

2.7 土的渗透性

引 例

九江大堤1998年8月7日13:10发生管涌险情，20min后，在堤外迎水面出现两处渗水口。又过20min，防水墙后的土堤突然塌陷出一个洞，5m宽的堤顶随即全部塌陷，并很快形成宽约62m的溃口（图2.10）。造成溃口的原因为堤基管涌。管涌是土的渗透变形的主要形式之一，本节将就土的渗透问题进行简单介绍。

图2.10 九江大堤决口

土的骨架是由土粒组成的，土粒之间是连通的孔隙。当饱和土中的两点存在能量差（水头差或压力差）时，自由水可以在水头差作用下从能量高的点向能量低的点在孔隙通道中流动，这就是土中水的渗流。非饱和土中也存在着孔隙水和孔隙气体的渗流。土的这种让水等液体通过的性质叫土的渗透性。计算基坑涌水量、水库与渠道的渗漏量，评价土体的渗透变形，分析饱和黏性土在建筑荷载作用下地基变形与时间的关系（渗透固结）等都与土的渗透性有密切关系。流经土体的水流会对土粒和土体施加作用力，引起土粒或土体的移动，从而造成土体产生渗透变形，如地面沉降、流土、管涌等现象，影响地基的稳定与安全，它是地基发生破坏的重要原因之一。

2.7.1 土的渗透规律

水在砂土中流动为层流，法国工程师达西（Darcy）于1856年对均匀砂进行了大量的渗透试验，得出了在层流条件下（渗流十分缓慢，相邻两个水分子运动的轨迹相互平行而不混掺），土中水渗透速度与能量（水头）损失之间的渗透规律，即达西定律。该定律认为，土中水渗透速度与土样两端的水头差成正比，而与渗径长度（是水流动路径而非水平距离）成反比，且与土的透水性质有关。

2.7.2 影响土的渗透性的因素

土的渗透性受很多因素影响，不同类型的土，其影响因素及影响程度各不相同。影响土的渗透性的主要因素有如下几方面。

① 颗粒级配。颗粒级配对土的渗透性影响最大，尤其在由粗大土粒组成的土中表现更为明显。一般情况下，土粒越细或粗大颗粒间含细颗粒越多，土的渗透性越弱；相反，则土的渗透性越强。

② 矿物成分。不同类型的矿物对土的渗透性的影响是不同的。原生矿物成分的不同，决定着土中孔隙的形态，致使透水性有明显差异。黏土矿物的成分不同，形成结合水膜的厚度不同，所以由不同黏土矿物组成的土，其渗透性也是不同的。一般情况下，随土中亲水性强的黏土矿物增多，渗透性降低。

③ 土的密实度。对同一种土来说，土越密实，土中孔隙越小，土的渗透性也就越低。故土的渗透性随土的密实程度增加而降低。

④ 土的结构构造。土体通常是各向异性的，土的渗透性也常表现出各向异性的特征。如黄土具有垂直节理，因而铅直方向的渗透性比水平方向强；海相沉积物有水平微细夹层，因而水平方向的渗透性要比铅直方向强；具有网状裂隙的黏土，其渗透性可能接近于砂土的渗透性。

⑤ 水溶液成分与浓度。一般情况下，黏性土的渗透性随着溶液中阳离子价数和水溶液浓度的增加而增大。

2.7.3 土的渗透变形（渗透破坏）

由于渗透水流对土骨架的渗透力的作用，土粒间可以发生相对运动甚至整体运动，从而造成土体及建造在其上的建筑物失稳而出现变形或破坏，这种变形或破坏通常称为土的渗透变形（或称渗透破坏）。

土的渗透变形类型主要有流砂（土）、管涌、接触流土和接触冲刷 4 种；但就单一土层来说，渗透变形主要有流砂（土）和管涌两种基本形式。

1. 流砂（土）

在向上的渗透水流作用下，表层土局部范围内的土体或土粒群同时发生悬浮、移动的现象称为流砂（土）。任何类型的土，只要水力坡降达到一定大小，都会发生流砂（土）破坏。

2. 管涌

在渗透水流作用下，土中的细颗粒在粗颗粒形成的孔隙中移动甚至流失，同时随着土的孔隙不断扩大，渗透流速不断增加，较粗的颗粒也相继被水流带走，最终导致土体内形成贯通的渗流管道，造成土体塌陷，这种现象称为管涌。可见，管涌一般有一个发展过程，是一种渐进性质的破坏。在基坑开挖与支护工程中，很多事故都与土中水的渗流及渗透破坏有关，因而事前进行正确的渗透计算与分析，采用各种措施控制渗透，避免渗透破坏，发生问题立即采取正确的处理方法是岩土工程中的重要课题。另外，土中水的渗流也会引起土坡的抗滑稳定问题。

图 2.11 所示的美国 Teton 坝溃决的事故即为渗透破坏的典型例子。其事故过程记录如下：1976 年 6 月 5 日上午 10:30 左右，下游坝面有水渗出并带出泥土；11:00 洞口不断扩大并向坝顶靠近，泥水流量增加；11:30 洞口继续扩大，泥水冲蚀了坝基，主洞的上方又出现一个渗水洞，流出的泥水开始冲击坝址处的设施；11:57 坝坡坍塌，泥水狂泻而下。本次事故造成直接损失 8000 万美元，死亡 14 人，受灾 2.5 万人，4000 万 m^2 土地及 32km 铁路被冲毁。

(a) Teton坝1975年建成

(b) Teton坝1976年溃决

(c) Teton坝溃决过程

图 2.11 美国 Teton 坝溃决事故

2.8 土的压实原理

土的击实性是指土在反复冲击荷载作用下能被压密的特性。击实土是最简单易行的土质改良方法，常用于填土压实。通过研究土的最优含水率和最大干重度，可提高击实效果。最优含水率和最大干重度采用现场或室内击实试验测定。在工程建设中，为了提高填土的强度，增加土的密实度，降低其透水性和压缩性，通常用分层压实的办法来处理地基。

实践经验表明，对过湿的土进行夯实或碾压就会出现软弹现象（俗称“橡皮土”），此时土的密实度是不会增大的。对很干的土进行夯实或碾压，显然也不能把土充分压实。所以，要使土的压实效果最好，其含水率一定要适当。在一定的压实能量下使土最容易压实，并能达到最大密实度的含水率，称为土的最优含水率（或称最佳含水率），用 ω_{op} 表示。相对应的干重度叫作最大干重度，以 $\gamma_{d,max}$ 表示。

知识链接

土的最优含水率可在实验室内进行击实试验测得。试验时，将同一种土配制成若干份不同含水率的试样，用同样的压实能量分别对每一试样进行击实后，测定各试样击实后的含水率 ω 和干重度 γ_d，从而绘制含水率与干重度关系曲线（压实曲线）。从压实曲线中可以看出，当含水率较低时，随着含水率的增大，土的干重度也逐渐增大，表明压实效果逐步提高；当含水率超过某一限值（即 ω_{op}）时，干重度则随着含水率增大而减小，即压实效果降低。这说明土的压实效果随含水率的变化而变化，并在击实曲线上出现一个干重度峰值（即最大干重度 $\gamma_{d,max}$），对应于这个峰值的含水率就是最优含水率。具有最优含水率的土，其压实效果最好。这是因为含水率较小时，土中水主要是强结合水，土粒周围的结合水膜很薄，使土粒间具有很大的分子引力，阻止土粒移动，压实就比较困难；当含水率适当增大时，土中结合水膜变厚，土粒之间的联结力减弱而使土粒易于移动，压实效果就变好，但当含水率继续增大时，土中出现了自由水，击实时孔隙中过多的水分不易立即排出，势必会阻止土粒的靠拢，压实效果反而下降。

试验证明，最优含水率 ω_{op} 与土的塑限 ω_p 相近，大致为 $\omega_{op}=\omega_p+2$。填土中所含的黏土矿物越多，则最优含水率越大。最优含水率与压实能量有关，对同一种土，当用人力夯实时，因压实能量小，要求土粒之间有较多的水分使其更为润滑，因此最优含水率较大而得到的最大干重度却较小；当用机械夯实时，压实能量较大，所以当填土压实程度不足时，可以改用大的压实能量补夯，以达到所要求的密实度。

在同类土中，土的颗粒级配对土的压实效果影响很大，颗粒级配不均匀的容易压实，均匀的则不易压实。实践中，土不可能被压实到完全饱和的程度。试验证明，黏性土在最优含水率时，可以压实到最大干重度 $\gamma_{d,max}$，其饱和度一般为80%左右，此时因为土孔隙中的气体越来越难于和大气相通，压实时不能将其完全排出去。

室内击实试验与现场夯实或碾压得到的最优含水率是不一样的。所谓最优含水率是针对某一种土，在一定的压实机械、压实能量和填土分层厚度等条件下测得的，如果这些条件改变，就会得出不同的最优含水率。因此在指导现场施工时，还应该进行现场试验。

2.9 地基土(岩)的工程分类

地基土（岩）的分类是根据不同的原则将土（岩）划分为一定的类别，同一类别的土（岩）在工程地质性质上应比较接近。土（岩）的合理分类具有很大的实际意义，例如根据分类名称可以大致判断土（岩）的工程特性，评价土（岩）作为建筑材料的适宜性及结合其他指标来确定地基的承载力等。

自然界中土的种类不同，其工程性质也必不相同。从直观上看，可以粗略地把土分成两大类：一类是土体中肉眼可见松散颗粒，颗粒间黏结弱的无黏性土（粗粒土）；另一类是颗粒非常细微，颗粒间黏结力强的黏性土。实际工程中，这种粗略的分类远远不能满足工程的要求，还必须用更能反映土的工程特性的指标来系统分类。目前，国内外对土的工程分类法并不统一，即使同一国家的各个行业、各个部门，土的分类体系也都是结合本专业的特点而制定的。本节主要结合《规范》来进行介绍。

2.9.1 岩石

岩石（基岩）是指颗粒间牢固联结，呈整体或具有节理、裂隙的岩体。它作为建筑场地和建筑地基时可按下列原则分类。

1. 岩石按坚固性分类

岩石根据坚固性可按表 2-10 分为硬质岩石和软质岩石两类。

表 2-10 岩石坚固性分类

类别	强度/MPa	代表性岩石
硬质岩石	≥30	花岗岩、闪长岩、玄武岩、石灰岩、石英砂岩、硅质砾岩、花岗片麻岩、石英岩等
软质岩石	<30	页岩、黏土岩、绿泥石片岩、云母片岩等

强度是指未风化岩石的饱和单轴极限抗压强度。

2. 岩石按风化程度分类

在建筑场地和地基勘察工作中，一般根据岩石由于风化所造成的特征，包括矿物变异、结构和构造、坚硬程度及可挖掘性或可钻性等，而将岩石的风化程度划分为未风化、微风化、中等风化、强风化和全风化 5 类。

2.9.2 碎石土

碎石土是粒径大于 2mm 的颗粒含量超过全重 50%的土。碎石土根据颗粒形状及粒组含量分为漂石（块石）、卵石（碎石）、圆砾（角砾）（表 2-11）。

表 2-11　碎石土分类

土的名称	颗粒形状	粒组含量
漂石	以圆形及亚圆形为主	粒径大于 200mm 的颗粒含量超过全重的 50%
块石	以棱角形为主	
卵石	以圆形及亚圆形为主	粒径大于 20mm 的颗粒含量超过全重的 50%
碎石	以棱角形为主	
圆砾	以圆形及亚圆形为主	粒径大于 2mm 的颗粒含量超过全重的 50%
角砾	以棱角形为主	

定名时，应根据颗粒由大到小，以最先符合者确定。

2.9.3 砂土

砂土是指粒径大于 2mm 的颗粒含量不超过全重 50%及粒径大于 0.075mm 的颗粒含量超过全重 50%的土。

砂土按粒组含量分为砾砂、粗砂、中砂、细砂和粉砂（表 2-12）。

表 2-12　砂土分类

土的名称	粒组含量
砾砂	粒径大于 2mm 的颗粒含量占全重的 25%～50%
粗砂	粒径大于 0.5mm 的颗粒含量超过全重的 50%
中砂	粒径大于 0.25mm 的颗粒含量超过全重的 50%
细砂	粒径大于 0.075mm 的颗粒含量超过全重的 85%
粉砂	粒径大于 0.075mm 的颗粒含量超过全重的 50%

定名时，应根据颗粒由大到小，以最先符合者确定。

当砂土中小于0.075mm的土的塑性指数大于10时，应以“含黏性土”定名，如含黏性土粗砂等。

2.9.4 粉土

粉土介于无黏性土与黏性土之间，是指粒径大于0.075mm的颗粒含量不超过全重的50%、塑性指数 $I_P \leqslant 10$ 的土。必要时可根据粒组含量分为砂质粉土（粒径小于0.005mm的颗粒含量不超过全重的10%）和黏质粉土（粒径小于0.005mm的颗粒含量超过全重的10%）。

2.9.5 黏性土

黏性土是指塑性指数 $I_P > 10$ 的土。黏性土的工程性质与土的成因、沉积年代的关系很密切，不同成因和年代的黏性土，尽管其某些物理性指标值可能很接近，但其工程性质可能相差很悬殊。因而黏性土可按沉积年代、塑性指数进行分类。

1. 黏性土按沉积年代分类

黏性土按沉积年代分类可分为老黏性土、一般黏性土和新近沉积黏性土。

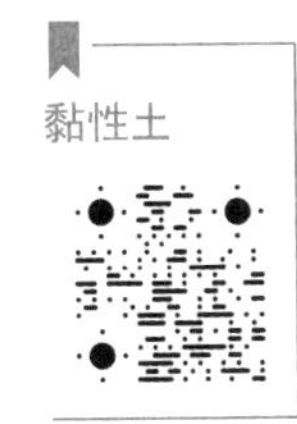

2. 黏性土按塑性指数分类

黏性土按塑性指数 I_P 的指标值分为黏土和粉质黏土，具体见2.6.2节。

2.9.6 特殊土

特殊土是指在特定地理环境或人为条件下形成的特殊性质的土。它的分布一般具有明显的区域性。特殊土包括软土、人工填土、湿陷性土等。

1. 软土

软土是指沿海的滨海相、三角洲相、溺谷相、内陆平原或山区的河流相、湖泊相、沼泽相等主要由细粒土组成的孔隙比大（一般大于1）、天然含水率高（接近或大于液限）、压缩性高（压缩系数 $a_{1-2} > 0.5\text{MPa}^{-1}$）和强度低的土层。它包括淤泥、淤泥质黏性土、淤泥质粉土等，多数还具有高灵敏度的结构性。

淤泥和淤泥质土是工程建设中经常会遇到的软土，它们在静水或缓慢的流水环境中沉积，并经生物化学作用形成，其天然含水率大于液限。天然孔隙比大于或等于1.5的黏性土称为淤泥；天然孔隙比小于1.5但大于或等于1.0的土称为淤泥质土。当土的有机质含量大于6%时，称为有机质土；大于60%时，则称为泥炭。

泥炭是在潮湿和缺氧环境中未经充分分解的植物遗体堆积而成的一种有机质土，呈深褐色甚至黑色。其含水率极高，压缩性很大，且不均匀。泥炭往往以夹层构造的形式存在于一般黏性土层中，对工程十分不利，必须引起足够重视。

2. 人工填土

人工填土是指由人类活动而堆填的土，其物质成分较杂乱，均匀性较差。根据其物质组成和成因可分为素填土、压实填土、杂填土和冲填土 4 类。

素填土是由碎石土、砂土、粉土、黏性土等一种或几种材料组成的填土，其中不含杂质或含杂质很少。素填土按主要组成物质分为碎石素填土、砂性素填土、粉性素填土及黏性素填土。经分层压实或夯实后的素填土则称为压实填土。杂填土是由大量建筑垃圾、工业废料或生活垃圾等杂物组成的填土，按其组成物质成分和特征分为建筑垃圾土、工业废料土及生活垃圾土。冲填土是由水力冲填泥砂形成的填土。

在工程建设中所遇到的人工填土，往往各地都不一样。历代古都修建所遇到的人工填土，一般都保留有人类活动的遗物或古建筑的碎砖瓦砾（俗称房渣土），其分布范围可能很广，也可能只限于堵塞的渠道、古井或古墓。山区建设和新城市建设所遇到的人工填土，其填积年限不会太久。在山区厂矿建设中，由于平整场地而埋积起来的填土层常是新的（未经压实的）素填土，而城市的市区所遇到的人工填土不少是炉渣、建筑垃圾及生活垃圾等组成的杂填土。

红黏土、膨胀土、多年冻土、混合土

3. 湿陷性土

湿陷性土是指土体在一定压力下受水浸湿时产生的湿陷变形量达到一定数值的土。湿陷变形量按野外浸水载荷试验在 200kPa 压力下的附加变形量确定，当附加变形量与载荷板宽度之比大于 0.015 时为湿陷性土。湿陷性土有湿陷性黄土、干旱和半干旱地区的具有崩解性的碎石土和砂土等。

本章小结

本章主要介绍了土的物质组成及定性、定量描述其物质组成的方法，包括土的三相组成、土的三相指标、土的结构构造、黏性土的界限含水率、砂土的密实度和土的工程分类等。这些内容是学习土力学原理和基础工程设计与施工技术所必需的基本知识，也是评价土的工程性质、分析与解决土的工程技术问题的最基本的内容。

(1) 土是连续、坚固的岩石在风化作用下形成的大小悬殊的颗粒，并经过不同的搬运方式在各种自然环境中生成的沉积物。工程上遇到的大多数土是在距今较近的新生代第四纪地质年代沉积生成的，因此称之为第四纪沉积物。在自然界中，土的物理风化和化学风化时刻都在进行，而且相互加强。由于形成过程的自然条件不同，自然界的土也就多种多样，具有碎散性、三相体系、自然变异性 3 个主要的特征。

(2) 土的物质成分包括有作为土骨架的固态矿物颗粒、孔隙中的水及其溶解物质、气体。因此，土是由固体颗粒（固相）、水（液相）和气体（气相）所组成的三相体系。土的三相物质在体积和质量上的比例关系称为三相比例指标。三相比例指标反映了土的干燥与潮湿、疏松与紧密，是评价土的工程性质的最基本的物理性质指标，也是工程地质勘察报告中不可缺少的基本内容。三相比例指标可分为两种：一种是试验指标，另一种是换算指标。

(3) 在自然界中存在的土，都是由大小不同的土粒组成的。当土粒的粒径由小到大逐渐变化时，土的性质也相应地发生变化，工程上常以土中各个粒组的相对含量表示土中颗粒的组成情况，称为土的颗粒级配。土的颗粒级配直接影响土的性质，如土的密实度、透水性、强度、压缩性等。

(4) 黏性土从一种状态变到另一种状态的含水率分界点称为界限含水率。流动状态与可塑状态间的界限含水率称为液限 ω_L；可塑状态与半固体状态间的界限含水率称为塑限 ω_P；半固体状态与固体状态间的界限含水率称为缩限 ω_S。

(5) 在一定的压实能量下使土最容易压实，并能达到最大密实度时的含水率，称为土的最优含水率（或称最佳含水率），相对应的干重度叫作最大干重度。

(6) 土的工程分类是把不同的土分别安排到各个具有相近性质的组合中去，其目的是使人们有可能根据同类土已知的性质去评价其工程特性，通常建筑地基可分成岩石、碎石土、砂土、粉土、黏性土五大类。

习　题

一、选择题

1. 土的三相比例指标包括土粒相对密度、含水率、密度、孔隙比、孔隙率和饱和度，其中________为实测指标。

A. 含水率、孔隙比、饱和度　　B. 密度、含水率、孔隙比

C. 土粒相对密度、含水率、密度

2. 砂性土分类的主要依据是________。

A. 颗粒粒径及其级配　　B. 孔隙比及其液性指数

C. 土的液限及塑限

3. 已知 a 和 b 两种土的有关数据见表 2-13，下述哪种组合说法是对的？________

表 2-13　a、b 两种土的有关数据

土样	指标				
	ω_L/%	ω_P/%	ω/%	γ_{sat}/%	S_r/%
a	30	12	15	27	100
b	9	6	6	26.8	100

A. a土含的黏粒比b土多　　　　B. a土的重度比b土大

C. a土的干重度比b土大　　　　D. a土的孔隙比比b土大

4. 有下列3个土样，判断________是黏土。

A. 含水率$\omega=35\%$，塑限$\omega_P=22\%$，液性指数$I_L=0.9$

B. 含水率$\omega=35\%$，塑限$\omega_P=22\%$，液性指数$I_L=0.85$

C. 含水率$\omega=35\%$，塑限$\omega_P=22\%$，液性指数$I_L=0.75$

5. 有一个非饱和土样，在荷载作用下饱和度由80%增加至95%。试问土的重度γ和含水率ω如何变化？________

A. 重度γ增加，ω减小　　　　B. 重度γ不变，ω不变

C. 重度γ增加，ω不变

6. 有3个土样，它们的重度相同，含水率相同，试判断下述3种情况哪种是正确的？________

A. 3个土样的孔隙比也必相同　　　　B. 3个土样的饱和度也必相同

C. 3个土样的干重度也必相同

7. 有一个土样，孔隙率$n=50\%$，土粒相对密度$d_s=2.7$，含水率$\omega=37\%$，则该土样处于________。

A. 可塑状态　　B. 饱和状态　　C. 不饱和状态

二、简答题

1. 什么是土粒粒组？土粒六大粒组划分标准是什么？

2. 土的物理性质指标有哪些？哪些指标是直接测定的？说明天然重度γ、饱和重度γ_{sat}、有效重度γ'和干重度γ_d之间的相互关系，并比较其数值的大小。

3. 判断砂土松密程度有哪些方法？

4. 黏土颗粒表面哪一层水膜对土的工程性质影响最大？为什么？

5. 土粒的相对密度和土的相对密实度有何区别？如何按相对密实度判定砂土的密实程度？

6. 什么是土的塑性指数？其中水与土粒粗细有何关系？塑性指数大的土具有哪些特点？

7. 什么是土的液性指数？如何应用液性指数的大小评价土的工程性质？

三、案例分析

1. 一个饱和原状土样，体积为143cm^3，质量为260g，土粒相对密度为2.70，确定它的孔隙比、含水率和干重度。

2. 已知土样试验数据为土的重度19.0kN/m^3，土粒重度27.1kN/m^3，土的干重度为14.5kN/m^3，求土样的含水率、孔隙比、孔隙率和饱和度。

3. 某施工现场需要填土，基坑的体积为2000m^3，土方来源是从附近土丘开挖，经勘察，土粒相对密度为2.70，含水率为15%，孔隙比为0.60。要求填土的含水率为17%，干重度为17.6kN/m^3。

(1) 取土场土的重度、干重度和饱和度各是多少？

(2) 应从取土场开采多少土？

(3) 碾压时应洒多少水？填土的孔隙比是多少？

4. 某饱和土的天然重度为18.44kN/m^3，天然含水率为36.5%，液限为34%，塑限为16%。

(1) 确定该土的土名。

(2) 求该土的相对密度。

5. 从A、B两地土层中各取黏性土样进行试验，恰好其液限、塑限相同，即液限$\omega_L=45\%$，塑限$\omega_P=30\%$，但A地的天然含水率$\omega=45\%$，而B地的天然含水率$\omega=25\%$。试求A、B两地的地基土的液性指数，并通过判断土的状态，确定哪个地基土比较好。

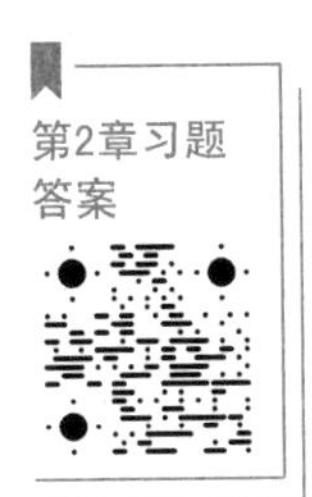

第3章 地基土中的应力计算

学习目标

通过本章的学习，掌握自重应力和附加应力的分布规律及计算方法，熟练运用角点法计算矩形、圆形及条形荷载作用下地基土中的附加应力。

学习要求

能力目标	知识要点	相关知识	权重
基本概念	自重应力沿深度分布的特点； 附加应力沿深度分布的特点	自重应力与附加应力的概念	0.2
自重应力计算	自重应力计算应注意的问题； 土层中有地下水时自重应力的计算； 遇不透水层时自重应力的计算	有效重度； 天然重度； 不透水层	0.3
基底压力计算	基底压力与基底附加压力的概念； 影响基底压力分布规律的主要因素； 基底压力简化计算方法	内力重分布概念	0.3
附加应力计算	竖向集中荷载作用下土中附加应力的计算； 矩形、圆形及条形荷载作用下土中附加应力的计算	角点法及应用	0.2

3.1 概述

把刚性圆形载荷板放在砂土地基上，其上作用中心荷载。为量测地基内不同深度水平面的附加应力大小，事先在板底面处和砂土中不同深度水平面上埋入许多土压力盒，并与外面的量测系统连接，量测不同深度不同水平面上的附加应力，观测其分布规律。

地基中的应力分两种：一种为自重应力，是由土层的重力作用在土中产生的应力；另一种为附加应力，是由建筑物荷载在地基中产生的应力。计算地基中的应力时，通常假定地基是均匀连续的、各向同性的半无限线性体，这样就可以采用弹性理论来计算地基中的应力。

3.2 土层自重应力

3.2.1 计算公式

土中自重应力是指土的有效重力在土中产生的应力，它与是否修建建筑物无关，是始终存在于土体之中的。在计算自重应力时，可认为天然地面为一无限大的水平面，当土质均匀时，土体在自重作用下，在任一竖直面都为对称面，土中没有侧向变形和剪切变形，只能产生垂直变形。因此，可以取一土柱作为脱离体来研究地面下深度 z 处的自重应力，当土的重度为 γ 时，该处的自重应力为

$$\sigma_{cz}=\frac{\gamma z A}{A}=\gamma z \qquad (3-1)$$

当深度 z 范围内由多层土组成时，则 z 处的自重应力为各层土自重应力之和，即

$$\sigma_{cz}=\gamma_1 h_1+\gamma_2 h_2+\cdots+\gamma_i h_i+\cdots+\gamma_n h_n=\sum_{i=1}^{n}\gamma_i h_i \qquad (3-2)$$

式中 n——从地面到深度 z 处的土层数；

γ_i——第 i 层土的重度，kN/m^3，地下水位以下的土受到水的浮力作用，减轻了土的重力，计算时应取土的有效重度 γ_i' 代替 γ_i；

h_i——第 i 层土的厚度。

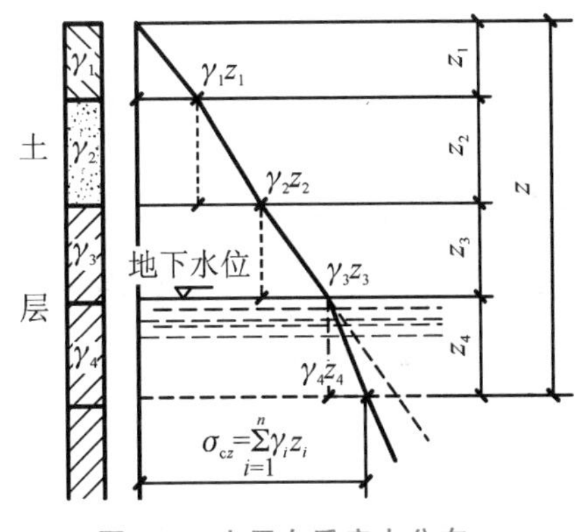

图 3.1 土层自重应力分布

按式(3-2) 计算出各土层分界处的自重应力，分别用直线连接，得出土层自重应力分布图，如图 3.1所示。自重应力随深度而增加，其应力图形为折线形。

3.2.2 地下水对自重应力的影响

地下水位以下的土，受到水的浮力作用，使土的重力减轻，计算时采用土的有效重度 $\gamma'=\gamma_{sad}-\gamma_w$。地下水及不透水层自重应力计算如图 3.2 所示。

3.2.3 不透水层对自重应力的影响

基岩或只含强结合水的坚硬黏土层可视为不透水层，在不透水层中不存在水的浮力，作用在不透水层层面及层面以下的土的自重应力应等于上覆土和水的总重。如图 3.2 所示，土层在不透水层层面处的自重应力为

$$\sigma_{cz}=\gamma_1 z_1+(\gamma_2-\gamma_w)z_2+\gamma_w z_2 \tag{3-3}$$

由 σ_{cz} 分布图可知，自重应力的分布规律如下。

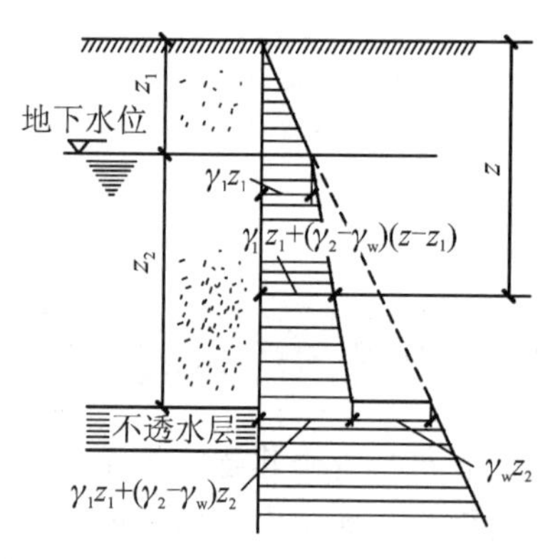

图 3.2 地下水及不透水层自重应力计算

① 土的自重应力分布线是一条折线，折点在土层交界处和地下水位处，在不透水层面处分布线有突变。

② 同一层土的自重应力按直线变化。

③ 自重应力随深度增加而变大。

④ 在同一平面，自重应力各点相等。

自然界中的天然土层，形成至今已有很长的时间，在本身的自重作用下引起的土的压缩变形早已完成，因此自重应力一般不会引起建筑物基础的沉降。但对于近期沉积或堆积的土层就应考虑由自重应力引起的变形。

此外，地下水位的升降会引起土中自重应力的变化。当水位下降时，原水位以下自重应力增加，增加值可作为附加应力，因此会引起地表或基础的下沉；当水位上升时，对设有地下室的建筑物或地下建筑工程地基的防潮不利，对黏性土的强度也会有一定的影响。

3.3 基底压力

3.3.1 基底压力的分布规律

建筑物荷载通过基础传给地基，在基础与地基之间存在着接触压力，这个压力既是基础对地基的压力，也是地基对基础的反作用力。人们把基础对地基的压力（方向向下）称

为基底压力，把地基对基础的反作用力（方向向上）称为基底反力。

基底压力的分布形态与基础的刚度、地基土的性质、基础埋深及荷载的大小等有关。当基础为绝对柔性基础（即无抗弯刚度）时，基础随着地基一起变形，中部沉降大，四周沉降小，其压力分布与荷载分布相同，如图 3.3(a) 所示。如果要使绝对柔性基础各点沉降相同，则作用在基础上的荷载必须四周大而中间小，如图 3.3(b) 所示。当基础为绝对刚性基础（即抗弯刚度无限大）时，基底受荷载后仍保持为平面，各点沉降相同，由此可知，基底的压力分布必是四周大而中间小的，如图 3.3(c) 中的虚线所示。由于地基土的塑性性质，特别是基础边缘地基土产生塑性变形后，基底压力发生重分布，使边缘压力减小，而边缘与中心之间的压力相应增加，压力分布呈马鞍形，如图 3.3(c) 中的实线所示。随着荷载的增加，基础边缘地基土塑性变形区扩大，基底压力由马鞍形发展为抛物线形，甚至为钟形，如图 3.4 所示。

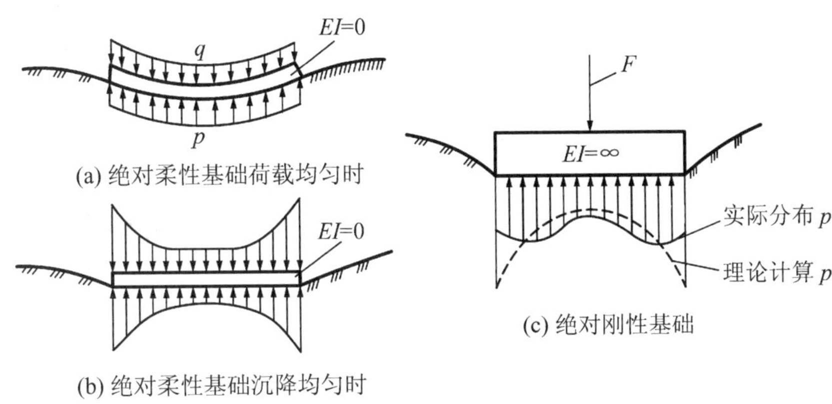

图 3.3　基础的基底反（压）力和沉降

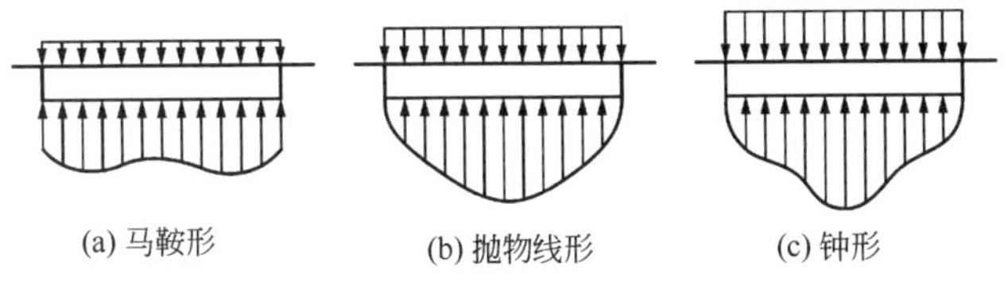

图 3.4　刚性基础基底反（压）力的分布形态

实际建筑物基础是介于绝对柔性基础与绝对刚性基础之间而具有较大的抗弯刚度的。作用在基础上的荷载，受到地基承载力的限制，一般不会很大，而且基础又有一定的埋深，因此基底压力分布大多属于马鞍形分布，并比较接近直线。工程中常将基底压力假定为直线分布，按材料力学公式计算基底压力，这样使得基底压力的计算大为简化。

3.3.2 基底压力的简化计算

1. 轴心荷载作用下的基础

轴心荷载作用下的基础所受竖向荷载的合力通过基底形心，如图 3.5 所示，基底压力

按下式计算，即

$$p_k=\frac{F_k+G_k}{A} \tag{3-4}$$

式中 p_k——相应于荷载效应标准组合时，基底处的平均压力；

F_k——相应于荷载效应标准组合时，上部结构传至基础顶面的竖向力；

G_k——基础及其上回填土的总重力，对一般的实体基础，$G_k=\gamma_G Ad$，其中，γ_G 为基础及回填土的平均重度，通常 $\gamma_G=20\text{kN/m}^3$，d 为基础埋深，当室内外标高不同时取平均值；

A——基底面积。

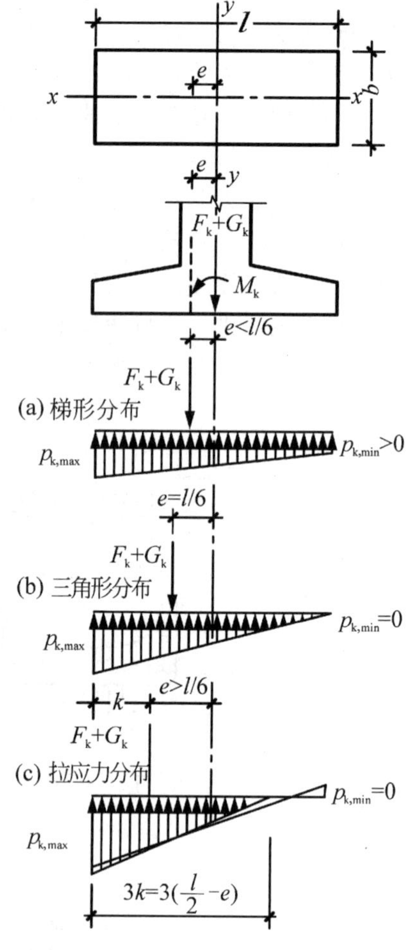

图 3.6 单向偏心荷载作用下基础基底反（压）力分布

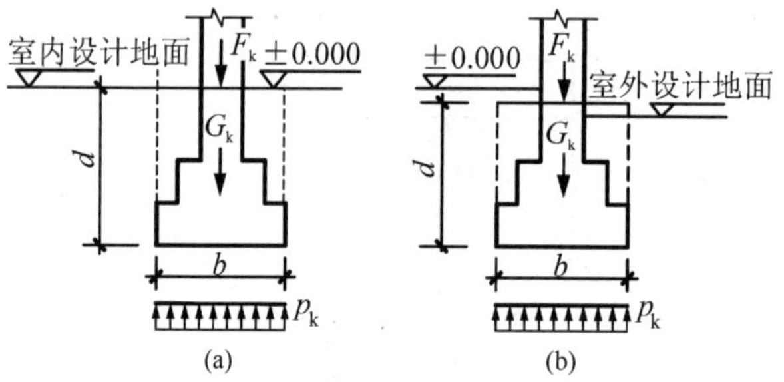

图 3.5 轴心荷载作用下基础基底反（压）力分布

2. 偏心荷载作用下的基础

在单向偏心荷载作用下，设计时通常使基础长边方向与偏心方向一致，如图 3.6 所示。此时基底两端最大压力值 $p_{k,max}$ 和最小压力值 $p_{k,min}$ 按材料力学偏心受压公式计算，即

$$\left.\begin{matrix}p_{k,max}\\p_{k,min}\end{matrix}\right\}=\frac{F_k+G_k}{A}\pm\frac{M_k}{W} \tag{3-5}$$

式中 M_k——相应于荷载效应标准组合时，作用在基底形心上的力矩值；

W——基底的抵抗矩。

将 $M_k=(F_k+G_k)e$，$W=bl^2/6$ 代入式(3-5)，得

$$\left.\begin{matrix}p_{k,max}\\p_{k,min}\end{matrix}\right\}=\frac{F_k+G_k}{A}\left(1\pm\frac{6e}{l}\right) \tag{3-6}$$

由式(3-6) 可知：

当 $e<\frac{l}{6}$ 时，$p_{k,min}>0$，基底压力呈梯形分布，如图 3.6(a) 所示；

当 $e=\frac{l}{6}$ 时，$p_{k,min}=0$，基底压力分布呈三角形，如图 3.6(b) 所示；

当 $e>\frac{l}{6}$ 时，$p_{\mathrm{k,min}}<0$，表示基底与地基之间一部分出现拉应力，如图 3.6(c) 所示。

实际上，地基与基础之间不会传递拉应力，此时基底与地基局部脱离，使基底压力重分布。

根据偏心荷载与基底反力相平衡的条件，可求得基底的最大压力，即

$$p_{\mathrm{k,max}}=\frac{2(F_{\mathrm{k}}+G_{\mathrm{k}})}{3kb} \tag{3-7}$$

式中 k——荷载作用点至基底边缘的距离，$k=l/2-e$。

对于条形基础：

$$p_{\mathrm{k,max}}=\frac{2(F_{\mathrm{k}}+G_{\mathrm{k}})}{3k} \tag{3-8}$$

3.3.3 基底附加压力

基础总是有一定埋深的，在基坑开挖前，基底处已存在土的自重应力，待基坑开挖后自重应力便会消失，所以基底附加压力 p_0 应从基底压力中扣除基底处原有的土中自重应力。

$$p_0=p-\sigma_{\mathrm{cz}}=p-\gamma_0 d \tag{3-9}$$

式中 p——对应于荷载效应准永久组合时的基底平均压力；

σ_{cz}——基底处土的自重应力；

γ_0——基底以上天然土层的加权平均重度，$\gamma_0=\frac{\gamma_1 h_1+\gamma_2 h_2+\cdots+\gamma_n h_n}{h_1+h_2+\cdots+h_n}$；

d——基础埋深。

基底附加压力经过土粒的传递与扩散，在地基中引起附加应力和地基变形。

3.4 土中附加应力

3.4.1 竖向集中荷载作用下土中附加应力的计算

竖向集中力作用于半空间表面，如图 3.7 所示，在半空间内任一点 M（x，y，z）的附加应力，由法国的布辛奈斯克（Boussinesq）根据弹性理论求得，其表达式如下。

$$\sigma_z=\alpha\frac{P}{z^2} \tag{3-10}$$

式中 α——集中荷载作用下的地基竖向附加应力系数，按 r/z 查表 3-1 可得。

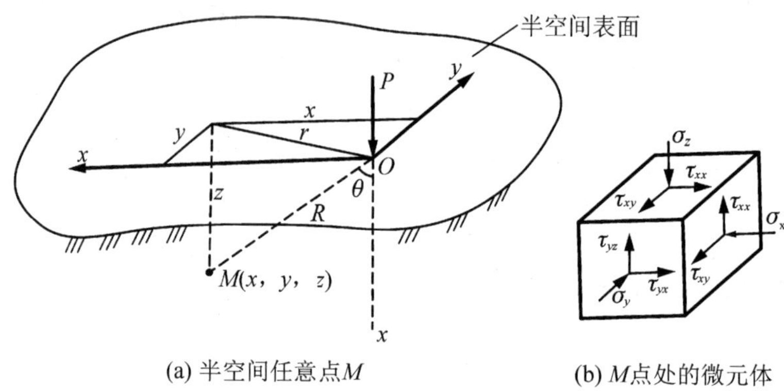

(a) 半空间任意点M　　(b) M点处的微元体

图 3.7　竖向集中力作用下的附加应力

表 3-1　集中荷载作用下的地基竖向附加应力系数 α

r/z	α	r/z	α	r/z	α	r/z	α	r/z	α
0	0.4775	0.50	0.2733	1.00	0.0844	1.50	0.0251	2.00	0.0085
0.05	0.4745	0.55	0.2466	1.05	0.0744	1.55	0.0224	2.20	0.0058
0.10	0.4657	0.60	0.2214	1.10	0.0658	1.60	0.0200	2.40	0.0040
0.15	0.4516	0.65	0.1978	1.15	0.0581	1.65	0.0179	2.60	0.0029
0.20	0.4329	0.70	0.1762	1.20	0.0513	1.70	0.0160	2.80	0.0021
0.25	0.4103	0.75	0.1565	1.25	0.0454	1.75	0.0144	3.00	0.0015
0.30	0.3849	0.80	0.1386	1.30	0.0402	1.80	0.0129	3.50	0.0007
0.35	0.3577	0.85	0.1226	1.35	0.0357	1.85	0.0116	4.00	0.0004
0.40	0.3294	0.90	0.1083	1.40	0.0317	1.90	0.0105	4.50	0.0002
0.45	0.3011	0.95	0.0956	1.45	0.0282	1.95	0.0095	5.00	0.0001

利用式(3-10) 可求出地基中任意点的附加应力值。如将地基划分为许多网格，并求出各网格点上的 σ_z 值，可绘出如图 3.8 所示的土中附加应力分布曲线。图 3.8(a) 是在荷载轴线上及在不同深度的水平面上的 σ_z 分布，在 $r=0$ 的荷载轴线上，随着 z 增大，σ_z 减小；当 z 不变时，在荷载轴线上的 σ_z 最大，随着 r 增加，α 值变小，σ_z 也变小。图 3.8(b) 是将 σ_z 值相等的点连接所得的曲线，称为 σ_z 等值线。图 3.8 曲线所示均为土中应力扩散的结果。

当有若干个竖向集中力 p_i 作用在地表面时，按叠加原理，地面下某深度处 M 点的 σ_z 应为各集中力单独作用时在 M 点所引起的竖向附加应力的总和，即

$$\begin{aligned}\sigma_z &= \alpha_1 \frac{p_1}{z^2} + \alpha_2 \frac{p_2}{z^2} + \cdots + \alpha_n \frac{p_n}{z^2} \\ &= \frac{1}{z^2} \sum_{i=1}^{n} \alpha_i P_i \end{aligned} \tag{3-11}$$

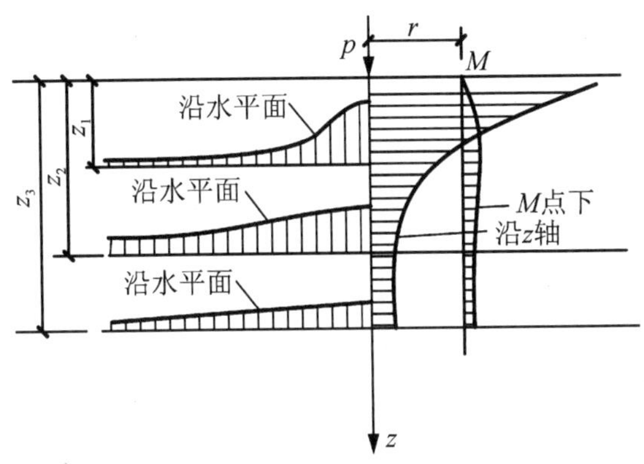

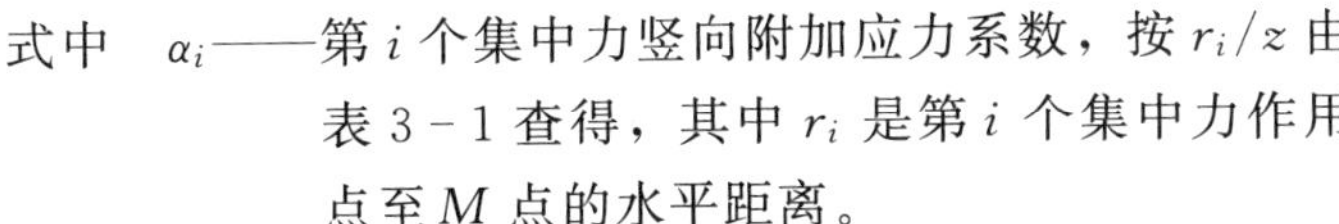
(a) 一个集中力作用下不同深度上附加应力分布

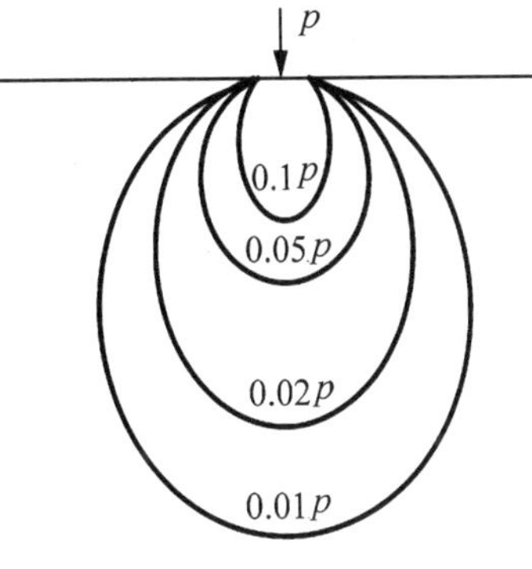

(b) σ_z等值线

图 3.8 附加应力分布曲线

式中 α_i——第 i 个集中力竖向附加应力系数，按 r_i/z 由表 3-1 查得，其中 r_i 是第 i 个集中力作用点至 M 点的水平距离。

当局部荷载的作用平面形状或分布值的大小不规则时，可将荷载面（或基底）分成若干形状规则的单元，如图 3.9 所示。每个单元上的分布荷载近似地以作用在单元面积形心上的集中力（$p_i=A_ip_{0i}$）来代替，利用式(3-11)计算地基中某点 M 处的竖向附加应力，这种方法称为等代荷载法。由于在集中力作用点处（$r=0$）σ_z 为无限大，因此，计算点 M 不应过于接近荷载面。一般当矩形单元的长边小于单元面积形心至计算点距离的 1/3（即 $r_i/l_i\geqslant3$）时，其计算误差可不大于 3%。

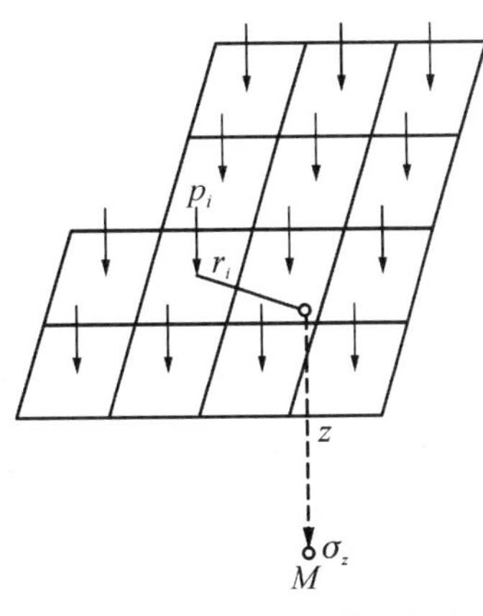

图 3.9 等代荷载法计算附加应力

3.4.2 矩形荷载和圆形荷载作用下土中附加应力的计算

1. 均布矩形荷载作用下土中附加应力

(1) 均布矩形荷载角点下土中附加应力

在地基表面有一短边为 b、长边为 l 的矩形面积，其上作用均布矩形荷载 p_0，如图 3.10 所示，求角点下的附加应力。

设坐标原点 O 在荷载面角点处，在矩形面积内取一微面积 $\mathrm{d}x\mathrm{d}y$，距离原点 O 为 x、y，微面积上的分布荷载以集中力 $p=p_0\mathrm{d}x\mathrm{d}y$ 代替，则在角点下任意深度 z 处的 M 点，由该集中力引起的竖向附加应力为 $\mathrm{d}\sigma_z$，利用微积分原理可得

$$\sigma_z=\alpha_c p_0 \qquad (3-12)$$

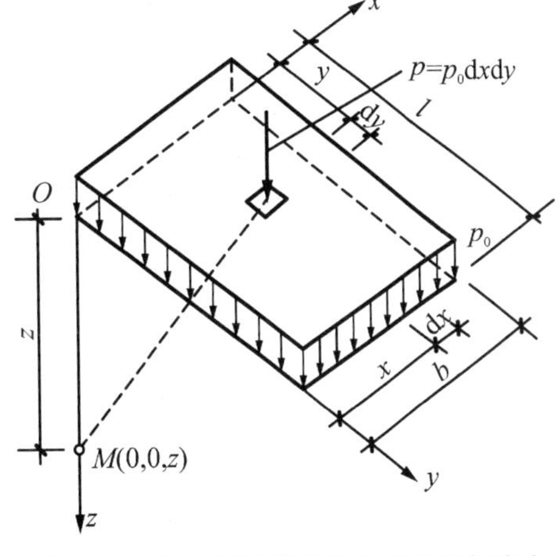

图 3.10 均布矩形荷载角点下的附加应力

式中　α_c——均布矩形荷载角点下的竖向附加应力系数，按 l/b、z/b 查表 3－2 可得。

表 3－2　均布矩形荷载角点下的竖向附加应力系数 α_c

z/b	l/b											
	1.0	1.2	1.4	1.6	1.8	2.0	3.0	4.0	5.0	6.0	10.0	条形
0.0	0.250	0.250	0.250	0.250	0.250	0.250	0.250	0.250	0.250	0.250	0.250	0.250
0.2	0.249	0.249	0.249	0.249	0.249	0.249	0.249	0.249	0.249	0.249	0.249	0.249
0.4	0.240	0.242	0.243	0.243	0.244	0.244	0.244	0.244	0.244	0.244	0.244	0.244
0.6	0.223	0.228	0.230	0.232	0.232	0.233	0.234	0.234	0.234	0.234	0.234	0.234
0.8	0.200	0.207	0.212	0.215	0.216	0.218	0.220	0.220	0.220	0.220	0.220	0.220
1.0	0.175	0.185	0.191	0.195	0.198	0.200	0.203	0.204	0.204	0.204	0.205	0.205
1.2	0.152	0.163	0.171	0.176	0.179	0.182	0.187	0.188	0.189	0.189	0.189	0.189
1.4	0.131	0.142	0.151	0.157	0.161	0.164	0.171	0.173	0.174	0.174	0.174	0.174
1.6	0.112	0.124	0.133	0.140	0.145	0.148	0.157	0.159	0.160	0.160	0.160	0.160
1.8	0.097	0.108	0.117	0.124	0.129	0.133	0.143	0.146	0.147	0.148	0.148	0.148
2.0	0.084	0.095	0.103	0.110	0.116	0.120	0.131	0.135	0.136	0.137	0.137	0.137
2.2	0.073	0.083	0.092	0.098	0.104	0.108	0.121	0.125	0.126	0.127	0.128	0.128
2.4	0.064	0.073	0.081	0.088	0.093	0.098	0.111	0.116	0.118	0.118	0.119	0.119
2.6	0.057	0.065	0.072	0.079	0.084	0.089	0.102	0.107	0.110	0.111	0.112	0.112
2.8	0.050	0.058	0.065	0.071	0.076	0.080	0.094	0.100	0.102	0.104	0.105	0.105
3.0	0.045	0.052	0.058	0.064	0.069	0.073	0.087	0.093	0.096	0.097	0.099	0.099
3.2	0.040	0.047	0.053	0.058	0.063	0.067	0.081	0.087	0.090	0.092	0.093	0.094
3.4	0.036	0.042	0.048	0.053	0.057	0.061	0.075	0.081	0.085	0.086	0.088	0.089
3.6	0.033	0.038	0.043	0.048	0.052	0.056	0.069	0.076	0.080	0.082	0.084	0.084
3.8	0.030	0.035	0.040	0.044	0.048	0.052	0.065	0.072	0.075	0.077	0.080	0.080
4.0	0.027	0.032	0.036	0.040	0.044	0.048	0.060	0.067	0.071	0.073	0.076	0.076
4.2	0.025	0.029	0.033	0.037	0.041	0.044	0.056	0.063	0.067	0.070	0.072	0.073
4.4	0.023	0.027	0.031	0.034	0.038	0.041	0.053	0.060	0.064	0.066	0.069	0.070
4.6	0.021	0.025	0.028	0.032	0.035	0.038	0.049	0.056	0.061	0.063	0.066	0.067
4.8	0.019	0.023	0.026	0.029	0.032	0.035	0.046	0.053	0.058	0.060	0.064	0.064
5.0	0.018	0.021	0.024	0.027	0.030	0.033	0.043	0.050	0.055	0.057	0.061	0.062
6.0	0.013	0.015	0.017	0.020	0.022	0.024	0.033	0.039	0.043	0.046	0.051	0.052
7.0	0.009	0.011	0.013	0.015	0.016	0.018	0.025	0.031	0.035	0.038	0.043	0.045
8.0	0.007	0.009	0.010	0.011	0.013	0.014	0.020	0.025	0.028	0.031	0.037	0.039
9.0	0.006	0.007	0.008	0.009	0.010	0.011	0.016	0.020	0.024	0.026	0.032	0.035

续表

z/b	l/b											
	1.0	1.2	1.4	1.6	1.8	2.0	3.0	4.0	5.0	6.0	10.0	条形
10.0	0.005	0.006	0.007	0.007	0.008	0.009	0.013	0.017	0.020	0.022	0.028	0.032
12.0	0.003	0.004	0.005	0.005	0.006	0.006	0.009	0.012	0.014	0.017	0.022	0.026
14.0	0.002	0.003	0.004	0.004	0.004	0.005	0.007	0.009	0.011	0.013	0.018	0.023
16.0	0.002	0.002	0.003	0.003	0.003	0.004	0.005	0.007	0.009	0.010	0.014	0.020
18.0	0.001	0.002	0.002	0.002	0.003	0.003	0.004	0.006	0.007	0.008	0.012	0.018
20.0	0.001	0.001	0.002	0.002	0.002	0.002	0.004	0.005	0.006	0.007	0.010	0.015
25.0	0.001	0.001	0.001	0.001	0.001	0.002	0.002	0.003	0.004	0.004	0.007	0.013
30.0	0.001	0.001	0.001	0.001	0.001	0.001	0.002	0.002	0.003	0.003	0.005	0.011
35.0	0.000	0.000	0.001	0.001	0.001	0.001	0.001	0.002	0.002	0.002	0.004	0.009
40.0	0.000	0.000	0.000	0.000	0.001	0.001	0.001	0.001	0.001	0.002	0.003	0.008

(2) 均布矩形荷载任意点下土中附加应力

在实际工程中常需求地基中任意点的附加应力。如图 3.11 所示的荷载面，求 O 点下深度为 z 处 M 点的附加应力时，可通过 O 点将荷载面划分为几块小矩形，并使每块小矩形的某一角点为 O 点，分别求每个小矩形块在 M 点的附加应力，然后将各值叠加，即为 M 点的最终附加应力值，这种方法称为角点法。

① 如图 3.11(a) 所示，O 点在均布荷载面的边界上，则 $\sigma_z=(\alpha_{c1}+\alpha_{c2})\ p_0$。

② 如图 3.11(b) 所示，O 点在均布荷载面内，则 $\sigma_z=(\alpha_{c1}+\alpha_{c2}+\alpha_{c3}+\alpha_{c4})\ p_0$。

当 O 点位于荷载面中心时，$\alpha_{c1}=\alpha_{c2}=\alpha_{c3}=\alpha_{c4}$，故有 $\sigma_z=4\alpha_{c1}p_0$。

③ 如图 3.11(c) 所示，O 点在荷载面边界外侧，此时荷载面 $abcd$ 可以看成是由Ⅰ($Ofbg$) 与Ⅱ ($Ofah$) 之差和Ⅲ ($Oecg$) 与Ⅳ ($Oedh$) 之差合成的，则 $\sigma_z=(\alpha_{c1}-\alpha_{c2}+\alpha_{c3}-\alpha_{c4})\ p_0$。

④ 如图 3.11(d) 所示，O 点在荷载面角点外侧，可以把荷载面看成由Ⅰ($Ohce$) 和Ⅳ($Ogaf$)两个面积中扣除Ⅱ($Ohbf$) 和Ⅲ($Ogde$) 而成的，则 $\sigma_z=(\alpha_{c1}-\alpha_{c2}-\alpha_{c3}+\alpha_{c4})\ p_0$。

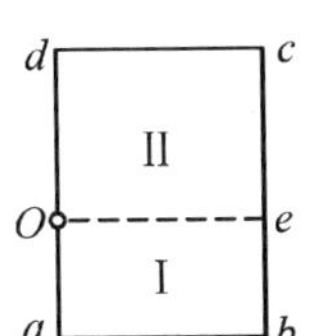

(a) 计算点在荷载面边缘

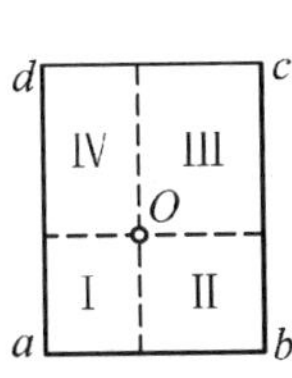

(b) 计算点在荷载面内

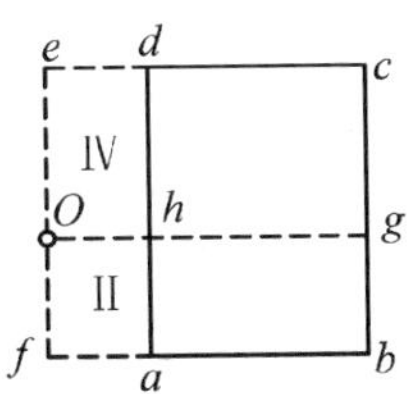

(c) 计算点在荷载面边界外侧

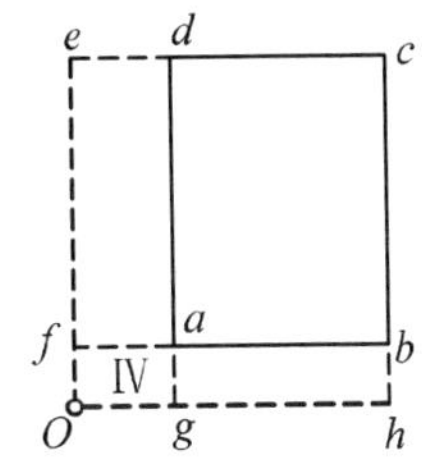

(d) 计算点在荷载面角点外侧

图 3.11　用角点法计算均布矩形荷载下的地基附加应力

特别提示

查表3-2时所取边长l和b应为划分后小矩形块的长边和短边。

2. 三角形分布矩形荷载作用下土中附加应力

由于弯矩作用，基底反力呈梯形分布，此时可采用均匀分布及三角形分布叠加的方法计算土中附加应力。

设b边荷载呈三角形分布，l边的荷载分布不变，荷载最大值为p_0，如图3.12所示。取荷载零值边的角点O为坐标原点，在荷载面积内某点（x，y）取微面积$\mathrm{d}x\mathrm{d}y$，该微面积上的分布荷载用集中力$\frac{x}{b}p_0\mathrm{d}x\mathrm{d}y$代替，则角点$O$下深度$z$处的$M$点，由该集中力引起的附加应力为$\mathrm{d}\sigma_z$，利用微积分原理可得

$$\sigma_z=\alpha_{t1}p_0 \tag{3-13}$$

式中　α_{t1}——角点1下的竖向附加应力系数，由l/b及z/b查表3-3可得；

l——三角形荷载分布不变化对应边的边长；

b——三角形荷载分布变化对应边的边长。

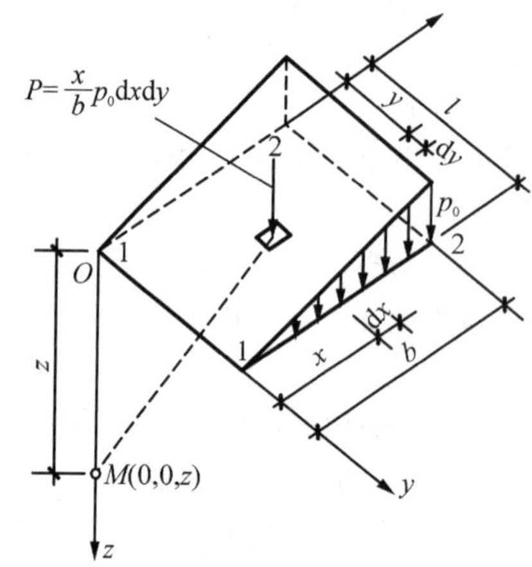

图3.12　三角形分布矩形荷载角点下的附加应力

同理可求得最大荷载边角点下附加应力为

$$\sigma_z=\alpha_{t2}p_0 \tag{3-14}$$

式中　α_{t2}——角点2下的竖向附加应力系数，由l/b及z/b查表3-3可得。

表3-3　三角形分布矩形荷载角点下的竖向附加应力系数α_{t1}和α_{t2}

z/b	l/b									
	0.2		0.4		0.6		0.8		1.0	
	1	2	1	2	1	2	1	2	1	2
0.0	0.0000	0.2500	0.0000	0.2500	0.0000	0.2500	0.0000	0.2500	0.0000	0.2500
0.2	0.0223	0.1821	0.0280	0.2115	0.0296	0.2165	0.0301	0.2178	0.0304	0.2182
0.4	0.0269	0.1094	0.0420	0.1604	0.0487	0.1781	0.0517	0.1844	0.0531	0.1870
0.6	0.0259	0.0700	0.0448	0.1165	0.0560	0.1405	0.0621	0.1520	0.0654	0.1575

续表

z/b	l/b 0.2		0.4		0.6		0.8		1.0	
	1	2	1	2	1	2	1	2	1	2
0.8	0.0232	0.0480	0.0421	0.0853	0.0553	0.1093	0.0637	0.1232	0.0688	0.1311
1.0	0.0201	0.0346	0.0375	0.0638	0.0508	0.0852	0.0602	0.0996	0.0666	0.1086
1.2	0.0171	0.0260	0.0324	0.0491	0.0450	0.0673	0.0546	0.0807	0.0615	0.0901
1.4	0.0145	0.0202	0.0278	0.0386	0.0392	0.0540	0.0483	0.0661	0.0554	0.0751
1.6	0.0123	0.0160	0.0238	0.0310	0.0339	0.0440	0.0424	0.0547	0.0492	0.0628
1.8	0.0105	0.0130	0.0204	0.0254	0.0294	0.0363	0.0371	0.0457	0.0435	0.0534
2.0	0.0090	0.0108	0.0176	0.0211	0.0255	0.0304	0.0324	0.0387	0.0384	0.0456
2.5	0.0063	0.0072	0.0125	0.0140	0.0183	0.0205	0.0236	0.0265	0.0284	0.0313
3.0	0.0046	0.0051	0.0092	0.0100	0.0135	0.0148	0.0176	0.0192	0.0214	0.0233
5.0	0.0018	0.0019	0.0036	0.0038	0.054	0.0056	0.0071	0.0074	0.0088	0.0091
7.0	0.0009	0.0010	0.0019	0.0019	0.0028	0.0029	0.0038	0.0038	0.0047	0.0047
10.0	0.0005	0.0004	0.0009	0.0010	0.0014	0.0014	0.0019	0.0019	0.0023	0.0024

z/b	l/b 1.2		1.4		1.6		1.8		2.0	
	1	2	1	2	1	2	1	2	1	2
0.0	0.0000	0.2500	0.0000	0.2500	0.0000	0.2500	0.0000	0.2500	0.0000	0.2500
0.2	0.0305	0.2184	0.0305	0.2185	0.0306	0.2185	0.0306	0.2185	0.0306	0.2185
0.4	0.0539	0.1881	0.0543	0.1886	0.0545	0.1889	0.0546	0.1891	0.0547	0.1892
0.6	0.0673	0.1602	0.0684	0.1616	0.0690	0.1625	0.0694	0.1630	0.0696	0.1633
0.8	0.0720	0.1355	0.0739	0.1381	0.0751	0.1396	0.0759	0.1405	0.0764	0.1412
1.0	0.0708	0.1143	0.0735	0.1176	0.0753	0.1202	0.0766	0.1215	0.0774	0.1225
1.2	0.1664	0.0962	0.0698	0.1007	0.0721	0.1037	0.0738	0.1055	0.0749	0.1069
1.4	0.0606	0.0817	0.0644	0.0864	0.0672	0.0897	0.0692	0.0921	0.0707	0.0937
1.6	0.0545	0.0696	0.0586	0.0743	0.0616	0.0780	0.0639	0.0806	0.0656	0.0826
1.8	0.0487	0.0596	0.0528	0.0644	0.0560	0.0681	0.0585	0.0709	0.0604	0.0730
2.0	0.0434	0.0513	0.0474	0.0560	0.0507	0.0596	0.0533	0.0625	0.0553	0.0649
2.5	0.0326	0.0365	0.0362	0.0405	0.0393	0.0440	0.0419	0.0469	0.0440	0.0491
3.0	0.0249	0.0270	0.0280	0.0303	0.0307	0.0333	0.0331	0.0359	0.0352	0.0380
5.0	0.0104	0.0108	0.0120	0.0123	0.0135	0.0139	0.0148	0.0154	0.0161	0.0167
7.0	0.0056	0.0056	0.0064	0.0066	0.0073	0.0074	0.0081	0.0083	0.0089	0.0091
10.0	0.0028	0.0028	0.0033	0.0032	0.0037	0.0037	0.0041	0.0042	0.0046	0.0046

续表

z/b	l/b									
	3.0		4.0		6.0		8.0		10.0	
	1	2	1	2	1	2	1	2	1	2
0.0	0.0000	0.2500	0.0000	0.2500	0.0000	0.2500	0.0000	0.2500	0.0000	0.2500
0.2	0.0306	0.2186	0.0306	0.2186	0.0306	0.2186	0.0306	0.2186	0.0306	0.2186
0.4	0.0548	0.1894	0.0549	0.1894	0.0548	0.1894	0.0549	0.1894	0.0549	0.1894
0.6	0.0701	0.1638	0.0702	0.1639	0.0702	0.1640	0.0702	0.1640	0.0702	0.1640
0.8	0.0773	0.1423	0.0776	0.1424	0.0776	0.1426	0.0776	0.1426	0.0776	0.1426
1.0	0.0790	0.1244	0.0794	0.1248	0.0795	0.1250	0.0796	0.1250	0.0796	0.1250
1.2	0.0774	0.1096	0.0779	0.1103	0.0782	0.1105	0.0783	0.1105	0.0783	0.1105
1.4	0.0739	0.0973	0.0748	0.0982	0.0752	0.0986	0.0752	0.0987	0.0753	0.0987
1.6	0.0697	0.0870	0.0708	0.0882	0.0714	0.0887	0.0715	0.0888	0.0715	0.0889
1.8	0.0652	0.0782	0.0666	0.0797	0.0673	0.0805	0.0675	0.0806	0.0675	0.0808
2.0	0.0607	0.0707	0.0624	0.0726	0.0634	0.0734	0.0636	0.0736	0.0636	0.0738
2.5	0.0504	0.0599	0.0529	0.0585	0.0543	0.0601	0.0547	0.0604	0.0548	0.0605
3.0	0.0419	0.0451	0.0449	0.0482	0.0469	0.0504	0.0474	0.0509	0.0476	0.0511
5.0	0.0214	0.0221	0.0248	0.0265	0.0283	0.0290	0.0296	0.0303	0.0301	0.0309
7.0	0.0124	0.0126	0.0152	0.0154	0.0186	0.0190	0.0204	0.0207	0.0212	0.0216
10.0	0.0066	0.0066	0.0084	0.0083	0.0111	0.0111	0.0128	0.0130	0.0139	0.0141

1. 表 3-3 中的 b 为荷载变化方向的基础边长，并不像其他表中是基础的短边边长。
2. 表 3-3 中的 1 和 2 分别对应为图 3.12 中的角点 1、角点 2。

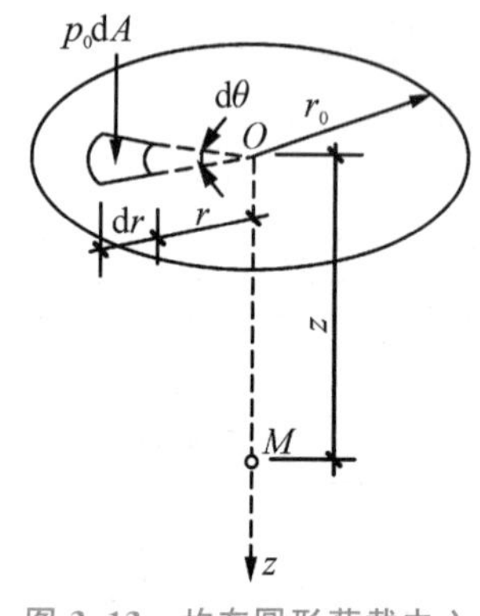

图 3.13　均布圆形荷载中心点下的附加应力

3. 均布圆形荷载作用下土中附加应力

设圆形面积半径为 r_0，均布荷载 p_0 作用在半无限体表面上，如图 3.13 所示，求圆形面积中心点下深度 z 处的竖向附加应力。采用极坐标，原点设在圆心 O 处，在圆面积内取微面积 $dA=rd\theta dr$，将作用在此微面积上的分布荷载以一集中力 p_0dA 代替，由此在 M 点引起的附加应力为

$$\sigma_z=\alpha_0 p_0 \tag{3-15}$$

式中　α_0——均布圆形荷载中心点下的竖向附加应力系数，按 z/r_0 查表 3-4 可得。

同理，可计算圆形荷载周边下的附加应力。

$$\sigma_z = \alpha_t p_0 \tag{3-16}$$

式中 α_t——均布圆形荷载周边下的附加应力系数，按 z/r_0 查表 3-4 可得。

表 3-4 均布圆形荷载中心点及圆周边下的附加应力系数 α_0、α_t

z/r_0	α_0	α_t	z/r_0	α_0	α_t	z/r_0	α_0	α_t
0.0	1.000	0.500	1.6	0.390	0.244	3.2	0.130	0.103
0.1	0.999	0.482	1.7	0.360	0.229	3.3	0.124	0.099
0.2	0.993	0.464	1.8	0.332	0.217	3.4	0.117	0.094
0.3	0.976	0.447	1.9	0.307	0.204	3.5	0.111	0.089
0.4	0.949	0.432	2.0	0.285	0.193	3.6	0.106	0.084
0.5	0.911	0.412	2.1	0.264	0.182	3.7	0.100	0.079
0.6	0.864	0.374	2.2	0.246	0.172	3.8	0.096	0.074
0.7	0.811	0.369	2.3	0.229	0.162	3.9	0.091	0.070
0.8	0.756	0.363	2.4	0.211	0.154	4.0	0.087	0.066
0.9	0.701	0.347	2.5	0.200	0.146	4.2	0.079	0.058
1.0	0.646	0.332	2.6	0.187	0.139	4.4	0.073	0.052
1.1	0.595	0.313	2.7	0.175	0.133	4.6	0.067	0.049
1.2	0.547	0.303	2.8	0.165	0.125	4.8	0.062	0.047
1.3	0.502	0.286	2.9	0.155	0.119	5.0	0.057	0.045
1.4	0.461	0.270	3.0	0.146	0.113			
1.5	0.424	0.256	3.1	0.138	0.108			

3.4.3 条形荷载作用下土中附加应力的计算

纽马克法

1. 线荷载作用下土中附加应力

在地基表面作用一竖向线荷载 p，设线荷载沿 y 轴均匀分布且无限延伸，如图 3.14 所示，求地基中某点 M 的附加应力。

过 M 点作与 y 轴垂直的平面 xOz，且平面 xOy 位于地基表面，从图 3.14 可知

$$R_1 = \sqrt{x^2 + z^2}$$

$$\cos\beta = z/R_1$$

$$\sin\beta = x/R_1$$

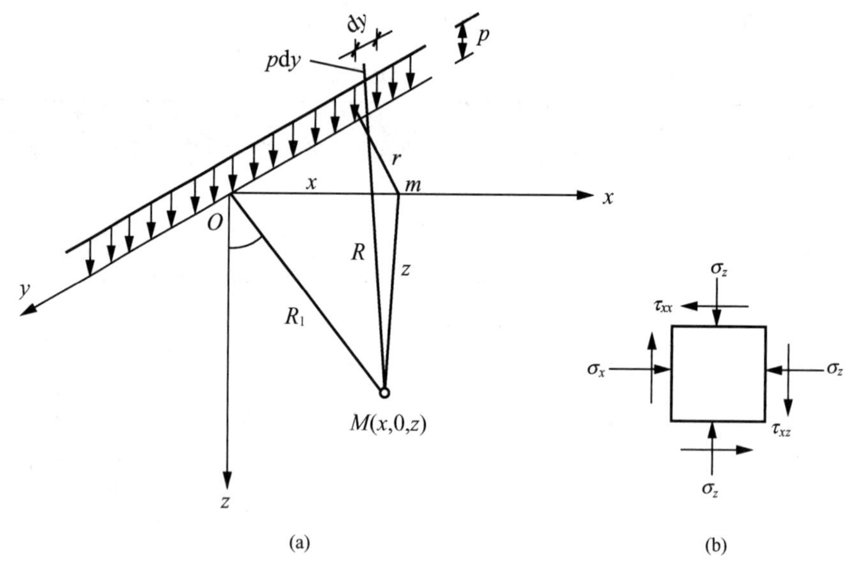

图 3.14 线荷载作用下的附加应力

沿 y 轴取一微分长度 dy，在此微分段上的分布荷载以集中力 $P=p dy$ 代替，从而可求出地基中任意点 M 处由 P 引起的附加应力，即

$$\sigma_z = \int_{-\infty}^{\infty} d\sigma_z = \int_{-\infty}^{\infty} \frac{3pz^3}{2\pi R_1^5} dy = \frac{2pz^3}{\pi R_1^4} = \frac{2p}{\pi z}\cos^4\beta \tag{3-17}$$

$$\sigma_x = \frac{2px^2 z}{\pi R_1^4} = \frac{2p}{\pi z}\cos^2\beta\sin^2\beta \tag{3-18}$$

$$\tau_{xz} = \tau_{zx} = \frac{2pxz^2}{\pi R_1^4} = \frac{2p}{\pi z}\cos^3\beta\sin\beta \tag{3-19}$$

由于线荷载沿 y 轴均匀分布且无限延伸，因此在 y 轴垂直的任何平面上的应力状态完全相同。根据弹性力学原理可得

$$\tau_{xy} = \tau_{yx} = \tau_{yz} = \tau_{zy} = 0 \tag{3-20}$$

$$\sigma_y = \mu(\sigma_x + \sigma_z) \tag{3-21}$$

式中 μ——土的泊松比。

2. 均布条形荷载作用下土中附加应力

在地基表面作用一宽度为 b 的均布条形荷载 p_0，且沿 y 轴无限延伸，如图 3.15 所示，求地基中任一点 M 的附加应力时，可取 $p=p_0 d\xi$ 作为线荷载，利用式(3-17)～式(3-19)在宽度 b 范围内积分得

$$\begin{aligned}\sigma_z &= \int_{-b_1}^{+b_1} \frac{2p_0 z^3 d\xi}{\pi\,[(x-\xi)^2+z^2]^2} \\ &= \frac{p_0}{\pi}\left(\arctan\frac{b_1-x}{z} + \arctan\frac{b_1+x}{z}\right) - \frac{2p_0 b_1 z(x^2-z^2-b_1^2)}{\pi[(x^2+z^2-b_1^2)^2+4b_1^2 z^2]} \\ &= \alpha_{sz} p_0 \end{aligned} \tag{3-22}$$

同理可得

$$\sigma_x = \alpha_{sx} p_0 \tag{3-23}$$

$$\tau_{xz} = \tau_{zx} = \alpha_{sxz} p_0 \tag{3-24}$$

式中 α_{sz}、α_{sx}、α_{sxz}——σ_z、σ_x、σ_{xz} 的附加应力系数，按 x/b、z/b 查表 3－5 可得。

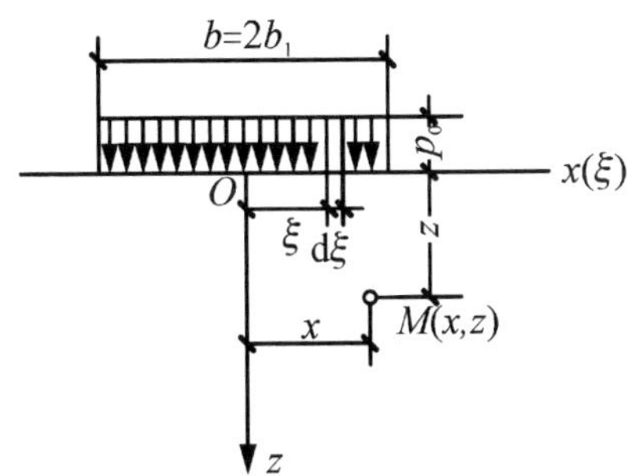

图 3.15 均布条形荷载

表 3－5 均布条形荷载作用下的附加应力系数 α_{sz}、α_{sx}、α_{sxz}

z/b	x/b																	
	0.00			0.25			0.50			1.00			1.50			2.00		
	α_{sz}	α_{sx}	α_{sxz}	α_{sz}	α_{sx}	α_{sxz}	α_{sz}	α_{sx}	α_{sxz}	α_{sz}	α_{sx}	α_{sxz}	α_{sz}	α_{sx}	α_{sxz}	α_{sz}	α_{sx}	α_{sxz}
0.00	1.00	1.00	0	1.00	1.00	0	0.50	0.50	0.32	0	0	0	0	0	0	0	0	0
0.25	0.96	0.45	0	0.90	0.39	0.13	0.50	0.35	0.30	0.02	0.17	0.05	0.00	0.07	0.01	0	0.04	0
0.50	0.82	0.18	0	0.74	0.19	0.16	0.48	0.23	0.26	0.08	0.21	0.13	0.02	0.12	0.04	0	0.07	0.02
0.75	0.67	0.08	0	0.61	0.10	0.13	0.45	0.14	0.20	0.15	0.22	0.16	0.04	0.14	0.07	0.02	0.10	0.04
1.00	0.55	0.04	0	0.51	0.05	0.10	0.41	0.09	0.16	0.19	0.15	0.16	0.07	0.14	0.10	0.03	0.13	0.05
1.25	0.46	0.02	0	0.44	0.03	0.07	0.37	0.06	0.12	0.20	0.11	0.14	0.10	0.12	0.10	0.04	0.11	0.07
1.50	0.40	0.01	0	0.38	0.02	0.06	0.33	0.04	0.10	0.21	0.08	0.13	0.11	0.10	0.10	0.06	0.10	0.07
1.75	0.35	—	0	0.34	0.01	0.04	0.30	0.03	0.08	0.21	0.06	0.11	0.13	0.09	0.10	0.07	0.09	0.08
2.00	0.31	—	0	0.31	—	0.03	0.28	0.02	0.06	0.20	0.05	0.10	0.14	0.07	0.10	0.08	0.08	0.08
3.00	0.21	—	0	0.21	—	0.02	0.20	0.01	0.03	0.17	0.02	0.06	0.13	0.03	0.07	0.10	0.04	0.07
4.00	0.16	—	0	0.16	—	0.01	0.15	—	0.02	0.14	0.01	0.03	0.12	0.02	0.05	0.10	0.03	0.05
5.00	0.13	—	0	0.13	—	—	0.12	—	—	0.12	—	—	0.11	—	—	0.09	—	—
6.00	0.11	—	0	0.10	—	—	0.10	—	—	0.10	—	—	0.10	—	—	—	—	—

利用式(3-12)、式(3-22)、式(3-23)和式(3-24)可绘出σ_z、σ_x和τ_{xz}等值线图，如图3.16所示。对于均布条形荷载，$\sigma_z=0.1p_0$的影响深度为$6b$[图3.16(a)]。这是由于在p_0及宽度相同的条件下，均布条形荷载面积较均布矩形荷载的大[图3.16(b)]，在相邻荷载作用下应力产生叠加的结果。图3.16(c)、(d)是σ_x和τ_{xz}等值线，由图可见，在荷载边缘处有应力集中现象，因此，地基土的破坏首先出现在基础的边缘。

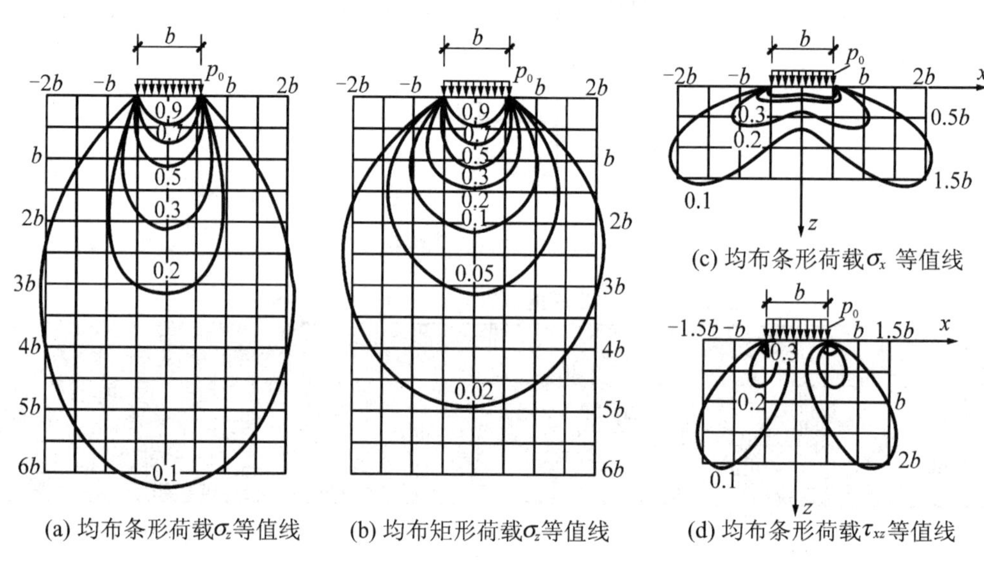

(a) 均布条形荷载σz等值线
(b) 均布矩形荷载σz等值线
(c) 均布条形荷载σx 等值线
(d) 均布条形荷载τxz等值线

图3.16　σ_z、σ_x和τ_{xz}等值线

综合应用案例

用角点法计算图3.17所示矩形基础甲的基底中心点垂线下不同深度处的地基附加应力σ_z的分布，并考虑两相邻基础乙的影响（两相邻柱距为6m，荷载同基础甲）。

解：(1) 计算基础甲的基底平均附加压力。

基础及其上回填土的总重 $G_k=\gamma_G Ad=20\times5\times4\times1.5=600$ (kN)

基底平均压力 $p_k=\dfrac{F_k+G_k}{A}=\dfrac{1940+600}{5\times4}=127$ (kPa)

基底处的土中自重应力 $\sigma_{cz}=\gamma_m d=18\times1.5=27$ (kPa)

基底处的土中附加应力 $p_0=p_k-\sigma_{cz}=127-27=100$ (kPa)

(2) 计算基础甲中心点O下由本基础荷载引起的σ_z，基底中心点O可看成是4个相等小矩形荷载Ⅰ($Oabc$)的公共角点，其长度比$l/b=2.5/2=1.25$，取深度$z=$0m、1m、2m、3m、4m、5m、6m、7m、8m、10m各计算点，相应的$z/b=$0、0.5、1、1.5、2、2.5、3、3.5、4、5，利用表3-2即可查得地基附加应力系数α_{c1}。σ_z的计算结果列于表3-6，根据计算资料绘出σ_z分布图(图3.17)。

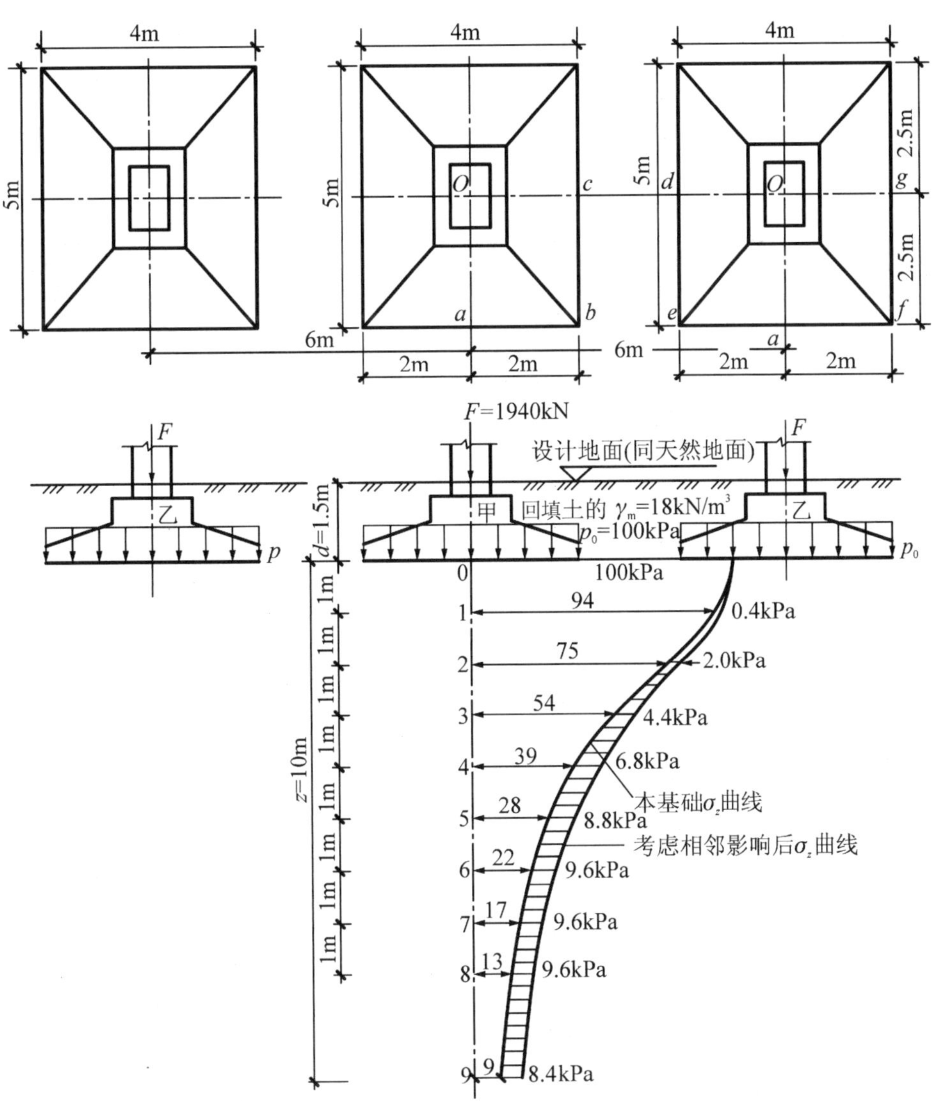

图 3.17　综合应用案例

表 3-6　σ_z 的计算结果

点	l/b	z/m	z/b	α_{c1}	$\sigma_z=4\alpha_{c1}p_0$/kPa
0	1.25	0	0	0.250	4×0.250×100=100
1	1.25	1	0.5	0.235	94
2	1.25	2	1	0.187	75
3	1.25	3	1.5	0.135	54
4	1.25	4	2	0.097	39
5	1.25	5	2.5	0.071	28
6	1.25	6	3	0.054	22
7	1.25	7	3.5	0.042	17
8	1.25	8	4	0.032	13
9	1.25	10	5	0.022	9

(3) 计算基础甲中心点 O 下由两相邻基础乙的荷载引起的 σ_z，此时中心点 O 可看成是 4 个与Ⅰ($Oafg$) 相同的矩形和另外 4 个与Ⅱ ($Oaed$) 相同的矩形的公共角点，其长度比 l/b 分别为 8/2.5=3.2 和 4/2.5=1.6。同样利用表 3-2 即可分别查得 α_{c1} 和 α_{c2}，σ_z 的计算结果见表 3-7，分布图如图 3.17 所示。

表 3-7　由基础乙荷载引起的 σ_z

点	l/b		z/m	z/b	α_c		$\sigma_z=(\alpha_{c1}-\alpha_{c2})p_0$/kPa
	Ⅰ($Oafg$)	Ⅱ($Oaed$)			α_{c1}	α_{c2}	
0	8/2.5=3.2	4/2.5=1.6	0	0	0.250	0.250	4×(0.250−0.250)×100=0
1			1	0.4	0.244	0.243	4×(0.244−0.243)×100=0.4
2			2	0.8	0.220	0.215	2.0
3			3	1.2	0.187	0.176	4.4
4			4	1.6	0.157	0.140	6.8
5			5	2.0	0.321	0.110	8.8
6			6	2.4	0.112	0.088	9.6
7			7	2.8	0.095	0.071	9.6
8			8	3.2	0.082	0.058	9.6
9			10	4.0	0.061	0.040	8.4

本章小结

(1) 地基土中应力有自重应力和附加应力。土的自重应力是由土自身重力作用产生的应力，在土中已经存在；附加应力是由建筑物建造后由荷载作用产生的应力。土自重应力为折线形分布，应力随深度而增大；附加应力为曲线分布，应力随深度而减小。

(2) 土的自重应力为各土层的重度与厚度乘积的总和：$\sigma_{cz}=\sum_{i=1}^{n}\gamma_i z_i$，有地下水时 γ_i 应用有效重度 γ' 代替，$\gamma'=\gamma_{sat}-\gamma_w$。作用在不透水层层面及层面以下的土自重应力等于上覆土的总重力。

(3) 在地基与基础之间存在着基底压力，当基础的抗弯刚度为零时，该基础为绝对柔性基础；当基础的抗弯刚度为无限大时，该基础为绝对刚性基础。绝对柔性基础和绝对刚性基础是理想化的基础。工程上采用的基础一般都具有较大的刚度，作用在基础上的荷载受到地基承载力限制，基础又有一定埋深，基底压力可近似看作按直线分布。

(4) 基坑开挖后自重应力消失，从基底压力中减去自重应力便得到基底附加压力。基底附加压力经过土粒的传递与扩散，在地基中引起附加应力与地基变形。

习 题

一、选择题

1. 计算自重应力时，对地下水位以下的土层采用________。

A. 湿重度　B. 有效重度　C. 饱和重度　D. 天然重度

2. 只有________才能引起地基的附加应力和变形。

A. 基底压力　B. 基底附加压力

C. 有效应力　D. 有效自重应力

3. 一矩形基础，短边 $b=3\text{m}$，长边 $l=4\text{m}$，在长边方向作用一偏心荷载 $F_k+G_k=1200\text{kN}$，试问当 $p_{k,\min}=0$ 时，最大压力应为________kPa。

A. 120　B. 150　C. 180　D. 200

4. 有一基础，宽度 4m，长度 8m，基底附加压力 90kPa，中心线下 6m 处竖向附加应力为 58.28kPa，试问另一基础宽度为 2m，长度为 4m，基底附加压力为 100kPa，角点下 6m 处的附加应力为________。

A. 16.19kPa　B. 64.76kPa

C. 32.38kPa

5. 有一个宽度为 3m 的条形基础，在基底平面上作用着中心荷载 $F_k+G_k=2400\text{kN}$ 及力矩 M，当 M 为________时 $p_{k,\min}=0$。

A. 1000kN·m　B. 1200kN·m

C. 1400kN·m

6. 有一独立基础，在允许荷载作用下，基底各点的沉降相等，则作用在基底的反力分布应该是________。

A. 各点应力相等　B. 中间小、边缘大的马鞍形分布

C. 中间大、边缘小的钟形分布

7. 条形均布荷载中心线下，附加应力随深度减小，其衰减速度与基础的宽度 b 有何关系？________

A. 与 b 无关　B. b 越大，衰减越慢

C. b 越大，衰减越快

8. 当地下水从地表处下降至基底平面处，对应力有何影响？________

A. 有效应力增大　B. 有效应力减小

C. 有效应力不变

二、简答题

1. 什么是自重应力？什么是附加应力？二者计算时采用的是什么理论？做了哪些假设？

2. 地下水位的升降对自重应力有何影响？当地下水位变化时，在计算中如何考虑？

3. 以条形均布荷载为例，说明附加应力在地基中的传播、扩散规律。

4. 怎样计算矩形均布荷载作用下地基内任意点的附加应力？

三、案例分析

1. 某土层物理力学性质指标如图 3.18 所示，试计算下述两种情况下土的自重应力。

(1) 没有地下水。

(2) 地下水在天然地面下 1m 位置。

2. 试计算图 3.19 所示地基土中的自重应力。

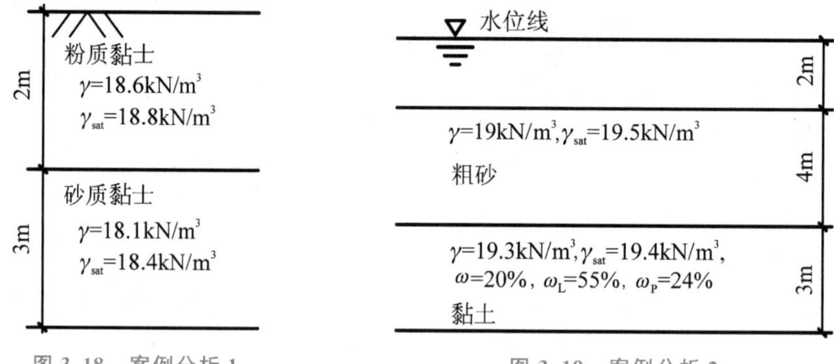

图 3.18 案例分析 1　　图 3.19 案例分析 2

3. 某矩形基础面积 $l \times b = 3\text{m} \times 2.3\text{m}$，埋深 $d = 1.5\text{m}$，$F_k = 980\text{kN}$，土的天然重度 $\gamma = 15.68\text{kN/m}^3$，饱和重度 $\gamma_{sat} = 17.64\text{kN/m}^3$，基础与土的平均重度 $\gamma_0 = 20\text{kN/m}^3$，求基础中心点下深度为 0m、0.9m、1.8m、2.7m、3.6m、4.5m、5.4m、6.3m、7.2m、8.1m 处的附加应力。

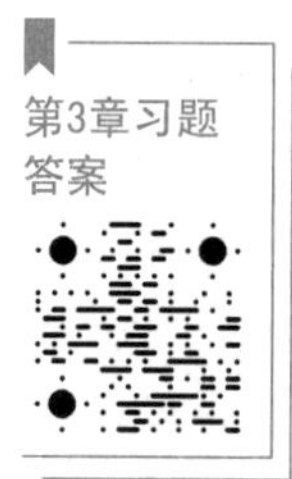

第4章 地基的变形

学习目标

通过本章的学习，了解土在侧限应力状态下的变形特性、土的变形模量，掌握侧限压缩试验及有关指标的测定，4 个压缩指标（压缩系数、压缩模量、压缩指数、变形模量）的关系；了解地基沉降的有关概念，掌握地基沉降的分层总和法、《规范》法；了解建筑物的沉降观测方法，掌握地基变形特征值的类型。

学习要求

能力目标	知识要点	相关知识	权重
掌握土的侧限压缩试验与压缩指标	侧限压缩试验的成果表示法，$e-p$ 和 $e-\log p$ 曲线的区别； 压缩指标之间的关系	压缩系数、压缩模量、压缩指数、变形模量的概念	0.4
计算地基的最终沉降量	分层总和法假设条件及计算步骤； 分层总和法与《规范》法的区别（假设、分层厚度、采用的计算指标、计算深度和结果修正）	地基沉降的原因分析； 地基中最终沉降的组成	0.5
沉降观测与地基允许变形	沉降观测方法； 地基变形类型	地基变形类型定义	0.1

引 例

根据《中国地质调查成果快讯》，截至2015年年底，全国已有21个省（直辖市）102个地级以上城市发生地面沉降，与2010年年底相比，发生地面沉降的城市数量增长了一倍。2015年，全国地面沉降严重（地面沉降速率大于50mm/a）区的面积达$1.24\times10^4 km^2$，为2012年面积的2.4倍。

其中，引起华北平原地面沉降的原因包括地质构造活动，软弱土层的自重压密固结，过量开采地下水、地下热水和油气资源，以及大规模工程建设等。因此，研究低级的变形对于地基基础设计来说尤为重要。

4.1 土的压缩性和压缩指标

4.1.1 基本概念

土层在受到竖向附加应力作用后，会产生压缩变形，引起基础沉降。土体在压力作用下体积减小的特性称为土的压缩性。

土是固相、液相和气相组成的三相体系。土的压缩包括以下3方面。

① 土粒发生相对位移，土中水及气体从孔隙中被排出，从而使土孔隙体积减小。

② 土粒本身的压缩。

③ 土中水及封闭气体被压缩。

试验研究表明，在一般工程压力（100～600kPa）作用下，土粒和水本身的压缩与土的总压缩量之比是很微小（小于1/400）的，因此完全可以忽略不计。土的压缩变形主要是土中孔隙体积的减小。

4.1.2 侧限压缩试验与压缩指标

1. 侧限压缩试验

侧限压缩试验的主要目的是用压缩仪进行压缩试验，了解土的孔隙比随压力变化的规律，并测定土的压缩指标，评定土的压缩性大小。

侧限压缩试验时，先用金属环刀切取原状土样，放入上下有透水石的压缩仪内，如图4.1所示，并分级加载。在每级荷载作用（一般按$p=50$kPa、100kPa、200kPa、300kPa、400kPa加载）下，压至土样变形稳定，测出土样的变形量，然后再加下一级荷载。根据每级荷载下的稳定变形量算出相应压力下的孔隙比。在压缩过程中，土样在金属环内不会有侧向膨胀，只有竖向变形。

设土样原始高度为h_1，如图4.2所示，土样的横截面面积为A，此时土样的原始孔隙

比 e_1 和土粒体积 V_{s1} 可用下式表示。

$$e_1=\frac{V_{v1}}{V_{s1}}=\frac{Ah_1-V_{s1}}{V_{s1}}$$

则
$$V_{s1}=\frac{Ah_1}{1+e_1} \tag{4-1}$$

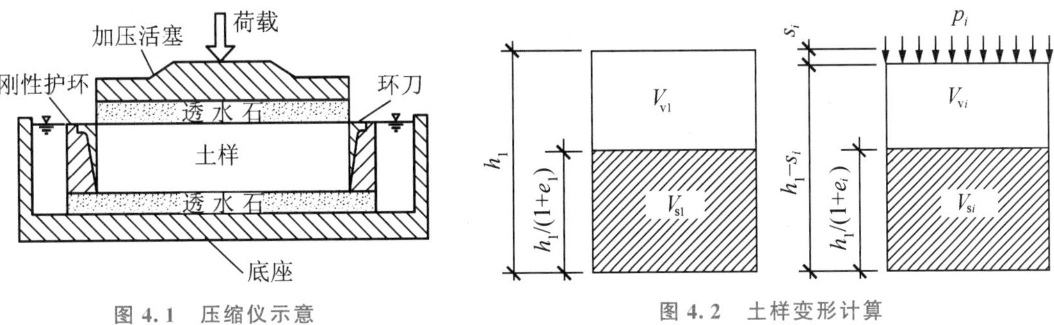

图 4.1　压缩仪示意　　　　图 4.2　土样变形计算

当压力达到某级荷载 p_i 时，测出土样的稳定变形量为 s_i，此时土样高度为 h_1-s_i，对应的孔隙比为 e_i，则土粒体积为

$$V_{si}=\frac{A(h_1-s_i)}{1+e_i} \tag{4-2}$$

由于土样在压缩过程中受到完全侧限，土样横截面面积是不变的。又因前面已假定土粒及水是不可压缩的，故 $V_{s1}=V_{si}$，即

$$\frac{Ah_1}{1+e_1}=\frac{A(h_1-s_i)}{1+e_i}$$

则
$$s_i=\frac{e_1-e_i}{1+e_1}h_1 \tag{4-3}$$

或
$$e_i=e_1-\frac{s_i}{h_1}(1+e_1) \tag{4-4}$$

式中　$e_1=\frac{d_s(1+\omega_0)}{\gamma_0}-1$，其中 d_s、ω_0、γ_0 分别为土粒相对密度、土样的初始含水率和初始重度。

根据某级荷载下的变形量 s_i，按式(4-4)求得相应的孔隙比 e_i，然后以压力 p 为横坐标，孔隙比 e 为纵坐标，可绘出 $e-p$ 曲线或 $e-\log p$ 曲线，如图 4.3 所示，这两种曲线称为压缩曲线。

2. 压缩指标

(1) 压缩系数 a

由 $e-p$ 曲线［图 4.3(a)］可知，土在完全侧限条件下，孔隙比 e 随压力 p 增加而减小。当压力变化范围不大时，曲线段 M_1M_2 可近似地以割线 $\overline{M_1M_2}$ 代替，设 $\overline{M_1M_2}$ 与横轴的夹角为 α，则

$$a=\tan\alpha=\frac{\Delta e}{\Delta p}=\frac{e_1-e_2}{p_2-p_1} \tag{4-5}$$

式中　a——压缩系数，kPa^{-1} 或 MPa^{-1}。

不同的土，在同一压力范围内孔隙比变化大，则 a 值就大，说明土的压缩性大。对同

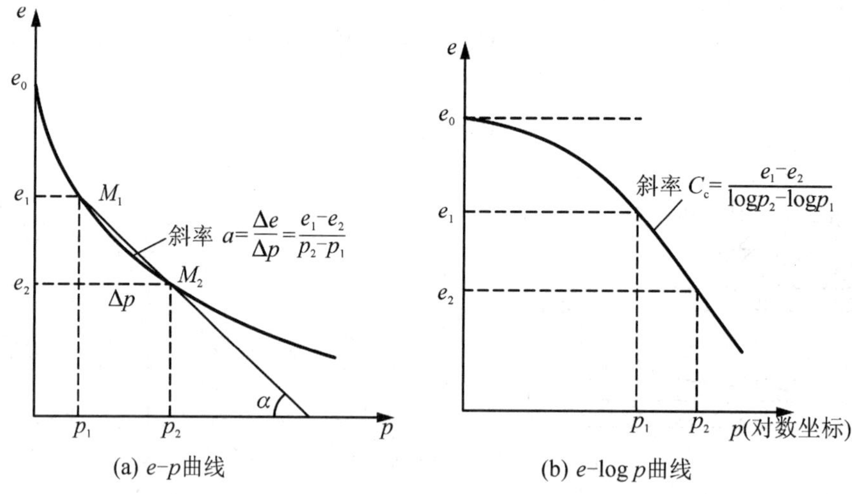

图 4.3 压缩曲线

一种土而言，a 并非常数，在不同的压力段 a 值不同，随着压力增加，a 值将减小。

为了便于比较与应用，《规范》规定，取 $p_1=100\text{kPa}$，$p_2=200\text{kPa}$ 时的压缩系数 a_{1-2} 作为判别土体压缩性的标准。

当 $a_{1-2}<0.1\text{MPa}^{-1}$ 时，属低压缩性土。

当 $0.1\text{MPa}^{-1}\leqslant a_{1-2}<0.5\text{MPa}^{-1}$ 时，属中压缩性土。

当 $a_{1-2}\geqslant 0.5\text{MPa}^{-1}$ 时，属高压缩性土。

(2) 压缩模量 E_s

土的压缩模量 E_s 是指在完全侧限条件下，土的竖向附加应力与相应的应变 λ_z 的比值。它与一般材料的弹性模量的区别如下。

① 土在侧限压缩试验时，只有竖向变形，没有侧向膨胀。

② 土的变形包括弹性变形和相当部分的不可恢复的残余变形，即土不是弹性体。

在压缩过程中，当压力为 p_1 时，土样高度为 h_1，孔隙比为 e_1；当压力由 p_1 增加到 p_2 时，稳定变形量为 s，相应孔隙比变为 e_2，则土样的竖向应变为

$$\lambda_z=\frac{s}{h_1}=\frac{e_1-e_2}{1+e_1} \tag{4-6}$$

由 E_s 的定义及式(4-6) 可得

$$E_s=\frac{\Delta p_z}{\lambda_z}=\frac{p_2-p_1}{\frac{e_1-e_2}{1+e_1}}=\frac{1+e_1}{a} \tag{4-7}$$

式中 Δp_z——土的竖向附加应力，即为两级荷载的差值 p_2-p_1。

土的压缩模量也是表示土的压缩性大小的一个指标。由式(4-7) 可见，E_s 与 a 成反比，即 a 越大，E_s 就越小，土则越软弱，压缩性越大。同样，也取 $p_1=100\text{kPa}$，$p_2=200\text{kPa}$ 时的压缩模量 E_{s1-2} 作为压缩指标来评定土的压缩性。

当 $E_{s1-2}<4\text{MPa}$ 时，属高压缩性土。

当 $4\text{MPa}\leqslant E_{s1-2}\leqslant 15\text{MPa}$ 时，属中压缩性土。

当 $E_{s1-2}>15\text{MPa}$ 时，属低压缩性土。

(3) 压缩指数 C_c

侧限压缩试验资料整理的另一种表达方法是采用半对数坐标，即横坐标采用对数值绘出的 $e-\log p$ 曲线，如图 4.3(b) 所示。由图可看出，$e-\log p$ 曲线的后半段接近直线，它的斜率称为压缩指数，用 C_c 表示，即

$$C_c=\frac{e_1-e_2}{\log p_2-\log p_1} \tag{4-8}$$

压缩指数 C_c 越大，土的压缩性越高，一般当 $C_c>0.4$ 时属高压缩性土，$0.2\leqslant C_c\leqslant 0.4$ 为中压缩性土，$C_c<0.2$ 为低压缩性土。通常，$e-\log p$ 曲线及压缩指数用于分析土的应力历史对地基沉降计算的影响。

3. 土的回弹曲线和再压缩曲线

在侧限压缩试验过程中，如加载到某一值 p_i 后，相应于图 4.4(a) 中的 $e-p$ 曲线上的 b 点，不再加载，反而进行逐级卸载，则可观察到土样的回弹。测得其逐级卸载回弹稳定后的孔隙比，则可给出相应的孔隙比与压力的关系曲线，如图 4.4(a) 中的 bc 曲线，该曲线称为回弹曲线。由图中可看到，土样在 p_i 作用下的压缩变形在卸载完毕后并不能完全恢复到初始的 a 点，说明土的压缩变形是由弹性变形和残余变形两部分组成的，而且以后者为主。如果重新加载，则可测得每级荷载下再压缩稳定后的孔隙比，绘出再压缩曲线，如图 4.4(a) 中 cdf 曲线，其中 df 段像是 ab 段的延续，犹如其间没有经过卸载和重新加载过程一样。这种现象在 $e-\log p$ 曲线中也同样可以看到，如图 4.4(b) 所示。

目前，在工程中常见到许多基础，其基底面积和深埋都较大，开挖基坑后地基受到较大的减压（应力解除）过程，造成坑底回弹，建筑物施工时又发生地基土再压缩，因此在估算基础沉降时，应适当考虑这种影响。

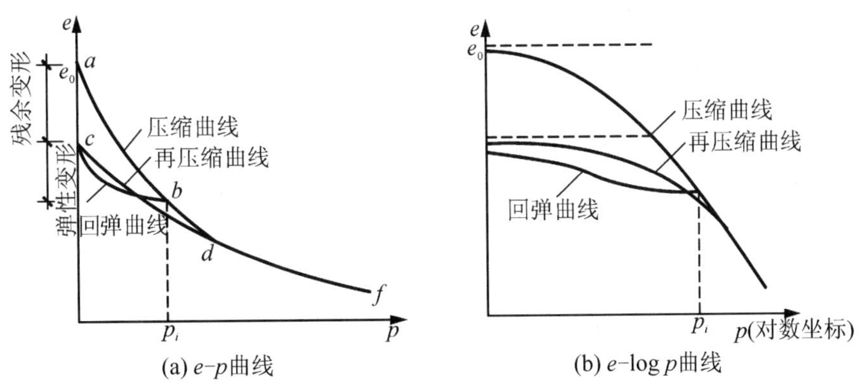

图 4.4 土的回弹曲线和再压缩曲线

4.1.3 土压缩性的原位测试及变形模量

土的压缩指标，除了通过室内的侧限压缩试验测定外，还可以通过现场原位测试取得。

1. 浅层平板载荷试验

试验前在试验点挖一试坑，其宽度不应小于承压板宽度或直径的 3 倍，以模拟半空间地基表面的局部荷载，深度依所需测试土层的深度而定。承压板面积一般不小于 0.25m^2，

对于软土不应小于 0.5m²。为了保持试验土层的原状结构和天然湿度，宜在拟试压表面用粗砂或中砂铺平，其厚度不超过 20mm。

图 4.5 所示为两种千斤顶形式的载荷架，其构造一般由加载装置、反力装置及观测装置 3 部分组成。加载装置包括承压板、立柱、千斤顶及稳压器，反力装置包括堆重系统或地锚系统等，观测装置包括百分表及固定支架等。

荷载应逐级增加，加载等级不应少于 8 级，第一级荷载（包括设备重）宜接近开挖试坑所卸除的土重，与其相应的沉降量不计，最大加载量不应小于设计要求的两倍。

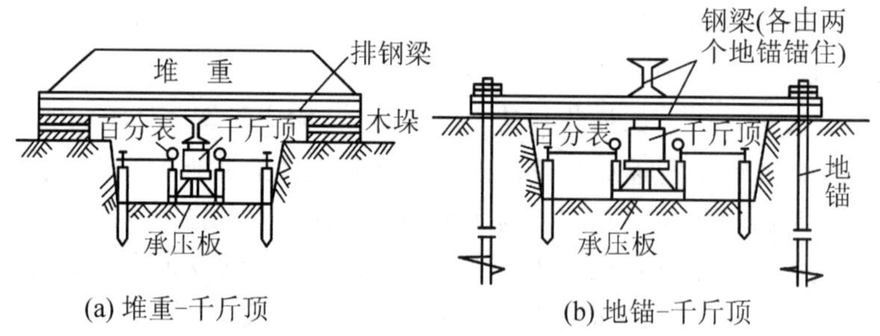

图 4.5 浅层平板载荷试验载荷架

每级加载后，按间隔 10min、10min、10min、15min、15min 测读沉降量，以后为每隔 30min 测读一次沉降量，当在连续 2h 内，每小时的沉降量小于 0.1mm 时，则认为沉降量已趋稳定，可加下一级荷载。当出现下列情况之一时，认为土体已达破坏，可终止加载。

① 承压板周围的土明显地侧向挤出（砂土）或发生裂纹（黏性土和粉土）。

② 沉降（s）急骤增大，荷载-沉降（$p-s$）曲线出现陡降段。

③ 在某一级荷载下，24h 内沉降速率不能达到稳定标准。

④ 沉降量与承压板宽度或直径之比大于或等于 0.06。

根据各级荷载及其相应的稳定沉降的观测数值按一定比例绘制荷载（p）与沉降（s）的关系曲线（即 $p-s$ 曲线）。图 4.6 为不同土的 $p-s$ 曲线。由图可见，曲线的初始阶段往往接近于直线，因此，若将地基承载力设计值控制在该直线附近，土体则处于直线变形阶段。

2. 变形模量

土的变形模量是指土体在无侧限条件下的应力与应变的比值，用符号 E_0 表示，大小可由载荷试验求得。通常在 $p-s$ 曲线的直线段上任选一压力 p_1 及相应的沉降 s_1，利用弹性力学公式反算地基土的变形模量。其计算公式为

$$E_0=\omega(1-\mu^2)\ \frac{p_1 b}{s_1} \tag{4-9}$$

式中 ω——系数，方形承压板取 0.88，圆形承压板取 0.79；

μ——地基土的泊松比；

b——承压板的边长或直径。

如果 $p-s$ 曲线上没有明显的直线段，则对高、中压缩性土取 $s_1=0.02b$ 及其对应的荷载 p_1，对砂土及低压缩性土取 $s_1=(0.01\sim0.015)b$ 及其对应的荷载 p_1，并代入式(4-9) 计算。

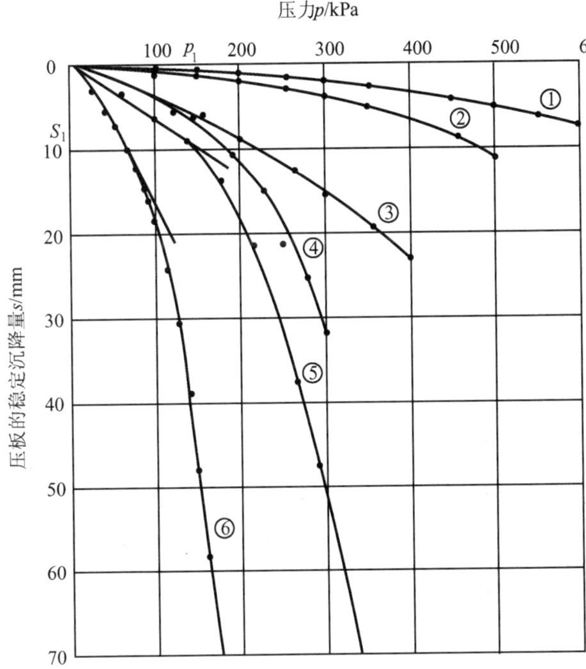

曲线	土类	地点	p_1/kPa	E_0/MPa	压板尺寸/m^2
①	硬塑粉质黏土	武汉	550	46	0.5×0.5
②	风化砂质页岩	贵阳	350	45.0	0.5×0.5
③	松散中砂	福州	200	—	0.5×0.5
④	松散卵石	德阳	190	15.7	1.0×1.0
⑤	可塑黏土	上海	130	6.8	0.707×0.707
⑥	淤泥质黏土	天津	90	3.1	0.707×0.707

图 4.6 不同土的 $p-s$ 曲线

注：图中 p_1 为试验土体承载力设计值。

3. 土的变形模量与压缩模量的关系

如前所述，土的变形模量 E_0 是指土体在无侧限条件下的应力与应变的比值，而土的压缩模量则是土体在完全侧限条件的应力与应变的比值。

根据理论推导知，变形模量 E_0 与压缩模量 E_s 有如下关系。

$$E_0=\beta E_s \tag{4-10}$$

式中 β——与土的泊松比有关的系数，$\beta=1-2\mu^2/(1-\mu)$。

一般土的泊松比 $\mu\leqslant0.5$，即 $\beta\leqslant1$，所以 $E_0<E_s$。μ、β 可采用表 4-1 所列的经验值。但是必须指出的是，式(4-10) 只是 E_0 与 E_s 之间的理论关系。

表 4-1 μ、β 的经验值

土的种类和状态	μ	β
碎石土	0.15～0.20	0.95～0.90
砂　土	0.20～0.25	0.90～0.83
粉　土	0.25	0.83

续表

土的种类和状态		μ	β
粉质黏土	坚硬状态	0.25	0.83
	可塑状态	0.30	0.74
	软塑及流塑状态	0.35	0.62
黏　土	坚硬状态	0.25	0.83
	可塑状态	0.35	0.62
	软塑及流塑状态	0.42	0.39

实际上，在载荷试验测定 E_0 和侧限压缩试验测定 E_s 时，都有无法考虑到的因素，使得式(4-10) 不能准确反映 E_0 与 E_s 之间的实际关系。其主要原因是：土体并非理想的弹性体；侧限压缩试验的土样受到不同程度的扰动；载荷试验与侧限压缩试验的加载速率、压缩稳定标准不一样；载荷试验的侧限条件并非无侧限条件，与 E_0 的定义有出入；土体的 μ 值不易精确确定等。根据统计资料，实测的 E_0 值可能是 βE_s 值的几倍，一般来说，土越坚硬则倍数越大，其值接近 E_s，而软土的实测 E_0 值与 βE_s 值比较接近。

4.2 地基最终沉降量的计算

地基沉降量是随时间而发展的，地基的最终沉降量是指地基变形稳定后的沉降量，目前国内常用的计算方法有分层总和法和《规范》推荐的方法（以下简称《规范》法）。

4.2.1 分层总和法（$e-p$ 曲线法）

分层总和法就是将地基沉降计算深度范围划分为若干水平土层，计算各分层土的压缩量，然后叠加求和，得到地基的最终沉降量。所谓地基沉降计算深度，是指自基底向下需要计算压缩变形所达到的深度。该深度以下土层的压缩变形值小到可以忽略不计。

1. 分层总和法的基本假设

① 计算土中应力时，地基土是均质、各向同性的半无限体。

② 土层在竖向附加应力作用下只产生竖向变形，不发生侧向膨胀变形，即可采用完全侧限条件下的压缩指标计算土层的变形量。

③ 采用基底中心点下的附加应力计算地基变形量。

2. 计算公式

如图 4.7 所示，在基底下压缩层范围内现取一厚度为 h_i 的土层 i，在附加应力作用下该土层压缩了 s_i，假定土层不发生侧向变形，可认为它的受力状态与侧限压缩试验时土样的受力状态相同，利用式(4-3) 可得第 i 层土的压缩量 s_i 为

$$s_i=\frac{e_{1i}-e_{2i}}{1+e_{1i}}h_i \tag{4-11}$$

地基的最终沉降量为

$$s=s_1+s_2+\cdots+s_i+\cdots+s_n=\sum_{i=1}^{n}\frac{e_{1i}-e_{2i}}{1+e_{1i}}h_i \tag{4-12}$$

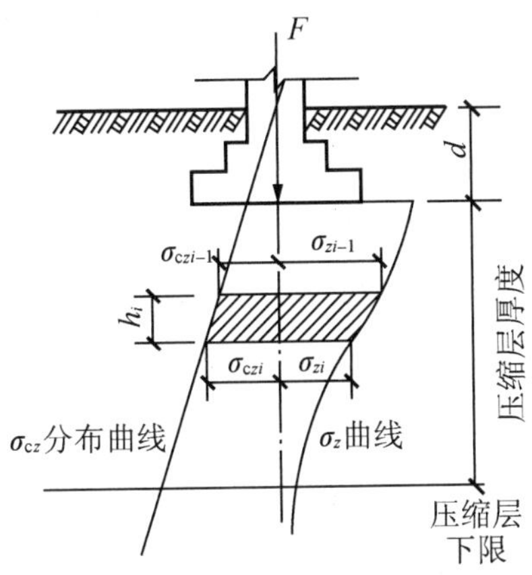

图 4.7 用分层总和法计算地基沉降量

式中 e_{1i}——第 i 层土的自重应力平均值从压缩曲线上得到的相应孔隙比；

e_{2i}——第 i 层土的自重应力平均值与附加应力平均值之和从压缩曲线上得到的相应孔隙比；

h_i——第 i 层土的厚度；

n——地基沉降计算深度范围内的土层数。

式(4-12) 是分层总和法的基本公式。

由式(4-5) 得

$$\begin{aligned}e_{1i}-e_{2i}&=a_i(p_{2i}-p_{1i})\\&=a_i\left[\left(\frac{\sigma_{czi}+\sigma_{czi-1}}{2}+\frac{\sigma_{zi}+\sigma_{zi-1}}{2}\right)-\frac{\sigma_{czi}+\sigma_{czi-1}}{2}\right]\\&=a_i\frac{\sigma_{zi}+\sigma_{zi-1}}{2}\end{aligned}$$

代入式(4-12) 得

$$s=\sum_{i=1}^{n}\frac{a_i}{1+e_i}\frac{\sigma_{zi}+\sigma_{zi-1}}{2}h_i \tag{4-13}$$

由式(4-7) 得

$$E_{si}=\frac{1+e_{1i}}{a_i}$$

则上式又可写成

$$s=\sum_{i=1}^{n}\frac{1}{E_{si}}\frac{\sigma_{zi}+\sigma_{zi-1}}{2}h_i=\sum_{i=1}^{n}\frac{\bar{\sigma}_{zi}}{E_{si}}h_i \tag{4-14}$$

式中 a_i——第 i 层土的压缩系数；

E_{si}——第 i 层土的压缩模量；

h_i——第 i 层土的厚度。

式(4－13)、式(4－14) 是分层总和法的另外两个计算公式，如土的压缩曲线近似于直线，可把 a_i 或 E_{si} 看作一个常数，代入式(4－13) 或式(4－14)，则计算比较简单；反之，如每一层土的压缩系数或压缩模量都取自压缩曲线中相应于压力变化范围内的数据，则不如直接从压缩曲线中求得 e 值，代入式(4－12) 中较为简单。

3. 计算步骤

① 按比例绘出基础和地基剖面图。

② 将基底以下土分为若干薄层，一般分层厚度 $h_i \leqslant 0.4b$（b 为基底宽度），靠近 z_n 的分层厚度可适当加大。天然土层交界面及地下水位处必须作为分界层面。

③ 计算基底下各分层面处土的自重应力 σ_{czi} 和附加应力 σ_{zi}，并绘出自重应力和附加应力曲线。

④ 确定地基沉降计算深度 z_n：地基沉降计算深度的下限，取地基附加应力等于自重应力的 20%（一般土）或 10%（高压缩性土）处，即 $\sigma_z/\sigma_z \leqslant 0.2$（一般土），$\sigma_z/\sigma_{cz} \leqslant 0.1$（高压缩性土）。

⑤ 求各层土的平均自重应力 $\bar{\sigma}_{czi}=(\sigma_{czi-1}+\sigma_{czi})/2$ 和平均附加应力 $\bar{\sigma}_{zi}=(\sigma_{zi-1}+\sigma_{zi})/2$。

⑥ 从各分层土的压缩曲线中由 $p_{1i}=\bar{\sigma}_{czi}$ 和 $p_{2i}=\bar{\sigma}_{czi}+\bar{\sigma}_{zi}$ 分别查出相应的 e_{1i} 和 e_{2i}。

⑦ 按式(4－11) 计算各分层土的变形量 s_i。

⑧ 按式(4－12) 计算地基沉降计算深度范围内的最终沉降量 s。

4.2.2 《规范》法

从分层总和法的公式(4－14) 可以看出，$\bar{\sigma}_{zi}$ 与 h_i 的乘积为《规范》法地基沉降计算图（图 4.8）中的面积 S_{3456}，此面积是曲线面积 S_{1234} 与曲线面积 S_{1256} 之差。曲线面积 S_{1234} 可用矩形面积 $\bar{\alpha}_i p_0 z_i$ 表示，而曲线面积 S_{1256} 可用矩形面积 $\bar{\alpha}_{i-1} p_0 z_{i-1}$ 表示，代入式(4－14) 中便得

$$s'=\sum_{i=1}^{n}\Delta s'_i=\sum_{i=1}^{n}\frac{p_0}{E_{si}}(z_i\bar{\alpha}_i-z_{i-1}\bar{\alpha}_{i-1}) \tag{4-15}$$

将大量的沉降观测资料与式(4－15) 计算结果比较可见，对较紧密的地基土，计算值较实测的沉降值偏大；对较软弱的地基土，计算值较实测值偏小。这是由于公式推导时做出的某些假定造成的，实际上地基土并非均匀的，并在压缩时有侧向变形等。因此《规范》将式(4－15) 乘以经验系数 ψ_s 进行修正，得出地基的最终沉降量，即

$$s=\psi_s s'=\psi_s\sum_{i=1}^{n}\frac{p_0}{E_{si}}(z_i\bar{\alpha}_i-z_{i-1}\bar{\alpha}_{i-1}) \tag{4-16}$$

式中 ψ_s——沉降计算经验系数，根据地区沉降观测资料及经验确定，也可采用表 4-2 中的数值；

p_0——对应于荷载效应准永久组合时的基底附加压力，kPa；

E_{si}——基底下第 i 层土的压缩模量，MPa；

n——地基沉降计算深度范围内的土层数；

z_i，z_{i-1}——基底至第 i 层和第 $i-1$ 层土底面的距离，m；

$\bar{\alpha}_i$，$\bar{\alpha}_{i-1}$——基底计算点至第 i 层和第 $i-1$ 层土底面范围内的平均附加应力系数，按表 4-4～表 4-7 查用。

关于地基沉降计算深度 z_n 的确定，《规范》做了如下规定。

地基沉降计算深度 z_n 应满足下列条件：由该深度处向上取计算厚度 Δz 所得的计算沉降量 $\Delta s_n'$ 应满足式(4-17) 要求（包括考虑相邻荷载的影响），即

$$\Delta s_n' \leqslant 0.025 \sum_{i=1}^{n} \Delta s_i' \tag{4-17}$$

式中 $\Delta s_i'$——地基沉降计算深度 z_n 范围内第 i 层土的计算沉降量；

$\Delta s_n'$——地基沉降计算深度 z_n 处向上取厚度为 Δz 土层的计算沉降量，Δz 按表 4-3 确定。

当无相邻荷载影响，基础宽度在 1～30m 范围内时，基础中点的地基沉降计算深度 z_n 也可按式(4-18) 估算，即

$$z_n = b(2.5 - 0.4\ln b) \tag{4-18}$$

式中 b——基础宽度，m。

在地基沉降计算深度范围内存在基岩时，z_n 可取至基岩表面。

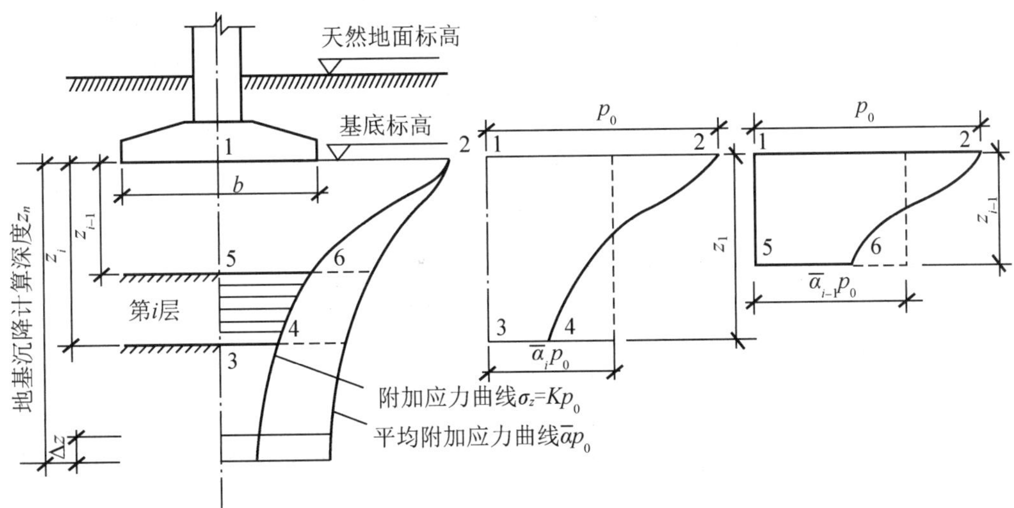

图 4.8 《规范》法地基沉降计算图

表 4-2 沉降计算经验系数 ψ_s

基底附加压力	E_s/MPa				
	2.5	4.0	7.0	15.0	20.0
$p_0 \geqslant f_{ak}$	1.4	1.3	1.0	0.4	0.2
$p_0 \leqslant 0.75 f_{ak}$	1.1	1.0	0.7	0.4	0.2

特别提示

E_s 为地基沉降计算深度范围内压缩模量的当量值，按下式计算。

$$\bar{E}_s = \sum A_i / \sum (A_i / E_{si})$$

式中 A_i——第 i 层土的平均附加应力系数沿该土层厚度的积分值；

E_{si}——相应于该土层的压缩模量。

表 4-3 Δz 值

基底宽度 b/m	≤2	2<b≤4	4<b≤8	b>8
Δz/m	0.3	0.6	0.8	1.0

表 4-4 均布矩形荷载角点下的平均竖向附加应力系数 $\bar{\alpha}$

z/b	l/b												
	1.0	1.2	1.4	1.6	1.8	2.0	2.4	2.8	3.2	3.6	4.0	5.0	10.0
0.0	0.2500	0.2500	0.2500	0.2500	0.2500	0.2500	0.2500	0.2500	0.2500	0.2500	0.2500	0.2500	0.2500
0.2	0.2496	0.2497	0.2497	0.2498	0.2498	0.2498	0.2498	0.2498	0.2498	0.2498	0.2498	0.2498	0.2498
0.4	0.2474	0.2479	0.2481	0.2483	0.2483	0.2484	0.2485	0.2485	0.2485	0.2485	0.2485	0.2485	0.2485
0.6	0.2423	0.2437	0.2444	0.2448	0.2451	0.2452	0.2454	0.2455	0.2455	0.2455	0.2455	0.2455	0.2456
0.8	0.2346	0.2372	0.2387	0.2395	0.2400	0.2403	0.2407	0.2408	0.2409	0.2409	0.2410	0.2410	0.2410
1.0	0.2252	0.2291	0.2313	0.2326	0.2335	0.2340	0.2346	0.2349	0.2351	0.2352	0.2352	0.2353	0.2353
1.2	0.2149	0.2199	0.2229	0.2248	0.2660	0.2268	0.2278	0.2282	0.2285	0.2286	0.2287	0.2288	0.2289
1.4	0.2043	0.2102	0.2140	0.2164	0.2190	0.2191	0.2204	0.2211	0.2215	0.2217	0.2218	0.2220	0.2221
1.6	0.1939	0.2006	0.2049	0.2079	0.2099	0.2113	0.2130	0.2188	0.2143	0.2146	0.2148	0.2150	0.2152
1.8	0.1840	0.1912	0.1960	0.1994	0.2018	0.2034	0.2055	0.2066	0.2073	0.2077	0.2079	0.2082	0.2084
2.0	0.1746	0.1822	0.1875	0.1912	0.1938	0.1958	0.1982	0.1996	0.2004	0.2009	0.2012	0.2015	0.2018
2.2	0.1659	0.1737	0.1793	0.1833	0.1862	0.1883	0.1911	0.1927	0.1937	0.1943	0.1947	0.1952	0.1955
2.4	0.1578	0.1657	0.1715	0.1757	0.1789	0.1812	0.1843	0.1862	0.1873	0.1880	0.1885	0.1890	0.1895
2.6	0.1503	0.1583	0.1642	0.1686	0.1719	0.1745	0.1779	0.1799	0.1812	0.1820	0.1825	0.1832	0.1838
2.8	0.1433	0.1514	0.1574	0.1619	0.1654	0.1680	0.1717	0.1739	0.1753	0.1763	0.1769	0.1777	0.1784
3.0	0.1369	0.1449	0.1510	0.1556	0.1592	0.1619	0.1658	0.1682	0.1698	0.1708	0.1715	0.1725	0.1733
3.2	0.1310	0.1390	0.1450	0.1497	0.1533	0.1562	0.1602	0.1628	0.1645	0.1657	0.1664	0.1675	0.1685
3.4	0.1256	0.1334	0.1394	0.1441	0.1478	0.1508	0.1550	0.1577	0.1595	0.1607	0.1616	0.1628	0.1639
3.6	0.1205	0.1282	0.1342	0.1389	0.1427	0.1456	0.1500	0.1528	0.1548	0.1561	0.1570	0.1583	0.1595
3.8	0.1158	0.1234	0.1293	0.1340	0.378	0.1408	0.1452	0.1482	0.1502	0.1516	0.1526	0.1541	0.1554

续表

z/b	l/b												
	1.0	1.2	1.4	1.6	1.8	2.0	2.4	2.8	3.2	3.6	4.0	5.0	10.0
4.0	0.1114	0.1189	0.1248	0.1294	0.1332	0.1362	0.1408	0.1438	0.1459	0.1474	0.1485	0.1500	0.1516
4.2	0.1073	0.1147	0.1205	0.1251	0.1289	0.1319	0.1365	0.1396	0.1418	0.1434	0.1445	0.1462	0.1479
4.4	0.1035	0.1107	0.1164	0.1210	0.1248	0.1279	0.1325	0.1357	0.1379	0.1396	0.1407	0.1425	0.1444
4.6	0.1000	0.1070	0.1127	0.1172	0.1209	0.1240	0.1287	0.1319	0.1342	0.1359	0.1371	0.1390	0.1410
4.8	0.0967	0.1036	0.1091	0.1136	0.1173	0.1204	0.1250	0.1283	0.1307	0.1324	0.1337	0.1357	0.1379
5.0	0.0935	0.1003	0.1057	0.1102	0.1139	0.1169	0.1216	0.1249	0.1273	0.1291	0.1304	0.1325	0.1348
5.2	0.0906	0.0972	0.1026	0.1070	0.1106	0.1136	0.1183	0.1217	0.1241	0.1259	0.1273	0.1295	0.1320
5.4	0.0878	0.0943	0.0996	0.1039	0.1075	0.1105	0.1152	0.1186	0.1211	0.1229	0.1243	0.1265	0.1292
5.6	0.0852	0.0916	0.0968	0.1010	0.1046	0.1076	0.1122	0.1156	0.1181	0.1200	0.1215	0.1238	0.1266
5.8	0.0828	0.0890	0.0941	0.0983	0.1018	0.1047	0.1094	0.1128	0.1153	0.1172	0.1187	0.1211	0.1240
6.0	0.0805	0.0866	0.0916	0.0957	0.0991	0.1021	0.1067	0.1101	0.1126	0.1146	0.1161	0.1185	0.1216
6.2	0.0783	0.0842	0.0891	0.0932	0.0966	0.0995	0.1041	0.1075	0.1101	0.1120	0.1136	0.1161	0.1193
6.4	0.0762	0.0820	0.0869	0.0909	0.0942	0.0971	0.1016	0.1050	0.1076	0.1096	0.1111	0.1137	0.1171
6.6	0.0742	0.0799	0.0847	0.0886	0.0919	0.0948	0.0993	0.1027	0.1053	0.1073	0.1088	0.1114	0.1149
6.8	0.0723	0.0779	0.0826	0.0865	0.0898	0.0926	0.0970	0.1004	0.1030	0.1050	0.1066	0.1092	0.1129
7.0	0.0705	0.0761	0.0806	0.0844	0.0877	0.0904	0.0949	0.0982	0.1008	0.1028	0.1044	0.1071	0.1109
7.2	0.0688	0.0742	0.0787	0.0825	0.0857	0.0884	0.0928	0.0962	0.0987	0.1008	0.1023	0.1051	0.1090
7.4	0.0672	0.0725	0.0769	0.0806	0.0838	0.0865	0.0908	0.0942	0.0967	0.0988	0.1004	0.1031	0.1071
7.6	0.0656	0.0709	0.0752	0.0789	0.0820	0.0846	0.0889	0.0922	0.0948	0.0968	0.0984	0.1012	0.1054
7.8	0.0642	0.0693	0.0736	0.0771	0.0802	0.0828	0.0871	0.0904	0.0929	0.0950	0.0966	0.0994	0.1036
8.0	0.0627	0.0678	0.0720	0.0755	0.0785	0.0811	0.0853	0.0886	0.0912	0.0932	0.0948	0.0976	0.1020
8.2	0.0614	0.0663	0.0705	0.0739	0.0769	0.0795	0.0837	0.0869	0.0894	0.0914	0.0931	0.0959	0.1004
8.4	0.0601	0.0649	0.0690	0.0724	0.0754	0.0779	0.0820	0.0852	0.0878	0.0893	0.0914	0.0943	0.0938
8.6	0.0588	0.0636	0.0676	0.0710	0.0739	0.0764	0.0805	0.0836	0.0862	0.0882	0.0898	0.0927	0.0973
8.8	0.0576	0.0623	0.0663	0.0696	0.0724	0.0749	0.0790	0.0821	0.0846	0.0866	0.0882	0.0912	0.0959
9.2	0.0554	0.0599	0.0637	0.0670	0.0721	0.0761	0.0792	0.0817	0.0837	0.0837	0.0883	0.0882	0.0931
9.6	0.0533	0.0577	0.0614	0.0672	0.0696	0.0734	0.0765	0.0789	0.0809	0.0809	0.0825	0.0855	0.0905
10.0	0.0514	0.0556	0.0592	0.0649	0.0672	0.0710	0.0739	0.0763	0.0783	0.0783	0.0799	0.0829	0.0880
10.4	0.0496	0.0537	0.0572	0.0627	0.0649	0.0686	0.0716	0.739	0.0759	0.0779	0.0775	0.0804	0.0857
10.8	0.0479	0.0519	0.0553	0.0606	0.0628	0.0664	0.0693	0.0717	0.0736	0.0736	0.0751	0.0781	0.0834

续表

z/b	l/b												
	1.0	1.2	1.4	1.6	1.8	2.0	2.4	2.8	3.2	3.6	4.0	5.0	10.0
11.2	0.0463	0.0502	0.0535	0.0563	0.0587	0.0609	0.0644	0.0672	0.0695	0.0714	0.0730	0.0759	0.0813
11.6	0.0448	0.0486	0.0518	0.0545	0.0569	0.0590	0.0625	0.0652	0.0675	0.0694	0.0709	0.0738	0.0793
12.0	0.0435	0.0471	0.0502	0.0529	0.0552	0.0573	0.0606	0.0634	0.0656	0.0674	0.0690	0.0719	0.0774
12.8	0.0409	0.0444	0.0474	0.0499	0.0521	0.0541	0.0573	0.0599	0.0621	0.0639	0.0654	0.0682	0.0739
13.6	0.0387	0.0420	0.0448	0.0472	0.0493	0.0512	0.0543	0.0568	0.0589	0.0607	0.0621	0.0649	0.0707
14.4	0.0367	0.0398	0.0425	0.0448	0.0468	0.0486	0.0516	0.0540	0.0561	0.0577	0.0592	0.0619	0.0677
15.2	0.0349	0.0379	0.0404	0.0426	0.0446	0.0463	0.0492	0.0515	0.0535	0.0551	0.0565	0.0592	0.0650
16.0	0.0332	0.0361	0.0385	0.0407	0.0425	0.0442	0.0469	0.0492	0.0511	0.0527	0.0540	0.0567	0.0625
18.0	0.0297	0.0323	0.0345	0.0364	0.0381	0.0396	0.0422	0.0442	0.0460	0.0475	0.0487	0.0512	0.0570
20.0	0.0269	0.0293	0.0312	0.0330	0.0345	0.0359	0.0383	0.0402	0.0418	0.0432	0.0444	0.0468	0.0524

表 4-5　三角形分布的矩形荷载角点下的平均竖向附加应力系数 $\bar{\alpha}$

z/b	l/b=0.2		l/b=0.4		l/b=0.6		l/b=0.8		l/b=1.0	
	角点 1	角点 2	角点 1	角点 2	角点 1	角点 2	角点 1	角点 2	角点 1	角点 2
0.0	0.0000	0.2500	0.0000	0.2500	0.0000	0.2500	0.0000	0.2500	0.0000	0.2500
0.2	0.0112	0.2161	0.0140	0.2308	0.0148	0.2333	0.0151	0.2339	0.0152	0.2341
0.4	0.0179	0.1810	0.0245	0.2084	0.0270	0.2153	0.0280	0.2175	0.0285	0.2184
0.6	0.0207	0.1505	0.0308	0.1851	0.0355	0.1966	0.0376	0.2011	0.3888	0.2030
0.8	0.0217	0.1277	0.0340	0.1640	0.0405	0.1787	0.0440	0.1852	0.0459	0.1883
1.0	0.0217	0.1104	0.0351	0.1461	0.0430	0.1624	0.0476	0.1704	0.0502	0.1746
1.2	0.0212	0.0970	0.0351	0.1312	0.0439	0.1480	0.0492	0.1571	0.0525	0.1621
1.4	0.0204	0.0865	0.0344	0.1187	0.0436	0.1356	0.0495	0.1451	0.0534	0.1507
1.6	0.0195	0.0779	0.0333	0.1082	0.427	0.1247	0.0490	0.1345	0.0533	0.1405
1.8	0.0186	0.0709	0.0321	0.0993	0.0415	0.1153	0.0480	0.1252	0.0525	0.1313
2.0	0.0178	0.0650	0.0308	0.0917	0.0401	0.1071	0.0467	0.1169	0.0513	0.1232
2.5	0.0157	0.0538	0.0276	0.0769	0.0365	0.0908	0.0429	0.1000	0.0478	0.0163
3.0	0.0140	0.0458	0.0248	0.0661	0.0330	0.0786	0.0392	0.0871	0.0439	0.0931
5.0	0.0097	0.0289	0.0175	0.0424	0.0236	0.0476	0.0285	0.0576	0.0324	0.0624
7.0	0.0073	0.0211	0.0133	0.0311	0.0180	0.0352	0.219	0.0427	0.0251	0.0465
10.0	0.0053	0.0150	0.0097	0.0222	0.0133	0.0253	0.0162	0.0308	0.0186	0.0336

续表

z/b	l/b=1.2		l/b=1.4		l/b=1.6		l/b=1.8		l/b=2.0	
	角点1	角点2	角点1	角点2	角点1	角点2	角点1	角点2	角点1	角点2
0.0	0.0000	0.2500	0.0000	0.2500	0.0000	0.2500	0.0000	0.2500	0.0000	0.2500
0.2	0.0153	0.2342	0.0153	0.2343	0.0153	0.2343	0.0153	0.2343	0.0153	0.2343
0.4	0.0288	0.2187	0.0289	0.2189	0.0290	0.2190	0.0290	0.2190	0.0290	0.2191
0.6	0.0394	0.2039	0.0397	0.2043	0.0399	0.2046	0.0400	0.2047	0.0401	0.2048
0.8	0.0470	0.1899	0.0476	0.1907	0.0480	0.1912	0.0482	0.1915	0.0483	0.1917
1.0	0.0518	0.1769	0.0528	0.1781	0.0534	0.1789	0.0538	0.1794	0.0540	0.1797
1.2	0.0546	0.1649	0.0560	0.1666	0.0568	0.1678	0.0574	0.1584	0.0577	0.1689
1.4	0.0559	0.1541	0.0575	0.1562	0.0586	0.1576	0.0594	0.1585	0.0599	0.1591
1.6	0.0561	0.1443	0.0580	0.1467	0.0594	0.1484	0.0603	0.1494	0.0609	0.1502
1.8	0.0556	0.1354	0.0578	0.1381	0.0593	0.1400	0.0604	0.1413	0.0611	0.1422
2.0	0.0547	0.1274	0.0570	0.1303	0.0587	0.1324	0.0599	0.1338	0.0608	0.1348
2.5	0.0513	0.1107	0.0540	0.1139	0.0560	0.1163	0.0575	0.1180	0.0586	0.1193
3.0	0.0476	0.0976	0.0503	0.1008	0.0525	0.1033	0.0541	0.1052	0.0554	0.1067
5.0	0.0356	0.0661	0.0382	0.0690	0.0403	0.0714	0.0421	0.0734	0.0435	0.0749
7.0	0.0277	0.0496	0.0299	0.0520	0.0318	0.0541	0.0333	0.0558	0.0347	0.0572
10.0	0.0207	0.0359	0.0224	0.0379	0.0239	0.0395	0.0252	0.0409	0.0263	0.0403

z/b	l/b=3.0		l/b=4.0		l/b=6.0		l/b=8.0		l/b=10.0	
	角点1	角点2	角点1	角点2	角点1	角点2	角点1	角点2	角点1	角点2
0.0	0.0000	0.2500	0.0000	0.2500	0.0000	0.2500	0.0000	0.2500	0.0000	0.2500
0.2	0.0153	0.2343	0.0153	0.2343	0.0153	0.2343	0.0153	0.2343	0.0153	0.2343
0.4	0.0290	0.2192	0.0291	0.2192	0.0291	0.2192	0.0291	0.2192	0.0291	0.2192
0.6	0.0402	0.2050	0.0402	0.2050	0.0402	0.2050	0.0402	0.2050	0.0402	0.2050
0.8	0.0486	0.1920	0.0487	0.1920	0.0487	0.1921	0.0487	0.1921	0.0487	0.1921
1.0	0.0545	0.1803	0.0546	0.1803	0.0546	0.1804	0.0546	0.1804	0.0546	0.1804
1.2	0.0584	0.1697	0.0586	0.1699	0.0587	0.1700	0.0587	0.1700	0.0587	0.1700
1.4	0.0609	0.1603	0.0612	0.1605	0.0613	0.1606	0.0613	0.1606	0.0613	0.1606
1.6	0.0623	0.1517	0.0626	0.1521	0.0628	0.1523	0.0628	0.1523	0.0628	0.1523
1.8	0.0628	0.1441	0.0633	0.1445	0.0635	0.1447	0.0635	0.1448	0.0635	0.1448
2.0	0.0629	0.1371	0.0634	0.1377	0.0637	0.1380	0.0638	0.1380	0.0638	0.1380
2.5	0.0614	0.1223	0.0623	0.1233	0.0627	0.1237	0.0628	0.1238	0.0628	0.1239
3.0	0.0589	0.1104	0.0600	0.1116	0.0607	0.01123	0.0609	0.1124	0.0609	0.1125
5.0	0.0480	0.0797	0.0500	0.0817	0.0515	0.0833	0.0519	0.0837	0.0521	0.0839
7.0	0.0391	0.0619	0.0414	0.0642	0.0435	0.0663	0.0442	0.0671	0.0445	0.0674
10.0	0.0302	0.0462	0.0325	0.0485	0.0349	0.0509	0.0359	0.0520	0.0364	0.0526

表 4-6　圆形面积均布荷载中心点下平均竖向附加应力系数 $\bar{\alpha}$

z/r_0	$\bar{\alpha}$	z/r_0	$\bar{\alpha}$	z/r_0	$\bar{\alpha}$
0.0	1.000	2.1	0.640	4.1	0.401
0.1	1.000	2.2	0.623	4.2	0.439
0.2	0.998	2.3	0.606	4.3	0.386
0.3	0.993	2.4	0.590	4.4	0.379
0.4	0.986	2.5	0.574	4.5	0.372
0.5	0.974	2.6	0.560	4.6	0.365
0.6	0.960	2.7	0.546	4.7	0.359
0.7	0.942	2.8	0.532	4.8	0.353
0.8	0.923	2.9	0.519	4.9	0.347
0.9	0.901	3.0	0.507	5.0	0.341
1.0	0.878	3.1	0.495	6.0	0.292
1.1	0.855	3.2	0.484	7.0	0.255
1.2	0.831	3.3	0.473	8.0	0.227
1.3	0.808	3.4	0.463	9.0	0.206
1.4	0.784	3.5	0.453	10.0	0.187
1.5	0.762	3.6	0.443	12.0	0.156
1.6	0.739	3.7	0.434	14.0	0.134
1.7	0.718	3.8	0.425	16.0	0.117
1.8	0.697	3.9	0.417	18.0	0.104
1.9	0.677	4.0	0.409	20.0	0.094
2.0	0.658				

表 4-7　圆形面积均布荷载的圆周点下平均竖向附加应力系数 $\bar{\alpha}$

z/r_0	$\bar{\alpha}$	z/r_0	$\bar{\alpha}$	z/r_0	$\bar{\alpha}$
0.0	0.500	1.6	0.368	3.4	0.257
0.2	0.484	1.8	0.353	3.8	0.239
0.4	0.468	2.0	0.338	4.2	0.215
0.6	0.448	2.2	0.324	4.6	0.202
0.8	0.434	2.4	0.311	5.0	0.190
1.0	0.417	2.6	0.299	5.5	0.177
1.2	0.400	2.8	0.287	6.0	0.166
1.4	0.384	3.0	0.276		

由式(4-16)可以看出，《规范》法的计算公式实际上与分层总和法的计算公式基本一致，所不同的是，该公式在分层总和法的基础上做了一些修正。

1.《规范》法由于采用了平均附加应力系数，分层的厚度可以增大，一般以天然土层为分层面，使计算工作量减少。

2. 分层厚度的确定，分层总和法采用应力比，《规范》法采用的是应变比。

3. 用《规范》法计算沉降量时，对同一土层的压缩性指标是采用 100～200kPa 的压力求得的压缩模量来进行计算的。显然，这样比分层总和法略微粗糙，但计算大为简单。

4. 引入了经验系数 ψ_s，使计算结果更符合实际。

综合应用案例

按分层总和法和《规范》法分别计算第 3 章【综合应用案例】中矩形基础甲的最终沉降量（应考虑相邻基础乙的影响）。设计资料如图 4.9 和图 4.10 所示。

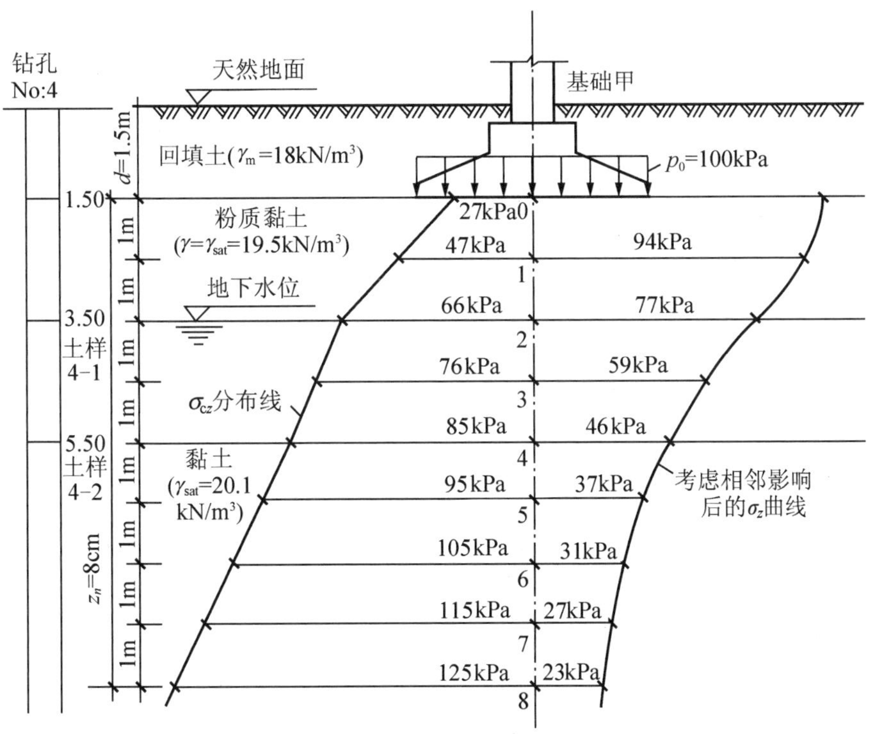

图 4.9 【综合应用案例】资料 1

解：1. 按分层总和法计算

(1) 地基分层。基底下第一层粉质黏土厚 4m，地下水位分层面以下厚 2m，所以分层厚度均可取 1m（包括第二层黏土层）。

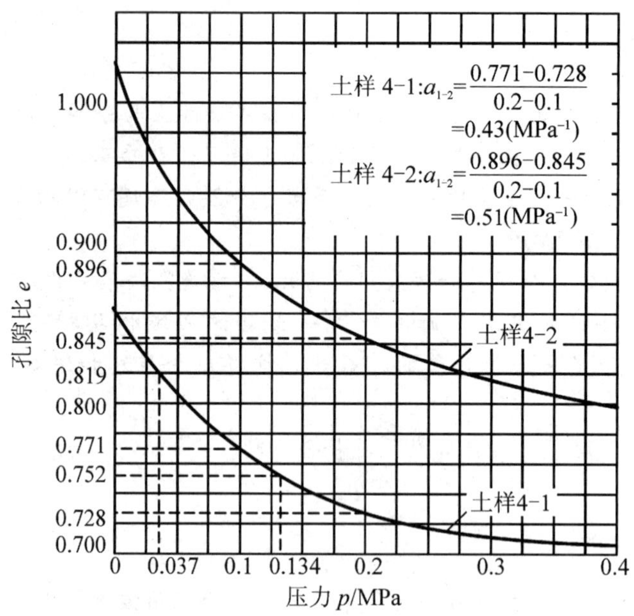

图 4.10 【综合应用案例】资料 2

（2）计算各分层面处自重应力。

$$\sigma_{cz0}=18\times1.5=27(\text{kPa})$$

$$\sigma_{cz1}=27+19.5\times1\approx47(\text{kPa})$$

$$\sigma_{cz2}=46.5+19.5\times1=66(\text{kPa})$$

$$\sigma_{cz3}=66+(19.5-10)\times1\approx76(\text{kPa})$$

$$\sigma_{cz4}=75.5+(19.5-10)\times1=85(\text{kPa})$$

$$\sigma_{cz5}=85+(20.1-10)\times1\approx95(\text{kPa})$$

$$\sigma_{cz6}=95.1+(20.1-10)\times1\approx105(\text{kPa})$$

$$\sigma_{cz7}=105.2+(20.1-10)\times1\approx115(\text{kPa})$$

$$\sigma_{cz8}=115.3+(20.1-10)\times1\approx125(\text{kPa})$$

根据以上计算结果可绘出自重应力分布，如图 4.9 中 σ_{cz} 分布线所示。

（3）计算地基各土层附加应力。

① 计算基础甲的基底平均附加压力。

基础及回填土的总重　$G_k=\gamma_G Ad=20\times5\times4\times1.5=600$（kN）

基底平均压力　$p_k=\frac{F_k+G_k}{A}=\frac{1940+600}{20}=127$（kPa）

基底处的土自重应力　$\sigma_{cz}=\gamma_m d=18\times1.5=27$（kPa）

基底附加压力　$p_0=p_k-\sigma_{cz}=127-27=100$（kPa）

② 计算基础甲中心点 O 下的附加应力。

基础甲中心点 O 下的附加应力由自身荷载引起的附加应力和相邻基础乙的荷载引起的附加应力叠加而得，计算过程见第 3 章中表 3-6 和表 3-7，计算结果见图 4.9 的 σ_z 曲线。

③ 计算地基分层自重应力平均值和附加应力平均值。

例如，0－1层：$p_{1i}=(\sigma_{czi-1}+\sigma_{czi})/2=(27+47)/2=37(\text{kPa})$，$p_{2i}=p_{1i}+(\sigma_{zi-1}+\sigma_{zi})/2=37+(100+94)/2=134(\text{kPa})$；其余各分层的计算结果见表4－8。

表4－8 分层总和法计算基础甲的沉降量

点	深度 z_i /m	自重应力 σ_{czi} /kPa	附加应力 $\sigma_{zi}+\sigma'_{zi}$ /kPa	厚度 H_i /m	自重应力平均值 $\frac{\sigma_{czi-1}+\sigma_{czi}}{2}$ /kPa	附加应力平均值 $\frac{\sigma_{zi-1}+\sigma_{zi}}{2}$ /kPa	自重应力加附加应力 /kPa	压缩曲线编号	受压前孔隙比 e_{1i}	受压后孔隙比 e_{2i}	$\frac{e_{1i}-e_{2i}}{1+e_{1i}}$	$s_i=10^3\times\frac{e_{1i}-e_{2i}}{1+e_{1i}}H_i$
0	0	27	100									
1	1.0	47	94	1.0	37	97	134	土样4－1	0.819	0.752	0.037	37
2	2.0	66	77	1.0	57	86	143		0.801	0.748	0.029	29
3	3.0	76	59	1.0	71	68	139		0.790	0.750	0.022	22
4	4.0	85	46	1.0	81	53	134		0.784	0.752	0.018	18
5	5.0	95	37	1.0	90	42	132	土样4－2	0.904	0.873	0.016	16
6	6.0	105	31	1.0	100	34	134		0.896	0.872	0.013	13
7	7.0	115	27	1.0	110	29	139		0.888	0.870	0.010	10
8	8.0	125	23	1.0	120	25	145		0.882	0.867	0.008	8

④ 地基各分层土的孔隙比变化值的确定。

按各分层的 p_{1i} 及 p_{2i} 值从土样4－1（粉质黏土）或土样4－2（黏土）的压缩曲线（图4.10）中分别查取孔隙比。例如，0－1分层：按 $p_{1i}=37\text{kPa}$ 从土样4－1的压缩曲线上得 $e_{1i}=0.819$；按 $p_{2i}=134\text{kPa}$ 查得 $e_{2i}=0.752$。其余各分层的确定结果列于表4－8中。

⑤ 地基沉降计算深度的确定。

按 $\sigma_z=0.2\sigma_{cz}$ 确定深度的下限。

7m深处：$0.2\sigma_{cz7}=0.2\times115=23$（kPa），$\sigma_{z7}=27\text{kPa}>23\text{kPa}$，不满足要求。

8m深处：$0.2\sigma_{cz8}=0.2\times125=25$（kPa），$\sigma_{z8}=23\text{kPa}<25\text{kPa}$，满足要求。

⑥ 地基各分层沉降量的计算。

例如，0－1分层：$s_i=\frac{e_{1i}-e_{2i}}{1+e_{1i}}H_i=\frac{0.819-0.752}{1+0.819}\times10^3\approx37(\text{mm})$。其余列于表4－8中。

⑦ 基础甲的最终沉降量的确定从表4－8得

$$s=\sum_{i=1}^{n}s_i=37+29+22+18+16+13+10+8=153\ (\text{mm})$$

2. 按《规范》法计算

(1) 计算 p_0。

p_0 的计算同分层总和法，即 $p_0=100\text{kPa}$。

(2) 计算 E_{si}。

分层厚度取 2m，对应分层面的点为 1、3、5、7，根据各层的自重应力平均值 p_{1i} 和附加应力平均值 Δp_i 即可求得各分层平均应力，即 $p_{2i}=p_{1i}+\Delta p_i$，再利用图 4.10 中的压缩曲线分别查得 e_{1i} 和 e_{2i} 各值，各分层的计算结果列于表 4-9 中。

表 4-9 计算各土层的压缩模量

分层深度 z_i/m	自重应力平均值 p_{1i}/kPa	附加应力平均值 Δp_i/kPa	自重应力+附加应力 p_{2i}/kPa	分层厚度/m	压缩曲线编号	受压前孔隙比 e_{1i}	受压后孔隙比 e_{2i}	$E_{si}=(1+e_{1i})\times\frac{p_{1i}-p_{1i}}{e_{1i}-e_{2i}}\times10^{-3}$ /MPa
0～2	47	94	141	2.0	土样 4-1	0.810	0.749	2.79
2～4	76	59	135	2.0		0.787	0.751	2.93
4～6	95	37	132	2.0	土样 4-2	0.900	0.873	2.60
6～8	115	27	142	2.0		0.885	0.869	3.18
8～10	135	18	153	2.0		0.872	0.861	3.06

(3) 计算 $\bar{\alpha}$。

当 $z=0$ 时，查表 4-4 得 $\bar{\alpha}=0.2500$；当 $z=2$m 时，$\bar{\alpha}$ 的计算方法如下。

① 基础甲（荷载面积 $Oabc\times4$），对矩形荷载 $Oabc$，$l/b=2.5/2=1.25$，$z/b=2/2=1$，用内插法查表 4-4 得 $\bar{\alpha}=0.2297$，基础甲基底下 $z=2$m 范围内，$\bar{\alpha}=4\times0.2297=0.9188$。

② 相邻基础乙［荷载面积（$Oafg-Oaed$）$\times2\times2$］，对矩形荷载 $Oafg$，$l/b=8/2.5=3.2$，$z/b=2/2.5=0.8$，查表 4-4 得 $\bar{\alpha}=0.2409$；对矩形荷载 $Oaed$，$l/b=4/2.5=1.6$，$z/b=2/2.5=0.8$，查表 4-4 得 $\bar{\alpha}=0.2395$。

相邻基础乙对基础甲的影响，在 $z=2$m 范围内，$\bar{\alpha}=2\times2\times(0.2409-0.2395)=0.0056$。

③ 考虑相邻基础乙的影响，基础甲在 $z=2$m 范围内的 $\bar{\alpha}=0.9188+0.0056=0.9244$。

按表 4-3 规定，当 $b=4$m 时，从地基沉降计算深度处向上取计算厚度 $\Delta z=6$m，分别计算 $z=4$m、6m、8m、8.4m、9m 深度范围内的 $\bar{\alpha}$ 值，列于表 4-10 中。

表 4-10 《规范》法计算基础甲沉降量

z/m	基础甲			基础乙对基础甲的影响			考虑影响后的基础甲的 $\bar{\alpha}$	$z\bar{\alpha}$	$z_i\bar{\alpha}_i-z_{i-1}\bar{\alpha}_{i-1}$	E_{si}/MPa	$\Delta s_i'$/mm	$\sum\Delta s_i'$/mm
	l/b	z/b	$\bar{\alpha}$	l/b	z/b	$\bar{\alpha}$						
0	1.25	0	4×0.2500 =1.0000	3.2 1.6	0 0	4×(0.2500−0.2500) =0	1.0000	0				
2	1.25	1	4×0.2297 =0.9188	3.2 1.6	0.8 0.8	4×(0.2409−0.2395) =0.0056	0.9244	1.849	1.849	2.79	66	66

续表

z/m	基础甲			基础乙对基础甲的影响			考虑影响后的基础甲的 $\bar{\alpha}$	$z\bar{\alpha}$	$z_i\bar{\alpha}_i-z_{i-1}\bar{\alpha}_{i-1}$	E_{si}/MPa	$\Delta s_i'$/mm	$\sum\Delta s_i'$/mm
	l/b	z/b	$\bar{\alpha}$	l/b	z/b	$\bar{\alpha}$						
4	1.25	2	4×0.1835 =0.7340	3.2 1.2	1.6 1.6	4×(0.2143−0.2079) =0.0256	0.7596	3.089	1.189	2.93	41	107
6	1.25	3	4×0.1464 =0.5856	3.2 1.6	2.4 2.4	4×(0.1873−0.1757) =0.0464	0.6320	3.792	0.754	2.60	29	136
8	1.25	4	4×0.1204 =0.4816	3.2 1.6	3.2 3.2	4×(0.1645−0.1497) =0.0592	0.5408	4.326	0.534	3.18	17	153
8.4	1.25	4.2	4×0.1162 =0.4648	3.2 1.6	3.36 3.36	4×(0.1605−0.1452) =0.0612	0.5260	4.418	0.092	3.06	(3)	156
9	1.25	4.5	4×0.1102 =0.4408	3.2 1.6	3.6 3.6	4×(0.1548−0.1389) =0.0636	0.5044	4.540	0.122	3.06	4≤ 0.025 ×160	160

(4) 计算 $\Delta s_i'$。

z=0～2m（粉质黏土层位于地下水位以上）：

$$\Delta s_i'=\frac{p_0}{E_{si}}\left(z_i\bar{\alpha}_i-z_{i-1}\bar{\alpha}_{i-1}\right)=\frac{100}{2.79}\times(2\times0.9244-0\times1)\approx66(\text{mm})$$

z=2～4m（粉质黏土层位于地下水位以下）：

$$\Delta s_i'=\frac{100}{2.93}\times(4\times0.7596-2\times0.9244)\approx41(\text{mm})$$

其余计算结果见表4-10。

(5) 确定 z_n。

由表4-10可知，z=9m深度范围内的计算沉降量 $\sum\Delta s'=160\text{mm}$，相应于 z=8.4～9m（按表4-3规定向上取0.6m）土层的计算沉降量 $\Delta s_i'=(0.025\times160)\ \text{mm}=4\text{mm}$，刚好满足要求，故计算深度 z_n=9m。

(6) 确定 ψ_s。

$$E_s=\sum_1^n A_i\Big/\sum_1^n(A_i/E_{si})$$

$$=\frac{p_0(z_n\bar{\alpha}_n-0\times\bar{\alpha}_0)}{\dfrac{p_0(z_1\bar{\alpha}_1-0\times\bar{\alpha}_0)}{E_{s1}}+\dfrac{p_0(z_2\bar{\alpha}_2-z_1\bar{\alpha}_1)}{E_{s2}}+\cdots+\dfrac{p_0(z_n\bar{\alpha}_n-z_{n-1}\bar{\alpha}_{n-1})}{E_{sn}}}$$

$$=\frac{p_0\times4.540}{p_0\left(\dfrac{1.849}{2.79}+\dfrac{1.189}{2.93}+\dfrac{0.754}{2.60}+\dfrac{0.534}{3.18}+\dfrac{0.092}{3.06}+\dfrac{0.122}{3.06}\right)}\approx2.84(\text{MPa})$$

查表4-2（$p_0=0.75f_{ak}$）得 ψ_s=1.08。

(7) 计算地基最终沉降量。

$$s=\psi_{s}\sum_{i=1}^{n}\Delta s_i'=1.08\times160\approx173\ (\text{mm})$$

各分层附加应力平均值近似取分层顶、底面处的附加应力的平均值。

4.3 建筑物沉降观测与地基变形允许值

4.3.1 建筑物沉降观测

建筑物的沉降观测能反映建筑物地基的实际变形情况及地基变形对建筑物的影响，故建筑物的沉降观测对建筑物的安全使用具有重要意义。其主要意义有以下 4 点。

① 沉降观测能够验证建筑工程设计和地基加固方案的正确性。

② 沉降观测能够判别施工质量的好坏。

③ 沉降观测可以作为分析事故原因和建筑物加固处理的依据。

④ 沉降观测可以判断现行的各种沉降计算方法的准确性。

沉降观测主要用于控制地基的沉降量和沉降速率。在一般情况下，在竣工后半年到一年的时间内，不均匀沉降发展最快。在正常情况下，沉降速率应逐渐减慢。如沉降速率减到 0.05mm/d 以下时，可认为沉降趋向稳定，这种沉降称为减速沉降。当出现等速沉降时，就会导致地基出现丧失稳定的危险。当出现加速沉降时，表示地基已丧失稳定，应及时采取工程措施，防止发生工程事故。

《规范》规定，以下建筑物应在施工期间及使用期间进行沉降观测。

① 地基基础设计等级为甲级的建筑物。

② 复合地基或软弱地基上的设计等级为乙级的建筑物。

③ 加层、扩建建筑物。

④ 受邻近深基坑开挖施工影响或受场地地下水等环境因素变化影响的建筑物。

⑤ 需要积累建筑经验或进行设计反分析的工程。

沉降观测首先要设置好水准基点，其位置必须稳定可靠，妥善保护，埋设地点宜靠近观测对象，但必须在建筑物所产生的压力影响范围以外。在一个观测区内，水准基点不应少于 3 个。其次是设置好建筑物上的沉降观测点，其位置由设计人员确定，一般设置在室外地面以上，外墙（柱）身的转角及重要部位，数量不宜少于 6 个。观测次数与时间，一般情况下，民用建筑物每施工完一层（包括地下部分）应观测 1 次；工业建筑按不同荷载阶段分次观测，施工期间的观测不应少于 4 次。建筑物竣工后的观测，第一年不少于 3～5

次，第二年不少于2次，以后每年1次，直到下沉稳定为止。对于突然发生严重裂缝或大量沉降等情况的，应增加观测次数。沉降观测后应及时整理好资料，算出各点的沉降量、最终沉降量及沉降速率，以便及早发现和处理出现的地基问题。

地基基础设计中，除了保证地基的强度、稳定要求外，还须保证地基的变形在允许的范围内，以保证上部结构不因地基变形过大而丧失其使用功能。为此《规范》规定，建筑物的地基变形计算值，不应大于地基变形允许值，并作为强制性条文执行。

4.3.2 地基变形特征

地基变形的验算，要针对建筑物的具体类型与特点，分析对结构正常使用有主要控制作用的地基变形特征、地基变形类型。地基变形特征可分为沉降量、沉降差、倾斜和局部倾斜4类。

建筑物和构筑物的类型不同，对地基变形的反应也不同，因此要求用不同的地基变形特征来加以控制。

1. 沉降量

沉降量是指基础中心的沉降量，主要用于计算比较均匀的单层排架结构柱基的沉降量，在满足允许沉降量后可不再验算相邻柱基的沉降差值。此外，在设计中，预留建筑物有关部分之间的净空，决定连接方法及施工顺序也须用到沉降量，此时往往需要分别预估施工期间和使用期间的地基沉降量。

2. 沉降差

沉降差是指相邻两个独立基础的沉降量之差。对于排架和框架结构，如遇下述情况之一，应计算其沉降差。验算时应选择预估可能产生较大沉降差的两相邻基础。

① 地基土质不均匀、荷载差异较大。

② 有相邻结构物的荷载影响。

③ 原有基础附近堆积重物。

④ 在使用过程中结构物本身及与之有联系部分的标高发生了不能忽视的变动。

3. 倾斜

倾斜是指独立基础在倾斜方向两端点的沉降差（s_1-s_2）与这两点水平距离b之比。对于有较大偏心荷载的基础和高耸构筑物的基础，当地基不均匀或在基础的附近堆有地面荷载时，要验算倾斜。当地基土质均匀且无相邻荷载影响时，高耸构筑物的沉降量如不超过允许沉降量，可不再验算倾斜值；对于有桥式吊车的厂房，为了防止因地基不均匀变形使吊车轨面倾斜而影响正常使用，要验算纵、横向的倾斜是否超过允许值。

4. 局部倾斜

局部倾斜是指砌体承重结构沿纵向6～10m内，基础内两沉降计算点的沉降差与这两点水平距离之比。调查分析表明，砌体结构墙身开裂是由局部倾斜超过了允许值而引起的，故由局部倾斜控制。距离l可根据具体建筑物情况（如横隔墙的距离）而定，沉降计算点一般应选择在地基不均匀、荷载相差很大或体型复杂的局部段落的纵横墙相交处。

4.3.3 地基变形允许值

建筑物的不均匀沉降，除了地基条件之外，还和建筑物本身的刚度和体型等因素有关。因此，建筑物的地基变形允许值的确定，要考虑建筑物的结构类型、特点、使用要求、上部结构与地基变形的相互作用、结构对不均匀下沉的敏感性及结构的安全储备等因素。《规范》给出了建筑物的地基变形允许值（表 4－11）。对表 4－11 中未包括的建筑物，其地基变形允许值应根据上部结构对地基变形的适应能力和使用上的要求确定。

表 4－11　建筑物的地基变形允许值

变形特征		地基土类别	
		中、低压缩性土	高压缩性土
砌体承重结构基础的局部倾斜		0.002	0.003
工业与民用建筑相邻柱基的沉降差	框架结构	$0.002l$	$0.003l$
	砌体墙填充的边排柱	$0.0007l$	$0.001l$
	当基础不均匀沉降时不产生附加应力的结构	$0.005l$	$0.005l$
单层排架结构（柱距为 6m）柱基的沉降量/mm		(120)	200
桥式吊车轨面的倾斜（按不调整轨道考虑）	纵向	0.004	
	横向	0.003	
多层和高层建筑的整体倾斜	$H_g \leqslant 24$	0.004	
	$24 < H_g \leqslant 60$	0.003	
	$60 < H_g \leqslant 100$	0.0025	
	$H_g > 100$	0.002	
体型简单的高层建筑基础的平均沉降量/mm		200	
高耸结构基础的倾斜	$H_g \leqslant 20$	0.008	
	$20 < H_g \leqslant 50$	0.006	
	$50 < H_g \leqslant 100$	0.005	
	$100 < H_g \leqslant 150$	0.004	
	$150 < H_g \leqslant 200$	0.003	
	$200 < H_g \leqslant 250$	0.002	
高耸结构基础的沉降量/mm	$H_g \leqslant 100$	400	
	$100 < H_g \leqslant 200$	300	
	$200 < H_g \leqslant 250$	200	

1. 有括号者适用于中压缩性土。

2. l 为相邻柱基的中心距离，mm。

3. H_g 为自室外地面起算得的建筑物高度，m。

本章小结

(1) 土的压缩主要是在附加应力作用下孔隙中水和空气被挤出后孔隙的缩小。

(2) 土的压缩性指标有压缩系数、压缩指数、压缩模量与变形模量。

压缩系数 a 表示 $e-p$ 曲线上的斜率，$a=\tan\alpha=\dfrac{\Delta e}{\Delta p}=\dfrac{e_1-e_2}{p_2-p_1}$，工程上采用 a_{1-2} 来判别土的压缩性；压缩指数 C_c 表示 $e-\log p$ 曲线上的斜率，$C_c=(e_1-e_2)/(\log p_2-\log p_1)$，根据压缩指数大小也可以判别土的压缩性；压缩模量 E_s 是指在完全侧限条件下，土的竖向附加应力与相应的应变 λ_z 的比值，工程上通常用 E_{s1-2} 判别土的压缩性；变形模量 E_0 是指土体在无侧限条件下的应力与应变的比值，一般应由载荷试验确定。

(3) 地基的最终沉降量计算法分为分层总和法和《规范》法。用分层总和法计算地基最终沉降量的要点如下。

① 确定分层厚度并分层。

② 确定压缩层厚度，使 $\sigma_z/\sigma_{cz}\leqslant 0.2$（高压缩性土 0.1）。

③ 计算各土层压缩变形并求和即为地基最终沉降量。

《规范》法在分层总和法的基础上引入经验系数而得，二者的区别表现如下。

① 压缩层厚度的确定，《规范》法采用应变比而非应力比。

②《规范》法采用曲线积分得应力面积，故对分层厚度的要求可按天然土层厚度直接计算，无须划分土层厚度。

(4) 地基变形特征可分为沉降量、沉降差、倾斜、局部倾斜 4 类。

习　题

一、选择题

1. 侧限压缩试验测得的 $e-p$ 曲线越陡，表明该土样的压缩性________。

   A. 越高　　B. 越低　　C. 越均匀　　D. 越不均匀

2. 若测得某地基土的压缩系数 $a_{1-2}=0.8\text{MPa}^{-1}$，则此土为________。

   A. 高压缩性土　　B. 中压缩性土　　C. 低压缩性土

3. 进行地基土载荷试验时，同一土层参加统计的试验点不应少于________。

A. 2点　　B. 3点　　C. 4点　　D. 6点

4. 砂土地基的最终沉降量在建筑物施工期间已________。

A. 基本完成　　B. 完成50%～80%

C. 完成20%～50%　　D. 完成5%～20%

5. 地面下有一层4m厚的黏性土，天然孔隙比$e_0=1.25$，若地面施加$q=100$kPa的均布荷载，沉降稳定后，测得土的孔隙比$e=1.12$，则黏土层的压缩量为________。

A. 20.6mm　　B. 23.1mm　　C. 24.7mm

6. 用分层总和法计算地基沉降时，附加应力曲线是表示________的。

A. 总应力　　B. 孔隙水压力　　C. 有效应力

7. 饱和土体的渗透过程应该是________。

A. 孔隙水压力不断增大的过程

B. 有效应力减小而孔隙水压力增大的过程

C. 有效应力增大而孔隙水压力减小的过程

D. 有效应力不断减小的过程

二、简答题

1. 土的压缩指标有哪些？简述这些指标的定义及其测定方法。

2. 分层总和法计算地基的最终沉降量有哪些基本假设？

3. 分层总和法计算地基的最终沉降量和《规范》法有何异同？试从基本假定、分层厚度、采用的计算指标、计算深度和结果修正等方面加以说明。

三、应用案例

如图4.11所示，某独立基础，承受竖向力$F=700$kN，基底尺寸$A=2\text{m}\times3\text{m}$，埋深$d=1.5$m，试用《规范》法计算地基的最终沉降量。

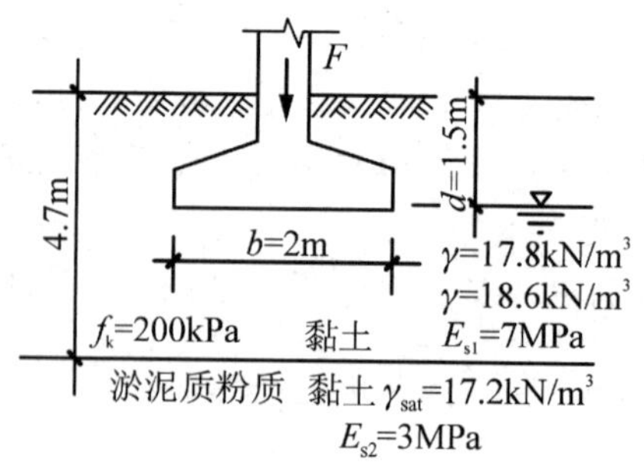

图4.11　应用案例附图

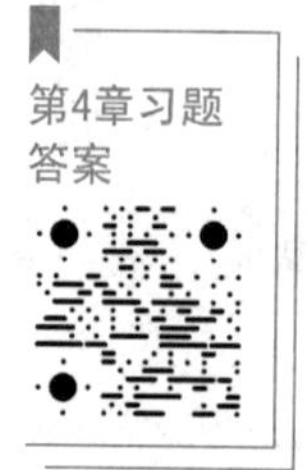

第5章 土的抗剪强度与地基承载力

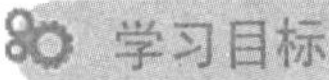

学习目标

通过本章的学习，了解土中一点的应力状态及剪切试验方法和成果表达方式，熟悉抗剪强度指标的选用；掌握土体抗剪强度的规律、土中一点的极限平衡条件，以及直接剪切试验、三轴剪切试验的原理，会判别土的状态；了解地基破坏的3种不同方式和地基破坏的过程；理解地基承载力的各种确定方法和适用条件，理解利用《规范》确定地基承载力的方法。

学习要求

能力目标	知识要点	相关知识	权重
利用土的极限平衡条件分析土中平衡状态	极限平衡条件	库仑公式与土的极限平衡条件	0.3
根据不同固结程度和排水条件选用合适的抗剪强度指标	直剪试验、三轴剪切试验的方法和原理	土的抗剪强度的测定方法	0.3
确定地基承载力	地基承载力特征值	地基承载力的确定方法	0.4

第5章课件

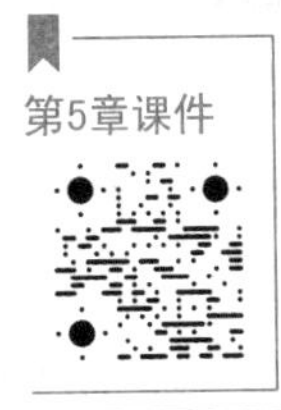

引 例

某电站汇合渠3号渡槽进口槽台失事

【失事过程回放】

某电站工程指挥部于1996年10月27日对已完工的部分工程进行试水。

8:30左右，在黄九坳渠首开闸放水，放水流量为0.8m³/s（黄九坳引水渠设计流量为2.7m³/s，汇合渠设计流量为6.0m³/s）。

10:30左右，水流到达汇合渠的溢流堰，由于溢流堰的冲沙孔直径只有400mm，排水流量小，以致汇合渠水位基本达到设计水位。

14:15左右，值班人员巡查至汇合渠3号渡槽进口槽台时未发现漏水和渗水现象。

15:45左右，值班人员发现汇合渠3号渡槽进口槽台附近的连接段出现裂缝和大量漏水，并立即报告指挥部。

16:00左右，有关人员赶到出事地点，发现连接段距B点1.3m处的E点有一条向上游倾斜的裂缝（图5.1）。EB段下沉1cm，槽身微微倾斜，在场的技术人员感到情况不妙，立即赶到上游300m左右的冲沙闸，开闸放水，但开闸很不顺利。

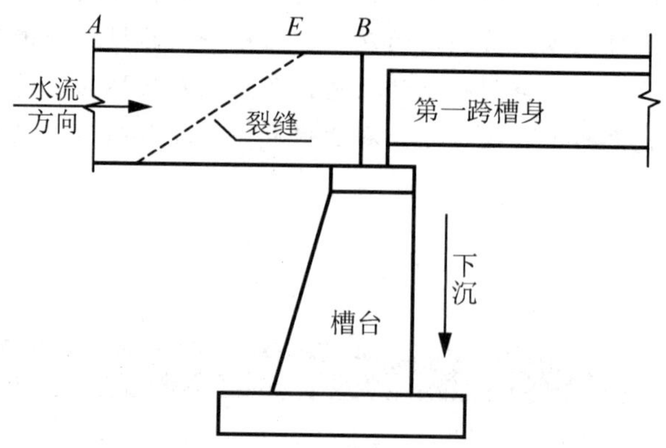

图5.1 某电站汇合渠3号渡槽进口槽台裂缝

17:00左右，有关人员返回3号渡槽时，发现槽台基础已被大量的漏水和渗水淘空，情况已十分严重。

17:10左右，槽台失稳跌落，槽身一端已跌落在冲刷坑中，另一端仍支在排架上。

17:30左右，整段槽身跌落土坑中，从放水至槽台、槽身破坏共历时9h左右。

【失事原因分析】

根据各方面的调查和分析，该电站汇合渠3号渡槽进口槽台失事原因如下。

(1) 该槽台地基没有相应的地质资料及相关土工试验资料。经事后土工试验分析，该地基土质偏软，压缩性大，实际承载力为100～120kPa，地基承载力偏低（地基的设计承载力平均值为116.8kPa）。当渡槽通水时，地基的应力达到或接近地基承载力，地基沉降严重，造成整个槽台下沉，致使渡槽连接段断裂，直接引发了这次事故。

(2) 施工单位在地基开挖后没有通知设计、监理人员对地基进行验收。

(3) 渠道的总体设计有不少缺陷。如没有设置数量足够与设计合理的放空闸、溢流堰、冲沙闸等。

(4) 指挥部对这次试水不够重视，没有具体地安排和布置试水工作，没有一整套应急方案。

【主要经验教训】

(1) 应重视地质勘察和土工试验工作。

(2) 槽台基础要放在坚实的地基上。

(3) 设计要合理。

(4) 相关部门（设计、施工、监理）应做好配合、协调工作。

(5) 主管部门应有实用的应急预案。

5.1 概述

大量的土体破坏实例和试验研究证明，多数工程中土体的破坏是由于剪切面上的剪应力大于该面的抗剪能力。土体在外荷载作用下，不仅会产生压缩变形，而且会产生剪切变形。剪切变形的不断发展，致使土体塑性变形区扩展成一个连续的滑动面，土体之间产生相对的滑动，使得建筑物（构筑物）整体失稳。例如基坑和堤坝边坡的滑动［图 5.2(a)］、挡土墙后填土的滑动［图 5.2(b)］、地基失稳［图 5.2(c)］等，都是一部分土体相对另一部分土体发生相对滑动，土体沿着滑裂面发生剪切破坏的土体破坏形式。因此，土体的强度问题实质是土的抗剪能力问题，即土的强度由抗剪强度决定。土的抗剪强度是指土对剪切破坏的极限抵抗能力。

在实际工程中，土的抗剪强度的问题主要有以下三方面。

① 土坡稳定性问题：包括路堤、土坝等人工填方土坡和山坡、河岸等天然土坡及挖方边坡等的稳定性问题。

② 土压力问题：包括周围的土体对挡土墙、地下结构物等产生的侧向压力可能导致这些结构物发生滑移失稳或倾覆失稳。

③ 地基的承载力问题：若外荷载很大，基础下地基中的塑性变形区扩展为一个连续的滑动面，建筑物（构筑物）将整体失稳。

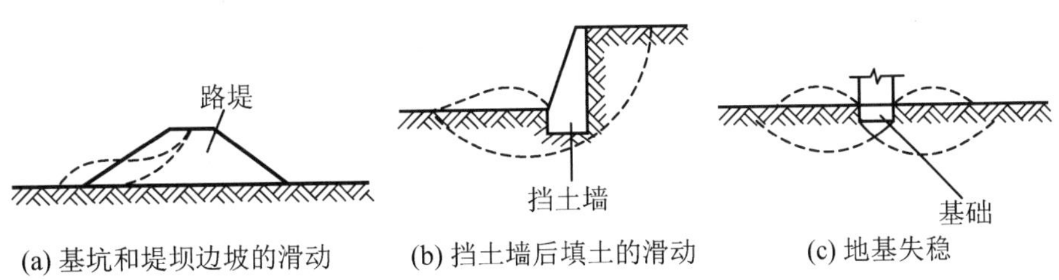

(a) 基坑和堤坝边坡的滑动　(b) 挡土墙后填土的滑动　(c) 地基失稳

图 5.2　土体破坏形式

5.2 库仑公式与土的极限平衡条件

5.2.1 库仑公式

1776 年，法国学者库仑（Coulomb）根据砂土剪切试验，提出了土的抗剪强度的表达式，即

$$\tau_f = \sigma \tan\varphi \tag{5-1}$$

式中 τ_f——土的抗剪强度，kPa；

σ——剪切面上的正应力，kPa；

φ——土的内摩擦角，(°)。

后来又通过试验提出适合黏性土的抗剪强度表达式，即

$$\tau_f = \sigma \tan\varphi + c \tag{5-2}$$

式中 c——土的黏聚力，kPa，对于无黏性土，$c=0$。

式(5－1) 与式(5－2) 一起统称为库仑公式，它反映了土的抗剪强度 τ_f 是 σ、φ、c 的函数。τ_f 由土的摩阻力 $\sigma\tan\varphi$ 及黏聚力 c 两部分组成。由于无黏性土 $c=0$，所以式(5－1) 是式(5－2) 的一个特例，其 τ_f 与正应力 σ 成正比。根据库仑公式可以绘出图 5.3 所示的库仑直线，其中库仑直线与横轴的夹角称为土的内摩擦角 φ，库仑直线在纵轴上的截距 c 为黏聚力。φ 和 c 称为土的抗剪强度指标，与土的性质有关，需根据试验确定。

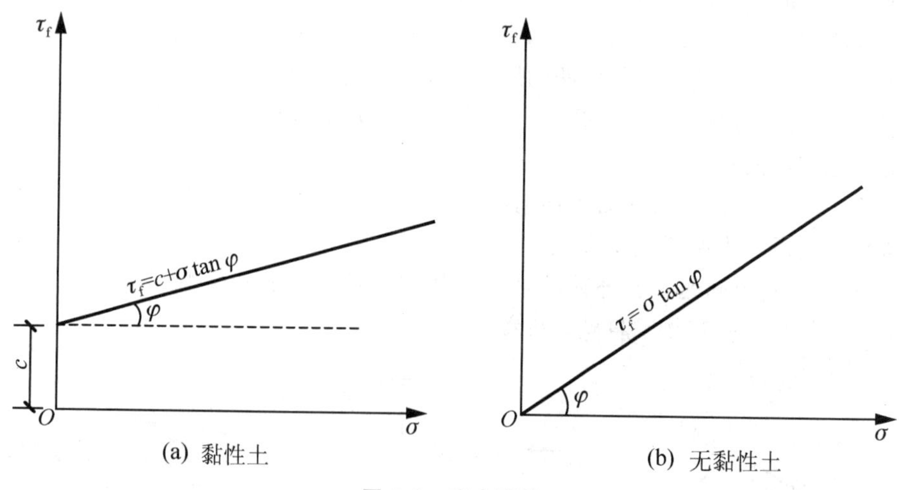

图 5.3 库仑直线

土的内摩擦角的一般取值为：粉细砂 20°～34°，中砂、粗砂及砾砂 30°～42°，黏性土及粉土 0°～30°。黏聚力 c 的变化范围为 5～100kPa。

土的抗剪强度指标 φ、c 不仅与土的工程性质有关，而且与测定方法有关。同一种土体在不同条件下测定出的抗剪强度指标也有所不同，但同一种土在同一方法下测定的抗剪强度指标几乎是相同的。因此，谈及土体抗剪强度指标 φ、c 时，应注明它的试验条件。

土的抗剪强度 τ_f 是土体剪切面抵抗剪切破坏的最大能力，当剪切面上的剪应力 $\tau>\tau_f$ 时，剪切面破坏；当剪应力 $\tau=\tau_f$ 时，剪切面正好处于濒于破坏的临界状态，该状态称为极限平衡状态，该状态下各应力之间的关系称为极限平衡条件。

剪切面的状态，也可以用图解法利用库仑直线判别。将剪切面上的正应力 σ 与剪应力 τ 的实际值点绘在库仑直线所在的直角坐标系中，视其点与直线的关系来判别。如图 5.4 所示，若剪切面上应力坐标点在库仑直线上方（图 5.4 中的 a 点），说明剪切面上的剪应力 $\tau>\tau_f$，该面破坏；若坐标点在库仑直线下方（图 5.4 中 b 点），说明 $\tau<\tau_f$，剪切面稳定；若坐标点在库仑直线上（图 5.4 中 c 点），说明 $\tau=\tau_f$，则该面处于极限平衡状态，此时剪切面上的剪应力即是该面的抗剪强度值。因此，土体剪切面在破坏时测定的 σ 和 τ 应在库仑直线上，同条件下制备若干个试样进行剪切试验，测定的若干个 τ 和 σ 可绘库仑直线，求出 φ、c 值，直接剪切试验就是利用这个原理。

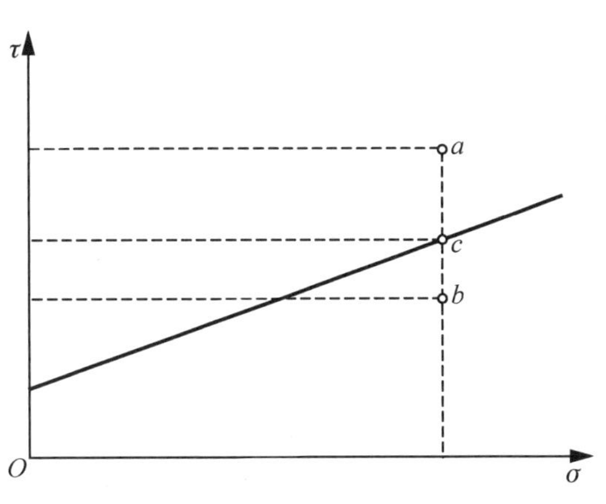

图 5.4　剪切面的应力与库仑直线的关系

5.2.2　土的极限平衡条件

当土中某点可能发生剪切破坏面的位置已经确定时，只要算出作用于该面上的剪应力 τ 和正应力 σ，就可以用图解法利用库仑直线直接判别出该点是否会发生剪切破坏。但是，土中某点可能发生剪切破坏面的位置一般不能预先确定，该点往往处于复杂的应力状态，无法利用库仑直线直接判别该点是否会发生剪切破坏。为简单起见，以平面应变课题为例，研究该点是否会产生破坏。

如图 5.5(a) 所示的土中任一点 M 的应力状态，可用一微小单元体表示，如图 5.5(b) 所示。单元体两个相互垂直的面上分别作用着的最大主应力 σ_1 和最小主应力 σ_3，可以利用材料力学主应力公式求得。

$$\left.\begin{matrix}\sigma_1\\\sigma_3\end{matrix}\right\}=\frac{\sigma_z+\sigma_x}{2}\pm\sqrt{\left(\frac{\sigma_z-\sigma_x}{2}\right)^2+\tau_{xz}} \tag{5-3}$$

第一主平面与 σ_z 作用面的夹角为

$$\theta=\frac{1}{2}\arctan\left(\frac{2\tau_{xz}}{\sigma_z-\sigma_x}\right) \tag{5-4}$$

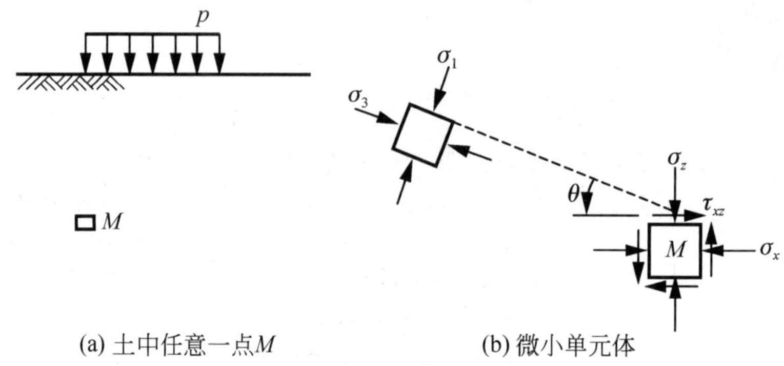

图 5.5　土中一点的应力状态

取该单元体为研究对象，如图 5.6 所示，在与第一主平面成 α 角的任一平面上，其应力 σ_α、τ_α 可以根据静力平衡条件求得。

$$\sigma_\alpha=\frac{\sigma_1+\sigma_3}{2}+\frac{\sigma_1-\sigma_3}{2}\cos2\alpha \tag{5-5}$$

$$\tau_\alpha=\frac{\sigma_1-\sigma_3}{2}\sin2\alpha \tag{5-6}$$

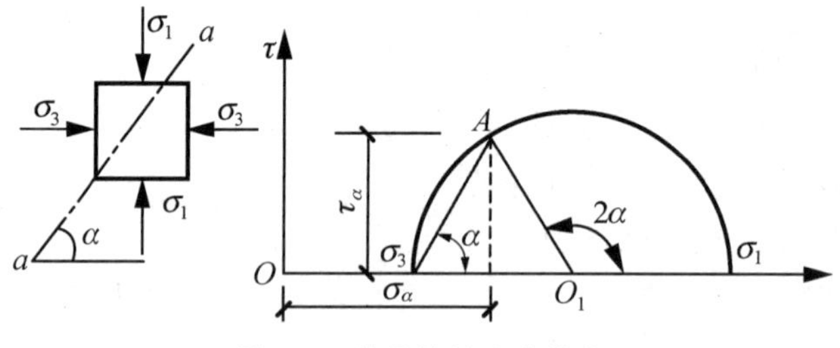

图 5.6　单元体的应力状态

单元体各截面上的 σ_α、τ_α 与 σ_1、σ_3 也可用莫尔应力圆表示，如图 5.7 所示。单元体与莫尔应力圆的关系是："圆上一点，单元体上一面，转角 2 倍，转向相同。"其意思是圆周上任意一点的坐标代表单元体上一截面的正应力 σ 和剪应力 τ，若该截面与第一主平面夹角为 α，则对应莫尔应力圆圆周上的一点 A 与第一主平面在圆周上的一点 B 之间的圆心角为 2α，并且有相同的转向，圆周上的点与单元体的截面一一对应。

若将某点的莫尔应力圆与库仑直线绘于同一坐标系中，则圆与直线的关系有 3 种情况，如图 5.8 所示。

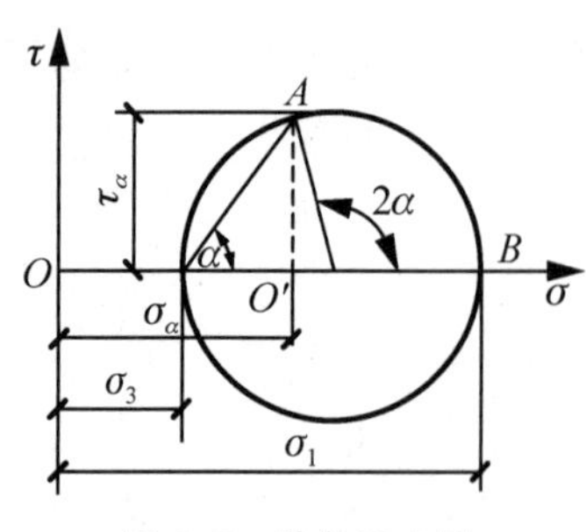

图 5.7　莫尔应力圆

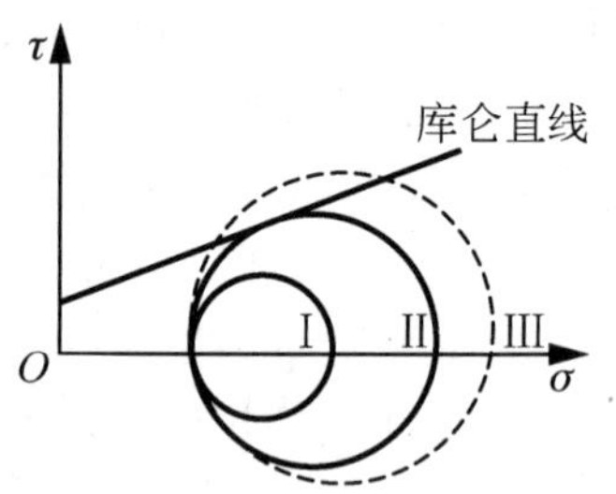

图 5.8　莫尔应力圆与库仑直线的关系

① 莫尔应力圆与库仑直线相离（圆Ⅰ），说明莫尔应力圆代表的单元体上各截面的剪应力均小于抗剪强度，所以该点也处于稳定状态。

② 莫尔应力圆与库仑直线相割（圆Ⅲ），说明库仑直线上方的一段弧所代表的各截面的剪应力均大于抗剪强度，即该点已有破坏面产生。实际上圆Ⅲ所代表的应力状态是不可能存在的，因为该点破坏后，应力已超出弹性范畴。

③ 莫尔应力圆与库仑直线相切（圆Ⅱ），说明单元体上有一个截面的剪应力刚好等于抗剪强度，其余所有截面都有 $\tau<\tau_f$，因此，该点处于极限平衡状态，此时莫尔应力圆亦称极限应力圆。由此可知，土中一点的极限平衡的几何条件是其库仑直线与莫尔应力圆相切。

上述可得，当土中一点处于极限平衡状态时，其库仑直线与莫尔应力圆相切，如图 5.9所示，由几何条件可以得出黏性土极限平衡条件为

$$\sin\varphi=\frac{O'D}{O'E}=\frac{\sigma_1-\sigma_3}{\sigma_1+\sigma_3+2c\cot\varphi} \tag{5-7}$$

上式经三角变换（也可以通过几何证明）后得如下极限平衡条件式。

$$\sigma_1=\sigma_3\tan^2\left(45^\circ+\frac{\varphi}{2}\right)+2c\tan\left(45^\circ+\frac{\varphi}{2}\right) \tag{5-8}$$

或

$$\sigma_3=\sigma_1\tan^2\left(45^\circ-\frac{\varphi}{2}\right)-2c\tan\left(45^\circ-\frac{\varphi}{2}\right) \tag{5-9}$$

无黏性土的 $c=0$，由式(5－8) 和式(5－9) 可得其极限平衡条件为

$$\sigma_1=\sigma_3\tan^2\left(45^\circ+\frac{\varphi}{2}\right) \tag{5-10}$$

或

$$\sigma_3=\sigma_1\tan^2\left(45^\circ-\frac{\varphi}{2}\right) \tag{5-11}$$

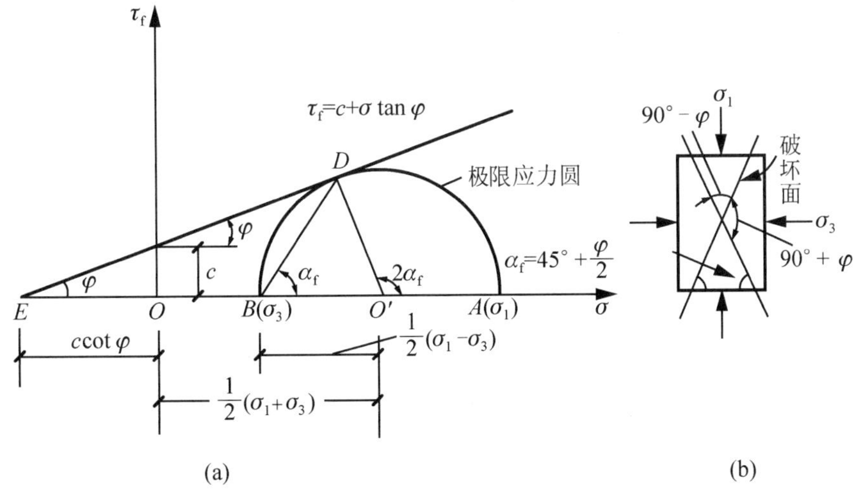

图 5.9　极限平衡的几何条件

由图 5.9 中的几何关系可知，土体的破坏面与第一主平面的夹角（又称破坏角）为

$$\alpha_f=\frac{1}{2}(90^\circ+\varphi)=45^\circ+\frac{\varphi}{2} \tag{5-12}$$

土体实际破坏时的 σ_1、σ_3 应符合极限平衡条件，即破坏时的莫尔应力圆应该与库仑直线相切。所以，用若干个土样破坏时的 σ_1、σ_3 可绘出不同的莫尔应力圆，这些应力圆的公切线（又称强度包线）即是库仑直线，如图 5.10 所示，从中可以确定土样的 φ、c。三轴剪切试验就利用了该原理。

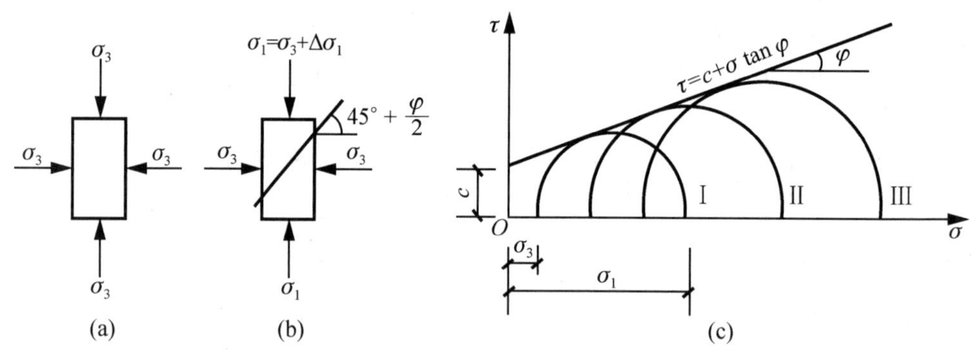

图 5.10　库仑直线

应用案例 5－1

某土层的抗剪强度指标 $\varphi=20^\circ$，$c=20\text{kPa}$，其中某一点的 $\sigma_1=300\text{kPa}$，$\sigma_3=120\text{kPa}$。

(1) 问该点是否破坏？

(2) 若保持 σ_3 不变，该点不破坏的 σ_1 最大为多少？

解：(1) 判别该点所处的状态。

① 利用 φ 判别。

$$\sin\varphi_{计}=\frac{\sigma_1-\sigma_3}{\sigma_1+\sigma_3+2c\cot\varphi}=\frac{300-120}{300+120+2\times20\times\cot20^\circ}\approx0.34$$

$$\varphi_{计}=19.86^\circ<\varphi=20^\circ$$

因此该点稳定。

② 用 σ_3 计算 σ_{1f} 来判别。

将 $\sigma_3=120\text{kPa}$，$\varphi=20^\circ$，$c=20\text{kPa}$ 代入式(5－8)，得

$$\sigma_{1f}=120\tan^2\left(45^\circ+\frac{20^\circ}{2}\right)+2\times20\tan\left(45^\circ+\frac{20^\circ}{2}\right)\approx301.88\ (\text{kPa})>\sigma_1=300\text{kPa}$$

因此该点稳定。

③ 用 σ_1 计算 σ_{3f} 来判别。

将 $\sigma_1=300\text{kPa}$，$\varphi=20^\circ$，$c=20\text{kPa}$ 代入式(5－9) 得

$$\sigma_{3f}=300\tan^2\left(45^\circ-\frac{20^\circ}{2}\right)-2\times20\tan\left(45^\circ-\frac{20^\circ}{2}\right)\approx119.08\ (\text{kPa})<\sigma_3=120\text{kPa}$$

因此该点稳定。

④ 用库仑公式判别。

由前述可知，破坏角 $\alpha_f=45^\circ+20^\circ/2=55^\circ$，土体若破坏则应沿与第一主平面呈 55°夹角的平面破坏，该面上的应力如下。

$$\sigma_\alpha=\frac{\sigma_1+\sigma_3}{2}+\frac{\sigma_1-\sigma_3}{2}\cos2\alpha=\frac{300+120}{2}+\frac{300-120}{2}\times\cos110°\approx179.22\ (\text{kPa})$$

$$\tau_\alpha=\frac{\sigma_1-\sigma_3}{2}\sin2\alpha=\frac{300-120}{2}\times\sin110°\approx84.57\ (\text{kPa})$$

破坏面的抗剪强度 τ_f 可以由库仑公式计算得到。

$$\tau_f=\sigma\tan\varphi+c=179.22\times\tan20°+20\approx85.23\ (\text{kPa})>\tau_\alpha=84.57\text{kPa}$$

故最危险面不破坏，所以该点稳定。

(2) 若 σ_3 不变，由上述计算可知，保持该点不破坏的 σ_1 的最大值为 301.88kPa。

由应用案例 5-1 可知，判别土体一点的应力状态可以用不同的方法，但其判别的结果是一致的，在实际应用中只需要用一种方法即可。在由极限平衡条件判别一点的应力状态时，应结合图形理解其含义，以免出错。

5.3 土的抗剪强度的测定方法

5.3.1 直接剪切试验

直接剪切试验，简称直剪试验，它是测定土体抗剪强度指标最简单的方法。直剪试验使用的仪器称为直接剪切仪（简称直剪仪），分为应变控制式和应力控制式两种。前者对试样采用等速剪应变测定相应的剪应力，后者则是对试样分级施加剪应力测定相应的剪切位移。以我国普遍采用的应变控制式直剪仪为例，其结构如图 5.11 所示。它主要由剪力盒、垂直和水平加载系统及测量系统等部分组成。安装好试样后，通过垂直加压系统施加垂直荷载，即受剪面上的法向应力 σ，再通过均匀旋转手轮向试样施加水平剪应力 τ，当试样受剪破坏时，剪切面上所施加的剪应力即为土的抗剪强度 τ_f。对于同一种土，至少需要 3～4 个试样，在不同的法向应力 σ 下进行剪切试验，测出相应的抗剪强度 τ_f，然后根据 3～4 组相应的试验数据可以点绘出库仑直线，由此求出土的抗剪强度指标 φ、c。直剪试验成果如图 5.12 所示。

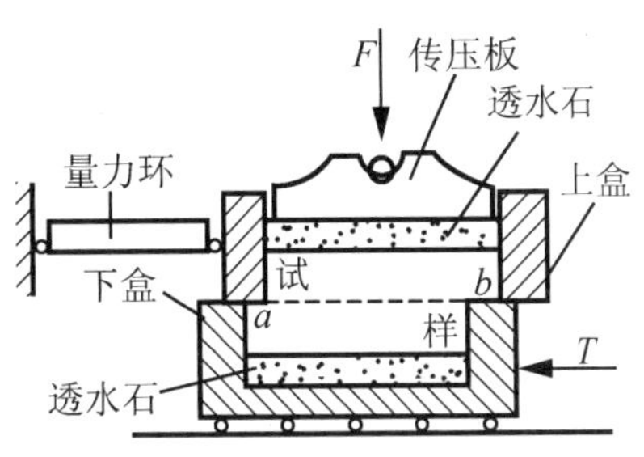

图 5.11 应变控制式直剪仪结构示意

由于直剪试验只能测定作用在剪切面上的总应力，不能测定有效应力或孔隙水应力，所以试验中常模拟工程实际选择直接快剪、直接慢剪和固结快剪 3 种试验方法。

由于试样排水条件和固结程度的不同，3 种试验方法所得的抗剪强度指标也不相同，其库仑直线如图 5.13 所示。3 种试验方法所得的内摩擦角有如下关系：$\varphi_s>\varphi_{cq}>\varphi_q$，工程中要根据具体情况选择适当的强度指标。

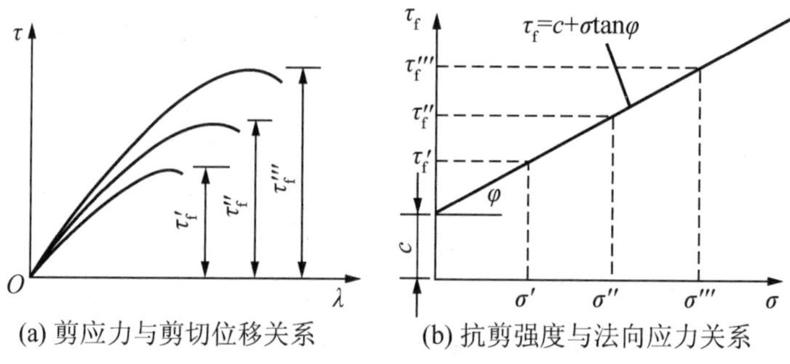

图 5.12　直剪试验成果

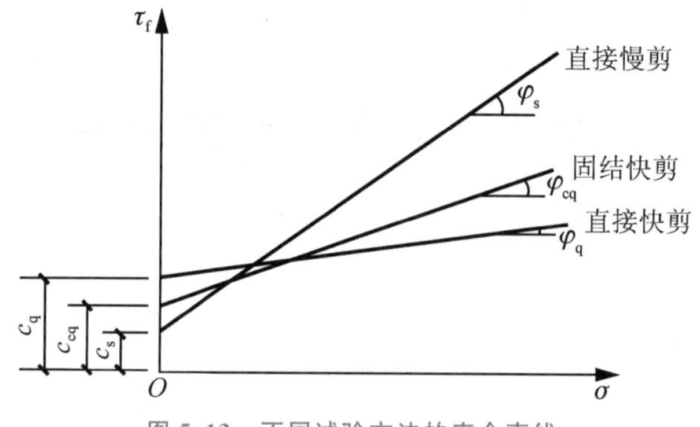

图 5.13　不同试验方法的库仑直线

直剪仪构造简单，试样制备及操作方法便于掌握，并符合某些特定条件，因此目前被广泛应用。但该仪器在试验时也存在如下缺点。

① 剪切过程中试样内的剪应变和剪应力分布不均匀。试样破坏时，靠近剪力盒边缘的应变最大，而试样中间部位的应变相对小得多。此外，剪切面附近的应变又大于试样顶部和底部的应变，基于同样原因，试样中的剪应力也很不均匀。

② 剪切面人为地限制在剪切盒上、下盒的接触面上，而该面并非是试样抗剪最弱的剪切面。

③ 剪切过程中试验面积逐渐减小，且垂直荷载发生偏心，但计算抗剪强度时却按受剪面积不变和剪应力均匀分布计算。

④ 试样的固结和排水是靠加载速度快慢来控制的，实际无法严格控制排水，也无法测量孔隙水应力。在进行不排水剪切时，试样仍有可能排水，特别是对于饱和黏性土，由于它的抗剪强度受排水条件的影响显著，故不排水试验结果不够理想。

⑤ 试验时，剪切盒上、下盒之间的缝隙中易嵌入砂粒，使试验结果偏大。

应用案例 5-2

对一种黏性较大的土分别进行直接快剪、固结快剪和直接慢剪试验，其试验成果见表 5-1，试用作图法求该土的 3 种抗剪强度指标。

表 5-1　应用案例 5-2 试验成果

σ/kPa		100	200	300	400
τ_f/kPa	直接快剪	65	68	70	73
	固结快剪	65	88	111	133
	直接慢剪	80	129	176	225

解：根据表 5-1 所列数据，依次绘出 3 种试验方法的库仑直线（图 5.14）。各种抗剪强度指标见表 5-2。

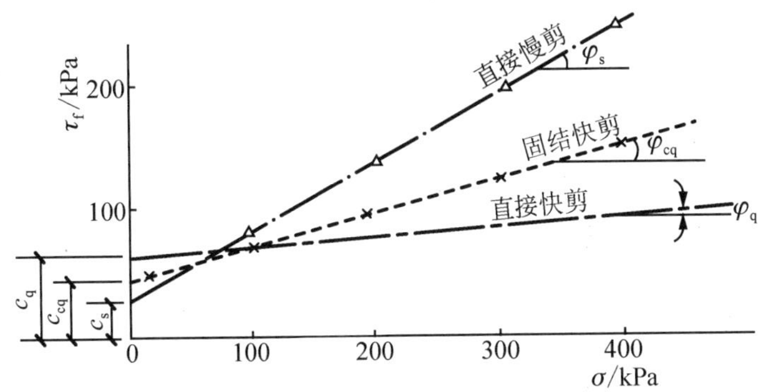

图 5.14　应用案例 5-2 的库仑直线

表 5-2　应用案例 5-2 直剪试验抗剪强度指标

试验方法	抗剪强度指标	
直接快剪	$\varphi_q=1.5°$	$c_q=62$kPa
固结快剪	$\varphi_{cq}=13°$	$c_{cq}=41$kPa
直接慢剪	$\varphi_s=27°$	$c_s=28$kPa

5.3.2 三轴剪切试验

三轴剪切试验是测定土的抗剪强度的一种较为完善的方法。三轴仪的构造示意如图 5.15所示，它由放置试样的压力室、垂直压力控制及量测系统、周围压力控制及量测系统、试样孔隙水压及体积变化量测系统等部分组成。压力室是三轴仪的核心组成部分，它是一个由金属上盖、底座和透明有机玻璃圆筒组成的密闭容器。

常规试验方法的主要步骤如下。将土切成圆柱体套在橡胶膜内，放在密封的压力室中，然后向压力室内注入液压或气压，使试样在各向受到周围压力 σ_3，并使该周围压力在整个试验过程中保持不变，此时试样周围各方向均有压应力 σ_3 作用，因此不产生剪应力。然后通过加压活塞杆施加竖向应力 $\Delta\sigma_1$，并不断增加 $\Delta\sigma_1$，此时水平向主应力保持不变，而竖向主应力逐渐增大，试样终于受剪而破坏。根据量测系统的周围压力值 σ_3 和竖向应力增量 $\Delta\sigma_1$ 可得到试样破坏时的第一主应力 $\sigma_1=\sigma_3+\Delta\sigma_1$，如图 5.16(a)、(b) 所示。由此可绘出破坏时的极限应力圆，该圆应与库仑直线相切。根据同一土体的若干试样在不同 σ_3

作用下得出的试验结果，可绘出不同的极限应力圆，其切线就是土的强度包线，如图 5.16(c) 所示，由此求出土的抗剪强度指标 φ、c。

三轴剪切试验的优点如下。

① 能够控制排水条件及量测试样中孔隙水压力的变化。

② 试验中试样的应力状态也比较明确，剪切破坏时的破坏面在试样的最弱处，不像直剪仪那样限定在上、下盒之间。

③ 三轴仪还可用于测定土的其他力学性质，如土的弹性模量。

常规三轴剪切试验的主要缺点如下。

① 试样所受的力是轴对称的，即试样所受的 3 个主应力中，有两个是相等的，但在工程实际中土体的受力情况并非属于这类轴对称的情况。

② 试验的试样制备比较麻烦，试样易受扰动。

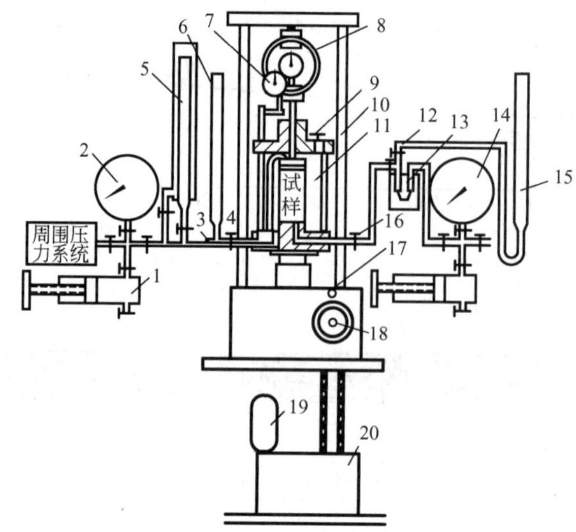

1—调压筒；2—周围压力表；3—周围压力阀；4—排水阀；5—体变管；6—排水管；7—变形量表；8—量力环；9—排气孔；10—轴向加压设备；11—压力室；12—量管阀；13—零位指示器；14—孔隙压力表；15—量管；16—孔隙压力阀；17—离合器；18—手轮；19—马达；20—变速箱

图 5.15　三轴仪构造示意

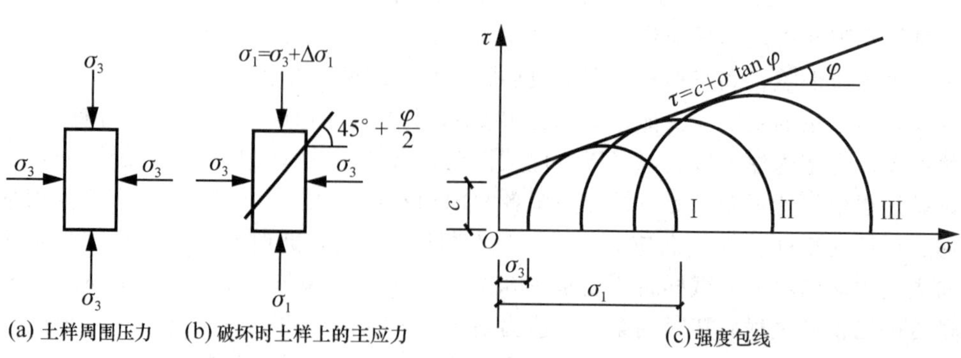

图 5.16　三轴剪切试验原理

5.3.3 无侧限抗压强度试验

无侧限抗压强度试验实际是三轴剪切试验的特殊情况，又称单剪试验。试验时，试样侧向压力为零（$\sigma_3=0$），仅在轴向施加压力，在试样破坏时的 σ_{1f} 即为试样抗压强度 q_u。利用无侧限抗压强度试验可以测定饱和软黏土的不排水抗剪强度。由于周围压力不能变化，因而根据试验结果只能作一个极限应力圆，难以得到强度包线。饱和黏性土的三轴不固结、不排水，试验结果表明，其强度包线为一水平线，即 $\varphi_u=0$。这样，如果仅为了测定饱和黏性土的不排水抗剪强度，就可用构造比较简单的无侧限压力仪［图 5.17(a)］代替三轴仪，由无侧限抗压强度试验所得的极限应力圆的水平切线就是强度包线［图 5.17(b)］，即有

$$\tau_f=c_u=q_u/2 \tag{5-13}$$

式中 τ_f——土的不排水抗剪强度，kPa；

c_u——土的不排水黏聚力，kPa；

q_u——无侧限抗压强度，kPa。

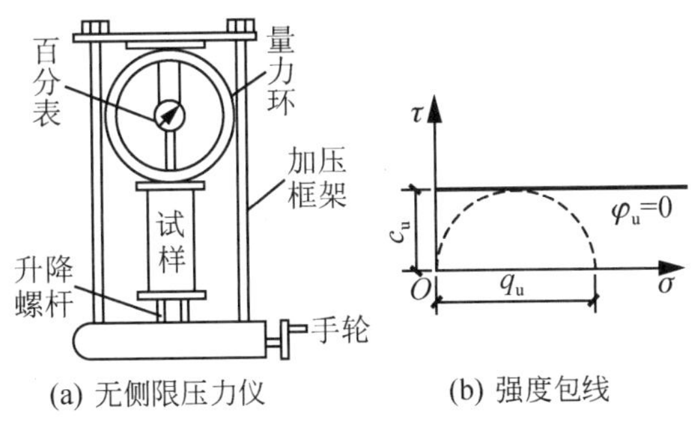

(a) 无侧限压力仪　　(b) 强度包线

图 5.17 无侧限抗压强度试验

利用无侧限抗压强度试验可以测定饱和黏性土的灵敏度 S_t。土的灵敏度是以原状土的无侧限抗压强度与同一种土经重塑后（完全扰动但含水率不变）的无侧限抗压强度之比来表示的，即

$$S_t=q_u/q_0 \tag{5-14}$$

式中 q_u——原状土的无侧限抗压强度，kPa；

q_0——重塑土的无侧限抗压强度，kPa。

根据灵敏度的大小，可将饱和黏性土分为一般黏土（$2<S_t<4$）、灵敏性黏土（$4<S_t<8$）和特别灵敏性黏土（$S_t>8$）3 类。土的灵敏度越高，其结构性越强，受扰动后土的强度降低就越多。黏性土受扰动而强度降低的性质，一般来说对工程建设是不利的，例如在基坑开挖过程中，施工可能造成土的扰动而使地基强度降低。

5.3.4 十字板剪切试验

前面介绍的 3 种试验方法都是室内测定土的抗剪强度的方法，这些试验方法都要求事

先取得原状土，但由于试样在采取、运送、保存和制备等过程中不可避免地受到扰动，土的含水率也难以保持天然状态，特别是对于高灵敏度的黏性土，因此，室内试验结果对土的实际情况的反映就会受到不同程度的影响。而原位测试时土的排水条件、受力状态与土所处的天然状态比较接近。在抗剪强度的原位测试方法中，国内广泛应用的是十字板剪切试验。这种试验方法适合于在现场测定饱和黏性土的原位不排水抗剪强度，特别适用于均匀饱和软黏土。

十字板剪切仪的构造如图 5.18 所示。试验时，先把套管打到要求测试的深度以上 0.75m 处，并将套管内的土清除，然后通过套管将安装在钻杆下的十字板压入土中至测试的深度。由地面上的扭力装置对钻杆施加扭矩，使埋在土中的十字板扭转，直至土体剪切破坏，破坏面为十字板旋转所形成的圆柱面。记录土体剪切破坏时所施加的扭矩 M，作用在破坏土体圆柱面上的剪应力所产生的抵抗矩应该等于所施加的扭矩 M，即

$$M=\frac{1}{2}\pi D^2 H\tau_v+\frac{1}{6}\pi D^3 H\tau_H \tag{5-15}$$

式中 M——剪切破坏时的扭矩，kN·m；

τ_v、τ_H——分别为剪切破坏时圆柱体侧面和上下底面土的抗剪强度，kPa；

H——十字板的高度，m；

D——十字板的直径，m。

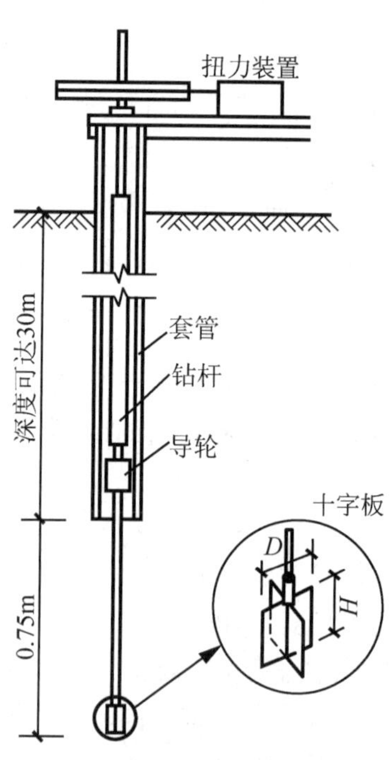

图 5.18　十字板剪切仪的构造

天然状态的土体并非各向同性体，但实际应用时为了简化计算，假定土体为各向同性体，则 $\tau_v=\tau_H$，可以记作 τ_+，因此，式(5-15) 可写成

$$\tau_+=\frac{2M}{\pi D^2\left(H+\dfrac{D}{3}\right)} \tag{5-16}$$

十字板剪切试验直接在现场进行试验，不必取试样，故土体所受的扰动较小，被认为是能够比较真实地反映土体原位强度的测试方法，因此在软黏土的工程勘察中得到了广泛应用。但如果在软土层中夹有薄层粉砂，则测试结果可能失真或偏高。

5.4 饱和黏性土的抗剪强度

根据土样剪切时的固结程度和排水条件，三轴压缩试验可分为 3 种试验方法：不固结不排水剪、固结不排水剪和固结排水剪。

5.4.1 不固结不排水抗剪强度

不固结不排水剪又称为 UU（Unconsolidated - Undrained）试验，简称不排水剪。在试验过程中，无论是施加周围压力 σ_3，还是施加轴向竖直应力，始终需要关闭排水阀门，土样中的水始终不能排出来，不产生体积变形，因此土样中孔隙水应力大，有效应力很少，所得抗剪强度指标用 c_u、φ_u表示。对于饱和软黏土，不管如何改变 σ_3，所绘出的莫尔应力圆直径都相同，仅是位置不同，库仑直线是一条水平线，如图 5.19 所示。该试验指标适用于土层厚度 H 大，渗透系数 k 较小，施工快速的工程及快速破坏的天然土坡的验算。

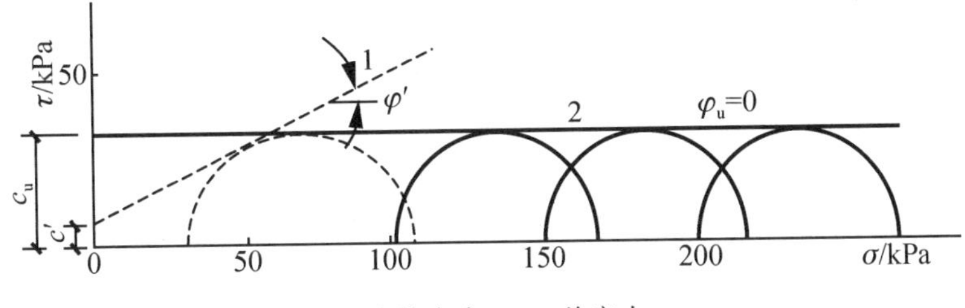

1—有效应力；2—总应力

图 5.19 饱和软黏土的不排水剪

5.4.2 固结不排水抗剪强度

固结不排水剪又称为 CU(Consolidated - Undrained) 试验，在周围压力 σ_3 作用下，打开排水阀门，让土样充分固结后，再关闭排水阀，施加轴向竖直应力 $\Delta\sigma$，直至土样破坏。在周围压力作用下，土内孔隙水应力逐渐减小至零，在轴向竖直应力 $\Delta\sigma$ 作用下，土样内产生孔隙水应力，所得抗剪强度指标用 φ_{cu}、c_{cu}表示，如图 5.20 所示。

该试验模拟地基条件在自重或正常荷载下已达到充分固结，而后遇有施加突然荷载的情况。例如一般建筑物地基的稳定性验算，以及预计建筑物施工期间能够排水固结，但在竣工后将施加大量活载（如料仓）或可能有突然活载（如风力）等情况。

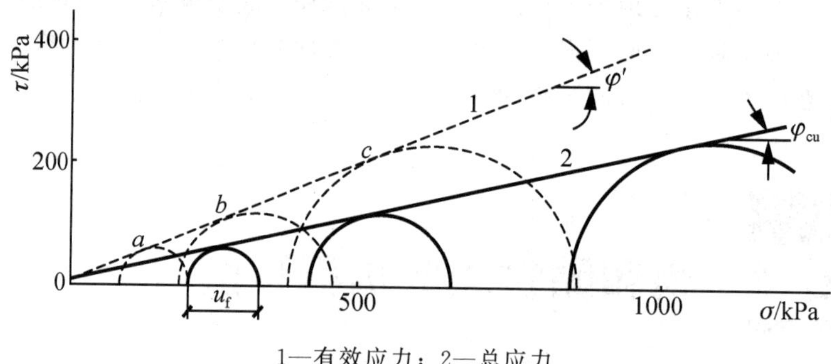

1—有效应力；2—总应力

图 5.20　正常固结土的固结不排水剪

5.4.3　固结排水抗剪强度

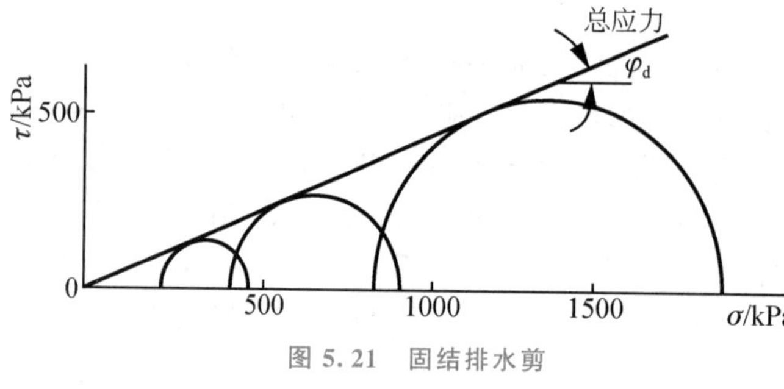

图 5.21　固结排水剪

固结排水剪又称为 CD (Consolidated - Drained) 试验，简称排水剪。在试验过程中，始终打开排水阀门，让土样充分排水固结，使土样中孔隙水应力始终接近于零，施加的应力即为有效应力，所得抗剪强度指标用 φ_d、c_d表示，如图 5.21 所示。该方法适用于土层厚度 H 小、渗透系数 k 大及施工速度慢的工程。对于先加竖向荷载，后加长时期水平向荷载的挡土墙、水闸等地基也可考虑采用固结排水剪得到的指标。

5.4.4　抗剪强度指标的选择

前述库仑公式 $\tau_f=\sigma\tan\varphi+c$ 为总应力表达式，说明土的抗剪强度与剪切面的法向应力成正比。但从不同试验方法中可以看到，同一种土施加的总应力 σ 虽然相同，但由于试验方法不同或控制排水条件不同，所得到的抗剪强度指标也不同，说明土的抗剪强度与总应力之间并没有唯一对应的关系。实质上土的抗剪强度是由剪切面上的有效法向应力所决定的，所以库仑公式应该用有效应力来表达才接近于实际。有效应力库仑公式为

$$\tau_f=\sigma'\tan\varphi'+c' \tag{5-17}$$

根据有效应力原理 $\sigma=\sigma'+u$，可将式(5－17) 写成有效应力表达式为

$$\tau_f=(\sigma-u)\tan\varphi'+c' \tag{5-18}$$

式中　σ'——有效法向应力；

φ'、c'——分别为有效内摩擦角和有效黏聚力，二者统称为有效应力抗剪强度指标。

由于孔隙水应力 u 不能承担剪力作用，因此，土体中的孔隙水应力 u 不能提高土的抗剪强度。由于有效应力法消除了孔隙水应力的影响，因此不论采用何种试验方法，若能用

有效应力法表达，所得抗剪强度指标应该是相同的，即抗剪强度与有效法向应力有对应关系。但限于室内试验和现场条件，不可能所有工程都采用有效应力法分析土的抗剪强度(如直剪试验无法测定 u)。因此工程中也常采用总应力法，但要尽可能模拟现场土体排水条件和固结速度。

应用案例 5-3

某饱和黏性土进行固结不排水剪试验，3 个土样所施加的周围压力和剪切破坏时的轴向应力及孔隙水应力等试验数据及计算结果见表 5-3。试求有效应力强度指标 c'、φ'。

表 5-3 固结不排水剪试验数据及计算结果 单位：kPa

土样编号	σ_3	$\Delta\sigma=(\sigma_1-\sigma_3)_f$	u_f	σ_1	$(\sigma_1+\sigma_3)_f/2$	$(\sigma_1-\sigma_3)_f/2$	σ_3-u_f	σ_1-u_f	$(\sigma_1'+\sigma_3')_f/2$	$(\sigma_1'+\sigma_3')/2$
1	50	92	23	142	96	46	27	119	73	46
2	100	120	40	220	160	60	60	180	120	60
3	150	164	67	314	232	82	83	247	165	82

注：表中画线数据为试验所测得的数据。

解：根据表 5-3 中的数据在坐标图中分别作一组总应力圆和有效应力圆，再分别作总应力圆和有效应力圆的强度包线，量得总应力抗剪强度指标 $c_{cu}=10\text{kPa}$、$\varphi_{cu}=18°$，有效应力抗剪强度指标 $c'=6\text{kPa}$、$\varphi'=27°$，如图 5.22 所示。

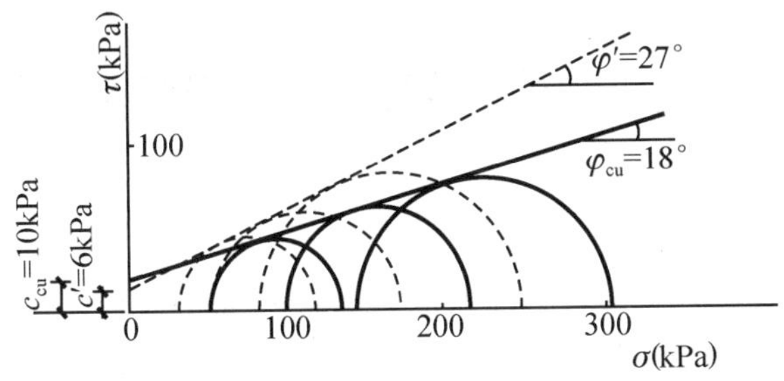

图 5.22 试验的莫尔应力圆和强度包线

5.5 无黏性土的抗剪强度

一般来说，土的原始密度越大，其抗剪强度就越高。对于无黏性土（如砂性土）来说，密度越大则颗粒之间的咬合作用越强，因而摩擦阻力就越大。图 5.23 表示不同密实程度的同一种砂土在相同周围压力 σ_3 下受剪时的应力-应变-体变关系。从图中可见，密砂的剪应力随着剪应变的增加而很快增大到某个峰值，而后逐渐减小一些，最后趋于某一稳定的终值，其体积变化开始时稍有减小，随后不断增加，呈剪胀性，如图 5.24(a) 所示；而松砂的剪应力随着剪应变的增加则较缓慢地逐渐增大并趋于某一最大值，不出现峰值，其体积在受剪时相应减小，呈剪缩性，如图 5.24(b) 所示。所以，在实际允许较小剪应变的条件下，密砂的抗剪强度显然大于松砂。

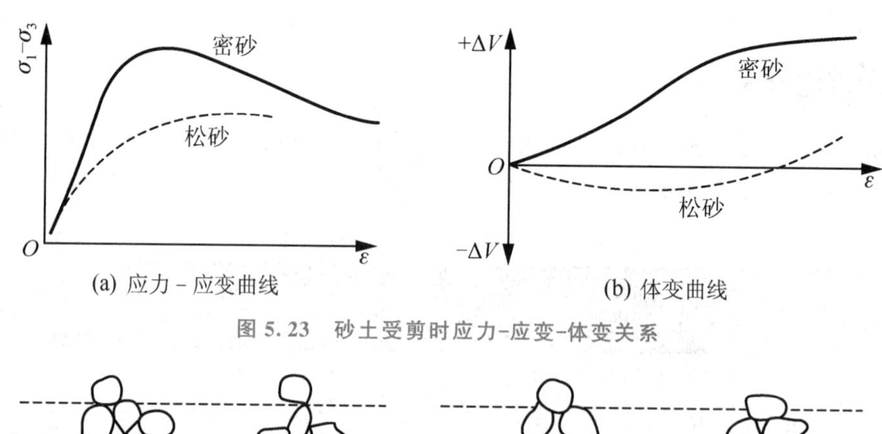

图 5.23　砂土受剪时应力-应变-体变关系

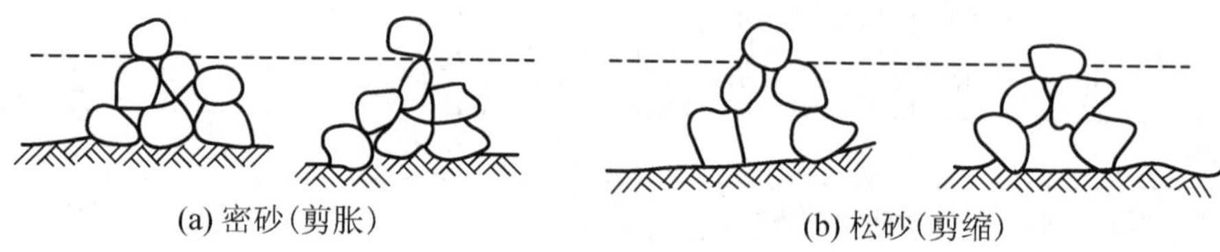

图 5.24　砂土胀缩性示意

5.6　地基的比例界限、临界荷载和极限荷载

地基承载力是指地基土能承受荷载的能力。地基承受荷载作用后，内部应力发生变化，一方面附加应力引起地基内土体变形，造成地基沉降，这方面内容已在第 4 章阐述，另一方面，引起地基内土体的剪应力增加。当荷载继续增大，地基出现较大范围的塑性区时，地基承载力不足会使地基失去稳定，此时地基达到极限承载力。

5.6.1　地基的破坏类型

无论是工程实践还是实验室等的研究和分析都可以获得：地基的破坏主要是基础下持力层抗剪强度不够，土体产生剪切破坏所致的。

为了解地基土在受荷以后剪切破坏的过程及承载力的性状，通过载荷试验对地基土的破坏模式进行了研究。载荷试验实际上是一种基础的原位模拟试验，作用于地基的模拟基础是一块刚性的载荷板，载荷板的尺寸一般为 0.25～1.0m^2，在载荷板上逐级施加荷载，同时测定在各级荷载作用下载荷板的沉降量及周围土体的位移情况，加载直至地基土破坏失稳为止。由试验得到压力 p 与所对应的最终沉降量 s 的关系曲线（p-s 曲线）如图 5.25 所示。

从 $p-s$ 曲线的特征可以了解不同性质土体在荷载作用下的地基破坏机理，曲线 A 在开始阶段呈直线，但当荷载增大到某个极限值以后沉降急剧增大，呈现脆性破坏的特征；曲线 B 在开始阶段也呈直线，在到达某个极限以后虽然随着荷载增大，沉降增大较快，但不出现急剧增大的特征；曲线 C 在整个沉降发展的过程中不出现明显的拐弯点，沉降对压力的变化也没有明显的变化。

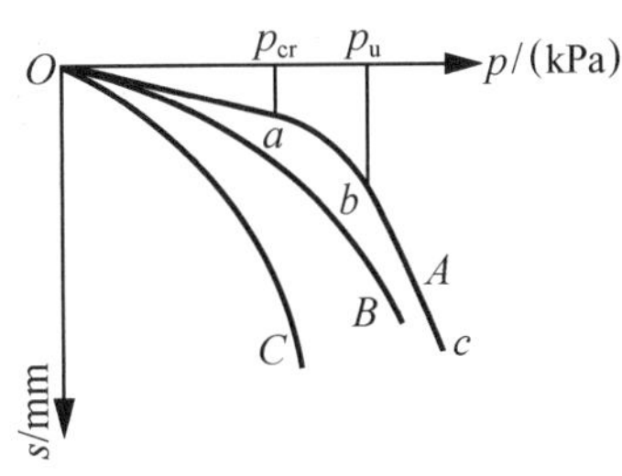

图 5.25　载荷试验的 $p-s$ 曲线

1. 地基破坏的 3 种形式

图 5.25 中 3 种曲线代表了 3 种不同的地基破坏形式。

① 整体剪切破坏，如图 5.26(a) 所示。当基础上荷载较小时，基础下形成一个三角形压密区，随同基础压入土中，这时 $p-s$ 曲线如图 5.25 中的曲线 A 上的 Oa 段所示，呈直线。随着荷载增加，压密区向两侧挤压，土中产生塑性区，塑性区先在基础边缘产生，然后逐步扩大。这时基础的沉降增长率较前一阶段增大，故 $p-s$ 曲线呈曲线状。当荷载达到最大值后，土中形成连续滑动面，并延伸到地面，土从基础两侧挤出并隆起，基础沉降急剧增加，整个地基失稳破坏，$p-s$ 曲线上出现明显的转折点，其相应的荷载称为极限荷载。整体剪切破坏常发生在浅埋基础下的密砂或硬黏土等坚实地基中。当发生这种形式的破坏时，建筑物会突然倾倒。

② 局部剪切破坏，如图 5.26(b) 所示。随着荷载的增加，基础下也产生压密区及塑性区，但塑性区仅仅发展到地基某一范围内，土中滑动面并不延伸到地面，基础两侧地面微微隆起，没有出现明显的裂缝。其 $p-s$ 曲线如图 5.26 中的曲线 B 所示，曲线也有一个转折点，但不像整体剪切破坏那么明显。局部剪切破坏常发生于中等密实砂土中。

③ 冲切破坏，如图 5.26(c) 所示。在基础下没有明显的连续滑动面，随着荷载的增加，基础随着土层发生压缩变形而下沉，当荷载继续增加时，基础周围附近土体发生竖向剪切破坏，使基础刺入土中。冲切破坏的 $p-s$ 曲线如图 5.25 中的曲线 C 所示，该曲线没有明显的转折点，没有明显的比例界限及极限荷载。这种破坏形式常发生在松砂及软土中。

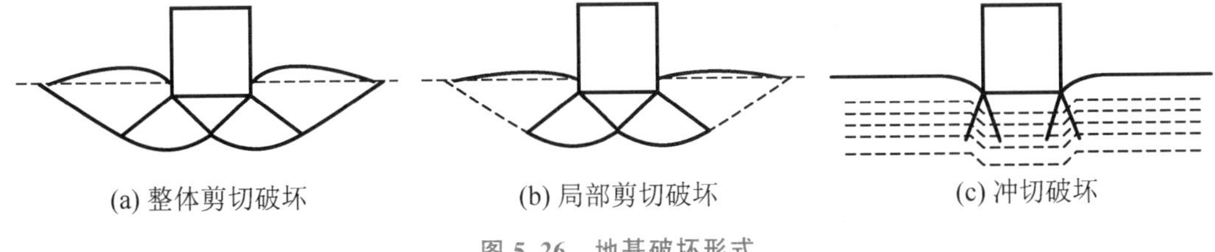

图 5.26　地基破坏形式

2. 地基破坏的 3 个阶段

人们根据载荷试验结果进一步发现了地基整体剪切破坏的 3 个发展阶段。

① 压密阶段（或称弹性变形阶段）：图 5.25 中曲线 A 上的 Oa 段。在这一阶段，$p-s$ 曲线接近于直线，土中各点的剪应力均小于土的抗剪强度，土体处于弹性平衡状态。载荷板的沉降主要是土的压密变形引起的。$p-s$ 曲线上相应于 a 点的荷载称为比例界限 p_{cr}，也称临塑荷载。

② 剪切阶段：图 5.25 中曲线 A 上的 ab 段。此阶段 $p-s$ 曲线已不再保持线性关系，沉降的增长率 $\Delta s/\Delta p$ 随荷载的增大而增加。地基土中局部范围内的剪应力达到土的抗剪强度，土体发生剪切破坏，这些区域也称塑性区。随着荷载的继续增加，土中塑性区的范围也逐步扩大，直到土中形成连续的滑动面，由载荷板两侧挤出而破坏。因此，剪切阶段也是地基中塑性区的发生与发展阶段。相应于 $p-s$ 曲线上 b 点的荷载称为极限荷载 p_u。

③ 破坏阶段（或塑性变形阶段）：图 5.25 中曲线 A 上的超过 b 点的曲线段。当荷载超过极限荷载 p_u后，基础急剧下沉，即使不增加荷载，沉降也不能停止；或是地基土体从基础四周大量挤出隆起，地基土产生失稳破坏。

5.6.2 地基的比例界限

比例界限是指地基土中将要出现但尚未出现塑性变形区时的基底压力。其计算公式可根据土中应力计算的弹性理论和土体极限平衡条件导出。设地表作用一个均布条形荷载 p_0，如图 5.27(a) 所示，在地表下任一深度点 M 处产生的大、小主应力可利用材料力学主应力公式求得

$$\left.\begin{matrix}\sigma_1\\ \sigma_3\end{matrix}\right\}=\frac{p_0}{\pi}\ (\beta_0\pm\sin\beta_0) \tag{5-19}$$

实际上一般基础都具有一定的埋深 d，如图 5.27(b) 所示，此时地基中某点 M 的应力除了由基底附加应力 $p_0=p-\gamma d$ 产生以外，还有土的自重应力。

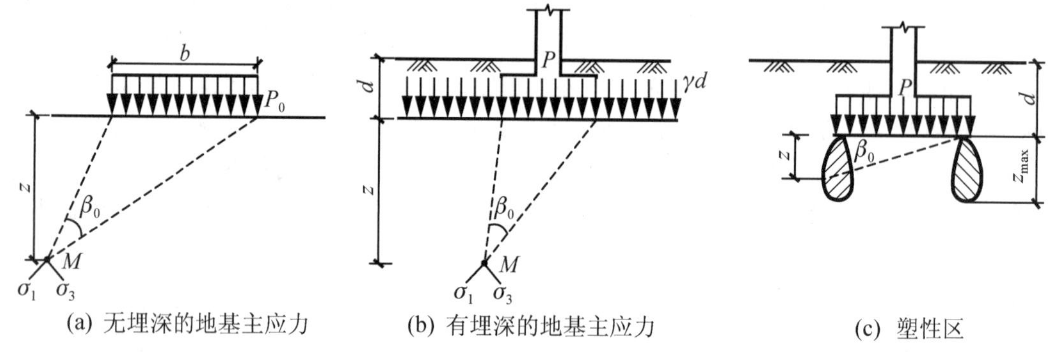

(a) 无埋深的地基主应力　(b) 有埋深的地基主应力　(c) 塑性区

图 5.27　条形均布荷载作用下的地基主应力及塑性区

在基础两边点的主应力最大，因此塑性区首先从基础两边点开始向更大深度发展，如图 5.27(c) 所示。

塑性区发展最大深度 z_{max}的表达式为

$$z_{max}=\frac{p-\gamma_0 d}{\pi\gamma}\left[\cot\varphi-\left(\frac{\pi}{2}-\varphi\right)\right]-\frac{c}{\gamma\tan\varphi}-\frac{\gamma_0}{\gamma}d \tag{5-20}$$

若 $z_{max}=0$，则表示地基中将要出现但尚未出现塑性变形区，其相应的荷载即为比例界限 p_{cr}。比例界限的表达式为

$$p_{cr}=\frac{\pi\ (\gamma_0 d+c\cot\varphi)}{\cot\varphi+\varphi-\frac{\pi}{2}}+\gamma_0 d \tag{5-21}$$

式中 γ_0——基底标高以上土的加权平均重度，kN/m^3；

φ——地基土的内摩擦角，(°)。

其他符号意义同前。

5.6.3 地基的临界荷载

临界荷载是指允许地基产生一定范围塑性区所对应的荷载。工程实践表明，即使地基发生局部剪切破坏，地基中塑性区有所发展，但只要塑性区范围不超出某一限度，就不致影响建筑物的安全和正常使用。因此将允许地基产生塑性区的比例界限 p_{cr} 作为地基承载力的话，往往不能充分发挥地基的承载能力，取值偏于保守。对于中等强度以上的地基土，若将控制地基中塑性区深度范围较小的临界荷载作为地基承载力，既能使地基有足够的安全度，保证稳定性，又能比较充分地发挥地基的承载能力，从而达到优化设计、减少基础工程量、节约投资的目的，符合经济合理的原则。允许塑性区发展深度的范围大小与建筑物重要性、荷载性质和大小、基础形式、地基土的物理力学性质等有关。

一般认为，在中心垂直荷载下，塑性区的最大发展深度 z_{max} 可控制在基础宽度的 1/4，相应的塑性荷载用 $p_{1/4}$ 表示。因此，在式(5-20) 中令 $z_{max}=b/4$，可得到 $p_{1/4}$ 的计算公式为

$$p_{1/4}=\frac{\pi(\gamma_0 d+c\cot\varphi+\gamma b/4)}{\cot\varphi+\varphi-\frac{\pi}{2}}+\gamma_0 d \tag{5-22}$$

对于偏心荷载作用的基础，也可取 $z_{max}=b/3$，相应的塑性荷载 $p_{1/3}$ 作为地基的承载力，即

$$p_{1/3}=\frac{\pi(\gamma_0 d+c\cot\varphi+\gamma b/3)}{\cot\varphi+\varphi-\frac{\pi}{2}}+\gamma_0 d \tag{5-23}$$

必须指出，上述公式是在条形均布荷载作用下导出的，对于矩形和圆形基础，其结果偏于安全。此外，在公式的推导过程中采用了弹性力学的解答，对于已出现塑性区的塑性变形阶段，其推导是不够严格的。

5.6.4 地基的极限荷载

地基的极限荷载 p_u 是地基承受基础荷载的极限压力，亦称地基的极限承载力。其求解方法一般有两种：①根据土的极限平衡理论和已知的边界条件，计算出土中各点达极限平衡时的应力及滑动方向，求得基底极限荷载；②通过基础模型试验，研究地基的滑动面形状并进行简化，再根据滑动土体的静力平衡条件求得极限荷载。下面介绍太沙基地基极限荷载公式。

太沙基（Terzaghi）于 1943 年提出了条形基础的极限荷载公式，简称太沙基公式。他从实用考虑认为，当基础的长宽比 $l/b\geqslant5$ 且基础的埋深 $d\leqslant b$ 时，就可视为条形浅基础，基底以上的土体看作是作用在基础两侧底面上的均布荷载 $q=\gamma d$。

太沙基假定基础是条形基础，受均布荷载作用，且基底是粗糙的。当地基发生滑动时，滑动面的形状如图 5.28 所示，也可以分成 3 个区：Ⅰ区为基底下的土楔体 ABC，由

于基底是粗糙的，具有很大的摩擦力，因此 AB 面不会发生剪切位移，也不再是大主应力面，Ⅰ区内土体不是处于朗肯主动状态，而是处于弹性压密状态，它与基底一起移动，并假定滑动面 AC（或 BC）与水平面呈 φ 角；Ⅱ区对称位于Ⅰ区左右下方，其滑动面是对数螺旋曲线 CD、CE；Ⅲ区对称位于Ⅱ区左右，呈等腰三角形，是朗肯被动状态区，滑动面 AD 及 DF 与水平面呈（$45°-\varphi/2$）角。

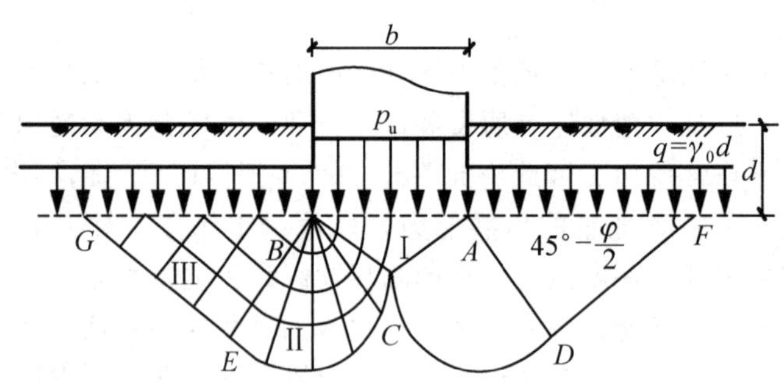

图 5.28　太沙基公式地基滑动面形状

太沙基认为在均匀分布的极限荷载 p_u 作用下，地基处于极限平衡状态时作用于Ⅰ区土楔体上的力包括

$$p_u=\frac{1}{2}\gamma bN_\gamma+qN_q+cN_c \tag{5-24}$$

式中　N_γ、N_q、N_c——承载力系数，它们都是无量纲系数，仅与土的内摩擦角 φ 有关，可由表 5-4 查得；N_γ 也可按 $N_\gamma=1.5(N_q-1)\tan\varphi$ 计算，还可查太沙基承载力因数图，在此不多做介绍。

表 5-4　太沙基公式承载力系数表

φ/(°)	0	5	10	15	20	25	30	35	40	45
N_γ	0	0.51	1.20	1.80	4.00	11.0	21.8	45.4	125	326
N_q	1.00	1.64	2.69	4.45	7.42	12.7	22.5	41.4	81.3	173.3
N_c	5.71	7.32	9.58	12.9	17.6	25.1	37.2	57.7	95.7	172.2

式(5-24) 只适用于条形基础，圆形或矩形基础属于三维问题，因数学上的困难，至今尚未能导得其分析解，太沙基提出了半经验的极限荷载公式。

对于圆形基础：

$$p_u=0.6\gamma RN_\gamma+qN_q+1.2cN_c \tag{5-25}$$

式中　R——圆形基础的半径，m；

其余符号意义同前。

对于矩形基础：

$$p_u=0.4\gamma bN_\gamma+qN_q+1.2cN_c \tag{5-26}$$

用上述太沙基公式计算地基容许承载力时，其安全系数应取 $K=3.0$，即地基的容许承载力为

$$f=\frac{p_u}{K} \tag{5-27}$$

5.7 地基承载力的确定方法

《规范》规定，地基承载力的特征值是指由载荷试验测定的地基土压力变形曲线线性变形段内规定的变形所对应的压力值，其最大值为比例界限值。地基承载力的特征值可由载荷试验或其他原位测试、公式计算并结合工程实践经验等方法综合确定。

5.7.1 由《规范》确定地基承载力特征值

《规范》中 5.2.5 条规定，当偏心距 e 小于或等于 0.033 倍基底宽度时，根据土的抗剪强度指标确定地基承载力特征值可按下式计算，并满足变形要求。

$$f_a = M_b \gamma b + M_d \gamma_m d + M_c c_k \tag{5-28}$$

式中 b——基底宽度，大于 6m 时按 6m 取值，对于砂土小于 3m 时按 3m 取值；

M_b、M_d、M_c——承载力系数，按 φ_k 值查表 5-5；

φ_k、c_k、γ——基底下 1 倍短边宽深度内土的内摩擦角标准值、黏聚力标准值、土的重度，水位下取有效重度。

表 5-5 承载力系数 M_b、M_d、M_c 值

土的内摩擦角标准值 φ_k/(°)	M_b	M_d	M_c
0	0	1.00	3.14
2	0.03	1.12	3.32
4	0.06	1.25	3.51
6	0.10	1.39	3.71
8	0.14	1.55	3.93
10	0.18	1.73	4.17
12	0.23	1.94	4.42
14	0.29	2.17	4.69
16	0.36	2.43	5.00
18	0.43	2.72	5.31
20	0.51	3.06	5.66
22	0.61	3.44	6.04
24	0.80	3.87	6.45
26	1.10	4.37	6.90
28	1.40	4.93	7.40
30	1.90	5.59	7.95
32	2.60	6.35	7.55
34	3.40	7.21	9.22
36	4.20	7.25	9.97
38	5.00	9.44	10.80
40	5.80	10.84	11.73

5.7.2 由载荷试验确定地基承载力特征值

载荷试验主要有浅层平板载荷试验和深层平板载荷试验。浅层平板载荷试验的承压板面积不应小于 $0.25m^2$，对于软土不应小于 $0.5m^2$，可测定在浅部地基土层在承压板下应力主要影响范围内的承载力。深层平板载荷试验的承压板一般采用直径为 0.8m 的刚性板，紧靠承压板周围外侧的土层高度应不少于 0.8m，可测定深部地基土层在承压板下应力主要影响范围内的承载力。

载荷试验都是按分级加载、逐级稳定、直到破坏的试验步骤进行的，最后得到 $p-s$ 曲线，据 $p-s$ 曲线（图 5.29）确定地基承载力特征值 f_{ak} 的规定如下。

① 当 $p-s$ 曲线上有比例界限时，取该比例界限所对应的荷载值。

② 当极限荷载小于比例界限荷载值的 2 倍时，取其极限荷载值的 1/2。

③ 当不能按以上方法确定时，可取 $s/b=0.01\sim0.015$ 所对应的荷载值，但其值不应大于最大加载量的 1/2。

④ 同一土层参加统计的试验点不应少于 3 点，当试验实测值的极差不超过其平均值的 30%时，取其平均值作为该土层的地基承载力特征值 f_{ak}。

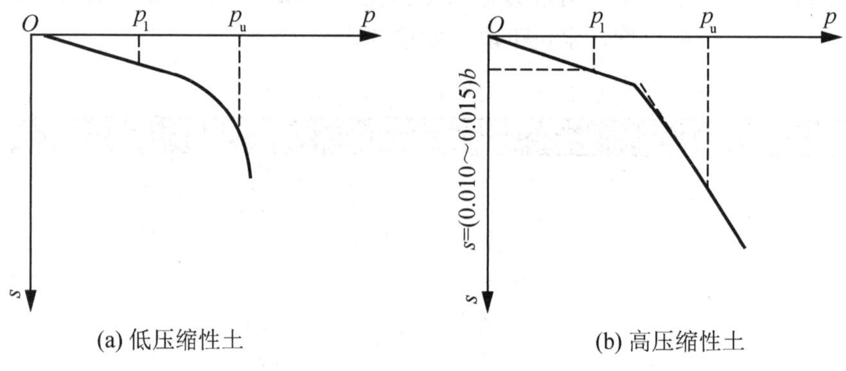

图 5.29 按载荷试验成果确定地基承载力特征值 $p-s$ 曲线

5.7.3 确定地基承载力特征值的其他方法

原位测试方法除载荷试验外，还有动力触探、静力触探、十字板剪切试验和旁压试验等方法。动力触探有轻型（N_{10}）、重型（$N_{63.5}$）和超重型（N_{120}）之分，静力触探有单桥探头和双桥探头之分，各地应以载荷试验数据为基础，积累和建立相应的测试数据与地基承载力的相关关系。这种相关关系具有地区性、经验性，对于大量建设的丙级地基基础是非常适用、经济、方便的，对于设计等级为甲、乙级的地基基础，应按确定地基承载力特征值的多种方法综合确定。

5.7.4 地基承载力特征值修正

在《规范》中给出了各种土类的地基承载力表，这些表是根据在各类土上所做的大量的载荷试验资料及工程经验总结，经过统计分析而得到的。使用时可根据现场土的物理力学性质指标，以及基础的宽度和埋深，按《规范》中的表格和公式得到地基承载力设计值。

当实际工程的基础宽度 $b>3$m，基础埋深 $d>0.5$m 时，按《规范》的规定，地基土承载力从查表得到的标准值 f_k，以及按照载荷试验或触探等原位测试、经验值等方法确定的地基承载力特征值 f_{ak}，都应按下式进行基础宽度和埋深的修正，修正后的承载力才是地基承载力的设计值（岩石地基除外）。

$$f_a=f_{ak}+\eta_b\gamma(b-3)+\eta_d\gamma_m(d-0.5) \tag{5-29}$$

式中 f_a——修正后的地基承载力特征值；

f_{ak}——地基承载力特征值；

η_b、η_d——基础宽度和埋深的地基承载力修正系数，按基底下土的类别查表 5-6 取值；

γ——基底以下持力层土的天然重度，地下水位以下取有效重度 γ'；

b——基底宽度，当 $b<3$m 时按 3m 取值，当 $b>6$m 时按 6m 取值；

γ_m——基底以上土的加权平均重度，地下水位以下取有效重度；

d——基础埋深，当 $d<0.5$m 时按 0.5m 取值，一般自室外地面标高算起。

表 5-6 地基承载力修正系数

土的类别		η_b	η_d
淤泥和淤泥质土		0	1.0
人工填土和 e 或 I_L 大于或等于 0.85 的黏性土		0	1.0
红黏土	含水比 $a_w>0.8$	0	1.2
	含水比 $a_w\leqslant0.8$	0.15	1.4
大面积压实填土	压实系数>0.95、黏粒含量 $\rho_c\geqslant10\%$的粉土	0	1.5
	最大干密度>2.1t/m^3 的级配砂石	0	2.0
粉土	黏粒含量 $\rho_c\geqslant10\%$的粉土 黏粒含量 $\rho_c\leqslant10\%$的粉土	0.3 0.5	1.5 2.0
e 或 I_L 均<0.85 的黏性土		0.3	1.6
粉砂、细砂（不包括很湿与饱和时的稍密状态）		2.0	3.0
中砂、粗砂、砾砂和碎石土		3.0	4.4

特别提示

强风化和全风化的岩石，可参照所风化成的相应土类取值，其他状态下的岩石不修正。

地基承载力特征值按《规范》的附录 D 中“深层平板载荷试验”确定时 η_d 取 0。

应用案例 5-4

某建筑物的箱形基础宽 8.5m，长 20m，埋深 4m，土层情况见土工试验成果表（表 5-7），由载荷试验确定的黏土持力层承载力特征值 $f_{ak}=160\text{kPa}$，已知地下水位线位于地表下 2m 处，试修正该处的地基承载力特征值。

表 5－7　土工试验成果表

层次	土类	层底埋深/m	土工试验结果
1	填土	1.80	$\gamma=17.8\text{kN/m}^3$
2	黏土	2.00	$\omega_0=32.0\%$，$\omega_L=37.5\%$，$\omega_P=17.3\%$，$d_s=2.72$
		7.80	水位以上 $\gamma=18.9\text{kN/m}^3$；水位以下 $\gamma=19.2\text{kN/m}^3$

解：(1) 先确定计算参数。

因箱基宽度 $b=8.5\text{m}>6.0\text{m}$，故按 6m 考虑；箱基埋深 $d=4\text{m}$。

由于持力层为黏性土，根据《规范》，确定修正系数 η_b、η_d 的指标为孔隙比 e 和液性指数 I_L，它们可以根据土层条件分别求得。

$$e=\frac{d_s(1+\omega_0)\gamma_w}{\gamma}-1=\frac{2.72\times(1+0.32)\times 9.8}{19.2}-1\approx 0.83$$

$$I_L=\frac{\omega-\omega_P}{\omega_L-\omega_P}=\frac{32.0-17.3}{37.5-17.3}\approx 0.73$$

由于 $I_L=0.73<0.85$，$e=0.83<0.85$，从表 5－6 查得 $\eta_b=0.3$，$\eta_d=1.6$。

因基础埋在地下水位以下，故持力层的取有效重度为

$$\gamma'=19.2-10=9.2\ (\text{kN/m}^3)$$

而基底以上土层的加权平均重度为

$$\gamma_m=\frac{\sum_{i=1}^{3}\gamma_i h_i}{\sum_{i=1}^{3}h_i}=\frac{17.8\times 1.8+18.9\times 0.2+(19.2-10)\times 2.0}{1.8+0.2+2.0}=\frac{54.22}{4}\approx 13.6\ (\text{kN/m}^3)$$

(2) 修正后的地基承载力特征值。

$$\begin{aligned}f_a&=f_{ak}+\eta_b\gamma'(b-3)+\eta_d\gamma_m(d-0.5)\\&=160+0.3\times 9.2\times(6-3)+1.6\times 13.6\times(4-0.5)\\&=160+8.28+76.16\\&=244.4\ (\text{kPa})\end{aligned}$$

本章小结

(1) 土的抗剪强度由与正应力有关的摩擦因素 $\sigma\tan\varphi$ 和与正应力无关的黏聚力因素 c 这两部分构成。砂土是一种散粒结构，因此黏聚力因素不存在；黏性土的抗剪强度指标 c 和 φ 不是常数，它们与土的物理性质、应力历史等有关。

(2) 土的极限平衡理论表示土体达到极限平衡条件时，土中某点的两个主应力大小与土的两个抗剪强度指标的关系。土的极限平衡理论的基本概念在土力学中占了很重要的地位，在土压力、地基承载力等内容中再度出现，应加以重视。

(3) 土的抗剪强度试验方法很多，室内试验方法有直剪试验、无侧限压缩试验和三轴剪切试验等。现场试验方法主要有十字板剪切试验和旁压试验等。不同试验方法得到的强度是不同的，具体选用哪一种试验方法，要根据土质条件、工程情况及分析计算方法而定。抗剪强度指标选择的不同，对计算结果有极大的影响。

(4) 地基比例界限、临界荷载和极限荷载，都属于地基承载力问题，是土的抗剪强度的实际应用。确定地基承载力是地基基础设计工作中的一个基本问题，目的是在工程设计中选定基础方案，并确定基础的底面积。

(5) 地基承载力是指地基土单位面积上所能承受荷载的能力。因为土是一种三相体，荷载又是作用在半无限体的表面上，所以地基的承载力不是一个简单的常数。将地基承载力与塑性区开展深度联系起来，允许基底以下有一定深度塑性区开展，承载力就可以提高。所以确定地基承载力时，还应该考虑到上部结构的特性。

习　题

一、选择题

1. 在某黏土地基上快速施工，采用理论公式确定地基承载力值时，抗剪强度指标 c_k 和 φ_k 应采用下列哪种试验方法的试验指标？________

A. 固结排水　　B. 不固结不排水

C. 固结不排水　　D. 固结快剪

2. 以下4种应力关系中，表示该点土体处于极限状态的是________。

A. $\tau>\tau_f$　　B. $\tau=\tau_f$　　C. $\tau<\tau_f$　　D. 不确定

3. 黏性土的有效抗剪强度取决于________。

A. 有效法向应力、有效内摩擦角　　B. 有效外摩擦角

C. 内摩擦角　　D. 总法向应力

4. 土的剪切试验有直接快剪、固结快剪和直接慢剪3种试验方法，一般情况下得到的内摩擦角的大小顺序是________。

A. 直接慢剪＞固结快剪＞直接快剪

B. 直接快剪＞固结快剪＞直接慢剪

C. 固结快剪＞直接快剪＞直接慢剪

D. 以上都不正确

5. 对于 $p-s$ 曲线上存在明显初始直线段的载荷试验，所确定的地基承载力特征值________。

A. 一定是小于比例界限值　　B. 一定是等于比例界限值

C. 一定是大于比例界限值　　　　D. 上述 3 种说法都不对

二、简答题

1. 黏性土与无黏性土的库仑公式有何不同?

2. 若剪切面处于极限平衡状态，如何改变其应力（τ 或 σ）能使该剪切面更安全? 若剪切面上已有 $\tau > \tau_f$，是否可以调整应力 σ 或 τ 使其更安全?

3. 最大剪应力 τ_{max} 如何计算? 作用在哪个面上?

4. 三轴剪切试验有哪些优缺点?

5. 土体剪切破坏经历哪几个阶段? 破坏形式有哪几种?

6. 如何根据载荷试验得到的 $p-s$ 曲线确定承载力特征值 f_{ak}?

7. 太沙基公式的假定前提是什么?

8. 什么是地基承载力特征值? 如何对地基承载力特征值进行修正?

三、案例分析

1. 某试样承受 $\sigma_1 = 200$kPa，$\sigma_3 = 100$kPa 的应力，土的内摩擦角 $\varphi = 30°$，$c = 10$kPa，试计算最大剪应力及最大剪应力面上的抗剪强度。

2. 对某试样进行直剪试验，在法向应力为 50kPa、100kPa、200kPa 和 300kPa 时，测得抗剪强度 τ_f 分别为 31.2kPa、62.5kPa、125.0kPa 和 187.5kPa，试用作图法确定该试样的抗剪强度指标。

3. 已知某无黏性土的 $c = 0$，$\varphi = 30°$，若对该土取样做试验。

（1）如对试样施加大、小主应力分别为 200kPa 和 100kPa，试样会破坏吗?

（2）若使小主应力保持不变，大主应力是否可以增加到 400kPa? 为什么?

4. 某建筑物地基土的天然重度 $\gamma = 19$kN/m^3，黏聚力 $c = 25$kPa，内摩擦角 $\varphi = 30°$，如果设置宽度 $b = 1.20$m，埋深 $d = 1.50$m 的条形基础，地下水位与基底持平，基底以上土的加权平均重度 $\gamma_m = 18$kN/m^3，计算地基的比例界限 p_{cr} 和临界荷载 p。

5. 已知某条形基础，宽度 $b = 1.80$m，埋深 $d = 1.50$m。地基土为干硬黏土，其天然重度 $\gamma = 18.9$kN/m^3，$\gamma_m = \gamma$，黏聚力 $c = 22$kPa，内摩擦角 $\varphi = 15°$，试用太沙基公式计算极限承载力 p_u。

6. 某条形基础承受中心荷载，其底面宽 $b = 1.5$m，埋深 $d = 2$m，地基土的重度 $\gamma = 20$kN/m^3，内摩擦角 $\varphi = 30°$，黏聚力 $c = 20$kPa，试计算地基的比例界限、临界荷载并用太沙基公式计算极限荷载。

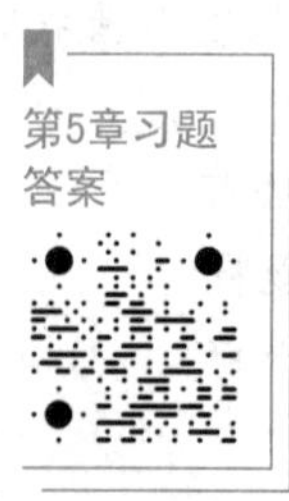

第6章 土压力与土坡稳定

学习目标

通过本章的学习，掌握3种土压力的概念；掌握朗肯土压力理论的假定和原理，并能计算常见情况下的主动、被动土压力；理解库仑土压力理论的假定和原理，会计算主动、被动土压力；了解挡土墙的类型，掌握挡土墙稳定性验算的内容和方法，能够设计简单的重力式挡土墙；熟悉土坡稳定分析方法。

学习要求

能力目标	知识要点	相关知识	权重
掌握3种土压力的概念，能够判别是哪种土压力	土压力的影响因素； 土压力的分类	3种土压力的概念及其分类依据	0.15
能够利用朗肯土压力理论计算常见情况下的主动、被动土压力	朗肯土压力理论； 朗肯土压力的计算方法	朗肯土压力理论的基本假定、原理	0.30
能够利用库仑土压力理论计算主动、被动土压力	库仑土压力理论； 库仑土压力的计算方法	库仑土压力理论的假定、原理	0.15
掌握挡土墙稳定性验算的内容和方法，并能进行挡土墙的设计	挡土墙稳定性验算的内容和方法； 挡土墙设计	挡土墙的类型	0.40

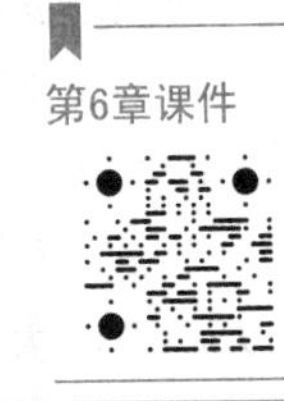

引　例

2008 年 5 月 12 日，四川省汶川县发生 8.0 级大地震后，在都江堰至汶川路段的水井湾大桥发生约 100m 宽的山体滑坡，导致都江堰至汶川路段完全中断，影响救援。其后又在多处发生滑坡现象。导致滑坡的原因是什么？如何改善？这就是本章要解决的主要问题。

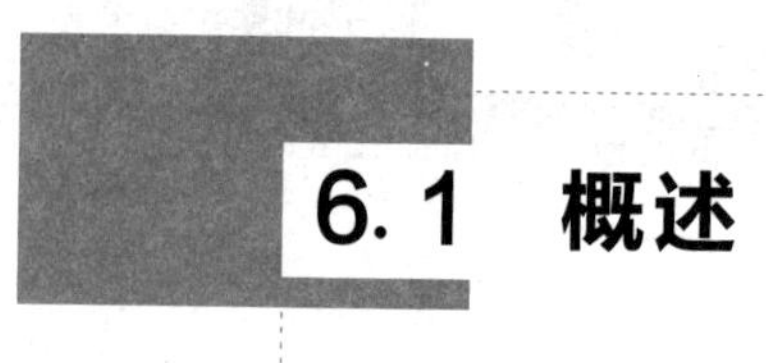

6.1　概述

在房屋建筑、水利、铁路及公路和桥梁工程中，为防止土体坍塌给工程造成危害，通常需要设计相应的构筑物支挡土体，这种构筑物称为挡土墙。在山区和丘陵区及高差较大的建筑场地，常用挡土墙来抵抗土体的坍塌。常见的挡土墙如图 6.1 所示。

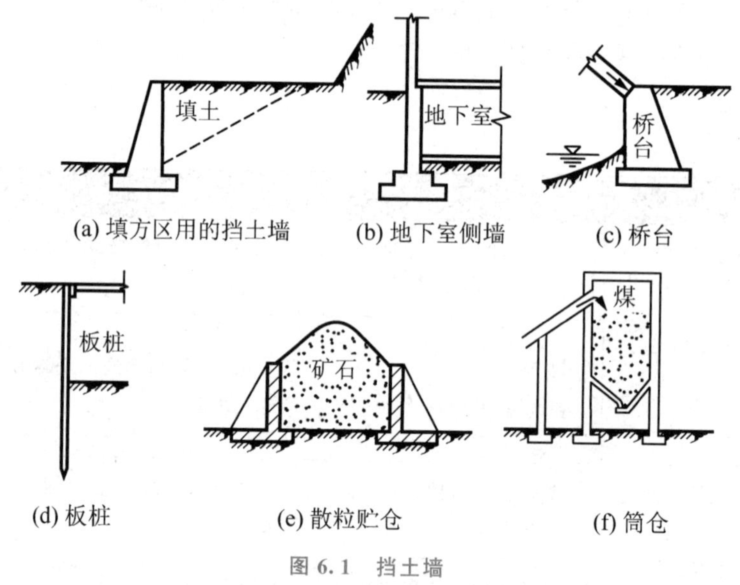

(a) 填方区用的挡土墙　(b) 地下室侧墙　(c) 桥台

(d) 板桩　(e) 散粒贮仓　(f) 筒仓

图 6.1　挡土墙

6.1.1　土压力的概念及计算理论

挡土墙的结构类型可分为重力式、悬臂式和扶壁式等，通常用块石、砖、素混凝土及钢筋混凝土等材料建成。挡土墙后的填土因自重或外荷载作用对墙背产生的侧向力，称为挡土墙的土压力。

土压力计算十分复杂，它与填料的性质、挡土墙的形状和位移方向及地基土质等因素有关，目前大多采用古典的朗肯土压力理论和库仑土压力理论。

6.1.2 土坡的类型

土坡按其成因可分为天然边坡和人工边坡。天然边坡是指由于地质作用而自然形成的边坡，如山区的天然山坡、江河的岸坡。人工边坡是指人们在修建各种工程时，在天然土体中开挖或填筑而成的边坡。

由于某些外界不利因素（如坡顶堆载、雨水侵袭、地震、爆破等）的影响，边坡局部土体会发生滑动而丧失稳定性。边坡失稳常会造成严重的工程事故。滑坡的规模有大有小，大则数百万立方米的土体瞬间向下滑动，淹没村庄，毁坏铁路、桥梁，堵塞河道，造成灾害性的破坏；小则几十立方米或几百立方米土体滑动，基坑坍塌造成人员伤亡和给施工带来困难。

6.2 土压力的影响因素及分类

挡土墙是抵抗土体塌滑的构筑物，土压力是挡土墙的主要外荷载，正确地计算土压力是一个很重要的问题，土压力的大小不仅与土压力的类型有关，还与很多因素有关。

6.2.1 土压力的影响因素

土压力的计算十分复杂，它涉及填料、挡土墙及地基三者之间的作用。它与挡土墙的高度，墙背的形状、倾斜度、粗糙度，填料的物理力学性质，填土面的坡度及荷载情况有关，也与挡土墙的位移大小和方向及填土的施工方法等有关。

6.2.2 土压力的分类

根据挡土墙的位移情况和墙后土体所处的应力状态，可将土压力分为静止土压力、主动土压力和被动土压力 3 种，如图 6.2 所示。

1. 静止土压力 E_0

如果挡土墙在土压力作用下，不产生任何方向的位移（移动和转动）而保持在原有位置，墙后土体处于弹性平衡状态，则此时墙背所受的土压力称为静止土压力，如图 6.2(a) 所示。而房屋地下室侧墙，如图 6.1(b) 所示，由于楼面的支撑作用，几乎无位移发生，故作用在侧墙上的填土侧压力可按静止土压力计算。

主动土压力

2. 主动土压力 E_a

当挡土墙在土压力作用下离开土体向前位移时，墙后土压力将逐渐减

小，当位移达到一定量时，墙后土体达到极限平衡状态（填土即将滑动），此时土对墙的作用力为最小，称为主动土压力，如图 6.2(b) 所示。

3. 被动土压力 E_p

当挡土墙在外力作用下推挤土体向后位移时，墙后土压力将逐渐增大，当位移达到一定量时，墙后土体处于极限平衡状态（填土即将滑动），此时土对墙的作用力为最大，称为被动土压力，如图 6.2(c) 所示。例如拱桥桥台［图 6.1(c)］的填土压力即可按被动土压力计算。

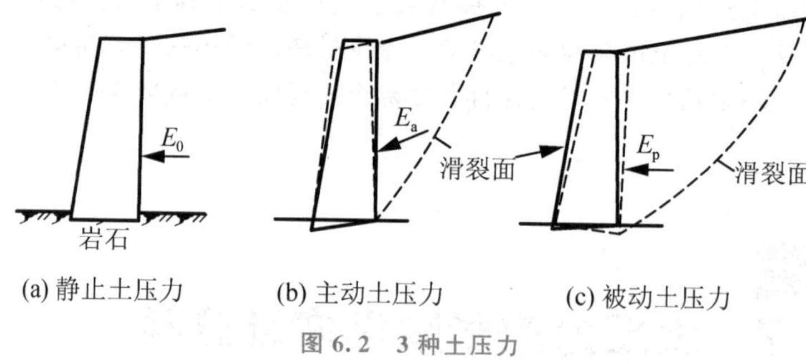

图 6.2　3 种土压力

3 种土压力与挡土墙位移的关系（图 6.3）：在相同的墙高和填土条件下主动土压力小于静止土压力，静止土压力小于被动土压力，即 $E_a<E_0<E_p$。

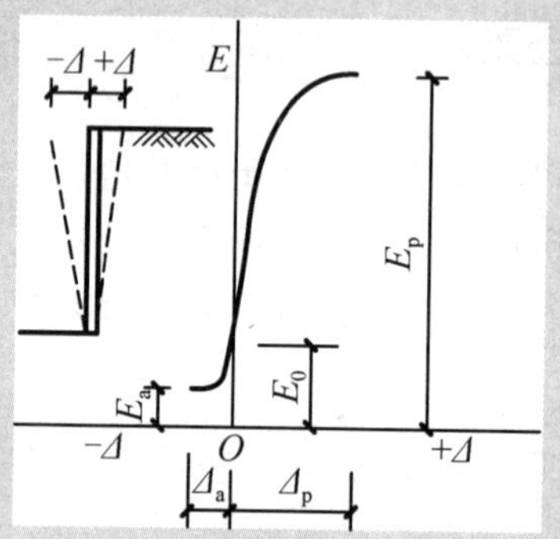

图 6.3　3 种土压力与挡土墙位移的关系

6.3　静止土压力的计算

地下室外墙、地下水池侧壁、涵洞的侧墙及其他不产生位移的挡土墙可按静止土压力计算。

静止土压力可视为天然土层中的水平向自重应力，其分布如图 6.4 所示。在墙后土体中任意深度 z 处取一微小单元体，作用于单元体水平面上的应力为竖向自重应力，作用于单元体竖直面上的应力为水平自重应力，即侧压力，也称静止土压力，其强度为

$$p_0 = K_0 \gamma z \tag{6-1}$$

式中 γ——土的重度，kN/m^3；

z——计算点在填土面下的深度，m；

K_0——静止土压力系数。

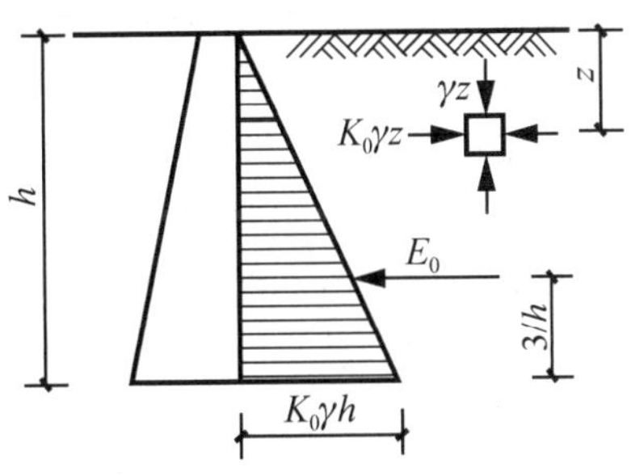

图 6.4 静止土压力的分布

静止土压力系数的确定方法：一种是通过侧限条件下的试验测定；另一种是采用经验公式计算，即 $K_0 = 1 - \sin\varphi'$。式中，φ'为土的有效内摩擦角，按经验值确定。

静止土压力 p_0 与深度 z 成正比，沿墙高为三角形分布。如果取单位墙长计算，则作用在墙上的静止土压力为

$$E_0 = \frac{1}{2}\gamma h^2 K_0 \tag{6-2}$$

式中 E_0——单位墙长的静止土压力，kN/m；

h——挡土墙的高度，m；

E_0的作用点在距墙底 $h/3$ 处。

静止土压力系数 K_0 值随土体的密实度、固结程度的增加而增大，当土层处于超压密状态时，K_0 值增大更显著。在这种情况下，力求通过试验测定静止土压力系数。

6.4 朗肯土压力理论

1857 年，英国学者朗肯（Rankine）研究了弹性半空间土体处于极限平衡时的应力状态，提出了著名的朗肯土压力理论。

6.4.1 基本概念

在弹性半空间土体表面下深度 z 处，土的竖向自重应力和水平应力分别为 $\sigma_{cz} = \gamma z$，$\sigma_x = K_0 \gamma z$；而水平向及竖向的剪应力均为零，即 σ_{cz} 和 σ_x 分别为大、小主应力，如图 6.5(a) 所示。

假定有一挡土墙，墙为刚体，墙背垂直、光滑，填土表面水平。根据假定，墙背与填

土间无摩擦力，因而无剪应力，亦即墙背为主应力面。当墙与填土间无相对位移时，墙后土体处于弹性平衡状态，则作用在墙背上的应力状态与弹性半空间土体应力状态相同，土对墙的作用力为静止土压力，在离填土面深度 z 处，$\sigma_{cz}=\sigma_1=\gamma z$，$\sigma_x=\sigma_3=K_0\gamma z$。用 σ_1 和 σ_3 作的莫尔应力圆与土的抗剪强度线相离，如图 6.5(b) 所示。

当挡土墙在土压力作用下离开填土向前位移时，如图 6.5(c) 所示，墙后土体有伸张趋势。此时，竖向自重应力 σ_{cz} 不变，水平应力 σ_x 逐渐减小，σ_{cz} 和 σ_x 仍为大、小主应力。当挡土墙位移使 σ_x 减小到土体达主动极限平衡状态（填土即将滑动）时，σ_x 达到最小值，即主动土压力 p_a。此时莫尔应力圆与土的抗剪强度线相切［图 6.5(b)］，墙后填土出现两组滑裂面，面上各点都处于主动极限平衡状态，也称主动朗肯状态，滑裂面与大主应力作用面（水平面）呈 $\alpha=45°+\varphi/2$ 角。

当挡土墙在外力作用下挤向填土向后移动时［图 6.5(d)］，竖向自重应力 σ_{cz} 不变，水平应力 σ_x 逐渐增大，σ_{cz} 和 σ_x 仍为大、小主应力。当挡土墙位移使 σ_x 增大到土体达被动极限平衡状态（填土即将滑动）时，σ_x 达到最大值，即被动土压力 p_p。此时莫尔应力圆与土的抗剪强度线相切［图 6.5(b)］，墙后填土出现两组滑裂面，面上各点都处于被动极限平衡状态，也称被动朗肯状态，滑裂面与水平面呈 $\alpha=45°-\varphi/2$ 角。

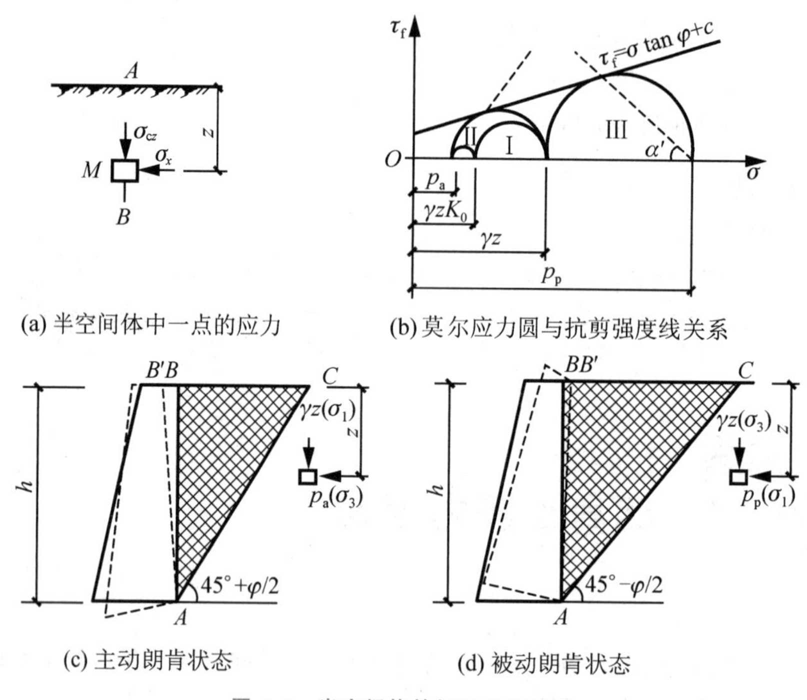

图 6.5　半空间体的极限平衡状态

6.4.2　主动土压力

1. 主动土压力的强度计算公式

主动土压力的计算如图 6.6(a) 所示。根据土的强度理论，由主动土压力的概念可知，当墙后填土处于主动极限平衡状态时，$\sigma_{cz}=\sigma_1=\gamma z$，$\sigma_x=\sigma_3=p_a$，墙背处任一点的应力状态符合极限平衡条件，即

$$\sigma_3=\sigma_1\tan^2\left(45°-\frac{\varphi}{2}\right)-2c\tan\left(45°-\frac{\varphi}{2}\right)$$

故

$$p_a=\gamma z K_a-2c\sqrt{K_a} \tag{6-3}$$

式中 p_a——墙背任一点处的主动土压力强度，kPa；

σ_1——深度为 z 处的竖向有效应力，kPa；

K_a——朗肯主动土压力系数，$K_a=\tan^2\left(45°-\frac{\varphi}{2}\right)$；

c——土的黏聚力，kPa；

φ——土的内摩擦角，(°)。

2. 朗肯主动土压力计算

主动土压力强度：

$$p_a=\gamma z K_a-2c\sqrt{K_a} \tag{6-4}$$

① 当填土为无黏性土时，主动土压力分布为三角形，合力大小为土压力分布图形的面积，方向垂直指向墙背，作用线通过土压力分布图形的形心，如图 6.6(b) 所示。

$$E_a=\frac{1}{2}\gamma h^2 K_a \tag{6-5}$$

② 当填土为黏性土且 $z=0$ 时，$p_a=\gamma z K_a-2c\sqrt{K_a}<0$，即出现拉应力区；当 $z=h$ 时，$p_a=\gamma h K_a-2c\sqrt{K_a}$。

令 $p_a=\gamma z K_a-2c\sqrt{K_a}=0$，可得拉应力区高度为

$$z_0=\frac{2c}{\gamma\sqrt{K_a}} \tag{6-6}$$

由于土与墙为接触关系，不能承受拉应力，所以求合力时不考虑拉应力区的作用。土压力合力为其分布图形的面积，作用线通过分布图形的形心，方向垂直指向墙背，如图 6.6(c)所示。

$$E_a=\frac{1}{2}(\gamma h K_a-2c\sqrt{K_a})(h-z_0) \tag{6-7}$$

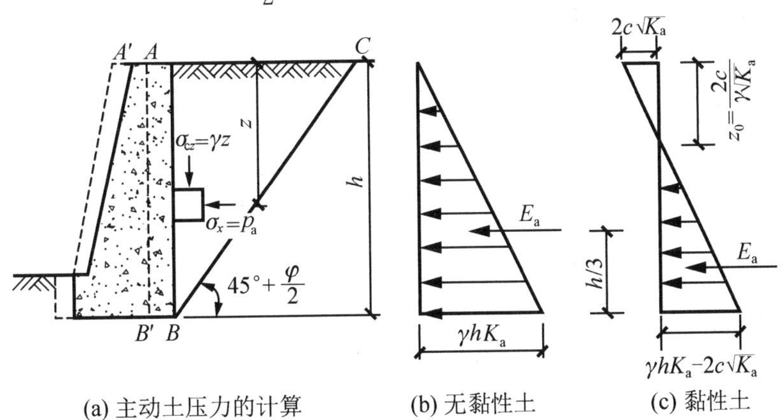

(a) 主动土压力的计算　(b) 无黏性土　(c) 黏性土

图 6.6 朗肯主动土压力分布

6.4.3 被动土压力

1. 被动土压力强度计算公式

被动土压力的计算如图 6.7(a) 所示。由被动土压力的概念可知，当墙后填土处于被动极限平衡时，$\sigma_3=\sigma_z=\gamma z$，$p_p=\sigma_1=\sigma_x$，将其代入极限平衡条件可得

$$\sigma_1=\sigma_3\tan^2\left(45°+\frac{\varphi}{2}\right)+2c\tan\left(45°+\frac{\varphi}{2}\right)$$

即

$$p_p=\gamma zK_p+2c\sqrt{K_p} \tag{6-8}$$

式中 σ_z——计算点处的竖向应力，kPa；

K_p——朗肯被动土压力系数，$K_p=\tan^2\left(45°+\frac{\varphi}{2}\right)$

2. 朗肯被动土压力计算

① 当填土为无黏性土时，被动土压力分布为三角形，合力大小为土压力分布图形的面积，方向垂直指向墙背，作用线通过土压力分布图形的形心，如图 6.7(b) 所示。

$$E_p=\frac{1}{2}\gamma h^2K_p \tag{6-9}$$

② 当填土为黏性土且 $z=0$ 时，$p_p=2c\sqrt{K_p}$；当 $z=h$ 时，$p_p=\gamma hK_p+2c\sqrt{K_p}$。合力为

$$E_p=\frac{1}{2}\gamma h^2K_p+2ch\sqrt{K_p} \tag{6-10}$$

朗肯被动土压力分布为梯形，合力大小为土压力分布图形的面积，方向垂直指向墙背，作用线通过土压力分布图形的形心，如图 6.7(c) 所示。

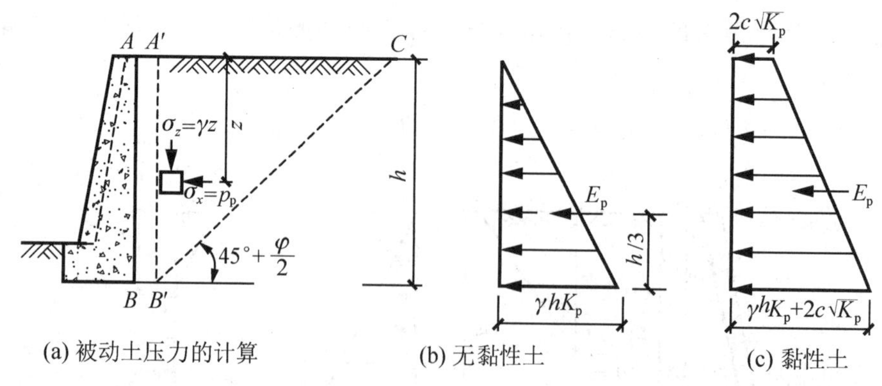

图 6.7 朗肯被动土压力分布

应用案例 6-1

某挡土墙高 6.0m，墙背直立光滑，填土表面水平。填土的重度 $\gamma=17\text{kN/m}^3$，内摩擦角 $\varphi=20°$，黏聚力 $c=8\text{kPa}$，试求该墙的主动土压力及其作用点的位置，并绘出土压力

强度分布图。

解：墙背直立光滑，填土表面水平，满足朗肯土压力理论的条件。

$$K_a = \tan^2\left(45° - \frac{\varphi}{2}\right) = \tan^2\left(45° - \frac{20°}{2}\right) \approx 0.49$$

墙顶处的土压力强度：$p_a = \gamma z K_a - 2c\sqrt{K_a} = 17\times0\times0.49 - 2\times8\times\sqrt{0.49}$

$= -11.20$（kPa）

墙底处的土压力强度：$p_a = \gamma z K_a - 2c\sqrt{K_a} = 17\times6\times0.49 - 2\times8\times\sqrt{0.49}$

$= 38.78$（kPa）

拉应力区高度 z_0：$z_0 = \dfrac{2c}{\gamma\sqrt{K_a}} = \dfrac{2\times8}{17\times\sqrt{0.49}} \approx 1.34$（m）

主动土压力的合力：

$$E_a = \frac{1}{2}\times38.78\times(6-1.34) \approx 90.36\ (\text{kN/m})$$

主动土压力的合力作用点离墙底的距离：$\dfrac{h-z_0}{3} = \dfrac{6-1.34}{3} \approx 1.55$（m）

绘制主压力强度分布图，如图 6.8 所示。

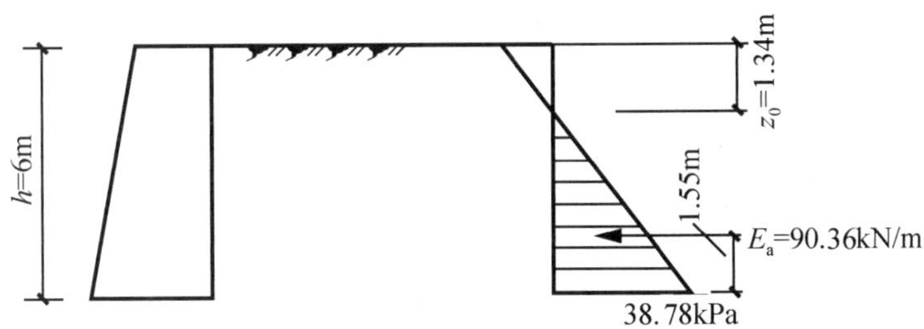

图 6.8 应用案例 6－1 图

6.5 库仑土压力理论

1776 年，法国学者库仑（Coulomb）根据城堡中挡土墙设计的经验，研究在挡土墙背后滑动土楔体上的静力平衡，提出了适用性广泛的库仑土压力理论。

6.5.1 基本概念

库仑土压力理论取墙后滑动土楔体进行分析。假设墙后填土是均质的散粒体，当墙发生位移时，墙后的滑动土楔体随挡土墙位移而达到主动或被动极限平衡状态，同时有滑裂面产生。滑裂面是通过墙踵的平面，根据滑动土楔体的静力平衡条件，可分别求得主动土压力和被动土压力。

库仑土压力理论适用于砂土或碎石土，可以考虑墙背倾斜、填土面倾斜及墙面与填土间的摩擦等各种因素的影响。

6.5.2 库仑主动土压力

如图 6.9 所示，墙背与铅直线的夹角为α，填土表面与水平面夹角为β，墙与填土间的摩擦角为δ。填土处于主动极限平衡状态时，滑动面与水平面的夹角为θ，取单位长度进行受力分析，作用在滑动土楔体 ABM 上的作用力有以下 3 种。

① 土楔体 ABM 的自重G。

② 在滑动面 BM 下土体的反力。

③ 挡土墙对土楔体的反力 E。

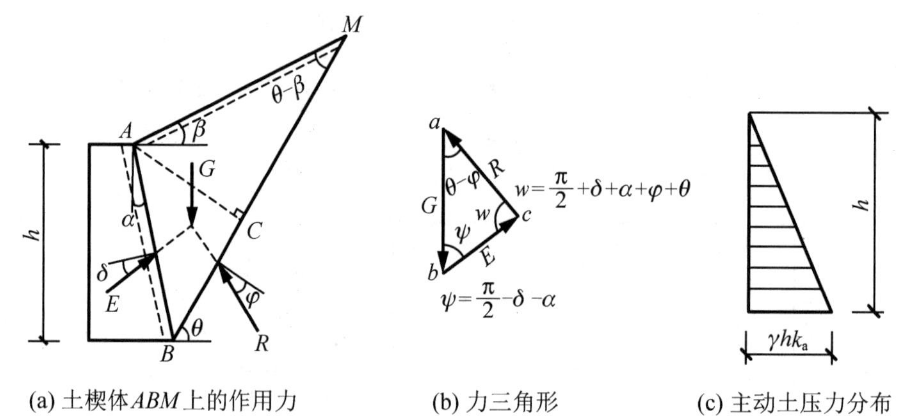

图 6.9 库仑主动土压力计算

通过土楔体 ABM 的静力平衡条件分析可得

$$E_a=\frac{1}{2}\gamma h^2 k_a \tag{6-11}$$

其中

$$k_a=\frac{\cos^2(\varphi-\alpha)}{\cos^2\alpha\cos(\delta+\alpha)\left[1+\sqrt{\frac{\sin(\delta+\varphi)\sin(\varphi-\beta)}{\cos(\delta+\alpha)\cos(\alpha-\beta)}}\cdots\right]^2} \tag{6-12}$$

式中 k_a——库仑主动土压力系数，是β、δ、α、φ角的函数；

h——挡土墙高度，m；

γ——墙后填土的重度，kN/m^3；

φ——墙后填土的内摩擦角，(°)；

α——墙背的倾斜角，(°)，俯斜时取正号，仰斜时取负号；

β——墙后填土面的倾角，(°)；

δ——土与挡土墙墙背的摩擦角，(°)。

填土表面下任意深度 z 处的土压力强度为

$$p_a=\frac{dE_a}{dz}=\gamma z k_a \tag{6-13}$$

主动土压力沿墙高为三角形分布，合力距墙底 $h/3$ 处，作用线在墙背法线的上方，与

法线呈 δ 角。

6.5.3 库仑被动土压力

当挡土墙在外力作用下挤压土体，土楔体沿滑裂面向上滑动而处于极限平衡状态时，同理可得作用在土楔体上的力三角形。此时由于土楔体上滑，E 和 R 均位于法线的上侧。按主动土压力相同的方法可求得被动土压力公式，即

$$E_p=\frac{1}{2}\gamma h^2 k_p \tag{6-14}$$

其中

$$k_p=\frac{\cos^2(\varphi+\alpha)}{\cos^2\alpha\cos(\alpha-\delta)\left[1+\sqrt{\frac{\sin(\delta+\varphi)\sin(\varphi+\beta)}{\cos(\alpha-\delta)\cos(\alpha-\beta)}}\cdots\right]^2} \tag{6-15}$$

式中 k_p——库仑被动土压力系数。

被动土压力强度可按下式计算。

$$p_p=\frac{\mathrm{d}E_p}{\mathrm{d}z}=\gamma z k_p \tag{6-16}$$

被动土压力沿墙高为三角形分布，合力距墙底 $h/3$ 处，作用线在墙背法线的下方，与法线呈 δ 角。

6.6 用《规范》法计算土压力

《规范》指出，挡土墙主动土压力可根据平面滑裂面假定，并按下式计算。

$$E_a=\frac{1}{2}\varphi_a\gamma h^2 k_a \tag{6-17}$$

其中

$$k_a=\frac{\sin(\alpha+\beta)}{\sin^2\alpha\sin^2(\alpha+\beta-\varphi-\delta)}\{k_q[\sin(\alpha+\beta)\sin(\alpha-\delta)+\sin(\varphi+\delta)\sin(\varphi-\beta)]$$

$$+2\eta\sin\alpha\cos\varphi\cos(\alpha+\beta-\varphi-\delta)-2[k_q\sin(\alpha+\beta)\sin(\varphi-\beta)+\eta\sin\alpha\cos\varphi]^{\frac{1}{2}}$$

$$[k_q\sin(\alpha-\delta)\sin(\varphi+\delta)+\eta\sin\alpha\cos\varphi)]^{\frac{1}{2}}\}$$

$$k_q=1+\frac{2q}{\gamma h}\cdot\frac{\sin\alpha\cos\beta}{\sin(\alpha+\beta)}$$

$$\eta=\frac{2c}{\gamma h} \tag{6-18}$$

式中 φ_a——主动土压力增大系数；

α——墙背与水平线的夹角；

q——地面均布荷载（以单位水平投影面上的荷载强度计）。

其他符号意义同前。

对于墙高小于或等于 5m 的挡土墙，当排水条件良好符合规范要求，且填土符合下列

质量要求时，其主动土压力系数可按《规范》中附图 L.0.2-1～L.0.2-4 查取（图 6.10 列出Ⅰ类土主动土压力系数分布情况，其余 3 类土分布、阅读方法与此相同）；当地下水丰富时，应考虑地下水的影响。

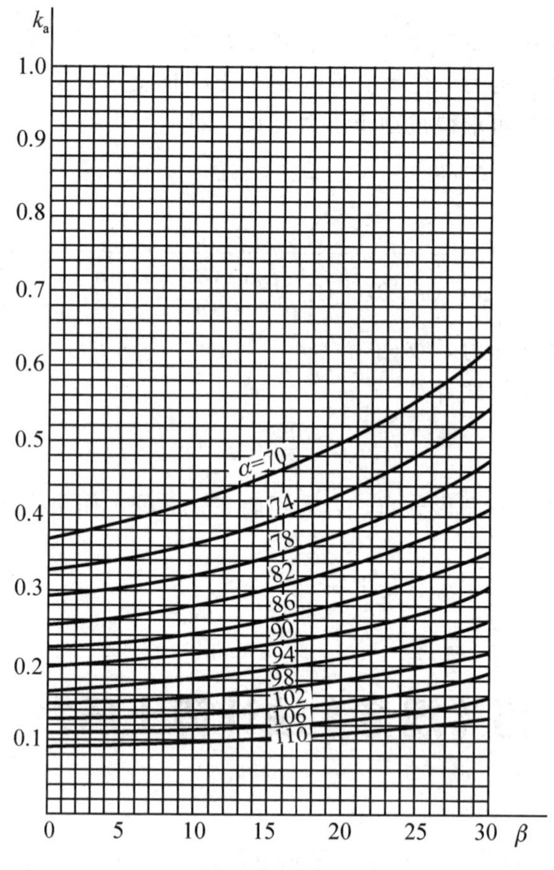

图 6.10　挡土墙主动土压力系数 k_a

Ⅰ类土土压力系数 $\left(\delta=\frac{1}{2}\varphi,\ q=0\right)$

土类填土质量应满足下列要求。

1. Ⅰ类　碎石土，密实度为中密及以上，干密度大于或等于 2.0t/m³。

2. Ⅱ类　砂土，包括砾砂、粗砂、中砂，其密实度为中密及以上，干密度大于或等于 1.65t/m³。

3. Ⅲ类　黏土夹块石土，干密度大于或等于 1.90t/m³。

4. Ⅳ类　粉质黏土，干密度大于或等于 1.65t/m³。

6.7 特殊情况下的土压力计算

这里主要介绍工程中几种特殊情况下的土压力计算。

6.7.1 填土表面有均布荷载

1. 填土表面有连续均布荷载

当墙后填土表面有连续均布荷载 q 作用时，填土表面以下深度 z 处的竖向应力为 $\sigma_z=q+\gamma z=\sigma_1$，该处的水平向应力 $\sigma_x=p_a=\sigma_3$，即

$$p_a=(\gamma z+q)K_a-2c\sqrt{K_a} \tag{6-19}$$

由上式计算出土层上下层面处的土压力强度，绘出土压力分布图，如图 6.11 所示。土压力合力是土压力分布图形的面积，方向垂直指向墙背，作用线通过土压力分布图形的形心。

2. 填土表面有局部均布荷载

当墙后填土表面有局部均布荷载 q 作用时，其对墙的土压力强度附加值 p_q，可按朗肯理论求得。

$$p_q=qK_a$$

但其分布范围可按图 6.12 近似处理，即从局部均布荷载的两个端点各作一条直线，都与水平面呈 $45°-\frac{\varphi}{2}$ 角，与墙背交于 c、d 两点，则墙背 cd 一段范围内受 qK_a 的作用。这时，作用在墙背的土压力分布图形如图 6.12 所示。

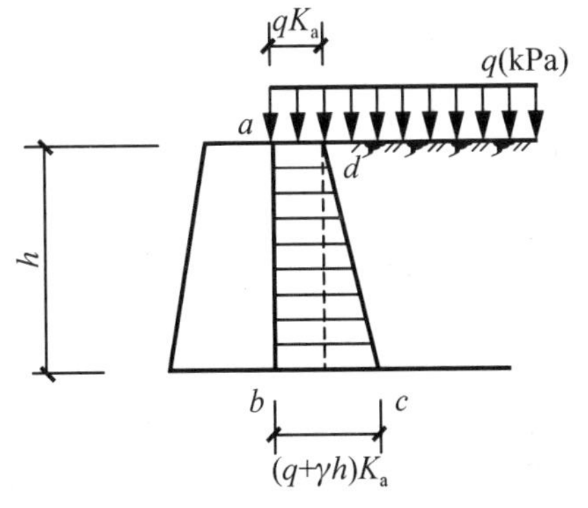

图 6.11 填土表面有连续均布荷载的土压力分布

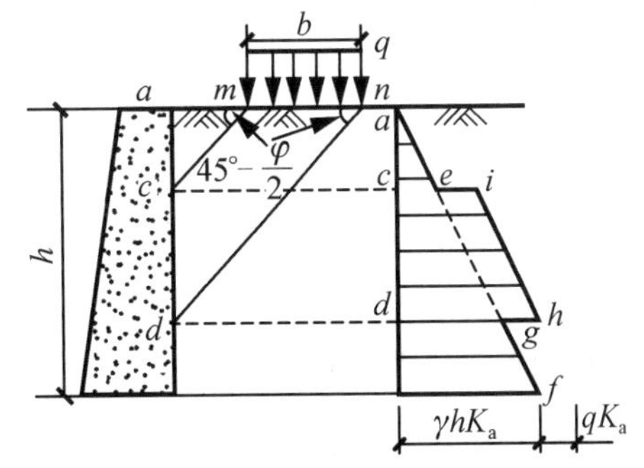

图 6.12 填土表面有局部均布荷载的土压力分布

6.7.2 墙后填土分层

当墙后填土为成层填土时，填土面下深度 h_i 处主动土压力强度计算公式为

$$p_a=\sum\gamma_i h_i K_{ai}-2c\sqrt{K_{ai}} \tag{6-20}$$

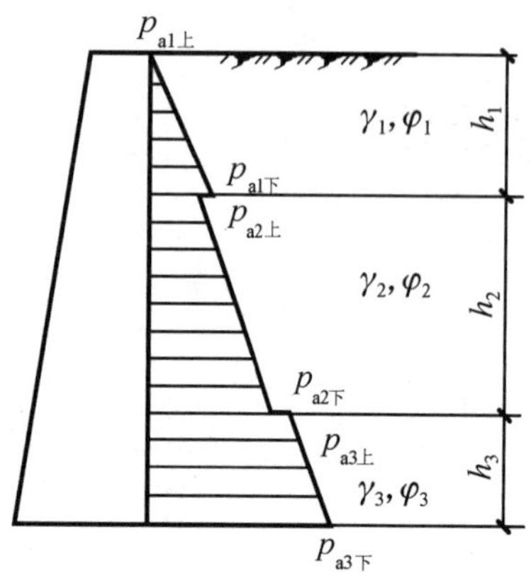

图 6.13 成层填土的土压力分布

式中 K_{ai}——计算层的主动土压力系数。

由式（6－20）计算出各土层上下层面处的土压力强度。

$$p_{a1上}=0$$
$$p_{a1下}=\gamma_1 h_1 K_{a1}$$
$$p_{a2上}=\gamma_1 h_1 K_{a2}$$
$$p_{a2下}=(\gamma_1 h_1+\gamma_2 h_2)K_{a2}$$
$$p_{a3上}=(\gamma_1 h_1+\gamma_2 h_2)K_{a3}$$
$$p_{a3下}=(\gamma_1 h_1+\gamma_2 h_2+\gamma_3 h_3)K_{a3}$$

并绘出土压力分布图，如图 6.13 所示。土压力合力是土压力分布图形的面积，方向垂直指向墙背，作用线通过土压力分布图形的形心。

6.7.3 墙后填土有地下水

挡土墙后的填土常会部分或全部处于地下水位以下。由于地下水的存在将使土的含水率增加，抗剪强度降低，使墙背受的总压力增大。因此，挡土墙应该有良好的排水措施。

当墙后填土有地下水时，作用在墙背的侧压力有土压力和水压力两部分。计算土压力时，水位以下部分采用有效重度进行计算，总侧压力为土压力与水压力之和，如图 6.14 所示。

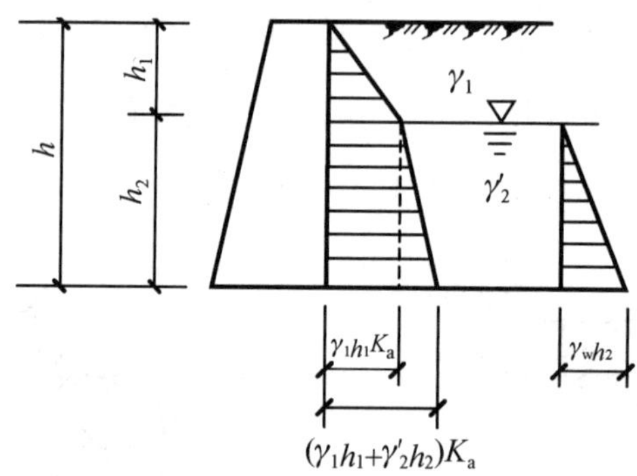

图 6.14 墙后填土有地下水的土压力计算

应用案例 6－2

某挡土墙后填土为两层（图 6.15），填土表面作用连续均布荷载 $q=20\text{kPa}$，计算挡土墙上的主动土压力及其作用点的位置，绘出土压力分布图。

解：
$$K_{a1}=\tan^2\left(45°-\frac{\varphi_1}{2}\right)=\tan^2\left(45°-\frac{30°}{2}\right)\approx 0.333$$
$$K_{a2}=\tan^2\left(45°-\frac{\varphi_2}{2}\right)\approx\tan^2\left(45°-\frac{35°}{2}\right)\approx 0.271$$
$$p_{a1上}=qK_{a1}=20\times 0.333=6.66\ (\text{kPa})$$
$$p_{a1下}=(q+\gamma_1 h_1)K_{a1}=(20+18\times 6)\times 0.333\approx 42.62\ (\text{kPa})$$

$$p_{a2上}=(q+\gamma_1 h_1)K_{a2}=(20+18\times6)\times0.271\approx34.69(kPa)$$

$$p_{a2下}=(q+\gamma_1 h_1+\gamma_2 h_2)K_{a2}=(20+18\times6+20\times4)\times0.271\approx56.37(kPa)$$

主动土压力的合力：

$$\begin{aligned}E_a&=6.66\times6+\frac{1}{2}\times(42.62-6.67)\times6+34.69\times4+\frac{1}{2}\times(56.37-34.69)\times4\\&=39.96+107.85+138.76+43.36\\&\approx330(kN/m)\end{aligned}$$

主动土压力的合力作用点离墙底的距离为

$$y=\frac{40.02\times(4+3)+107.85\times(4+2)+138.76\times2+43.36\times4/3}{330}\approx3.83(m)$$

绘制土压力分布图，如图 6.15 所示。

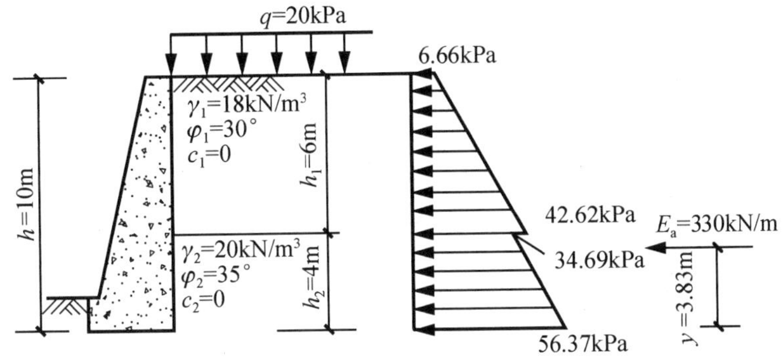

图 6.15 应用案例 6-2 图

6.8 挡土墙设计

挡土墙设计包括墙型选择、稳定性验算（包括抗倾覆稳定性验算、抗滑动稳定性验算、圆弧滑动稳定性验算）、地基承载力验算、墙身材料强度验算及一些设计中的构造要求和措施等。

6.8.1 挡土墙的类型及适用范围

挡土墙按其结构形式可分为 3 种类型：重力式挡土墙、悬臂式挡土墙、扶壁式挡土墙。此外，还有多种新型挡土墙。

1. 重力式挡土墙［图 6.16(a)］

这种挡土墙一般由块石或素混凝土砌筑，墙身截面较大，依靠自身的重力来维持墙体稳定。其结构简单，施工方便，易于就地取材，在工程中应用较广。根据墙背的倾斜方向，重力式挡土墙可分为俯斜、直立和仰斜 3 种。一般宜用于高度小于 6m、地层稳定、开挖土石方时不会危及相邻建筑物的地段。

2. 悬臂式挡土墙［图 6.16(b)］

悬臂式挡土墙一般用钢筋混凝土建造，它由 3 个悬臂板组成，即立臂、墙趾悬臂和墙踵悬臂，墙的稳定主要靠墙踵底板上的土重维持，墙体内的拉应力则由钢筋承受。墙身截面尺寸较小，在市政工程及厂矿贮库中较常用。

3. 扶壁式挡土墙［图 6.16(c)］

当墙较高时，为了增强悬臂式挡土墙立臂的抗弯性能，常沿墙的纵向每隔一定距离设一道扶壁，故称为扶壁式挡土墙。其墙体稳定主要靠扶壁间土重维持。

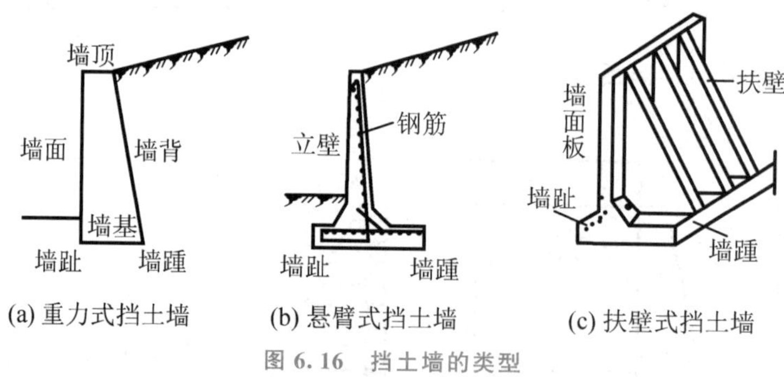

图 6.16　挡土墙的类型

悬臂式挡土墙和扶壁式挡土墙虽然应用于高墙时断面不会增加很多，但钢筋用量大，成本较高。

4. 锚定板式挡土墙及锚杆式挡土墙

锚定板式挡土墙一般由预制的钢筋混凝土墙面、钢拉杆和埋在填土中的锚定板组成，如图 6.17 所示，依靠填土与结构的相互作用力而维持自身稳定。其结构轻、柔性大、工程量小、造价低、便于施工。该挡土墙主要用于填土中的挡土结构，也常用于基坑支护结构。

锚杆式挡土墙是由预制的钢筋混凝土立柱及挡土面板构成墙面，与锚固于边坡深处的稳定基岩或土层中的锚杆共同组成的挡土墙，一般多用于路堑挡土墙。在土方开挖的边坡支护中常用喷锚支护形式，喷锚支护是用钢筋网配合喷混凝土代替锚杆挡土墙的挡土面板，形成喷锚支护挡土结构，工程中也称为土钉墙。

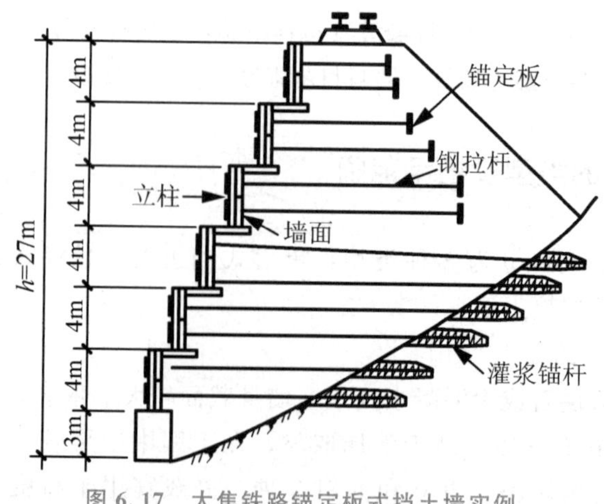

图 6.17　太焦铁路锚定板式挡土墙实例

5. 加筋土挡土墙（图 6.18）

加筋土挡土墙由墙面板、拉筋和填料 3 部分组成，依靠填料与拉筋之间的摩擦力来维持墙体稳定，平衡墙面板所受的水平土压力称为加筋土挡土墙的内部稳定，以这一复合结构抵抗拉筋尾部填料所产生的土压力称为加筋土结构的外部稳定，即不出现水平滑动、深层滑动等失稳现象，而且地基承载力及地基变形在允许范围内，从而保证了整个结构的稳定。加筋土挡土墙的主要优点是施工简便、造价低廉、少占土地、造型美观。

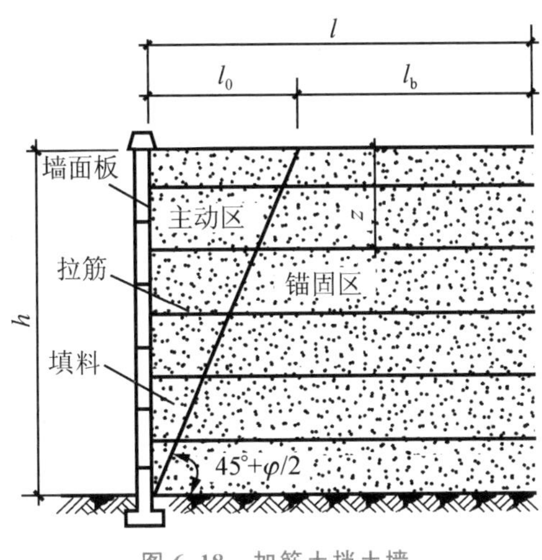

图 6.18 加筋土挡土墙

6.8.2 作用在挡土墙上的力

作用在挡土墙上的力主要有墙身自重、土压力和地基反力。

1. 墙身自重

计算墙身自重时，取 1m 墙长进行计算，常将挡土墙划分为几个简单的几何图形，如矩形和三角形等，将每个图形的面积 A_i 乘以墙体材料重度 γ 就能得到相应部分的墙重 G_i，即 $G_i = A_i\gamma$。G_i 作用在每一部分的重心上，方向竖直向下。

2. 土压力

土压力是挡土墙上的主要荷载，根据墙与填土的相对位移确定土压力的类型，并按前述方法计算。

3. 地基反力

地基反力是基底压力的反作用力，可以按前述方法计算。

以上是作用在挡土墙上的正常荷载，如墙后填土内有地下水，而又不能排除时，还要计算静水压力。在地震区还要考虑地震作用的影响。

6.8.3 重力式挡土墙设计

设计挡土墙时，一般先根据挡土墙所处的条件凭经验初步拟定截面尺寸，然后进行验算，如不满足要求，则应改变截面尺寸或采取其他措施。

1. 构造措施

挡土墙中主动土压力以俯斜为最大，仰斜为最小，墙面直立居中。然而墙背的倾斜形式还应根据使用要求、地形和施工等条件综合考虑确定。一般挖坡建墙宜用仰斜，其土压力小，且墙背可与边坡紧密贴合；填方地区可用直立和俯斜，便于施工使填土夯实。墙背仰斜时其坡度不宜缓于 1∶0.25，且墙面应尽量与墙背平行。

高度小于 6m，块石的挡土墙顶宽度不宜小于 0.4m，混凝土墙不宜小于 0.2m，基础底宽为墙高的 1/3～1/2。挡土墙基底埋深一般不应小于 0.5m，岩石地基应将基底埋入未风化的岩层内。为了增加挡土墙的抗滑稳定，可将基底做成逆坡（图 6.19），土质地基的基底逆坡不宜大于 1∶10，岩石地基基底逆坡不宜大于 1∶5。当地基承载力难以满足时，墙趾宜设台阶（图 6.20），其高宽比可取 $h:a=2:1$，a 不得小于 20cm。

墙应每间隔 10～20m 设置一道伸缩缝。当地基有变化时宜加设沉降缝，在拐角处应适当采取加强的措施。

挡土墙常因排水不良而大量积水，使土的抗剪强度下降，侧压力增大，导致挡土墙破坏。因此，应加强挡土墙的排水措施（图 6.21）。挡土墙应设置泄水孔，其间距宜为 2～3m，外斜 5%，孔眼直径不宜小于 ϕ100mm。墙后要做好反滤层和必要的排水盲沟，在墙顶地面宜铺设防水层，当墙后有山坡时，还应在坡下设置截水沟。墙后填土宜选用透水性较强的填料。

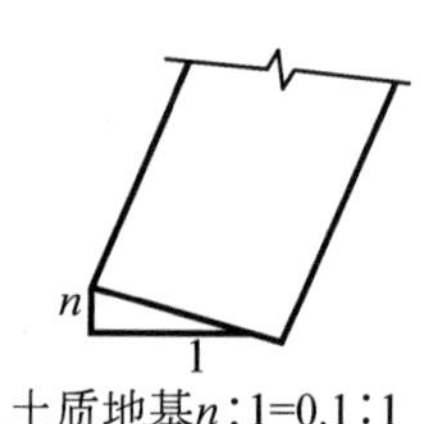

图 6.19　基底逆坡

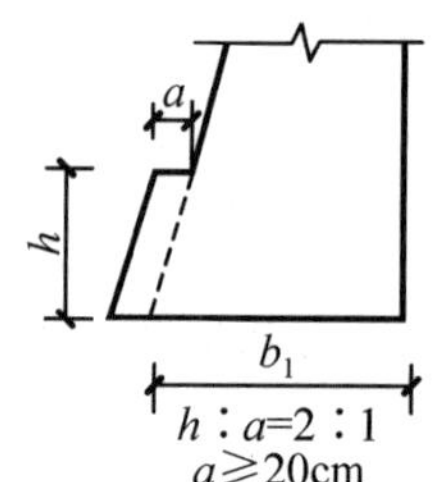

图 6.20　墙趾台阶

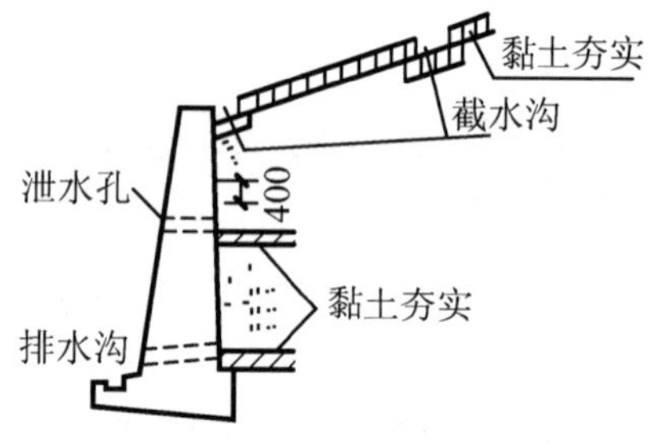

图 6.21　挡土墙的排水措施

2. 抗倾覆稳定性验算

图 6.22 所示为基底倾斜的挡土墙，要保证挡土墙在主动土压力作用下，不发生绕墙趾 O 点倾覆，如图 6.22(a) 所示，须要求墙趾 O 点的抗倾覆力矩与倾覆力矩之比，即抗倾覆安全系数 K_t 应符合下式要求。

$$K_t=\frac{Gx_0+E_{az}x_f}{E_{ax}z_f}\geqslant 1.6 \tag{6-21}$$

$$E_{az}=E_a\cos(\alpha-\delta)$$

$$E_{ax}=E_a\sin(\alpha-\delta)$$

$$x_f=b-z\cot\alpha$$

$$z_f=z-b\tan\alpha_0$$

式中　G——挡土墙每延米自重，kN/m；

x_0——挡土墙重心离墙趾的水平距离，m；

E_{az}——主动土压力的竖向分力，kN/m；
E_{ax}——主动土压力的水平向分力，kN/m；
z——土压力作用点距墙踵的高差，m；
z_f——土压力作用点距墙趾的高差，m；
b——基底的水平投影宽度，m；
x_f——土压力作用点距墙趾的水平距离，m；
α——挡土墙墙背倾角，(°)；
α_0——挡土墙基底倾角，(°)；
δ——挡土墙墙背与填土之间的摩擦角，(°)。

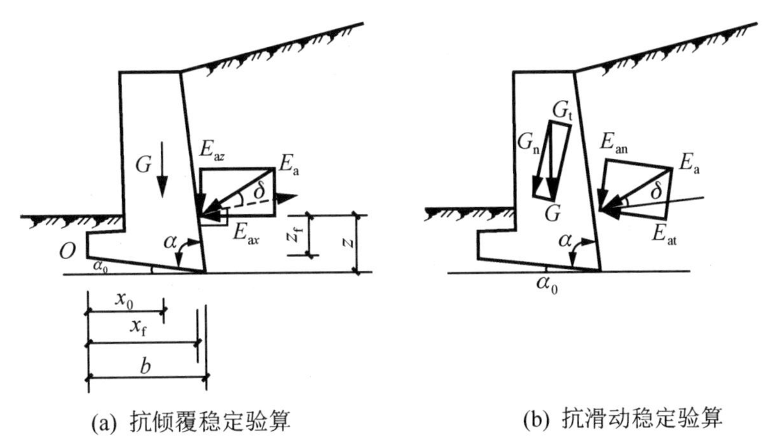

(a) 抗倾覆稳定验算　　(b) 抗滑动稳定验算

图 6.22　挡土墙的稳定性验算

对软弱地基，墙趾可能陷入土中，产生稳定力矩的力臂将减小，抗倾覆安全系数就会降低，验算时要注意地基土的压缩性。

3. 抗滑动稳定性验算

在土压力作用下，挡土墙也有可能沿基底发生滑动，因此应进行抗滑动稳定性验算，如图 6.22(b) 所示。要求基底的抗滑力与滑动力之比即抗滑安全系数 K_s 应符合式(6-22) 的要求。

$$K_s=\frac{(G_n+E_{an})\mu}{E_{at}+G_t}\geqslant 1.3 \tag{6-22}$$

其中

$$G_n=G\cos\alpha_0$$

$$G_t=G\sin\alpha_0$$

$$E_{an}=E_a\cos(\alpha-\alpha_0-\delta)$$

$$E_{at}=E_a\sin(\alpha-\alpha_0-\delta)$$

式中　μ——土对挡土墙基底的摩擦系数。

4. 圆弧滑动稳定性验算

可采用圆弧滑动面法。

5. 地基承载力验算

同天然地基浅基础验算。

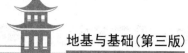

6. 墙身材料强度验算

按《混凝土结构设计规范（2015 年版）》（GB 50010—2010）和《砌体结构设计规范》（GB 50003—2011）中有关内容的要求验算。

应用案例 6－3

试设计一浆砌石挡土墙，挡土墙的重度为 22kN/m³，墙高 4m，墙背光滑、竖直，墙后填土表面水平，土的物理力学指标：$\gamma=19\text{kN/m}^3$，$\varphi=36°$，$c=0\text{kPa}$，基底摩擦系数 $\mu=0.6$，地基承载力特征值 $f_{ak}=200\text{kPa}$。

解：(1) 选择挡土墙的断面尺寸。

挡土墙顶宽度取 0.5m，基础底宽取 1.5m［在（1/3～1/2）$h=1.33\sim2$m 之间］。

(2) 计算土压力（取 1m 墙长计算）。

$$E_a=\frac{1}{2}\gamma h^2\tan^2\left(45°-\frac{\varphi}{2}\right)=\frac{1}{2}\times19\times4^2\times\tan^2\left(45°-\frac{36°}{2}\right)\approx39.46\ (\text{kN/m})$$

土压力作用点距墙趾距离：

$$z_f=\frac{1}{3}h=\frac{1}{3}\times4\approx1.33\ (\text{m})$$

(3) 计算挡土墙的自重和重心距墙趾的距离。将挡土墙按图 6.23 分成一个三角形和一个矩形，则自重为

$$G_1=\frac{1}{2}\times1.0\times4\times22=44\ (\text{kN/m})$$

$$G_2=0.5\times4\times22=44\ (\text{kN/m})$$

G_1、G_2 作用点距墙趾的水平距离分别为

$$x_1=0.67\text{m},\ x_2=1.25\text{m}$$

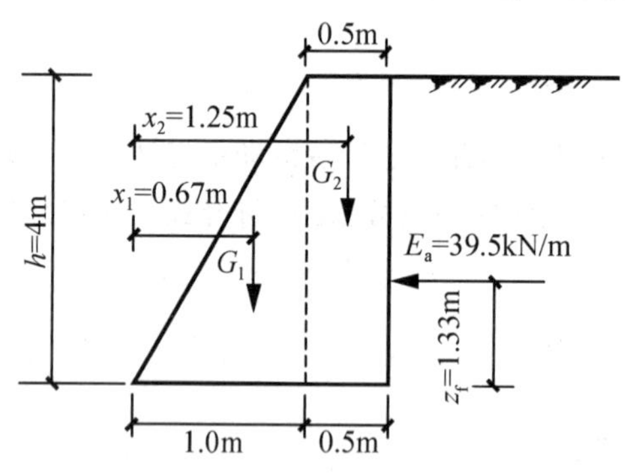

图 6.23　应用案例 6－3 图

(4) 倾覆稳定性验算。

$$K_t=\frac{G_1x_1+G_2x_2}{E_az_f}=\frac{44\times0.67+44\times1.25}{39.46\times1.33}\approx1.61>1.6$$

(5) 滑动稳定性验算。

$$K_s=\frac{(G_1+G_2)\mu}{E_a}=\frac{(44+44)\times0.6}{39.46}\approx1.33>1.3$$

(6) 地基承载力验算（略）。

(7) 墙身材料强度验算（略）。

6.8.4 悬臂式挡土墙设计

悬臂式挡土墙设计，一般按墙身构造要求或计算初步拟定墙身截面尺寸，进行抗滑动稳定性、抗倾覆稳定性、地基承载力验算，墙身截面强度验算，墙身配筋设计等。

1. 墙身构造

① 悬臂式挡土墙分段长度不应大于15m，段间设置沉降缝和伸缩缝。

② 立壁如图6.24所示，墙高一般在6m以内，为便于施工，立壁内侧（即墙背）宜做成竖直面，外侧（即墙面）坡度宜陡于1∶0.1，一般为1∶0.05～1∶0.02，具体坡度值应根据立壁的强度和刚度要求确定，当挡土墙不高时，立壁可做成等厚度，墙顶宽度不得小于0.2m；当墙较高时，宜在立壁下部将截面加宽。

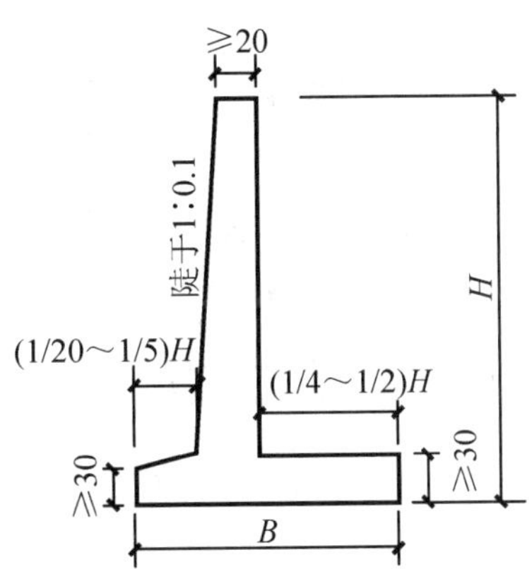

图6.24 悬臂式挡土墙（单位：cm）

③ 墙底板如图6.24所示，墙底板一般水平设置，底面水平。墙趾板的顶面一般从与立壁连接处向趾端倾斜。墙踵板顶面水平，但也可以做成向踵端倾斜。墙底板厚度不应小于0.3m。

墙踵板宽度由全墙抗滑动稳定性确定，并具有一定的刚度，其值宜为墙高的1/4～1/2，且不应小于0.5m。墙趾板宽度应根据全墙的抗倾覆稳定性、地基承载力等条件确定，一般可取墙高的1/20～1/5。墙底板的总宽度B一般为墙高的1/2～7/10。当墙后地下水位较高，且地基为承载力很小的软柔地基时，B值可以增大到一倍墙高或更大。

④ 混凝土材料和保护层。悬臂式挡土墙的混凝土强度等级不得低于C20，钢筋可选用Ⅰ～Ⅳ级，受力钢筋直径不应小于12mm。钢筋混凝土的保护层厚度a，在立壁的外侧，$a>30$mm；内侧$a>50$mm；墙底板$a>75$mm。

2. 稳定性验算

悬臂式挡土墙的抗滑动稳定性、抗倾覆稳定性、地基承载力验算与重力式挡土墙相同。墙身截面强度验算和墙身配筋设计按《混凝土结构设计规范（2015年版）》中有关内容的要求计算。只是土压力的计算有些区别。土压力计算的方法有以下两种。

① 库仑土压力法（图6.25）。悬臂式挡土墙土压力一般可采用库仑土压力理论计算，特别是填土表面为折线或有局部荷载作用时。由于假想墙背AC的倾角较大，当墙身向外移动，土体达到主动极限平衡状态时，往往会产生第二滑裂面DC，如图6.25所示。若不出现第二滑裂面，则按一般库仑土压力理论计算作用于假想墙背AC上的土压力E_a，此时墙背摩擦角$\delta=\varphi$；若出现第二滑裂面，则应按第二滑裂面法来计算土压力E_a。立壁计算时，应以立壁的实际墙背为计算墙背进行土压力计算，并假定立壁与填土间的摩擦角$\delta=0$。当验算地基承载力、稳定性、墙底板截面内力时，以假想墙背AC（或第二滑裂面DC）为计算墙背来计算土压力，将计算墙背与实际墙背间的土体重力计入挡土墙自重。

② 朗肯土压力法（图6.26）。当填土表面为一平面或其上有均布荷载作用时，也可采用朗肯土压力理论来计算土压力，按朗肯理论计算的土压力作用于通过墙踵的竖直面AC上。当验算地基承载力、稳定性、墙底板截面内力时，立壁与通过墙踵的竖直面AC间的土体重力计入挡土墙自重。

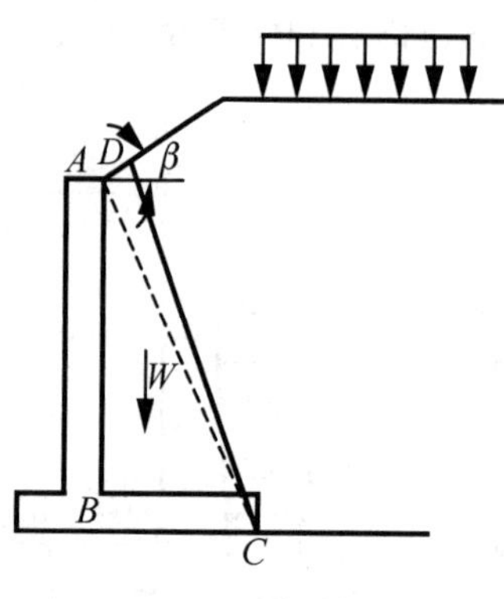

图 6.25　库仑土压力法

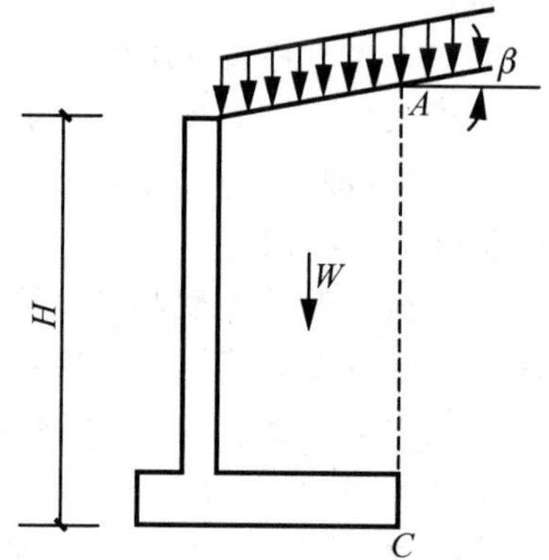

图 6.26　朗肯土压力法

6.9　土坡稳定分析

土坡稳定性是高速公路、铁路、机场、高层建筑深基坑，以及露天矿井和土坝等土木工程建设中的一个重要问题。《规范》对建于坡顶的建筑物的地基稳定问题已有专门规定。土坡稳定性问题通过土坡稳定性分析解决，但有待研究的不确定因素很多，如滑动面形式的确定，土体抗剪强度参数的合理选取等。

6.9.1　土坡失稳的原因

土坡的滑动一般是指土坡在一定范围内整体地沿某一滑动面向下和向外移动而丧失其稳定性。土坡的失稳常常是在外界的不利因素影响下触发和加剧的，一般有以下几种原因。

① 土坡作用力发生变化。例如在边坡上挖方，尤其在坡脚附近不恰当的位置挖方；在坡顶堆放材料或建造建筑物使坡顶受荷载；由于打桩、车辆行驶、爆破、地震等引起的振动改变了原来的平衡状态。

② 土抗剪强度的降低。例如土体中含水量或孔隙水压力的增加。

土坡稳定分析是属于土力学中的稳定问题，本节主要介绍简单土坡的稳定分析方法。所谓简单土坡是指土坡的顶面和底面都是水平的，并伸至无穷远，土坡由均质土所组成。

6.9.2　无黏性土坡稳定分析

如图 6.27 所示，坡角为 β 的无黏性土坡在进行稳定分析时，假设土坡及其地基都是同一种土，且是均质的，同时不考虑渗流的影响。

由于无黏性土颗粒之间没有黏聚力，只有摩擦力，因此只要坡面上的各土粒不滑动，土坡就是稳定的。

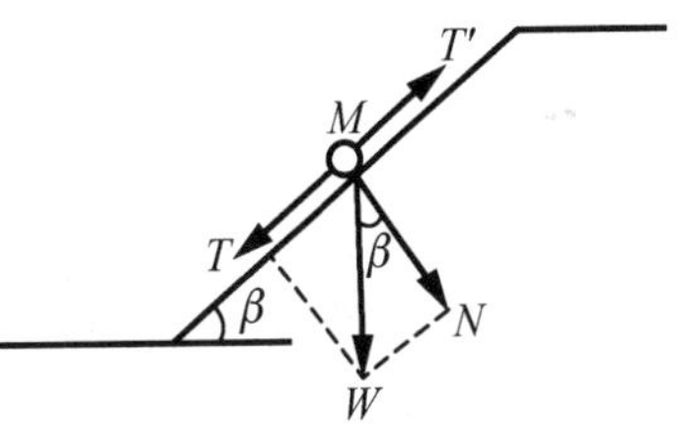

图 6.27 无黏性土坡稳定分析

设坡面上某颗粒所受的重力为 W，土的内摩擦角为 φ，重力 W 沿着坡面的分力为 $T=W\sin\beta$，使土粒下滑，重力 W 垂直于坡面的分力为 $N=W\cos\beta$，在坡面上引起摩擦力 $T'=N\tan\varphi=W\cos\beta\tan\varphi$，阻止土粒下滑。抗滑力和滑动力的比值为稳定安全系数 K，即

$$K=\frac{T'}{T}=\frac{W\cos\beta\tan\varphi}{W\sin\beta}=\frac{\tan\varphi}{\tan\beta} \tag{6-23}$$

可见，当无黏性土坡的极限坡角 β 等于其内摩擦角 φ，即 $\beta=\varphi$ 时，土坡处于极限平衡状态，故砂土的内摩擦角 φ 也称为自然休止角。无黏性土坡稳定性与坡高无关，只与坡角 β 有关，$\beta<\varphi$，土坡就是稳定的。为了保证土坡具有足够的安全储备，可令 $1.1<K<1.5$。

6.9.3 黏性土坡稳定分析

黏性土坡由于剪切而破坏的滑动面大多数为一曲面，一般在破坏前坡顶先有张力裂缝发生，继而沿某一曲面产生整体滑动，在理论分析时可以近似地假设为圆弧，而滑动体在纵向也有一定范围，并且也是曲面。为了简化，稳定分析中常假设滑动面为圆柱面，并按平面问题进行分析。

瑞典工程师费兰纽斯假定最危险圆弧面通过坡角，并忽略作用在土条两侧的侧向力，提出了广泛用于黏性土坡稳定性分析的条分法，如图 6.28 所示。其原理是：将圆弧滑动体分成若干土条；计算各土条上的力系对弧心的滑动力矩和抗滑力矩；抗滑力矩与滑动力矩之比为土坡的稳定安全系数；选择多个滑动圆心，要求最小的稳定安全系数 $1.1<K_{\min}<1.5$。

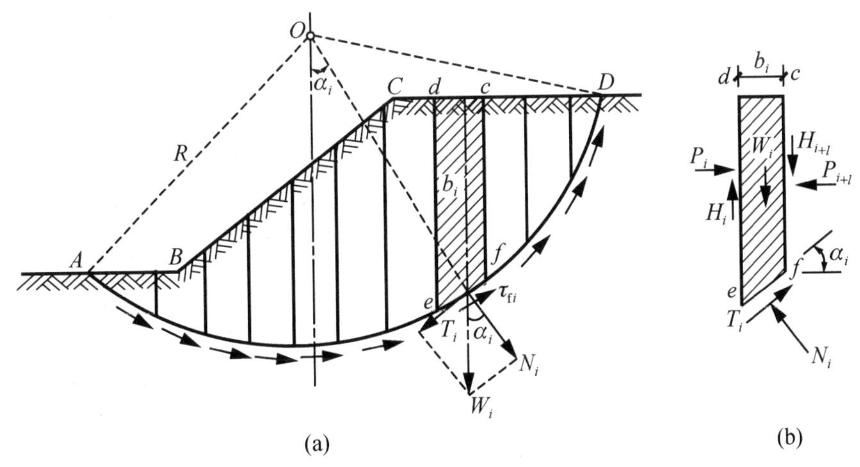

图 6.28 条分法计算图式

本章小结

(1) 基本概念。

挡土墙、土压力、静止土压力、主动土压力、被动土压力、简单土坡。

(2) 两种土压力理论。

① 朗肯土压力理论。该理论假定墙为刚体，墙背垂直、光滑，填土表面水平。理论依据是土的极限平衡条件。通过分析墙背任意深度 z 处 M 点的应力，求得土压力的强度计算公式，然后绘出土压力分布图形，再求土压力的合力。土压力的合力的数值就是土压力分布图形的面积，方向垂直指向墙背，合力作用线通过土压力分布图形的形心。应掌握几种常见情况下的主动土压力的计算：填土表面有连续均布荷载的情况；填土为成层土的情况；填土中有地下水的情况。

② 库仑土压力理论。该理论取墙后滑动土楔体进行分析。假设挡土墙后填土是均质的砂性土，滑裂面是通过墙踵的平面，根据滑动土楔体的外力平衡条件的极限状态，可分别求得主动土压力和被动土压力。库仑土压力理论考虑了填土与墙背之间的摩擦力及墙背倾斜和填土表面倾斜的影响。

(3) 挡土墙的设计。

① 掌握挡土墙的类型及其适用情况，以及作用在挡土墙上的力(自重、土压力、地基反力)。

② 挡土墙设计包括墙型选择、稳定性验算(包括抗倾覆稳定性、抗滑稳定性、圆弧滑动稳定性)、地基承载力验算、墙身材料强度验算，以及一些设计中的构造要求和措施等。

③ 重力式挡土墙设计：设计时，一般先根据挡土墙所处的条件凭经验初步拟定截面尺寸，然后进行验算，如不满足要求，则应改变截面尺寸或采取其他措施。

(4) 土坡稳定性分析。

① 土坡失稳的原因：土坡作用力发生变化，土抗剪强度降低。

② 无黏性土坡稳定分析：无黏性土坡稳定性与坡高无关，只与坡角 β 有关，$\beta<\varphi$，土坡就是稳定的。

③ 黏性土坡稳定分析：瑞典工程师费兰纽斯假定最危险圆弧面通过坡角，并忽略作用在土条两侧的侧向力，提出了广泛用于黏性土坡稳定性分析的条分法。其原理是：将圆弧滑动体分成若干土条；计算各土条上的力系对弧心的滑动力矩和抗滑力矩；抗滑力矩与滑动力矩之比为土坡的稳定安全系数；选择多个滑动圆心，要求最小的稳定安全系数 $1.1<K_{min}<1.5$。

习　题

一、填空题

1. 墙后填土中有地下水时，作用于墙背的主动土压力将________。

2. 土坡的坡角越小，其稳定安全系数________。

3. 挡土墙设计的验算包括：________、________、________。

4. 根据挡土墙的________和墙后土体所处的应力状态，土压力可以分为3种。

二、简答题

1. 试述静止、主动、被动土压力产生的条件，并比较三者的大小。

2. 对比朗肯土压力理论和库仑土压力理论的基本假定和适用条件。

3. 试述挡土墙的类型及其适用范围。

4. 导致土坡失稳的因素有哪些?

5. 减小土压力的措施有哪些?

三、案例分析

1. 挡土墙高4m，墙背直立光滑，填土表面水平，填土的物理指标：$\gamma=18.5\text{kN/m}^3$，$c=8\text{kPa}$，$\varphi=20°$，试解答下列问题。

(1) 计算主动土压力及其作用点的位置，并绘出土压力分布图。

(2) 当地表作用有20kPa均布荷载时，计算主动土压力及其作用点的位置，并绘出土压力分布图。

2. 挡土墙高5m，墙背直立光滑，填土表面水平，$\varphi=30°$，地下水位距填土表面2m，$\gamma=18\text{kN/m}^3$，$\gamma_{sat}=21\text{kN/m}^3$，试绘出主动土压力和静水压力分布图，并求总的侧压力。

3. 挡土墙高6m，墙背直立光滑，填土表面水平且作用有10kPa的均布荷载，填土分为两层，上层填土的物理指标：$\gamma_1=17\text{kN/m}^3$，$h_1=3\text{m}$，$\varphi_1=30°$。下层填土的物理指标：$\gamma_2=18\text{kN/m}^3$，$h_1=3\text{m}$，$\varphi_1=20°$，$c=10\text{kPa}$。试绘出主动土压力分布图，计算主动土压力的合力及其作用点的位置。

4. 条件同案例分析1，且墙顶宽0.8m，底宽1.8m，挡土墙基底摩擦系数$\mu=0.4$，砌体的重度为22kN/m^3，试验算该挡土墙的稳定性。

第6章习题答案

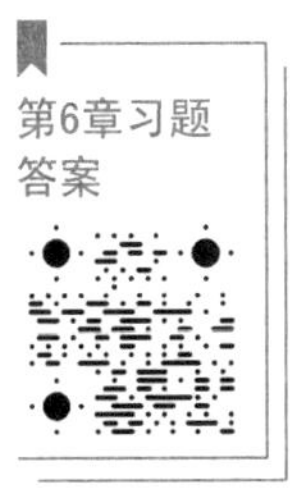

第7章 建筑场地的工程地质勘察

学习目标

通过本章的学习，了解工程地质勘察的目的，熟悉工程地质勘察的方法；掌握工程地质勘察的任务及工作内容；能够阅读和使用工程地质勘察报告；能够进行验槽及基槽局部问题的处理。

学习要求

能力目标	知识要点	相关知识	权重
了解工程地质勘察的目的； 熟悉工程地质勘察的方法	工程地质勘察的目的； 工程地质勘察的方法	《岩土工程勘察规范（2009年版）》； 坑探、钻探、触探的方法	0.3
掌握工程地质勘察的内容； 能够进行验槽及基槽局部问题的处理	可行性研究勘察、初步勘察、详细勘察及施工勘察； 验槽的方法及基槽的局部处理方法	工程地质勘察的等级划分； 验槽时的注意事项	0.4
能够阅读和使用工程地质勘察报告	工程地质勘察报告的编制内容和阅读	应用案例研究	0.3

引 例

紫薇田园都市位于陕西省西安市长安区郭杜街道北侧，紧临西万公路，北依付村，西靠长里村。紫薇田园都市A组团22#、25#住宅楼在规划建立时，拟建为地上6层，高度18m，基础埋深2.50m，位于紫薇田园都市J组团西南部。场地地形基本平坦，场地地貌单元属皂河Ⅱ阶地，勘探点地面标高416.650～418.800m。

建筑物的设计和施工需要依据翔实的工程地质资料，在工程实践中有不经过调查研究盲目进行地基基础设计和施工最终造成严重工程事故的例子。《岩土工程勘察规范（2009年版）》(GB 50021—2001) 明确提出，各项工程建设在设计和施工之前，必须按基本建设程序进行岩土工程勘察。岩土工程勘察应按工程建设各勘察阶段的要求，正确反映工程地质条件，查明不良地质作用和地质灾害，精心勘察、精心分析，提出资料完整、评价正确的勘察报告。在工程地质勘察过程中需要做哪些工作？工程地质勘察报告包括哪些内容？如何阅读和使用工程地质勘察报告？这正是本章要重点研究的问题。

7.1 概述

建筑场地是指建筑物所处的有限面积的土地。对于不同的地区，建筑场地的工程地质条件可能存在很大的差别，像山区以基岩为主，岩性坚硬，力学性质较强，褶皱、断层及节理的地质构造发育，常发生泥石流、滑坡、岩体崩塌、岩溶等不良地质现象；而平原地区以土层为主，力学性质较弱，以土层相互组合成的各种形态的层理构造为主，其地下水埋藏较浅，特殊区域土的影响较大。所以工程地质勘察应该广泛研究整个工程在建设施工和使用期间，建筑场地内可能发生的工程地质条件，包括岩土的类型和工程性质、地质构造、地形地貌、水文地质条件、不良地质现象和可利用的天然建筑材料等。

工程地质勘察的目的是使用各种勘察手段和方法，调查研究和分析评价建筑场地和地基的工程地质条件，为设计和施工提供所需的工程地质资料。建筑场地的工程地质勘察属于岩土工程勘察的范畴，必须遵守国家标准《岩土工程勘察规范（2009年版）》的有关规定。在勘察过程中，从对每一地质现象的观察开始，直到最后做出建筑场地的工程地质条件的结论，始终离不开理论的指导。本章主要介绍一般建筑场地工程地质勘察的内容、勘察方法、勘察报告及验槽与基槽的局部处理。

7.2 工程地质勘察的内容

工程地质勘察任务和内容的确定、勘察的详细程度、工作方法的选择，与建筑场地、建筑地基岩性及建筑物条件有关。《岩土工程勘察规范（2009 年版）》结合《规范》的建筑物安全等级的划分，根据工程重要性等级、场地复杂程度等级和地基复杂程度等级，将岩土工程勘察划分为以下 3 个等级。

甲级：在工程重要性、场地复杂程度和地基复杂程度等级中，有一项或多项为一级。

乙级：除勘察等级为甲级和丙级以外的勘察项目。

丙级：工程重要性、场地复杂程度和地基复杂程度等级均为三级。

建筑在岩质地基上的一级工程，当场地复杂程度等级和地基复杂程度等级均为三级时，岩土工程勘察等级可定为乙级。

工程地质勘察等级的划分，有利于对其各个工作环节按等级区别对待，确保工程质量和安全。因此，它也是确定各个勘察阶段工作内容、方法及详细程度的标准。建筑工程的设计分为场址选择、初步设计和施工图设计 3 个阶段，为了对应各阶段所需的工程地质资料，勘察工作也相应地分为可行性研究勘察、初步勘察和详细勘察 3 个阶段。

建筑物的岩土工程勘察应分阶段进行，可行性研究勘察应符合选择场址方案的要求；初步勘察应符合初步设计的要求；详细勘察应符合施工图设计的要求；对场地条件复杂或有特殊要求的工程，还应进行施工勘察。

场地较小且无特殊要求的工程可合并勘察阶段。当建筑物平面布置已经确定，且场地或其附近已有岩土工程资料时，可根据实际情况，直接进行详细勘察。

7.2.1 可行性研究勘察

可行性研究勘察的目的是取得几个场址方案的主要工程地质资料，对拟选场地的稳定性和适宜性进行工程地质评价和方案比较。一般情况应避开工程地质条件恶劣的地区或地段，像不良地质现象比较发育或抗震设防烈度较高的场地，以及受洪水威胁或存在地下水不利影响的场地等。

可行性研究勘察，应对拟建场地的稳定性和适宜性做出评价，并应符合下列要求。

① 收集区域地质、地形地貌、地震、矿产，以及当地的工程地质、岩土工程和建筑经验等资料。

② 在充分收集和分析已有资料的基础上，通过踏勘了解场地的地层、构造、岩性、不良地质作用和地下水等工程地质条件。

③ 当拟建场地工程地质条件复杂，已有资料不能满足要求时，应根据具体情况进行工程地质测绘和必要的勘探工作。

④ 当有两个或两个以上拟选场地时，应进行比选分析。

7.2.2 初步勘察

可行性研究勘察对场地稳定性给予全局性评价之后，还存在建筑地段的局部稳定性的评价问题。初步勘察的任务之一就是查明建筑场地不良地质现象的成因、分布范围、危害程度及发展趋势，在确定建筑总平面布置时使主要建筑避开不良地质现象比较发育的地段。除此之外，还要查明地层及其构造、土的物理力学性质、地下水埋藏条件及土的冻结深度等，这些工程地质资料为建筑物基础方案的选择、不良地质现象的防治提供依据。

初步勘察应对场地内拟建建筑地段的稳定性做出评价，并进行下列主要工作。

① 收集拟建工程的有关文件、工程地质和岩土工程资料及工程场地范围的地形图。

② 初步查明地质构造、地层结构、岩土工程特性、地下水埋藏条件。

③ 查明场地不良地质作用的成因、分布、规模、发展趋势，并对场地的稳定性做出评价。

④ 对抗震设防烈度等于或大于 6 度的场地，应对场地和地基的地震效应做出初步评价。

⑤ 对季节性冻土地区，应调查场地土的标准冻结深度。

⑥ 初步判定水和土对建筑材料的腐蚀性。

⑦ 高层建筑初步勘察时，应对可能采取的地基基础类型、基坑开挖与支护、工程降水方案进行初步分析、评价。

7.2.3 详细勘察

经过可行性研究勘察和初步勘察之后，建筑场地的工程地质条件已经基本查明。详细勘察的任务是针对具体的建筑物地基或具体的地质问题，为进行施工图设计和施工提供可靠的依据或设计计算的参数。因此必须查明建筑物场地范围内的地层结构、土的物理力学性质、地基稳定性和承载力的评价、不良地质现象防治所需的指标及资料，以及地下水的有关条件、水位变化规律等。

详细勘察应按单体建筑物或建筑群提出详细的岩土工程资料和设计、施工所需的岩土参数；对建筑地基做出岩土工程评价，并对地基类型、基础形式、地基处理、基坑支护、工程降水和不良地质作用的防治等提出建议。主要应进行下列工作。

① 收集附有坐标和地形的建筑总平面图，场区的地面整平标高，建筑物的性质、规模、荷载、结构特点、基础形式、埋深，地基允许变形值等资料。

② 查明不良地质作用的类型、成因、分布范围、发展趋势和危害程度，提出整治方案的建议。

③ 查明建筑范围内岩土层的类型、深度、分布、工程特性，分析和评价地基的稳定性、均匀性和承载力。

④ 对需进行沉降计算的建筑物，提供地基变形计算参数，预测建筑物的变形特征。

⑤ 查明埋藏的河道、沟浜、墓穴、防空洞、孤石等对工程不利的埋藏物。

⑥ 查明地下水的埋藏条件，提供地下水位及其变化幅度。

⑦ 在季节性冻土地区，提供场地土的标准冻结深度。

⑧ 判定水和土对建筑材料的腐蚀性。

7.2.4 施工勘察

施工勘察指的是在施工阶段遇到异常情况时进行的补充勘察，主要是配合施工开挖进行地质编录、校对、补充勘察资料，进行施工安全预报等。当遇到下列情况时，应配合设计和施工单位进行施工勘察，解决施工中的工程地质问题，并提供相应的勘察资料。

① 对高层或多层建筑，均需进行施工验槽，发现异常问题需进行施工勘察。

② 对较重要的建筑物复杂地基，需进行施工勘察。

③ 深基坑的设计和施工，需进行有关检测工作。

④ 对软弱地基的处理，需进行设计和检验工作。

⑤ 当地基中岩溶、土洞较为发育时，需进一步查明分布范围并进行处理。

⑥ 当施工中出现基壁坍塌、滑动时，须勘测并进行处理。

7.3 工程地质勘察的方法

工程地质勘察的方法很多，下面就常用的几种方法进行简要介绍。

7.3.1 坑探

坑探是在建筑场地人工开挖探井、探槽或平洞，或者直接观察、了解槽壁土层情况或取原状土样，从而获取土层物理力学性质资料的一种方法，不需要使用专门的机具。而且当场地地质条件比较复杂时，可以直接观察地层的结构和变化。通常坑探所能达到的深度较浅。

坑探是在钻探方法难以准确查明地下情况时采用的。在坝址、地下工程、大型边坡等勘察中，当需要详细查明深部岩层性质、构造特征时，可采用竖井和平洞。对于坑探，除了对探井、探槽的位置、长度、宽度、深度，地层土质分布、密度、含水量、稠度、颗粒成分与级配、含有物及土层特征、地层异常情况、地下水位等进行详细的文字描述记录外，还应绘制具有代表性的剖面图或整个探井、探槽的展示图等，以反映井、槽、洞壁和底部的岩性、地层分界、构造特征、取样和原位测试位置等，并且对代表性部位辅以彩色照片真实展示。

7.3.2 钻探

钻探是用钻机在地层中钻孔，以鉴别和划分地层，沿孔深分层取土，测定岩土的物理力学性质的方法。钻探方法有回转、冲击、振动与冲洗 4 种，可根据岩土类别和勘察要求按表 7 - 1 选用。

表 7-1 钻探方法的适用范围

钻探方法		钻进地层					勘察要求	
		黏性土	粉土	砂土	碎石土	岩石	直接鉴别、采取不扰动试样	直接鉴别、采取扰动试样
回转	螺旋钻探	++	+	+	−	−	++	++
	无岩芯钻探	++	++	++	+	++	−	−
	岩芯钻探	++	++	++	+	++	++	++
冲击	冲击钻探	−	+	++	++	−	−	−
	锤击钻探	++	++	++	+	−	++	++
振动钻探		++	++	++	+	−	+	++
冲洗钻探		+	++	++	−	−	−	−

表 7-1 中，“++”为适用，“+”为部分适用，“−”为不适用。

钻机一般分回旋式和冲击式两种。回旋式钻机利用钻机的回转器带动钻具旋转磨削孔底的地层进行钻进，通常使用管状钻具，能取得柱状岩芯标本；而冲击式钻机则利用卷扬机借钢丝绳带动钻具，利用钻具的质量上下反复冲击，使钻头冲击孔底，破碎地层形成钻孔，但只能取岩石碎块或扰动土样。几种常用钻机的型号、钻进方式、钻孔直径、动力大小和适用土层等见表 7-2。

表 7-2 几种常见钻机的性能

钻机型号	钻进方式	钻孔直径/mm	钻杆直径/mm	动力/kW	适用土层	生产厂家
SH-30-2A	回转、冲击	114，127	42	4.41	黏性土、砂、卵石	无锡探矿机械厂
CH-50	回转、冲击	89，146	42	8.83	第四纪土、岩石	无锡探矿机械厂
DDP-100 车装立轴转盘式	回转、冲击	150，200	50	66.20	各类地层	北京探矿机械厂
XU-100 立轴油压岩芯钻	回转	75，110	42	7.36	漂石、岩石	北京探矿机械厂
ZK-50 液压	回转、冲击、振动、液压	150	42	—	黏性土、砂、碎石土、风化岩	陕西省综合勘察院

国产的 SH-30 型钻机适用于工业与民用建筑、道桥等工程的地基勘察。图 7.1 所示为该钻机的构造。

场地内布置的钻孔，一般分技术孔和鉴别孔两类。在技术孔中，按照不同土层、深度取原状土样，采用取土器采取原状土样，取土器上部封闭性能的好坏决定了取土器能否顺利进入土层提取土样。根据其上部封闭装置的结构形式，取土器可分为活阀式和球阀式两类，图 7.2 所示为上提活阀式取土器。

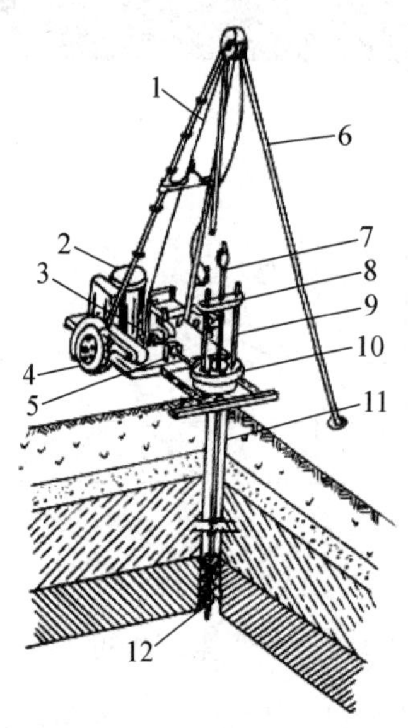

1—钢丝绳；2—汽油机；3—卷扬机；4—车轮；
5—变速箱及操纵把；6—四腿支架；7—钻杆；
8—钻杆夹；9—拨棍；10—转盘；11—钻孔；12—钻头

图 7.1 SH-30 型钻机的构造

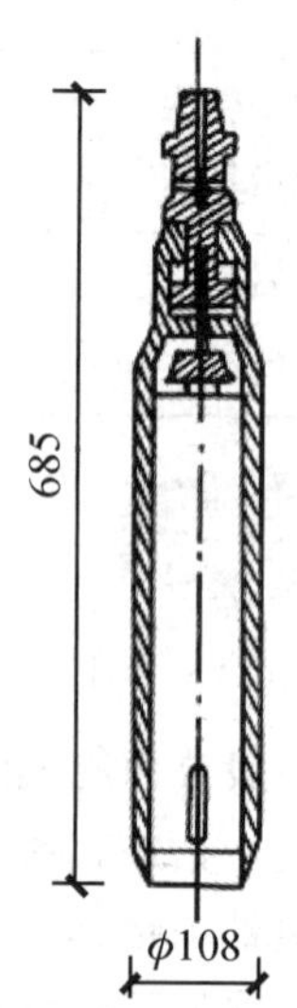

图 7.2 上提活阀式取土器

7.3.3 触探

触探是通过探杆用静力或动力将金属探头贯入土层，并量测各土层对探头的贯入阻力大小的指标，从而间接地判断土层及其性质的一类勘探方法和原位测试技术。通过触探，可划分土层，了解土层的均匀性，也可估计地基承载力和土的变形指标。由于触探法不需要取原状土样，对于水下砂土、软土等地基更显其优越性。但触探法无法对地基土命名及绘制地质剖面图，所以无法单独使用，通常与钻探法配合，可提高勘察的质量和效率。

1. 静力触探

静力触探借静压力将触探头压入土层，再利用电测技术测得贯入阻力来判断土的力学性质。它具有连续、快速、灵敏、精确、方便等优点，在我国各地区广泛应用。

根据提供静压力的方法，静力触探仪可分为机械式和液压式两类，液压式静力触探仪的主要组成部分如图 7.3 所示。

静力触探设备中的核心部分是探头，探头在贯入的过程中所受的地层阻力通过其上贴的应变片转变成电信号并由仪表测量出来。探头按其结构可分为单桥和双桥两类，如图 7.4 所示。

单桥探头所测的是包括锥尖阻力和侧壁摩阻力在内的总贯入阻力，通常用比贯入阻力

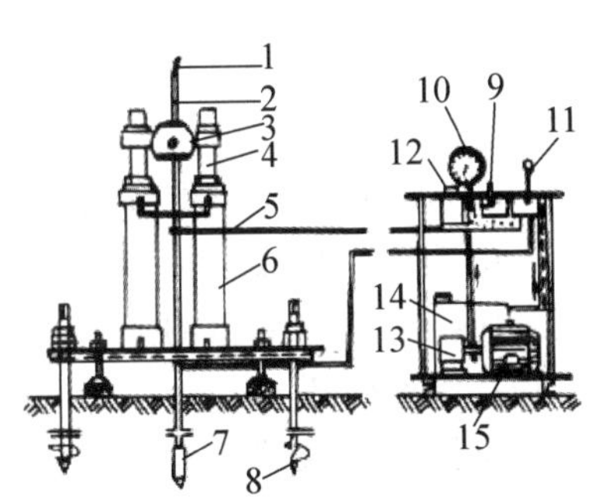

1—电缆；2—触探杆；3—卡杆器；
4—活塞杆；5—油管；6—油缸；
7—探头；8—地锚；9—节流阀；
10—压力表；11—换向阀；
12—倒顺开关；13—油泵；
14—油箱；15—电动机

图 7.3 液压式静力触探仪

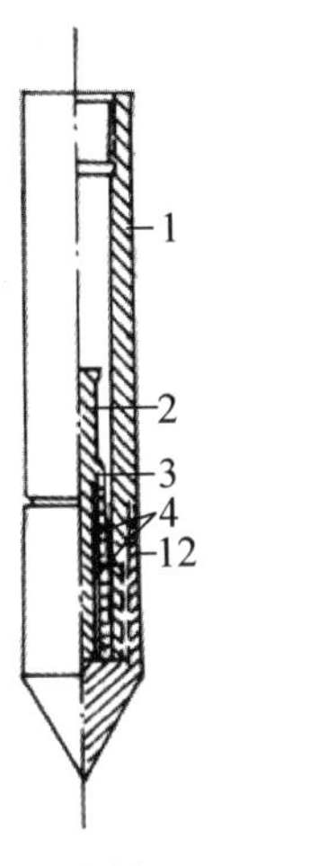

(a) 单桥

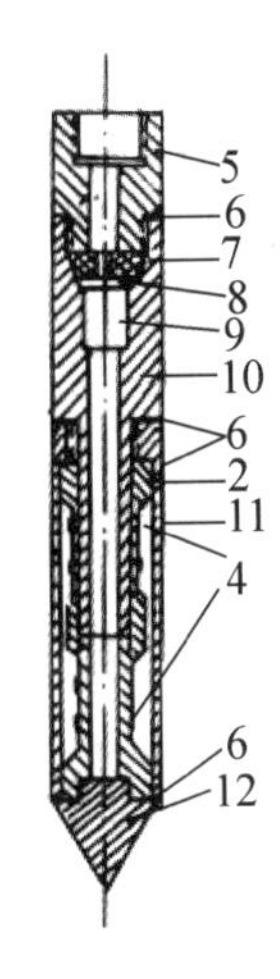

(b) 双桥

1—探头管；2—变形柱；3—顶柱；
4—电阻片；5—接头；6—密封圈；
7—密封塞；8—垫圈；9—接线仓；
10—加强筒；11—摩擦筒；12—锥头

图 7.4 静力触探探头

表示，即

$$p_s=\frac{P}{A}$$

式中 P——总贯入阻力，kN；

p_s——比贯入阻力，kPa；

A——探头截面面积，m^2。

双桥探头可测出锥尖总阻力 Q_c 和侧壁总摩阻力 P_f，通常用锥尖阻力 q_c 和侧壁摩阻力 f_s 表示，即

$$q_c=\frac{Q_c}{A}$$

$$f_s=\frac{P_f}{F_s}$$

式中 Q_c——锥尖总阻力，kN；

q_c——锥尖阻力，kPa；

A——探头截面面积，m^2；

P_f——侧壁总摩阻力，kN；

f_s——侧壁摩阻力，kPa；

F_s——外套筒的总表面积，m^2。

根据锥尖阻力 q_c 和侧壁摩阻力 f_s 可以计算在同一深度处的摩阻比 R_s。

$$R_s=\frac{f_s}{q_c}\times 100\%$$

在现场的触探实测完成后，进行其资料数据整理工作。有时候为了直观地反映勘探深度范围内土层的力学性质，可以绘制深度（z）和阻力的关系曲线。地基土的承载力取决于土体本身的力学性质，静力触探所得的指标在一定程度上反映了土的某些力学性质，所以根据触探资料可以估算土的承载力等力学指标。

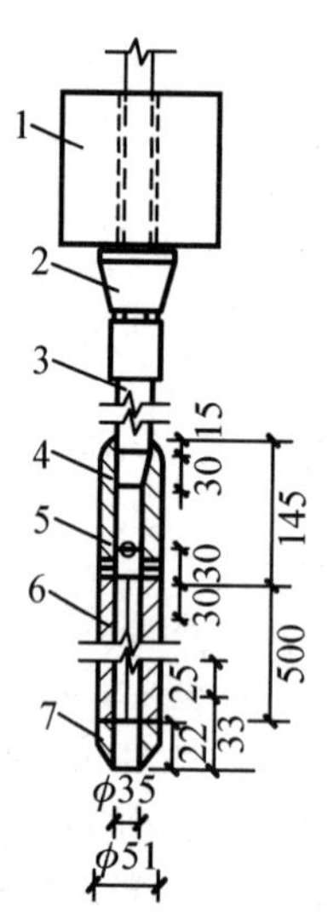

1—穿心锤；2—锤垫；3—触探杆；
4—贯入器头；5—出水孔；
6—由两头圆形管合并而成的贯入器身；
7—贯入器靴

图 7.5　标准贯入试验设备

2. 动力触探

动力触探一般是将标准质量的穿心锤提升至标准高度后自由下落，将探头贯入地基土层标准深度，记录所需的锤击数值的大小，以此来判定土的工程性质的好坏。

下面简要介绍标准贯入试验和轻便触探试验两种动力触探方法。

（1）标准贯入试验

标准贯入试验来源于美国，将质量为63.5kg的穿心锤用钻机的卷扬机提升至76cm高度，穿心锤自由下落，将贯入器贯入土中，先打入土中15cm不计锤数，以后打入土层30cm的锤击数，即为标准贯入击数 N。当锤击数已经达到50击，而贯入深度未达30cm时，记录实际贯入深度，并终止试验。标准贯入试验设备如图7.5所示。

当标准贯入试验深度大且钻杆长度超过3m时，应考虑锤击能量的损失。锤击数应按下式进行校正。

$$N=\alpha N'$$

式中　N——标准贯入试验锤击数；

α——触探杆长度修正系数，按表7-3确定；

N'——标准贯入试验实测锤击数。

表 7-3　触探杆长度修正系数 α

触探杆长度/m	≤3	6	9	12	15	18	21
α	1.00	0.92	0.86	0.81	0.77	0.73	0.70

（2）轻便触探试验

轻便触探试验设备如图7.6所示，其构造简单，操作方便，适用于粉土、黏性土等地基，触探深度不超过4m。试验时，先用轻便钻具开孔至被测土层，然后以手提质量为10kg的穿心锤至50cm高度，使其自由落体，连续冲击，将锥头打入土中，记录贯入深度为30cm的锤击数，称为 N_{10}。

由标准贯入试验和轻便触探试验确定的锤击数 N 和 N_{10} 可用于确定地基土的承载力，估计土的抗剪强度及变形指标。

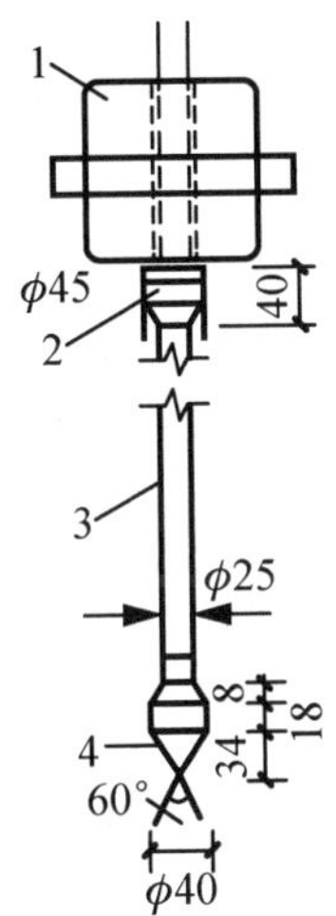

1—穿心锤；2—锤垫；3—触探杆；4—尖锥头

图 7.6　轻便触探试验设备

7.4　工程地质勘察报告

7.4.1　工程地质勘察报告的编制内容

工程地质勘察的最终成果是以报告的形式提出的，在野外勘察工作和室内土样试验完成之后，将岩土工程勘察纲要、勘探孔平面布置图、钻孔记录表、原位测试记录表、土的物理力学性质试验成果，连同勘察任务委托书、建筑平面布置图及地形图等有关资料汇总，并进行整理、检查、分析、评定，经确认无误后，编制正式的岩土工程勘察报告，提供建设单位、设计单位和施工单位应用，并作为长期存档保存的技术文件。

岩土工程勘察报告书的编制必须配合相应的勘察阶段，针对场地的地质条件和建筑物的性质、规模及设计和施工的要求，提出选择地基基础方案的依据和设计计算数据，指出存在的问题及解决问题的途径和方法。一个单项工程的勘察报告书一般包括下列内容。

① 拟建工程名称、规模、用途；岩土工程勘察的目的、要求和任务；勘察方法、勘察工作布置与完成的工作量。

② 建筑场地位置、地形地貌、地质构造、不良地质现象及抗震设防烈度。

③ 场地的地层分布、结构，岩土的颜色、密度、湿度、稠度、均匀性、层厚；地下水的埋藏深度、水质侵蚀性及当地冻结深度。

④ 建筑场地稳定性与适宜性的评价，各土层的物理力学性质及地基承载力等指标的

确定。

⑤ 结论和建议。根据拟建工程的特点，结合场地的岩土性质，提出地基与基础方案设计的建议。

随报告所附图表一般包括以下内容。

① 勘探点平面布置图。

② 工程地质剖面图。

③ 室内土的物理力学性质试验总表。

对于重大工程，根据需要应绘制综合工程地质图或工程地质分区图、钻孔柱状图或综合地质柱状图、原位测试成果图表等。

7.4.2 工程地质勘察报告的阅读与使用

对工程地质勘察报告的阅读与使用是非常重要的工作，阅读勘察报告应该熟悉勘察报告的主要内容，了解勘察报告提出的结论和岩土物理力学性质参数的可靠程度，从而判断勘察报告中的建议对拟建工程的适用性，以便正确使用勘察报告。在分析时需要将场地的工程地质条件及拟建建筑物具体情况和要求联系起来，进行综合的分析，既要从场地工程地质条件出发进行设计施工，又要在设计施工中发挥主观能动性，充分利用有利的工程地质条件。

1. 地基持力层的选择

在无不良地质现象影响的建筑地段，地基基础设计必须满足地基承载力和基础沉降这两个基本要求，而且应该充分发挥地基的承载力，尽量采用天然地基上浅基础的方案。此时，地基持力层的选择应该从地基、基础和上部结构的整体概念出发，综合考虑场地的土层分布情况和土层的物理力学性质，以及建筑物的体型、结构类型和荷载等情况。

选择地基持力层，关键是根据工程地质勘察报告提供的数据和资料，合理地确定地基的承载力。地基承载力的取值可以通过多种测试手段，并结合实践经验来确定，单纯依靠某种方法确定承载力值不一定十分合理。通过对勘察报告的阅读，在熟悉场地各土层的分布和性质的基础上，初步选择适合上部结构特点和要求的土层作为持力层，经过试算或方案比较后最终做出决定。

2. 场地稳定性评价

在地质条件复杂的地区，首要任务是进行场地稳定性的评价，然后是地基承载力和地基沉降问题的确定。

场地的地质构造、不良地质现象、地层成层条件和地震等都会影响场地的稳定性，在勘察报告中必须说明其分布规律、具体条件、危害程度等。

在阅读和使用工程地质勘察报告时，应该注意报告所提供资料的可靠性。有时由于勘察的详细程度有限、地基土的特殊工程性质及勘探手段本身的局限性，勘察报告不能充分、准确地反映场地的主要特征；或者在测试工作中，仪器设备和人为的影响都可能造成勘察报告成果的失真从而影响报告数据的可靠性。所以，在阅读和使用报告的过程中，应该注意分析发现问题，并对有疑问的关键性问题进一步查清，尽量发掘地基潜力，确保工程质量。

应用案例

紫薇田园都市22#、25#住宅楼岩土工程勘察报告

1. 概述

受××公司的委托，×××勘察设计研究院承担了紫薇田园都市22#、25#住宅楼的详细勘察阶段的岩土工程勘察工作。

拟建的紫薇田园都市22#、25#住宅楼地上6层，高度18m，基础埋深2.50m，其他设计参数待定。

根据《湿陷性黄土地区建筑标准》(GB 50025—2018)的有关规定，拟建的紫薇田园都市22#、25#住宅楼为丙类建筑。岩土勘察等级为乙级。

根据建筑物结构特征、设计院提供的建筑物平面图及上述技术标准，本次勘察主要目的如下：查明建筑场地内及其附近有无影响工程稳定性的不良地质作用和地质灾害，评价场地的稳定性及建筑适宜性；查明建筑场地地层结构及地基土的物理力学性质；查明建筑场地湿陷类型及地基湿陷等级；查明建筑场地地下水埋藏条件；查明建筑场地内地基土及地下水对建筑材料的腐蚀性；提供场地抗震设计有关参数，评价有关土层的地震液化效应；提供各层地基土承载力特征值及变形指标；对拟建建筑物可能采用的地基基础方案进行分析论证，提供技术可行、经济合理的地基基础方案，并提出方案所需的岩土设计参数。

本次岩土工程勘察工作量是根据勘察阶段及岩土工程勘察等级，按照上述规范、规程的有关规定进行布置的，具体如下：钻探孔10个，孔深12.00～15.20m，合计进尺130.30m；探井2个，井深10.00～10.50m，合计进尺20.50m；取不扰动土试样71件；现场进行标准贯入试验15次；室内完成常规土分析试样55件，黄土浸水湿陷性试样52件，黄土自重湿陷性试样16件，黄土湿陷性起始压力试样16件，土的腐蚀性试样2件；测放点12个。

2. 场地工程地质条件

(1) 场地位置、地形及地貌。

紫薇田园都市位于长安区郭杜街道北侧，紧临西万公路，北依付村，西靠长里村。拟建紫薇田园都市22#、25#住宅楼位于紫薇田园都市J组团西南部。

场地地形基本平坦，勘探点地面标高416.650～418.800m，场地地貌单元属皂河Ⅱ阶地。

(2) 地裂缝。

本次勘察通过地面调查及访问，没有发现地表地裂缝变形形迹。现场钻探揭示的古土壤层位没有异常和变位，说明场地不存在地裂缝，也未发现其他不良地质现象。

(3) 地层结构。

根据现场钻探描述、原位测试与室内土分析试验结果，将场地勘探深度范围内的地基土共分为5层，现自上而下分层描述如下。

素填土①Q_4^{ml}：黄褐色，以粉质黏土为主，含砖瓦碎片。局部填土层较厚，部分场地原为取土坑回填整平。该层厚度为1.20～6.20m，层底标高为410.870～417.230m。

黄土(粉质黏土)②Q_3^{eol}:黄褐色,硬塑—可塑,针状孔隙及大孔隙发育,局部具轻微湿陷性,该层上部土层具高压缩性,压缩系数平均值 $\overline{a}_{1-2}=0.35\text{MPa}^{-1}$,属中压缩性土。该层实测标准贯入击数平均值 $\overline{N}=10$ 击。层底深度为 4.20~4.80m,层厚为 0.50~3.30m,层底标高为 412.040~414.000m。

黄土(粉质黏土)③Q_3^{eol}:褐黄色,硬塑—可塑,针状孔隙发育,含白色钙质条纹及个别钙质结核,偶见蜗牛壳,不具湿陷性,压缩系数平均值 $\overline{a}_{1-2}=0.13\text{MPa}^{-1}$,属中压缩性土。该层实测标准贯入击数平均值 $\overline{N}=13$ 击。层底深度为 7.00~9.60m,层厚为 2.50~4.80m,层底标高为 407.390~410.730m。

古土壤 ④Q_3^{el}:褐红色,硬塑,呈块状结构,含白色钙质条纹及少量钙质结核,底部钙质结核含量较多,并富集成层,不具湿陷性,压缩系数平均值 $\overline{a}_{1-2}=0.11\text{MPa}^{-1}$,属中压缩性土。该层实测标准贯入击数平均值 $\overline{N}=23$ 击。层底深度为 10.50~12.70m,层厚为 2.20~3.90m,层底标高为 405.190~406.500m。

粉质黏土 ⑤Q_3^{al}:褐黄色,可塑,含有氧化铁斑点及钙质结核、个别蜗牛壳碎片,压缩系数平均值 $\overline{a}_{1-2}=0.16\text{MPa}^{-1}$,属中压缩性土。该层实测标准贯入击数平均值 $\overline{N}=13$ 击。本层未钻穿,最大揭露厚度为 4.50m,最大钻探深度为 15.20m,最深钻至标高为 401.790m。

(4) 地下水。

本次勘察期间,实测场地地下水稳定水位埋深为 12.00~12.60m,相应水位标高为 404.390~405.000m,属潜水类型。由于地下水埋藏较深,可不考虑其对浅基础的影响。

3. 地基土工程性质测试

(1) 地基土物理力学性质室内试验成果。

① 地基土一般物理力学性质室内试验。为了查明地基土一般物理力学性质,本次勘察对场地勘探深度内 55 件原状土试样进行了室内常规物理力学性质指标测试,各层地基土的物理力学性质指标结果统计见表 7-4。

表 7-4 地基土物理力学性质指标结果统计表

主要指标	含水率 w/%	重度 γ/(kN/m³)	干重度 γ_d/(kN/m³)	饱和度 S_r/%	孔隙比 e	液限 w_L/%	塑限 w_P/%	塑性指数 I_p	液性指数 I_L	湿陷系数 δ_s	压缩系数 a_{1-2}/MPa⁻¹	压缩模量 E_{s1-2}/MPa	湿陷起始压力/kPa
黄土②	22.1	17.4	14.2	64.6	0.915	31.2	18.9	12.3	0.26	0.014	0.35	9.0	179
黄土③	21.9	17.7	14.5	68.0	0.870	31.3	18.9	12.4	0.25	0.005	0.13	15.1	200
古土壤④	20.8	19.0	15.8	77.1	0.721	32.6	19.6	13.0	0.07	0.001	0.11	17.4	200
粉质黏土⑤	22.9	19.5	15.8	93.0	0.726	31.9	19.2	12.7	0.45	0.002	0.16	11.7	—

② 地基土湿陷起始压力试验。为查明地基土层的湿陷起始压力,本次勘察在探井中

取了16件试样，并在室内进行了土的湿陷起始压力试验，各层土的湿陷起始压力统计结果见表7－4。

(2) 地基土原位测试成果。

为评价地基土层的工程性质，本次勘察共进行了15次标准贯入试验。其试验结果统计见表7－5。

表7－5 标准贯入试验结果统计表

层　号	标准贯入实测击数/击	标准贯入修正系数	标准贯入修正击数/击
黄土②	10	0.97	9.7
黄土③	13	0.89	11.6
古土壤④	23	0.83	19.1
粉质黏土⑤	13	0.80	10.4

4. 场地地震效应

(1) 建筑场地类别。

根据完成的《紫薇田园都市J区18层住宅楼岩土工程勘察报告书》，该场地南侧拟建建筑场地类别可按Ⅱ类考虑。

(2) 场地抗震设防烈度、设计基本地震加速度和设计地震分组。

根据《建筑抗震设计规范（2016年版）》(GB 50011—2010)，拟建场地抗震设防烈度为8度，设计基本地震加速度值为0.20g，设计地震分组为第一组，设计特征周期为0.35s。

(3) 地基土液化评价。

拟建场地地表下20m深度范围内无可液化土层，故可不考虑地基土地震液化问题。

(4) 建筑场地地震地段的划分。

根据《建筑抗震设计规范（2016年版）》，拟建场地属可进行建设的一般场地。

5. 场地岩土工程评价

(1) 黄土的湿陷性评价。

① 场地湿陷类型。

本次勘察，在6＃和12＃探井中采取不扰动土试样进行了黄土自重湿陷性试验，根据试验结果可知，土样的自重湿陷系数均小于0.015。按《湿陷性黄土地区建筑标准》有关规定判定，拟建场地属非自重湿陷性黄土场地。

② 场地黄土湿陷起始压力。

根据湿陷起始压力试验结果，黄土层的湿陷起始压力值皆大于100kPa。

③ 地基湿陷等级。

拟建紫薇田园都市22＃、25＃住宅楼的基础埋深2.5m，室内地坪标高按419.40m考虑（根据甲方提供的资料，参考场地南侧2＃楼的室内地坪标高），按《湿陷性黄土地区建筑标准》的规定，各井孔的湿陷量计算值自基底起算，累计至基底以下10m深度为止。各勘探点湿陷量计算值及地基湿陷等级判定结果见表7－6。

表 7-6 湿陷量计算值及地基湿陷等级判定结果表

勘探点号	湿陷量计算起讫深度/m	湿陷量计算值Δs/mm	湿陷等级
8#	3.60～4.50	34	Ⅰ（轻微）
9#	3.40～4.50	56	Ⅰ（轻微）
11#	1.90～3.50	122	Ⅰ（轻微）
12#	1.50～4.60	74	Ⅰ（轻微）

由表 7-6 判定结果可知，拟建建筑地基湿陷等级为Ⅰ（轻微），可按此设防。

(2) 地基土及地下水腐蚀性评价。

本次勘察对水位以上两件土样进行了土的腐蚀性测试，按《岩土工程勘察规范（2009年版)》的有关规定判定，场地环境类型为Ⅲ类，地基土对混凝土结构及钢筋混凝土结构中的钢筋均不具腐蚀性。

(3) 地基土承载力特征值及压缩模量。

素填土性质差，分布不均，不能直接用作持力层。根据地基土原位测试及室内土分析试验结果，其余各层地基土的承载力特征值 f_{ak}及压缩模量 E_s值建议按表 7-7 采用。

表 7-7 地基承载力特征值及压缩模量建议表

层名及层号	黄土②	黄土③	古土壤④	粉质黏土⑤
承载力特征值 f_{ak}/kPa	140	160	180	190
压缩模量 E_s/MPa	5.0	8.0	12.0	11.0

6. 地基基础方案

(1) 天然地基方案。

拟建的紫薇田园都市 22#、25#住宅楼，基底标高为 416.900m，基底位于素填土①层，素填土①层土质不均，应全部挖除，并用素土回填夯实。为提高地基的均匀性，宜在基底设置不小于 1.0m 厚的灰土垫层，灰土垫层宜整片处理。

(2) 灰土挤密桩方案。

拟建 22#、25#住宅楼现地面基本为基底，填土较厚，最深为 6.2m，可采用灰土挤密桩处理地基。

灰土挤密桩的设计、施工、试验与检测应按《湿陷性黄土地区建筑标准》和《建筑地基处理技术规范》(JGJ 79—2012) 的有关规定进行。

7. 基坑开挖及支护

拟建场地较为开阔，建筑的基础埋深较浅，但 36#、37#住宅楼填土较厚，开挖最深 6.2m。基坑可采用放坡开挖，可采用放坡率对于素填土①为 1∶0.8，对于黄土②为 1∶0.4。

22#、25#住宅楼基坑开挖时，应做好坡面防护及基坑周围地面的排水工作，防止水流浸泡边坡土体。

8. 结论与建议

(1) 拟建场地原为取土坑回填整平，地形基本平坦。勘探深度范围内地基土主要由素填土、黄土、古土壤及粉质黏土组成。地貌单元属皂河Ⅱ阶地。

(2) 勘察期间，本场地未发现有地裂缝及其他不良地质作用及地质灾害，场地稳定，适宜建筑。

(3) 本次勘察期间，实测场地地下潜水稳定水位埋深为12.00～12.60m，相应水位标高为404.390～405.000m，属潜水类型。由于地下水埋藏较深，可不考虑其对浅基础的影响。

(4) 地下水位以上的地基土对混凝土结构及钢筋混凝土结构中的钢筋均不具腐蚀性。

(5) 拟建场地属非自重湿陷性黄土场地，拟建建筑物可按非自重Ⅰ级（轻微）设防。

(6) 场地地震效应分析、评价。

(7) 地基土承载力特征值 f_{ak} 及压缩模量 E_s 建议值。

(8) 拟建建筑地基基础方案。

(9) 基坑开挖及支护设计参数和应注意的问题。

(10) 施工前，应进行普探工作，对查明的墓穴、井、洞等应按有关规定妥善处理；基坑开挖后应及时通知有关各方进行验槽，发现问题应及时研究处理。

7.5 验槽与基槽的局部处理

7.5.1 验槽的目的及内容

验槽是在基槽开挖时，根据施工揭露的地层情况，对地质勘察成果与评价建议等进行现场检查，校核施工所揭露的土层是否与勘察成果相符，结论和建议是否符合实际情况，如果不符，应该进行补充修正，必要时应该做施工勘察。

1. 验槽的目的

验槽是一般工程的工程地质勘察工作中的最后一个环节。当施工单位挖完基槽普遍钎探后，由甲方约请勘察、设计、监理与施工单位技术负责人，共同到工地验槽。验槽的主要目的如下。

① 检验工程地质勘察成果及结论和建议是否与基槽开挖后的实际情况一致，是否正确。

② 挖槽后地层的直接揭露，可为设计人员提供第一手的工程地质和水文地质资料，对出现的异常情况及时分析，提出处理意见。

③ 当对勘察报告有疑问时，解决此遗留问题，必要时布置施工勘察，以便进一步完善设计，确保施工质量。

2. 验槽的内容

验槽的内容主要如下。

① 校核基槽开挖的平面位置与基槽标高是否符合勘察、设计要求。

② 检验槽底持力层土质与勘察报告是否相同，参加验槽的四方代表要下到槽底，依次逐段检验，若发现可疑之处，应用铁铲铲出新鲜土面，用土的野外鉴别方法进行鉴定。

③ 当发现基槽平面土质显著不均匀，或局部存在古井、菜窖、墓穴、河沟等不良地基时，可用钎探查明平面范围与深度。

④ 检查基槽钎探情况、钎探位置：当条形基坑宽度小于 80cm 时，可沿中心线打一排钎探孔；基坑宽度大于 80cm 时，可打两排错开钎探孔，钎探孔间距 1.5～2.5m。

7.5.2 验槽的方法

1. 观察验槽

观察验槽主要观察基槽基底和侧壁土质情况、土层构成及其走向是否有异常现象，以判断是否达到设计要求的地基土层。由于地基土开挖后的情况复杂、变化多样，这里只能将常见基槽观察的项目和内容列表简要说明，见表 7-8。直观鉴别土质情况，应熟练掌握土的野外鉴别方法。

表 7-8　常见基槽观察的项目和内容

观察项目		观察内容
槽壁土层		土层分布情况走向
重点部位		柱基、墙角，承重墙下及其他受力较大部分
整个槽底	槽底土层	是否挖到老层（地基持力层）上
	土的颜色	是否均匀一致，有无异常过干、过湿
	土的软硬	是否软硬一致
	土的虚实	有无震颤现象，有无空穴声音

2. 钎探

对基槽底以下 2～3 倍基础宽度的深度范围内土的变化和分布情况，以及是否有空穴或软弱土层，需要用钎探明。钎探方法：将一定长度的钢钎打入槽底以下的土层内，根据每打入一定深度的锤击次数，间接地判断地基土质的情况。打钎分人工和机械两种方法。

钢钎直径为 ϕ22～25mm，钎尖为 60°尖锥状，钎长为 1.8～2.0m，从钢钎下端起向上每隔 30cm 刻一横线，并刷红漆。打钎时，用质量约 10kg 的锤，锤的落距为 50cm，将钢钎垂直打入土中，每贯入 30cm，记录锤击数一次，并填入规定的表格中。一般每钎分 5 步打（每步为 30cm），钎顶留 50cm，以便拔出。钎探点的记录编号应与注有轴线号的打钎平面图相符。

钎孔布置和钎探记录的分析，钎孔排列方式和孔的间距，应根据基槽形状和宽度及土质情况决定，对于土质变化不太复杂的天然地基，钎孔布置可参照表 7-9 所列方式。

表 7-9　钎孔布置　　　　单位：m

槽宽	钎孔排列方式	钎探深度	钎孔间距
<0.8	中心一排	1.5	1.5
0.8～2.0	两排错开 1/2 钎孔间距	1.5	1.5
>2.0	梅花形	1.5	1.5

对于软弱土层和新近沉积的黏性土及人工杂填土，钎孔间距不应大于 1.5m。打钎完成后，要从上而下逐步分层分析钎探记录，再横向分析钎孔相互之间的锤击数，将锤击数过多或过少的钎孔，在打钎图上加以圈定，以备到现场重点检查。钎探后的孔要用砂灌实。

7.5.3 验槽时的注意事项

验槽时应注意的事项如下。

① 验槽前必须完成合格的钎探，并有详细的钎探记录，必要时进行抽样检查。

② 基坑土方开挖后，应立即组织验槽。

③ 在特殊情况下，要采取相应措施，确保地基土的安全，不可形成隐患。

④ 验槽时要认真仔细查看土质及分布情况，是否有杂填土、贝壳等，是否已挖到老土，从而判断是否需要加深处理。

⑤ 槽底设计标高若位于地下水位以下较深处，必须做好基槽排水，保证槽底不泡水。

⑥ 验槽结果应填写验槽记录，并由参加验槽的四方代表签字，作为施工处理的依据及长期存档保存的文件。

7.5.4 基槽的局部处理

对工程地质勘察报告查明的局部异常的地基应采取必要的局部处理措施。具体处理方法应根据地基情况、工程地质及施工条件而有所不同，应以使建筑物的各个部位最终沉降尽量趋于一致，以减小地基的不均匀沉降为处理原则。

1. 古井、墓穴、局部淤泥、小范围填土等松土坑的处理

① 一般当松土坑的范围较小、深度不大时，可将坑中松软虚土挖除，使松土坑坑底及四壁均见天然土，然后用和坑四周天然土压缩性相近的材料回填，分层夯实到设计标高，以保持地基的均匀性。当天然土为砂土时，可用砂或级配砂石分层洒水回填；当为中密、可塑的黏性土时，可用 1∶9 或 2∶8 灰土分层夯实回填；如为较密实的黏性土，应用 3∶7 的灰土分层夯实回填。

② 当松土坑范围较大时，因回填工作量太大不太经济，可将基础局部落深，基础做成 1∶2 阶梯状与两边基础连接，阶梯高不大于 50cm，阶梯长度不小于 100cm，若深度较深，可用灰土分层夯填至基坑底平。

③ 对独立的柱基，当松土坑的范围大于基槽的 1/2 时，应尽量挖除虚土将基底落实。

④ 当采用地基局部处理仍不能解决问题时，还可考虑适当加强基础和上部结构的刚

度或采用梁板形式跨越的方法，以抵抗由可能产生的不均匀沉降而引起的附加应力。

2. 砖井、土井的处理

① 若砖井位于基槽中间，先用素土分层回填至基础底下 2m 处，再将井的砖圈拆除至距基槽底不小于基底宽度尺寸，并不小于 1m，然后用和四周槽底天然土压缩性相近的土料分层夯实至基底；若井内土较松，井又较深，宜用基础梁做跨越处理。

② 若砖井、土井位于建筑物拐角处，而原设计基础压在其上面积不大，能够由其余基槽承担，可用挑梁处理；若原基础压在其上面积较大，用挑梁处理有困难或不太经济，而场地条件允许，可将基础沿墙长方向延伸至天然土上，新增面积应等于或稍大于砖井范围内原有基础的面积，并在墙内配钢筋或用钢筋混凝土梁进行加强处理。

③ 当在独立柱基下有井，且挖除处理有困难时，可将基础适当放大或与相邻基础连在一起做成联合基础，然后加强上部结构的刚度。

3. 扰动土的处理

在施工时应避免基槽土被扰动，若被扰动，应在下一道工序施工前将扰动部分清除到硬底，然后用与槽底土压缩性相近的土料回填夯实至设计标高。

4. 局部硬土的处理

局部范围内的坚硬地基是指基岩、孤石、压实路面、老房基、老灰土等，因其比周围地基土坚硬，很容易使建筑物产生较大的不均匀沉降，也应处理。处理方法是将局部坚硬地段从竖向向上挖除，然后填以与其余地段土层性质相近的较软弱的垫层，挖除厚度应根据设计计算确定，一般为 1m 左右。同时可考虑适当加强基础刚度。

5. 管道的处理

若基槽以上有上、下水管道，应采取措施防止漏水浸湿地基；若管道在基槽以下，也应采取保护措施，避免管道被基础压坏，可在管道周围包筑混凝土或采用铸铁管。

本章小结

本章主要介绍了工程地质勘察及验槽的有关内容，主要如下。

工程地质勘察的目的；工程地质勘察的内容和方法，其中工程地质勘察的内容包括可行性研究勘察、初步勘察、详细勘察及施工勘察；勘察方法包括坑探、钻探及触探 3 种；阅读和使用工程地质勘察报告；验槽的内容和方法，验槽时的注意事项，地基局部出现异常时的局部处理。

习　题

一、判断题

1. 在岩质地基上的一级工程，当场地复杂程度等级和地基复杂程度等级均为三级时，

岩土工程勘察等级可定为乙级。 ( )

2. 对高层或多层建筑，均需进行施工验槽，在正常情况下均需进行施工勘察。 ( )

3. 标准贯入试验是将质量为 63.5kg 的穿心锤提升至 76cm 高度，然后自由下落，将贯入器贯入土中 30cm 所需的锤击数，即标准贯入击数 N。 ( )

4. 验槽时主要是观察基槽基底和侧壁的土质情况、土层构成及其走向、是否有异常现象等，以判断地基土层是否达到设计要求。 ( )

5. 验槽时若基槽以上有上、下水管道，应采取措施防止漏水浸湿地基；若管道在基槽以下，也应采取保护措施，避免管道被基础压坏。 ( )

二、简答题

1. 为什么要进行工程地质勘察？中小工程荷载不大是否可省略勘察？

2. 勘察为什么要分段进行？详细勘察阶段应完成哪些工作？

3. 技术钻孔与探查孔有何区别？技术钻孔应占总钻孔的多大比例？

4. 工程地质勘察的常用方法有哪些？试比较各种方法的优缺点和适用条件。

5. 如何阅读和使用工程地质勘察报告？阅读和使用工程地质勘察报告重点要注意哪些问题？

6. 完成工程地质勘察报告后为何还要验槽？验槽包括哪些内容？应注意什么问题？

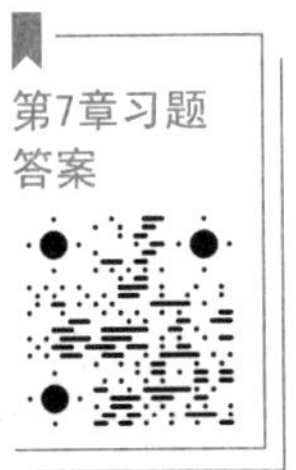

第8章 浅基础设计

学习目标

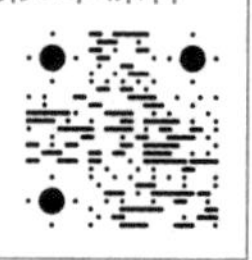
第8章课件

通过本章的学习，了解地基基础的设计等级、内容及设计步骤等；熟悉柱下钢筋混凝土条形基础、十字交叉钢筋混凝土条形基础、筏板基础及箱形基础的设计思路；掌握浅基础类型；掌握基础埋深的确定；熟练掌握基底尺寸的确定及软弱下卧层的强度验算；熟练掌握刚性基础、墙下钢筋混凝土条形基础、柱下钢筋混凝土独立基础的设计；掌握减轻建筑物不均匀沉降的措施。

学习要求

能力目标	知识要点	相关知识	权重
熟悉柱下钢筋混凝土条形基础、十字交叉钢筋混凝土条形基础、筏板基础及箱形基础的设计思路	各类基础的构造要求； 简化计算方法	各类基础的概念及分类	0.2
掌握浅基础类型； 掌握基础埋深的确定	浅基础的类型； 基础埋深的确定	浅基础的类型； 基础埋深的确定	0.1
熟练掌握基底尺寸的确定及软弱下卧层的强度验算	轴心荷载作用下基底面积的确定； 偏心荷载作用下基底面积的确定； 软弱下卧层的强度验算	地基承载力特征值； 土的自重压力； 基底附加压力	0.3
熟练掌握刚性基础、墙下钢筋混凝土条形基础、柱下钢筋混凝土独立基础的设计	刚性角及基础台阶高度的确定； 基础底板厚度的确定及配筋计算	受剪承载力验算； 受冲切承载力验算	0.4

引　例

如果新建建筑物邻近有其他建筑物或构筑物，为了保证原有建筑物的安全和正常使用，新建的建筑物基础埋深不宜大于原有建筑物或构筑物的基础埋深。如果新建的建筑物基础埋深必须大于原有建筑物基础埋深，两基础间的净距应满足什么要求？如果不能满足这一要求，施工期间应采取什么措施？

8.1 概述

地基基础设计必须根据建筑物的用途和安全等级、建筑布置和上部结构的类型，充分考虑建筑场地条件和地基岩土性状，并结合施工方法及工期、造价等各方面的因素，合理地确定地基基础方案，因地制宜，精心设计，以保证建筑物的安全和正常使用。

8.1.1 地基基础设计等级

《规范》根据地基复杂程度、建筑物规模和功能特征，以及由于地基问题可能造成建筑物破坏或影响正常使用的程度，将地基基础分为3个设计等级，设计时应根据具体情况，按表8－1确定。

表8－1　地基基础设计等级

设计等级	建筑和地基类型
甲级	(1) 重要的工业与民用建筑物； (2) 30层以上的高层建筑； (3) 体形复杂、层数相差超过10层的高低层连成一体的建筑物； (4) 大面积的多层地下建筑物（如地下车库、商场、运动场）； (5) 对地基变形有特殊要求的建筑物； (6) 复杂地质条件下的坡上建筑物（包括高边坡）； (7) 对原有工程影响较大的新建建筑物； (8) 场地和地基条件复杂的一般建筑物； (9) 位于复杂地质条件及软土地区的2层及2层以上地下室的基坑工程； (10) 开挖深度大于15m的基坑工程； (11) 周边环境条件复杂、环境保护要求高的基坑工程
乙级	除甲级、丙级以外的工业与民用建筑物； 除甲级、丙级以外的基坑工程
丙级	(1) 场地和地基条件简单、荷载分布均匀的7层及7层以下民用建筑及一般工业建筑； (2) 次要的轻型建筑物； (3) 非软土地基且场地地质条件简单、基坑周边环境条件简单、环境保护要求不高且开挖深度小于5m的基坑工程

8.1.2 地基基础设计的一般规定

根据建筑物地基基础设计等级及长期荷载作用下地基变形对上部结构的影响程度，地基基础设计应符合下列规定。

① 所有建筑物的地基计算均应满足承载力计算的有关规定。

a. 对轴心受压基础，应符合下列要求，即

$$p_k \leqslant f_a \tag{8-1}$$

式中 p_k——相应于荷载效应标准组合时，基底处的平均压力值，kPa；

f_a——修正后的地基承载力特征值，kPa。

b. 偏心受压基础，应符合下列要求，即

$$p_{k,max} \leqslant 1.2 f_a \tag{8-2}$$

$$p_{k,min} \geqslant 0 \tag{8-3}$$

$$\overline{p_k} = (p_{k,max} + p_{k,min})/2 \leqslant f_a \tag{8-4}$$

式中 $p_{k,max}$、$p_{k,min}$——相应于荷载效应标准组合时，基底边缘处的最大、最小压力值，kPa。

特别提示

② 设计等级为甲级、乙级的建筑物，均应按地基变形设计，即

$$s \leqslant [s] \tag{8-5}$$

式中 s——地基变形计算值，mm；

$[s]$——地基变形允许值，mm。

③ 表 8-2 所列范围内设计等级为丙级的建筑物可不做变形验算。

表 8-2 可不做地基变形验算的设计等级为丙级的建筑物范围

地基主要受力层情况	地基承载力特征值 f_{ak}/kPa			$80\leqslant f_{ak}<100$	$100\leqslant f_{ak}<130$	$130\leqslant f_{ak}<160$	$160\leqslant f_{ak}<200$	$200\leqslant f_{ak}<300$
	各土层坡度/%			≤5	≤10	≤10	≤10	≤10
建筑类型	砌体承重结构、框架结构层数			≤5	≤5	≤6	≤6	≤7
	单层排架结构（6m柱距）	单跨	吊车额定起重量/t	10～15	15～20	20～30	30～50	50～100
			厂房跨度/m	≤18	≤24	≤30	≤30	≤30
		多跨	吊车额定起重量/t	5～10	10～15	15～20	20～30	30～75
			厂房跨度/m	≤18	≤24	≤30	≤30	≤30
	烟囱		高度/m	≤40	≤50	≤75		≤100
	水塔		高度/m	≤20	≤30	≤30		≤30
			容积/m³	50～100	100～200	200～300	300～500	500～1000

8.1.3 地基基础设计的基本原则

为保证建筑物的安全与正常使用，根据建筑物的安全等级和长期荷载作用下地基变形对上部结构的影响程度，地基基础设计和计算应该满足以下 3 项基本原则。

① 在防止地基土体剪切破坏和丧失稳定性方面，基础应具有足够的安全度。各级建筑物均应进行地基承载力计算；对经常受水平荷载作用的高层建筑和高耸结构，以及建造在斜坡上的建筑物和构筑物，尚应验算其稳定性。

② 应进行必要的地基变形计算。对一级建筑物及表 8－2 中所列范围以外的二级建筑物，应控制地基的变形特征值，使之不超过建筑物的地基变形允许值，以免引起基础和上部结构的损坏或影响建筑物的使用功能和外观。

③ 基础的材料形式、构造和尺寸，除应能适应上部结构、符合使用要求、满足上述地基承载力（稳定性）和变形要求外，还应满足对基础结构的强度、刚度和耐久性的要求。

8.1.4 地基基础设计的内容和步骤

① 在研究地基勘察资料的基础上，结合上部结构的类型，荷载的性质、大小和分布，建筑物的平面布置及使用要求，以及拟建工程的基础对原有建筑或设施的影响，初步选择基础的材料、结构形式及平面布置方案。

② 确定基础的埋深 d。

③ 确定地基的承载力特征值 f_{ak} 及修正值 f_a。

④ 确定基底尺寸，必要时进行软弱下卧层强度验算。

⑤ 对设计等级为甲级、乙级的建筑物及不符合表 8－2 的丙级建筑物，还应进行地基变形验算。

⑥ 对经常承受水平荷载的高层建筑和高耸结构，以及建于斜坡上的建筑物和构筑物，应进行地基稳定性验算。

⑦ 确定基础的剖面尺寸，进行基础结构的内力计算，以保证基础具有足够的强度、刚度和耐久性。

⑧ 绘制基础施工图。

8.2 浅基础的类型及材料

天然地基上的浅基础，根据受力条件及构造可分为刚性基础和柔性基础两大类。

8.2.1 刚性基础

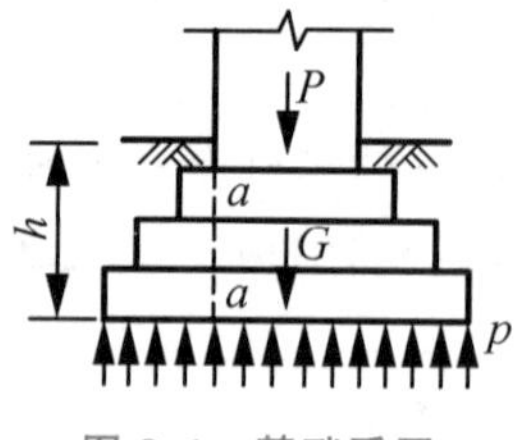

图 8.1 基础受压

当基础在外力（包括基础自重）作用下，基底承受着强度为 P 的基底反力，基础的悬出部分（图 8.1a—a 断面左端），相当于承受着强度为 p 的均布荷载的悬臂梁，在荷载作用下，断面将产生弯曲拉应力和剪应力。基础具有足够的截面使材料的容许应力大于由基底反力产生的弯曲拉应力和剪应力时，断面不会出现裂痕，这时，基础内不需配置受力钢筋，这种基础称为刚性基础。这种基础只适合于受压而不适合于受弯、受拉和受剪，基础剖面尺寸必须满足刚性条件的要求。一般砖混结构房屋的基础常采用刚性基础。刚性基础所用的材料有砖、灰土、三合土、石、混凝土等，它们的抗压强度较高，但抗拉及抗剪强度偏低。

刚性基础需具有非常大的抗弯刚度，受荷后不允许挠曲变形和开裂。所以，设计时必须规定基础材料强度及质量，限制台阶宽高比，控制建筑物层高和维持一定的地基承载力，而无须进行复杂的内力分析和截面强度计算。

刚性基础中压力分布角 α 称为刚性角（图 8.2）。在设计中，应尽力使基础大放脚不超过刚性角的范围，目的是确保基底不产生拉应力，最大限度地节约基础材料。构造上通过限制刚性基础宽高比来满足刚性角的要求。

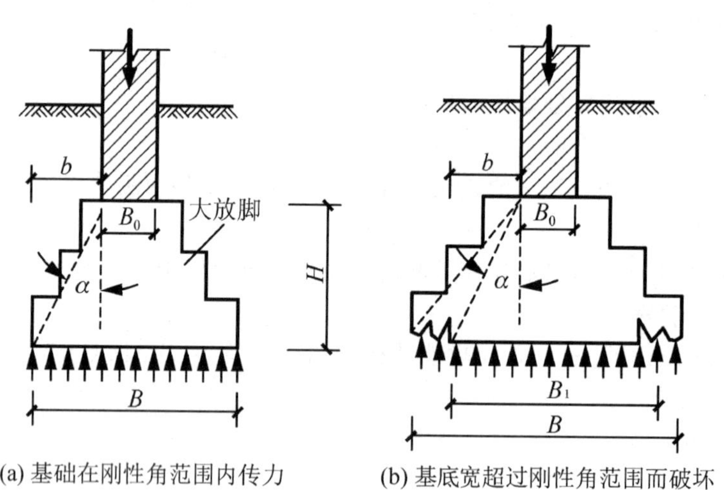

图 8.2 刚性基础构造示意

刚性基础的特点是稳定性好、施工简便、能承受较大的荷载。它的主要缺点是自重大，并且当持力层为软弱土时，由于扩大基础面积有一定限制，需要对地基进行处理或加固后才能采用，否则会因所受的荷载压力超过地基强度而影响结构物的正常使用。所以对于荷载大或上部结构对沉降差较敏感的结构物，当持力层的土质较差又较厚时，刚性基础作为浅基础是不适宜的。

刚性基础按材料可分为以下几类。

1. 砖基础

砖基础多用于低层建筑的墙下基础，如图 8.3 所示。基础的下部一般做成阶梯形，以使上部的荷载能均匀地传到地基上。阶梯放大的部分一般称作大放脚。在砖基础下面，先做 100mm 厚的 C10 混凝土垫层。大放脚从垫层上开始砌筑，每一阶梯挑出的宽度为砖长的 1/4（即 60mm）。为保证基础外挑部分在基底反力作用下不致发生破坏，大放脚的砌法有两皮一收［即等高式，图 8.3（a）］和二一间隔收［即间隔式，图 8.3（b）］两种。在相同底宽的情况下，二一间隔收可减小基础高度。一皮即一层砖，标志尺寸为 60mm。

砖基础的特点是：用黏土砖砌筑基础，取材容易，价格低廉，施工简便，适应面广；但强度、耐久性、抗冻性和整体性均较差。

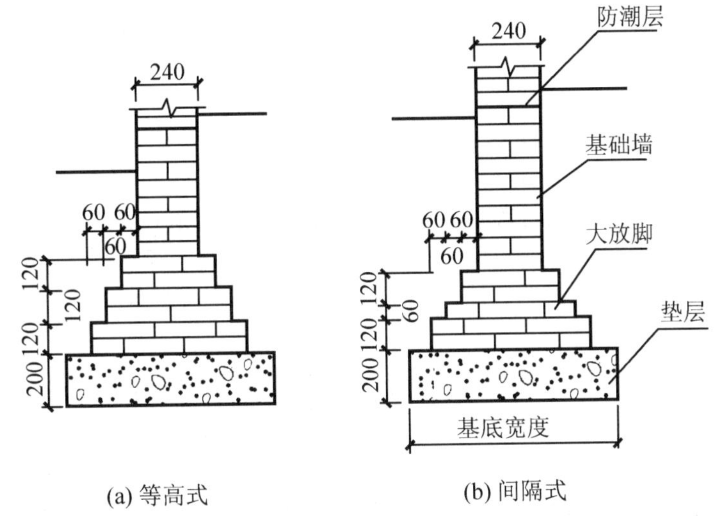

图 8.3 砖基础

2. 毛石基础

毛石基础是用强度较高而未风化的毛石砌筑而成的，如图 8.4 所示。通常毛石的强度等级不低于 MU30，砂浆等级不低于 M5，且毛石基础每台阶高度和基础墙厚不宜小于 400mm，每阶两边各挑出宽度不宜大于 200mm，当基础底宽小于 700mm 时，应做成矩形基础。由于毛石之间间隙较大，如果砂浆黏结性能较差，则不能用于多层建筑，也不宜用于地下水位以下。常与砖基础共用，作为砖基础的底层。毛石基础具有强度较高、抗冻、耐水、经济等优点，可以就地取材，但整体欠佳，故有振动的房屋很少采用。

毛石基础施工

3. 混凝土基础

混凝土基础是用水泥、砂子和石子加水拌和浇筑而成的，具有坚固、耐久、耐水、刚性角大、可根据需要任意改变形状的特点。它常用于地下水位高、受冰冻影响的建筑物。混凝土基础的优点是强度高、整体性好、不怕水、适用于潮湿的地基或有水的基槽中，有阶梯形和锥形两种，如图 8.5 所示为阶梯形混凝土基础。

灰土基础

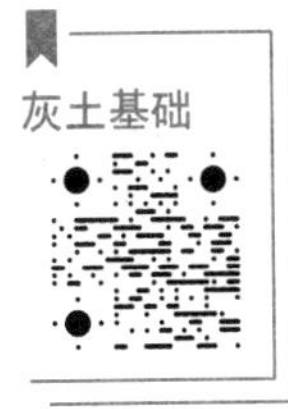

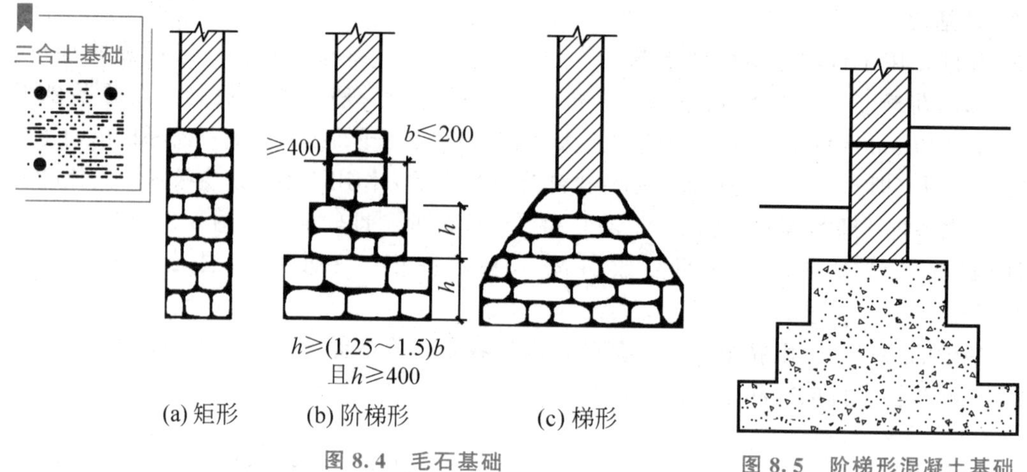

图 8.4　毛石基础

图 8.5　阶梯形混凝土基础

4. 毛石混凝土基础

为了节约水泥用量，对于体积较大的混凝土基础，可以在浇筑混凝土时加入 20%～30%的毛石，这种基础称为毛石混凝土基础。在混凝土中加入适量毛石，可节省混凝土用量，减缓大体积混凝土在凝固过程中由于热量不易散发而引起的开裂。

8.2.2 柔性基础

基础在基底反力作用下，如图 8.1 所示，在 $a—a$ 断面产生的弯曲拉应力和剪应力若超过了基础的强度极限值，为了防止基础在 $a—a$ 断面开裂甚至断裂，必须在基础底部配置足够数量的钢筋，这种基础称为柔性基础。

柔性基础主要是用钢筋混凝土浇筑，常见的形式有钢筋混凝土独立基础、钢筋混凝土条形基础、筏板基础、箱形基础及壳体基础等。其抗弯（拉）、抗剪性能好，且不受刚性角的限制。在同样条件下，采用钢筋混凝土基础比混凝土基础可节省大量的混凝土材料和挖土工程量。

1. 钢筋混凝土独立基础

钢筋混凝土独立基础多用于多层框架结构或厂房排架柱下基础。当地基承载力较小，基础埋深较大时，也可用于承重墙下，但须设基础梁。当房屋为墙承重结构，地基上层为软土时，如采用条形基础则必须把基础埋在下层好土上，这时要开挖较深的基槽，土方量大。在这种情况下可以采用墙下钢筋混凝土独立基础。墙下钢筋混凝土独立基础的构造方法是在墙下设基础梁承托墙身，基础梁支撑在钢筋混凝土独立基础上。钢筋混凝土独立基础穿过软土层，把荷载传给下层好土。墙下钢筋混凝土独立基础应布置在墙的转角处，以及纵横墙相交处，当墙较长时中间也应设置。钢筋混凝土独立基础如图 8.6 所示。

条形基础施工

2. 钢筋混凝土条形基础

钢筋混凝土条形基础是连续带形的，也称带形基础，有墙下钢筋混凝土条形基础、柱下钢筋混凝土条形基础和十字交叉钢筋混凝土条形基础 3 类。

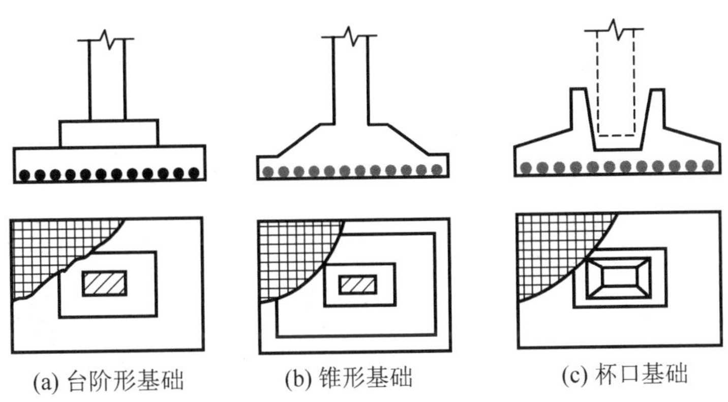

图 8.6 钢筋混凝土独立基础

(1) 墙下钢筋混凝土条形基础

当上部墙体荷载较大而土质较差时，可考虑采用“宽基浅埋”的墙下钢筋混凝土条形基础，其截面根据受力条件可分为不带肋和带肋两种，如图 8.7 所示。

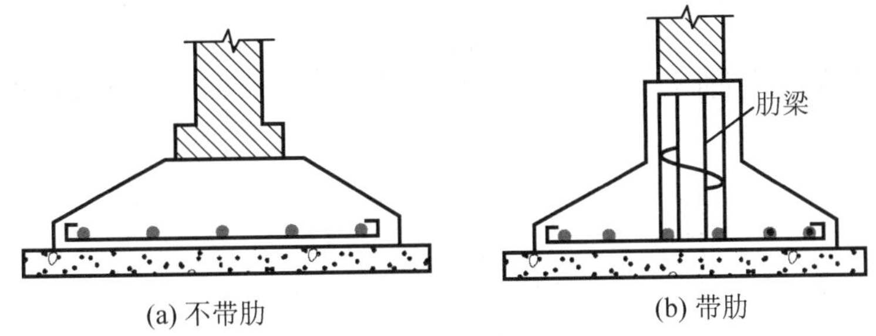

图 8.7 墙下钢筋混凝土条形基础

若地基不均匀，为了增强基础的整体性和抗弯能力，可以采用带肋的墙下钢筋混凝土条形基础，肋部配置足够的钢筋和箍筋，以承受不均匀沉降引起的弯曲应力。

(2) 柱下钢筋混凝土条形基础

在框架结构中，当地基软弱而荷载较大时，若采用柱下钢筋混凝土独立基础可能因基底面积很大而使基础边缘互相接近甚至重叠。为增强基础的整体性并方便施工，可将同一排的柱下钢筋混凝土独立基础连通成为柱下钢筋混凝土条形基础，使整个房屋的基础具有良好的整体性。柱下钢筋混凝土条形基础可以有效地防止不均匀沉降，如图 8.8 所示。

(3) 十字交叉钢筋混凝土条形基础

当荷载很大，单向的钢筋混凝土条形基础的底面积不能满足地基基础设计要求时，可把纵横柱的基础均连在一起，形成十字交叉钢筋混凝土条形基础，如图 8.9 所示。这种基础在纵横两个方向均具有一定的刚度，当地基软弱且在两个方向的荷载和土质不均匀时，十字交叉钢筋混凝土条形基础具有良好的调整不均匀沉降的能力。

3. 筏板基础

当荷载很大且地基软弱或在两个方向存在分布不均匀的问题，采用十字交叉基础仍不能满足要求时，可采用筏板基础，即用钢筋混凝土做成连续整片基础，俗称“满堂红”。筏板基础由于面积大，可减小基底压力，能有效增强基础的整体性，调整基础各部分之间的不均匀沉降。筏板基础在构造上好像倒置的钢筋混凝土楼盖，可分为平板式和梁板式两种，如图 8.10 所示。

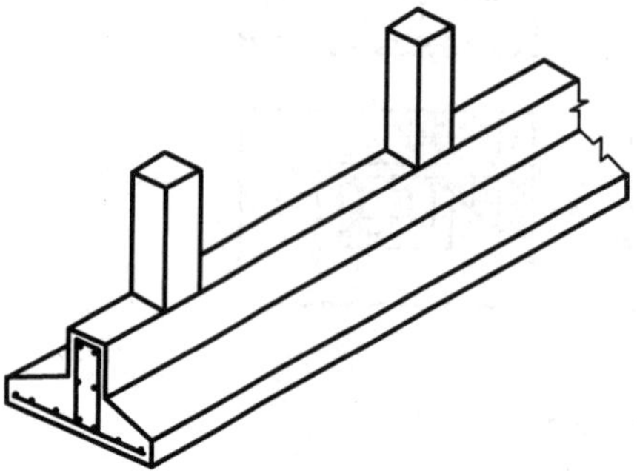

图 8.8　柱下钢筋混凝土条形基础

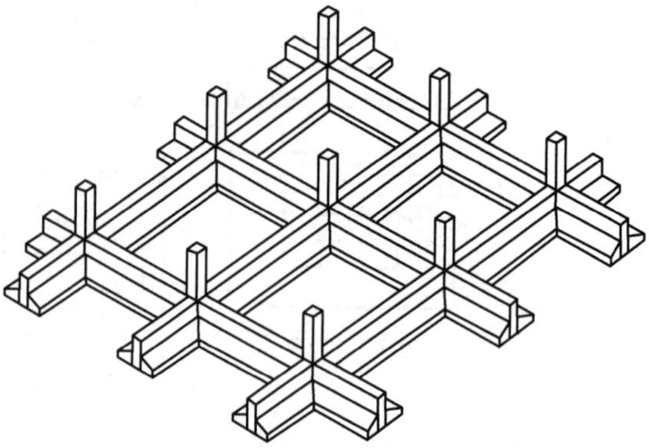

图 8.9　十字交叉钢筋混凝土条形基础

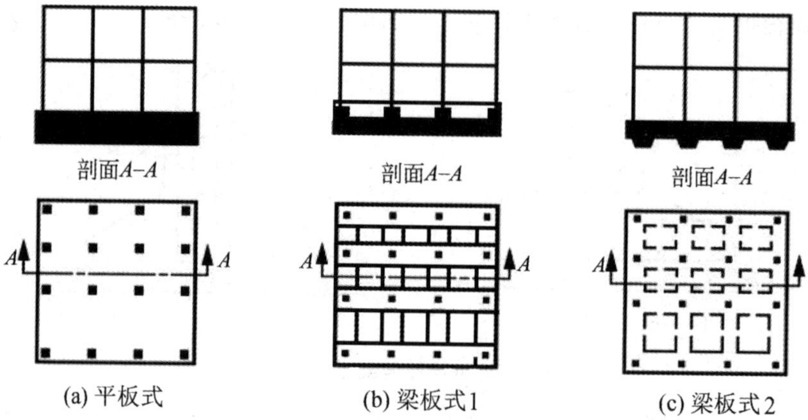

剖面A–A　剖面A–A　剖面A–A

(a) 平板式　(b) 梁板式1　(c) 梁板式2

图 8.10　筏板基础

4. 箱形基础

箱形基础是由钢筋混凝土底板、顶板和足够数量的纵横的内外墙组成的空间结构，如图 8.11 所示。箱形基础比筏板基础具有更大的刚度，可用于抵抗地基或荷载分布不均匀引起的差异沉降，使上部结构不易开裂。此外，箱形基础的抗震性能好，并且基础的中空部分可作为地下室使用。因此，当地基特别软弱，荷载很大时，特别是带有地下室的建筑物的地基，常采用此基础形式。但由于箱形基础的钢筋、水泥用量大，造价高，施工技术也较为复杂，选用时应综合考虑各方面因素进行技术、经济比较后确定。

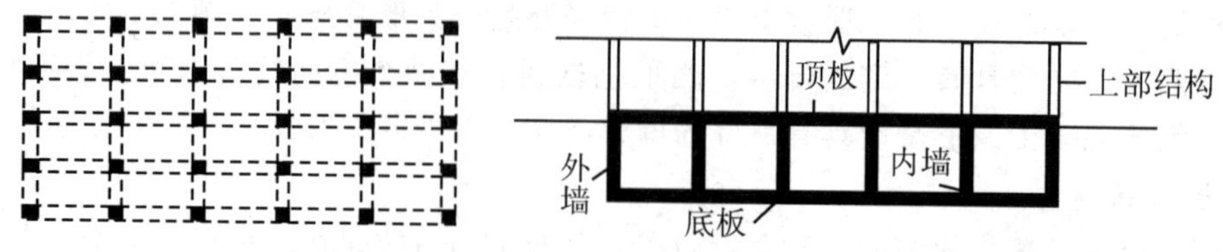

图 8.11　箱形基础

5. 壳体基础

由正圆锥形及其组合形成的壳体基础如图 8.12 所示，可用于一般工业与民用建筑柱基和筒形的构筑物（如烟囱、水塔、料仓、中小型高炉）基础。这种基础使径向内力转变为以压应力为主，可比一般梁、板式的钢筋混凝土基础减少50%左右的混凝土用量，节约钢筋30%以上，具有良好的经济效果。但壳体基础施工技术难度大，易受气候因素影响，难以实行机械化施工。

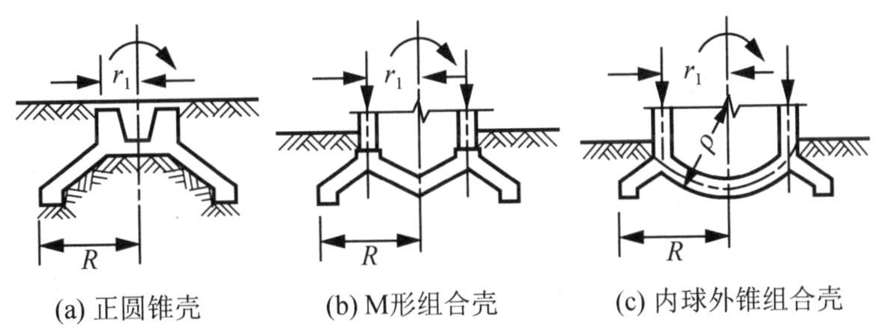

r_1—壳体半径；R—基础水平投影面最大半径；ρ—内倒球壳的曲率半径

图 8.12　壳体基础

8.3 基础埋深

基础的埋深是指基底至地面（一般指室外设计地面）的距离。选择基础埋深即选择合适的地基持力层。通常在满足地基稳定和变形要求的前提下，基础宜浅埋，当上层地基的承载力大于下层土时，宜利用上层土作持力层。

基础埋深 d 的大小对于建筑物的安全和正常使用、基础施工技术措施、施工工期和工程造价等影响很大，因此，合理确定基础埋深是基础设计工作中的重要环节。确定基础埋深时应综合考虑下列因素。

8.3.1 建筑物的用途及基础的构造

确定基础埋深时，应了解建筑物的用途及使用要求。当有地下室、设备基础和地下设施时，根据建筑物地下部分的设计标高、管沟及设备基础的具体标高，往往要求加大基础的埋深。为了保护基础顶面一般不露出地面，要求基础顶面低于设计地面至少0.1m，除岩石地基外，基础埋深不宜小于0.5m。另外，基础的形式和构造有时也对基础埋深起决定性作用。例如，采用无筋扩展基础，当基底面积确定后，基础本身的构造要求（即满足台阶宽高比允许值要求）就决定了基础的最小高度，也就决定了基础的埋深。

8.3.2 作用在地基上的荷载性质及大小

荷载性质和大小的不同也会影响基础埋深的选择。浅层某一深度的上层，对荷载较小的基础可能是很好的持力层，而对荷载大的基础就可能不宜作为持力层。对于承受水平荷载的基础，必须具有足够的埋深来获得土的侧向抗力，防止倾覆和滑移。对于承受上拔力的基础，如输电塔基础，往往需要有较大的基础埋深，以提供足够的抗拔阻力，保证基础的稳定性。对于承受动荷载的基础，则不宜选择饱和疏松的粉细砂作为持力层，以免在振动荷载作用下产生“液化”现象，造成基础大量沉陷，甚至倾倒。

8.3.3 工程地质和水文地质条件

1. 工程地质条件

直接支撑基础的土层称为持力层，在持力层下方的土层称为下卧层。为保证建筑物的安全，必须根据荷载的性质和大小给基础选择可靠的持力层。当上层土的承载力大于下层土时，可以利用上层土作为持力层。

当上层土的承载力低而下层土的承载力高时，应将基础埋置在下层承载力高的土层上；但如果上层松软土很厚，必须考虑施工是否方便、经济，并应与其他如加固土层或用短桩基础等方案综合比较后再确定。

若上部为良好土层而下部为较弱土层，此时基础应尽量浅埋，以加大基底至软卧层的距离。这时最好采用钢筋混凝土基础，并尽量按基础最小深度考虑，即采用“宽基浅埋”方案。同时，在确定基底尺寸时，应对地基受力层范围内的软弱下卧层进行验算。

2. 水文地质条件

选择基础埋深时应注意地下水的埋藏条件和动态。对于天然地基上浅基础的设计，首先应尽量考虑将基础置于地下水以上，以免地下水对基坑开挖、基础施工产生影响。当基底必须埋置于地下水位以下时，应考虑施工时基坑排水、坑壁围护问题，采取地基土在施工时不受扰动的措施。当基础埋置在易风化的岩层上时，施工时应在基坑开挖后立即铺筑垫层。另外，还应考虑可能出现的其他施工与设计问题：出现涌土、流砂的可能性，地下室防渗，地下水对基础材料的腐蚀作用等。对位于江河岸边的基础，其埋深应考虑流水的冲刷作用，施工时宜采取相应的保护措施。对于埋藏有承压水层的地基，选择基础埋深时必须考虑承压水的作用，控制基坑开挖深度，防止基坑因挖土减压而隆起开裂。

8.3.4 相邻建筑物基础埋深的影响

当存在相邻建筑物时，要求新建建筑物的基础埋深不宜大于原有建筑物基础埋深。当埋深大于原有基础时，两基础之间应保持一定净距，其数值应根据原有建筑物荷载大小、基础形式和土质情况确定，一般取两相邻基底高差的1～2倍，如图8.13所示。当上述要求不能满足时应分段施工，设临时加固支撑、打板桩、地下连续墙等施工措施或加固原有建筑物地基。

8.3.5 地基土冻胀和融陷的影响

1. 地基土冻胀和融陷的危害

地表以下一定深度的地层温度是随大气温度而变化的。当地层温度低于0℃时，土中

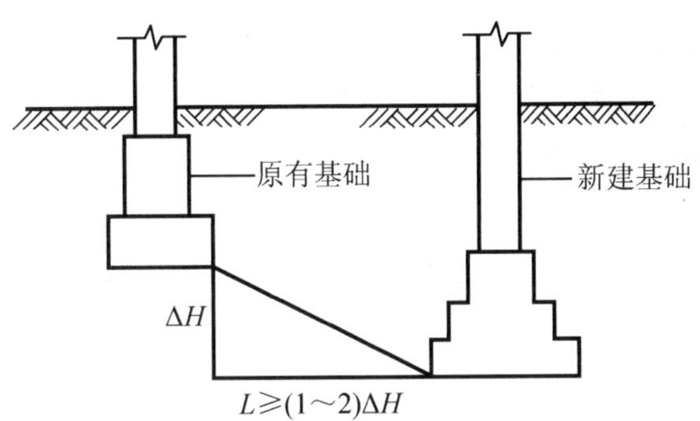

图 8.13 相邻建筑物间的基础埋深

的水冻结，形成冻土。冻土可分为季节性冻土和多年冻土两类。季节性冻土是指地表土层冬季冻结、夏季全部融化的土，我国季节性冻土主要分布在东北、西北和华北地区，季节性冻土土层厚度都在 0.5m 以上。有些地方还有持续多年不化的冻土，那就是多年冻土，比如在北极或者青藏高原，因为那里常年温度都在 0℃以下，所以冻土就会保持常年不化，即使在比较温暖的年份，融化的也仅仅是表面一小层。季节性冻土在冻融过程中反复地产生冻胀（冻土引起土体膨胀）和融陷（冻土融化后产生融陷），使土的强度降低，压缩性增大。如果基础埋深超过冻结深度，则冻胀力只作用在基础的侧面，称为切向冻胀力 T；当基础埋深浅于冻结深度时，则除了基础侧面上的切向冻胀力外，在基底上还作用有法向冻胀力 P，如图 8.14 所示。如果上部结构荷载 F_k 加上基础自重 G_k 小于冻胀力时，则基础将被抬起，融化时冻胀力消失而使基础下陷。这种上抬和下陷的不均匀性，造成建筑物墙体产生方向相反、互相交叉的斜裂缝，严重时使建筑物受到破坏。季节性冻土的冻胀性和融陷性是相互关联的，为避免地基土发生冻胀和融陷事故，基础埋深必须考虑冻结深度要求。

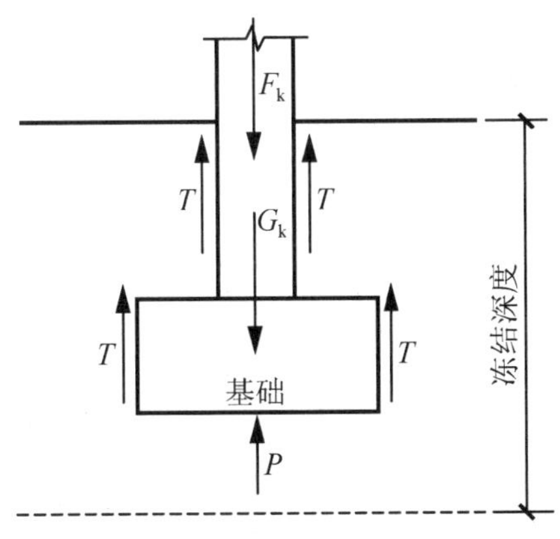

图 8.14 作用在基础上的冻胀力

2. 地基土的冻胀性分类

地基土冻胀的程度与地基土的类别、冻前天然含水率、冻结期间地下水位变化等因素有关。《规范》将地基的冻胀类别根据冻土层的平均冻胀率 η 的大小分为 5 类：不冻胀、弱冻胀、冻胀、强冻胀、特强冻胀，可按表 8-3 查取。

表 8-3　地基土的冻胀性分类

土的名称	冻前天然含水率 ω/%	冻结期间地下水位距冻结的最小距离 H_w/m	平均冻胀率 η/%	冻胀等级	冻胀类别
碎（卵）石，砾、粗、中砂（粒径小于 0.075mm 的颗粒含量不大于 15%），细砂（粒径小于 0.075mm 的颗粒含量不大于 10%）	$\omega \leqslant 12$	>1.0	$\eta \leqslant 1$	Ⅰ	不冻胀
		≤1.0	$1 < \eta \leqslant 3.5$	Ⅱ	弱冻胀
	$12 < \omega \leqslant 18$	>1.0			
		≤1.0	$3.5 < \eta \leqslant 6$	Ⅲ	冻胀
	$\omega > 18$	>0.5			
		≤0.5	$6 < \eta \leqslant 12$	Ⅳ	强冻胀
粉砂	$\omega \leqslant 14$	>1.0	$\eta \leqslant 1$	Ⅰ	不冻胀
		≤1.0	$1 < \eta \leqslant 3.5$	Ⅱ	弱冻胀
	$14 < \omega \leqslant 19$	>1.0			
		≤1.0	$3.5 < \eta \leqslant 6$	Ⅲ	冻胀
	$19 < \omega \leqslant 23$	>1.0			
		≤1.0	$6 < \eta \leqslant 12$	Ⅳ	强冻胀
	$\omega > 23$	不考虑	$\eta > 12$	Ⅴ	特强冻胀
粉土	$\omega \leqslant 19$	>1.5	$\eta \leqslant 1$	Ⅰ	不冻胀
		≤1.5	$1 < \eta \leqslant 3.5$	Ⅱ	弱冻胀
	$19 < \omega \leqslant 22$	>1.5	$1 < \eta \leqslant 3.5$	Ⅱ	弱冻胀
		≤1.5	$3.5 < \eta \leqslant 6$	Ⅲ	冻胀
	$22 < \omega \leqslant 26$	>1.5			
		≤1.5	$6 < \eta \leqslant 12$	Ⅳ	强冻胀
	$26 < \omega \leqslant 30$	>1.5			
		≤1.5	$\eta > 12$	Ⅴ	特强冻胀
	$\omega > 30$	不考虑			
黏性土	$\omega \leqslant \omega_p + 2$	>2.0	$\eta \leqslant 1$	Ⅰ	不冻胀
		≤2.0	$1 < \eta \leqslant 3.5$	Ⅱ	弱冻胀
	$\omega_p + 2 < \omega \leqslant \omega_p + 5$	>2.0			
		≤2.0	$3.5 < \eta \leqslant 6$	Ⅲ	冻胀
	$\omega_p + 5 < \omega \leqslant \omega_p + 9$	>2.0			
		≤2.0	$6 < \eta \leqslant 12$	Ⅳ	强冻胀
	$\omega_p + 9 < \omega \leqslant \omega_p + 15$	>2.0			
		≤2.0	$\eta > 12$	Ⅴ	特强冻胀
	$\omega > \omega_p + 15$	不考虑			

3. 冻胀土基础最小埋深的确定方法

为使建筑物免遭冻害，对于埋置在冻胀土中的基础，应保证基础有相应的最小埋深 $d_{\min}$ 以消除基底冻胀力。基础最小埋深可按式（8－6）计算。

$$d_{\min}=z_d-h_{\max} \tag{8-6}$$

$$z_d=z_0\psi_{zs}\psi_{zw}\psi_{ze} \tag{8-7}$$

式中 z_d——设计冻结深度，m［若当地有多年实测资料时，也可按 $z_d=h'-\Delta z$ 计算，h' 和 Δz 分别为最大冻结深度出现时的实测冻土层厚度和地表冻胀量；当无实测资料时，z_d 应按式（8－7）计算］；

z_0——标准冻结深度，m（采用在地表平坦、裸露及城市之外的空旷场地中不少于10年实测最大冻结深度的平均值，当无实测资料时，按《规范》附录F采用）；

ψ_{zs}——土的类别对冻结深度的影响系数，按表8－4查取；

ψ_{zw}——土的冻胀性对冻结深度的影响系数，按表8－5查取；

ψ_{ze}——环境对冻结深度的影响系数，按表8－6查取；

$h_{\max}$——基底下允许残留冻土层的最大厚度，m，如图8.15所示。

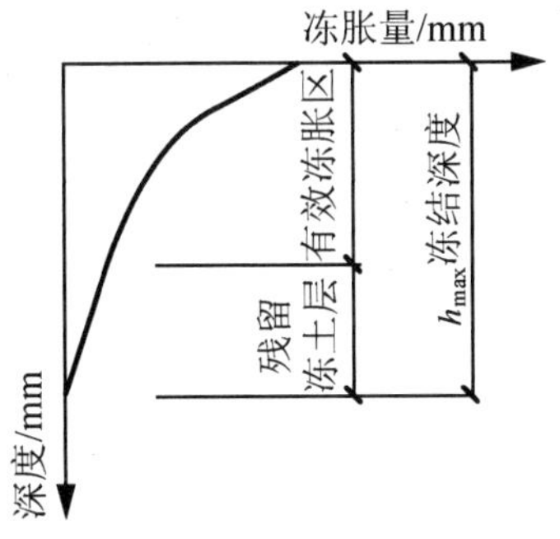

图8.15　建筑基底允许残留冻土层厚度

表8－4　土的类别对冻结深度的影响系数

土的类别	影响系数 ψ_{zs}	土的类别	影响系数 ψ_{zs}
黏性土	1.00	中、粗、砾砂	1.30
细砂、粉砂、粉土	1.20	大块碎石土	1.40

表8－5　土的冻胀性对冻结深度的影响系数

冻胀性	影响系数 ψ_{zw}	冻胀性	影响系数 ψ_{zw}
不冻胀	1.00	强冻胀	0.85
弱冻胀	0.95	特强冻胀	0.80
冻胀	0.90	—	—

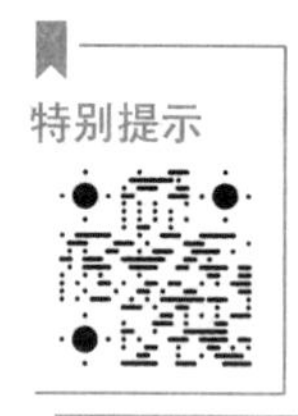

表 8-6　环境对冻结深度的影响系数

周围环境	影响系数 ψ_{ze}
村、镇、旷野	1.00
城市近郊	0.95
城市市区	0.90

8.4　基底尺寸的确定

8.4.1　作用在基础上的荷载

计算作用在基础顶面的总荷载时，应从建筑物的檐口（屋顶）开始计算。应首先计算屋面恒载和活载，其次计算由上至下房屋各层结构（梁、板）自重及楼面活载，最后计算墙和柱的自重。这些荷载在墙或柱承载面以内的总和，在相应于荷载效应标准组合时，就是上部结构传至基础顶面的竖向力 F_k。须注意，外墙和外柱（边柱）由于存在室内外高差，荷载应算至室内设计地面与室外设计地面平均标高处；内墙和内柱荷载算至室内设计地面标高处。最后再加上基础自重和基础上的土重 G_k。

8.4.2　轴心荷载作用下的基底尺寸的确定

在轴心荷载作用下，基底压力应小于或等于经修正后的地基承载力特征值，即

$$p_k=\frac{F_k+G_k}{A}\leqslant f_a$$

由此可得基底面积为

$$A\geqslant\frac{F_k}{f_a-\gamma_G\bar{d}} \tag{8-8}$$

对于矩形基础：取基础长边 l 与短边 b 的比例为 $n=l/b$（一般 $1<n<2$），可得基础宽度为

$$b\geqslant\sqrt{\frac{F_k}{n(f_a-\gamma_G\bar{d})}} \tag{8-9}$$

则基础长边为

$$l=nb$$

对于方形基础：

$$b=l\geqslant\sqrt{\frac{F_k}{f_a-\gamma_G\bar{d}}} \tag{8-10}$$

对于条形基础：沿基础纵向取单位长度（$l=1$m）为计算单元，则条形基础的宽度为

$$b \geqslant \frac{F_k}{f_a - \gamma_G \overline{d}} \tag{8-11}$$

8.4.3 偏心荷载作用下的基底尺寸的确定

偏心荷载作用下的基础，基底受力不均匀，考虑偏心荷载的影响，需加大基底面积。基底面积的确定常采用试算法，其具体步骤如下。

① 先假定基础宽度 $b<3$m，进行地基承载力特征值的深度修正，初步确定地基承载力特征值 f_a。

② 按轴心荷载作用，用式(8－8) 初步计算基底面积 A_0。

③ 考虑偏心荷载的影响，根据偏心距的大小，将基底面积 A_0 扩大 10%～40%，即

$$A=(1.1\sim1.4)A_0$$

④ 确定基础的长度 l 和宽度 b。

⑤ 进行承载力验算，要求 $p_{k,max} \leqslant 1.2f_a$，$\overline{p_k} \leqslant f_a$。

若地基承载力不能满足上述要求，需要重新调整基底尺寸，直到符合要求为止。

应用案例 8－1

某工程为砖混结构，墙下采用钢筋混凝土条形基础，上部结构传至基础顶面相应于荷载效应标准组合时的竖向力 $F_k=210$kN/m，基础埋深 1.8m，地基土为黏性土，天然重度 $\gamma=19$kN/m^3，孔隙比 $e=0.8$，液性指数 $I_L=0.75$，地基承载力特征值 $f_{ak}=160$kPa，试计算基础的宽度。

解：(1) 确定修正后的地基承载力特征值。

假定基础宽度 $b<3$m，由 $e=0.8$，$I_L=0.75$，查表得 $\eta_d=1.6$，则

$$f_a=f_{ak}+\eta_d\gamma_m(d-0.5)=160+1.6\times19\times(1.8-0.5)\approx199.5(\text{kPa})$$

(2) 计算基础宽度。

由式(8－11) 得，$b \geqslant \dfrac{F_k}{f_a-\gamma_G\overline{d}} \approx \dfrac{210}{199.5-20\times1.8} \approx 1.28(\text{m})$

可取 $b=1.3\text{m}<3\text{m}$，与假定相符，所以基础宽度可设计为 1.3m。

应用案例 8－2

某工程为框架结构，采用柱下钢筋混凝土独立基础（图 8.16），已知地基土为均质黏性土，天然重度 $\gamma=17.5$kN/m^3，孔隙比 $e=0.7$，液性指数 $I_L=0.78$，地基承载力特征值 $f_{ak}=226$kPa。柱截面尺寸为 300mm × 400mm，$F_k=700$kN，$M_k=80$kN·m，$V_k=13$kN，试确定柱下钢筋混凝土独立基础的底面尺寸。

解：(1) 确定修正后的地基承载力特征值。

假定基础宽度 $b<3$m，由 $e=0.7$，$I_L=0.78$，查表得 $\eta_d=1.6$，则

$$f_a=f_{ak}+\eta_d\gamma_m(d-0.5)=226+1.6\times17.5\times(1.0-0.5)=240(\text{kPa})$$

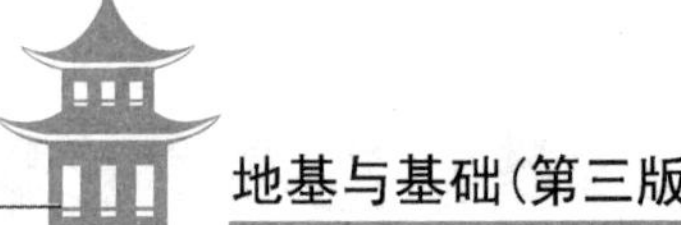

(2) 初步选择基底尺寸。

① 基础平均埋深 $\bar{d}=\frac{1.0+1.3}{2}=1.15(\mathrm{m})$。

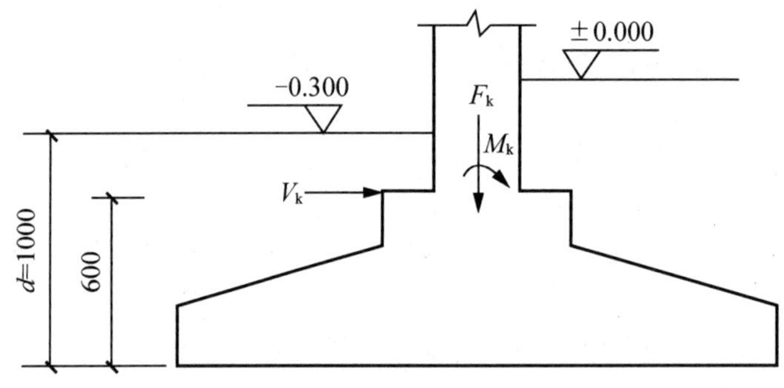

图 8.16　应用案例 8-2 附图

② 用式(8-8)初步计算基底面积 A_0：

$$A_0 \geqslant \frac{F_k}{f_a-\gamma_G \bar{d}}=\frac{700}{240-20\times1.15}\approx3.23(\mathrm{m}^2)$$

将基底面积 A_0 扩大 1.2 倍，得 $A=1.2A_0=1.2\times3.23\approx3.88(\mathrm{m}^2)$。

所以初选基底尺寸为 $A=lb=2.4\times1.6=3.84(\mathrm{m}^2)$（近似于 $3.88\mathrm{m}^2$）。

(3) 验算地基承载力。

① $G_k=\gamma_G A\bar{d}=20\times3.84\times1.15\approx88.3(\mathrm{kN})$。

② 偏心距 $e=\frac{M_k}{F_k+G_k}=\frac{80+13\times0.6}{700+88.3}\approx0.11(\mathrm{m})<\frac{l}{6}$。

③ 基底压力最大值、最小值为

$$p_{k,\max}=\frac{F_k+G_k}{lb}\left(1+\frac{6e}{l}\right)=\frac{700+88.3}{2.4\times1.6}\times\left(1+\frac{6\times0.11}{2.4}\right)\approx262(\mathrm{kPa})$$

$$p_{k,\min}=\frac{F_k+G_k}{lb}\left(1-\frac{6e}{l}\right)=\frac{700+88.3}{2.4\times1.6}\times\left(1-\frac{6\times0.11}{2.4}\right)\approx149(\mathrm{kPa})$$

④ 验算。

$$p_{k,\max}=262\mathrm{kPa}\leqslant1.2f_a=1.2\times240=288(\mathrm{kPa})$$

$$\bar{p}_k=\frac{262+149}{2}\approx206(\mathrm{kPa})\leqslant f_a=240(\mathrm{kPa})$$

说明地基承载力满足要求。

8.5　地基的验算

在对地基基础进行设计时，除了应满足地基承载力要求外，必要时还需进行软弱下卧层的强度验算；对设计等级为甲级、乙级的建筑物，以及不符合表 8-2 的丙级建筑物，需进行地基变形验算；对经常承受水平荷载的高层建筑和高耸结构，以及建于斜坡上的建筑物和构筑物，应进行地基稳定性验算。

8.5.1 软弱下卧层强度验算

基底尺寸按 8.4 节确定后，如果地基变形计算深度范围内存在软弱下卧层，还应验算软弱下卧层的地基承载力。要求作用在软弱下卧层顶面处土的附加压力与自重压力值不超过软弱下卧层的承载力，即

$$p_z + p_{cz} \leqslant f_{az} \tag{8-12}$$

式中 p_z——相应于荷载效应标准组合时，软弱下卧层顶面处土的附加压力值，kPa；

p_{cz}——软弱下卧层顶面处土的自重压力值，kPa；

f_{az}——软弱下卧层顶面处经深度修正后的地基承载力特征值，kPa。

$$f_{az} = f_{ak} + \eta_d \gamma_m (d + z - 0.5) \tag{8-13}$$

对于条形基础和矩形基础，式(8-12) 中的 p_z 值可按式 (8-14) 和式 (8-15) 简化计算，如图 8.17 所示。

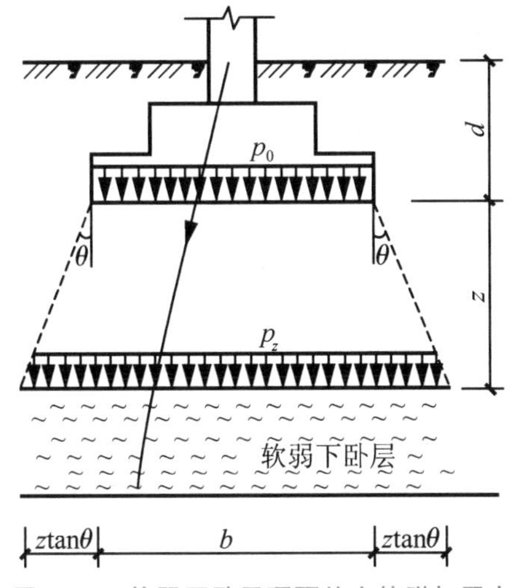

图 8.17 软弱下卧层顶面处土的附加压力

条形基础：

$$p_z = \frac{bp_0}{b + 2z\tan\theta} = \frac{b(p_k - p_c)}{b + 2z\tan\theta} \tag{8-14}$$

矩形基础：

$$p_z = \frac{blp_0}{(l + 2z\tan\theta)(b + 2z\tan\theta)} = \frac{bl(p_k - p_c)}{(l + 2z\tan\theta)(b + 2z\tan\theta)} \tag{8-15}$$

式中 b——矩形基础或条形基础底边的宽度，m；

l——矩形基础底边的长度，m；

p_0——基底附加压力值，kPa；

p_k——基底处的平均压力值，kPa；

p_c——基底处土的自重压力值，kPa；

z——基底至软弱下卧层顶面的距离，m；

θ——地基压力扩散角，即压力扩散线与垂直线的夹角，(°)，可按表 8-7 选用。

表 8-7 地基压力扩散角 θ

E_{s1}/E_{s2}	z/b	
	0.25	0.50
3	6°	23°
5	10°	25°
10	20°	30°

表 8-7 中，E_{s1} 为上层土的压缩模量，E_{s2} 为下层土的压缩模量。

当 $z/b<0.25$ 时，一般取 $\theta=0°$，必要时由试验确定；当 $z/b>0.5$ 时，θ 值不变。

8.5.2 地基的变形验算

对设计等级为甲级、乙级的建筑物，以及不符合表 8-2 的丙级建筑物，在基底面积确定后，还应进行地基变形验算，设计时要求地基变形计算值不超过建筑物地基变形允许值，即 $s\leqslant[s]$，以保证地基土不致因变形过大而影响建筑物的正常使用或危害安全，如果地基变形不能满足要求，则需重新调整基底尺寸，直至满足要求为止，具体计算方法详见第 4 章。

8.5.3 地基的稳定性验算

对经常承受水平荷载的高层建筑和高耸结构，以及建于斜坡上的建筑物和构筑物，应进行地基稳定性验算。此外，对某些建筑物的独立基础，当承受水平荷载较大时（如挡土墙），或建筑物较轻而水平力的作用点又比较高的情况下（如水塔），也应验算其稳定性，具体的计算方法详见第 6 章。

应用案例 8-3

有一轴心受压基础，上部结构传至基础顶面相应于荷载效应标准组合时的竖向力 $F_k=850\text{kN}$，土层分布如图 8.18 所示，已知基底尺寸 $l=3\text{m}$，$b=2\text{m}$，持力层厚度 3.5m，基础埋深 1.5m，试验算软弱下卧层的承载力是否满足要求。

解：(1) 计算软弱下卧层顶面处经深度修正后的地基承载力特征值。

$$f_{az}=f_{ak}+\eta_d\gamma_m(d+z-0.5)=85+1.0\times\frac{16\times1.5+18\times3.5}{1.5+3.5}\times(1.5+3.5-0.5)=163.3(\text{kPa})$$

(2) 计算软弱下卧层顶面处土的自重压力值。

$$p_{cz}=16\times1.5+18\times3.5=87(\text{kPa})$$

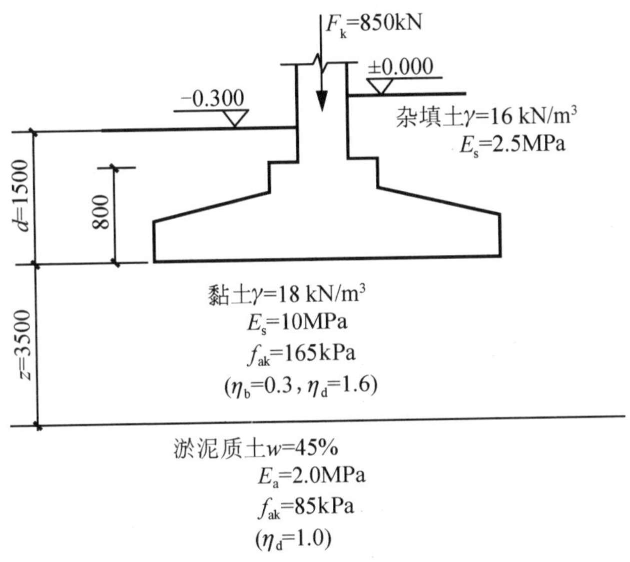

图 8.18　应用案例 8－3 附图

(3) 计算软弱下卧层顶面处土的附加压力值。

① 确定地基压力扩散角 θ。

根据持力层与下卧层压缩模量的比值 $\frac{E_{s1}}{E_{s2}}=10/2=5$ 及 $\frac{z}{b}=3.5/2=1.75>0.5$，查表得 $\theta=25°$。

② 计算基底处的附加压力 p_0。

$$p_0=p_k-p_c=\frac{F_k+G_k}{A}-p_c=\frac{850+20\times3\times2\times1.65}{3\times2}-16\times1.5\approx150.67(\text{kPa})$$

③ 计算软弱下卧层顶面处土的附加压力值。

$$p_z=\frac{blp_0}{(l+2z\tan\theta)(b+2z\tan\theta)}=\frac{bl(p_k-p_c)}{(l+2z\tan\theta)(b+2z\tan\theta)}$$

$$=\frac{3\times2\times150.67}{(2+2\times3.5\times\tan25°)(3+2\times3.5\times\tan25°)}\approx27.41(\text{kPa})$$

(4) 验算软弱下卧层的承载力。

$$p_z+p_{cz}=27.41+87=114.41(\text{kPa})\leqslant f_{az}=163.3\text{kPa}$$

说明软弱下卧层的承载力满足要求。

8.6 刚性基础设计

刚性基础是指用抗压强度较好，而抗拉、抗弯性能较差的材料建造的墙下条形基础或柱下独立基础。砖基础、毛石基础、混凝土基础、毛石混凝土基础或灰土基础等均属此类基础。刚性基础主要适用于多层民用建筑和轻型工业厂房。

8.6.1 刚性基础的设计原则

在进行刚性基础设计时，必须使基础主要承受压应力，并保证基础内产生的拉应力和剪应力不超过材料强度的设计值。具体设计中主要通过对基础的外伸宽度与基础高度的比值进行验算来实现，同时，其基础宽度还应满足地基承载力的要求。

8.6.2 刚性基础的构造要求

刚性基础台阶的高度 H_0 应符合下式要求，如图 8.19 所示。

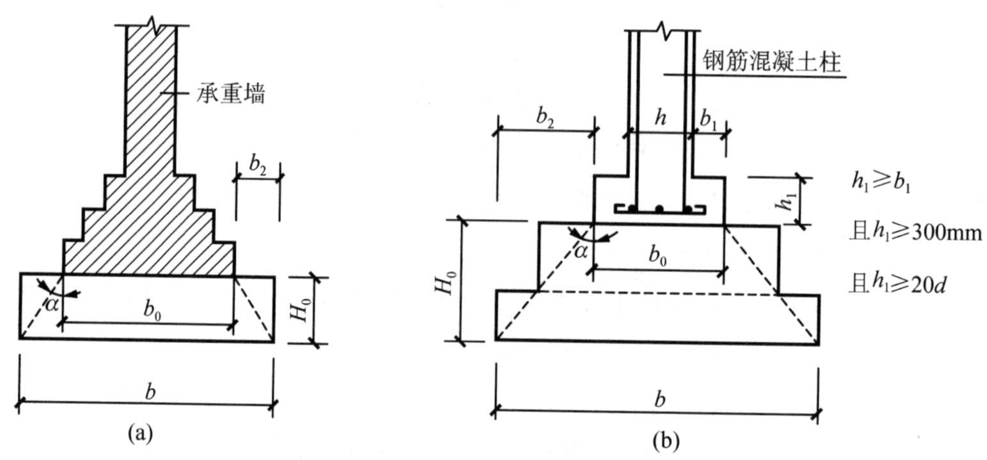

图 8.19 刚性基础构造示意

$$H_0 \geqslant \frac{b-b_0}{2\tan\alpha}=\frac{b_2}{\tan\alpha} \tag{8-16}$$

式中 b——基础底边宽度；

b_0——基础顶面的墙体宽度或柱脚宽度；

H_0——基础台阶高度；

b_2——基础台阶宽度；

$\tan\alpha$——基础台阶宽高比 $b_2 : H_0$，其允许值可按表 8-8 选用。

表 8-8 刚性基础台阶宽高比的允许值

基础材料	质量要求	台阶宽高比的允许值		
		$p_k \leqslant$ 100kPa	100kPa$< p_k \leqslant$200kPa	200kPa$< p_k \leqslant$300kPa
混凝土基础	C15 混凝土	1∶1.00	1∶1.00	1∶1.25
毛石混凝土基础	C15 混凝土	1∶1.00	1∶1.25	1∶1.50
砖基础	砖不低于 MU10、砂浆不低于 M5	1∶1.50	1∶1.50	1∶1.50
毛石基础	砂浆不低于 M5	1∶1.25	1∶1.50	—

续表

基础材料	质量要求	台阶宽高比的允许值		
		$p_k \leqslant$ 100kPa	100kPa$< p_k \leqslant$200kPa	200kPa$< p_k \leqslant$300kPa
灰土基础	体积比为 3∶7 或 2∶8 的灰土，其最小干密度：粉土为 1.55t/m^3，粉质黏土为 1.50t/m^3，黏土为 1.45t/m^3	1∶1.25	1∶1.50	—
三合土基础	体积比 1∶2∶4 或 1∶3∶6（石灰∶砂∶骨料），每层约虚铺 220mm，夯至 150mm	1∶1.50	1∶2.00	—

采用刚性基础的钢筋混凝土柱，其柱脚高度 $h_1 \geqslant b_1$，同时不应小于 300mm，且不小于 20d（d 为柱中纵向受力钢筋的最大直径），当柱纵向钢筋在柱脚内的竖向锚固长度不满足锚固要求时，可沿水平方向弯折，弯折后的水平锚固长度不应小于 10d，也不应大于 20d。

特别提示

刚性基础的底部常浇筑一个垫层，一般以灰土、素混凝土为材料，厚度大于或等于 100mm，薄的垫层不作为基础考虑，对于厚度为 150～200mm 的垫层，可作为基础的一部分进行考虑。

8.6.3 刚性基础的设计计算步骤

刚性基础设计主要包括确定基底尺寸、确定基础剖面尺寸及构造要求。

① 选择基础材料和构造形式。

② 确定基础的埋深 d。

③ 确定地基的承载力特征值 f_{ak} 及修正值 f_a。

④ 确定基底尺寸（方法、步骤详见 8.4 节），必要时进行软弱下卧层强度验算（方法、步骤详见 8.5 节）。

⑤ 对设计等级为甲级、乙级的建筑物及不符合表 8－2 的丙级建筑物，还应进行地基变形验算。

⑥ 确定基础剖面尺寸及构造要求。

确定基础剖面尺寸主要包括基础台阶高度 H_0、总外伸宽度 b_2 及每一台阶的宽度和高度。

a. 计算基底处的平均压力 p_k，查表 8－8 确定台阶宽高比的允许值。

b. 根据构造要求先选定基础台阶的高度 H_0，由 $H_0 \geqslant \frac{b_2}{\tan\alpha}$ 得出 $b_2 \leqslant H_0 \tan\alpha$，同时要求 b_2 应满足相应材料基础的构造要求；或先选定基础台阶的宽度 b_2，由 $H_0 \geqslant \frac{b_2}{\tan\alpha}$ 得出

H_0，同时要求 H_0 应满足相应材料基础的构造要求。

⑦ 绘制基础施工图。

应用案例 8-4

某住宅承重墙厚 240mm，上部结构传至基础顶面相应于荷载效应标准组合时的竖向力 $F_k=176\text{kN/m}$，地基土的土层分布如下：第一层为杂填土，厚度 0.65m，重度 $\gamma=17.3\text{kN/m}^3$；第二层为黏土层，厚度 10m，重度 $\gamma=18.3\text{kN/m}^3$，承载力特征值 $f_{ak}=160\text{kPa}$，孔隙比 $e=0.86$，地下水位在地表下 0.8m 处，试设计该承重墙下条形基础。

解：(1) 选择基础材料和构造形式。

初选基础下部采用 300mm 厚的 C15 素混凝土垫层，其上采用“二一间隔收”砖基础。

(2) 确定基础埋深 d。

为方便施工，基础宜建造在地下水位以上，故初选基础埋深 $d=0.8\text{m}$。

(3) 确定地基承载力修正值 f_a。

由于选择黏土层作为持力层，由 $e=0.86$ 查表 5-6 得其承载力修正系数 $\eta_d=1.0$，则持力层的地基承载力修正值 f_a 初定为

$$f_a=f_{ak}+\eta_d\gamma_m(d-0.5)=160+1.0\times\frac{17.3\times0.65+18.3\times0.15}{0.8}\times(0.8-0.5)\approx165(\text{kPa})$$

(4) 确定基础宽度 b。

$$b\geqslant\frac{F_k}{f_a-\gamma_G d}=\frac{176}{165-20\times0.8}\approx1.18(\text{m})$$

故取基础宽度 $b=1.2\text{m}$

(5) 确定基础剖面尺寸。

① 混凝土垫层设计。

基底压力 $p_k=\dfrac{F_k+G_k}{A}=\dfrac{176+20\times1.2\times1.0\times0.8}{1.2\times1.0}\approx163(\text{kPa})$

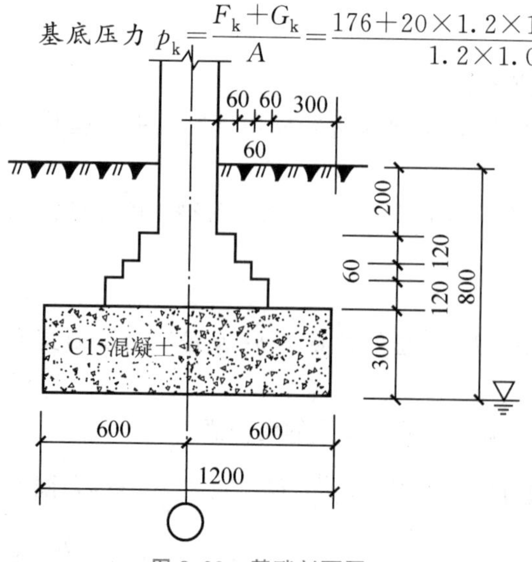

图 8.20 基础剖面图

查表 8-8 得 C15 素混凝土垫层的宽高比允许值为 1∶1.00，所以混凝土垫层收进 300mm。

② 砖基础设计。

砖基础所需台阶数为

$$n\geqslant\frac{1}{2}\times\frac{1200-240-2\times300}{60}=3$$

基础台阶高度 $H_0=120\times2+60\times1+300=600(\text{mm})$

基础顶面至设计室外地面之间的距离为 200mm，满足基础埋深的要求。

(6) 绘制基础剖面图 (图 8.20)。

8.7 墙下钢筋混凝土条形基础设计

墙下钢筋混凝土条形基础（即扩展基础）是在上部结构的荷载比较大，地基土质较弱，用一般刚性基础施工不够经济时采用的一种基础。

8.7.1 墙下钢筋混凝土条形基础的设计原则

① 墙下钢筋混凝土条形基础的内力计算一般是选 1m 的长度进行计算。

② 基础截面设计（验算）的内容包括确定基底宽度 b、基础底板厚度 h 及基础底板配筋。

③ 在确定基底宽度 b 或计算基础沉降 s 时，应考虑基础自重及基础上土重 G_k 的作用，根据地基承载力要求确定。

④ 在确定基础底板厚度 h、基础底板配筋时，应不考虑基础自重及基础上土重 G_k 的作用，采用基底净反力进行计算，其中基础底板厚度由混凝土的抗剪条件确定，基础底板受力钢筋由基础截面的抗弯能力确定。

8.7.2 墙下钢筋混凝土条形基础的构造要求

① 墙下钢筋混凝土条形基础一般采用梯形截面，其边缘高度不宜小于 200mm，当基础底板厚度 $h \leqslant 250$mm 时，可采用平板式。

② 基础混凝土的强度等级不应低于 C20，基础垫层混凝土的强度等级不宜低于 C10，垫层的厚度不宜小于 70mm。

③ 墙下钢筋混凝土条形基础底板受力钢筋直径不宜小于 10mm，间距不宜大于 200mm，也不宜小于 100mm；底板纵向分布钢筋的直径不小于 8mm，间距不大于 300mm，每延米分布钢筋的面积不小于受力钢筋面积的 1/10。基础底板钢筋的保护层厚度，当有垫层时不宜小于 40mm，无垫层时不宜小于 70mm。

④ 墙下钢筋混凝土条形基础的宽度 $b \geqslant 2.5$m 时，底板受力钢筋的长度可取宽度的 9/10，并宜交错布置，如图 8.21（a）所示。

⑤ 墙下钢筋混凝土条形基础底板在 T 形及十字形交接处，底板横向受力钢筋仅沿一个主要受力方向通长布置，另一方向的横向受力钢筋可布置到主要受力方向底板宽度 1/4 处。在拐角处底板横向受力钢筋应沿两个方向布置，如图 8.21（b）、图 8.21（c）所示。

8.7.3 墙下钢筋混凝土条形基础的设计计算步骤

1. 轴心荷载作用

① 计算基础宽度 b（方法、步骤详见 8.4 节）。

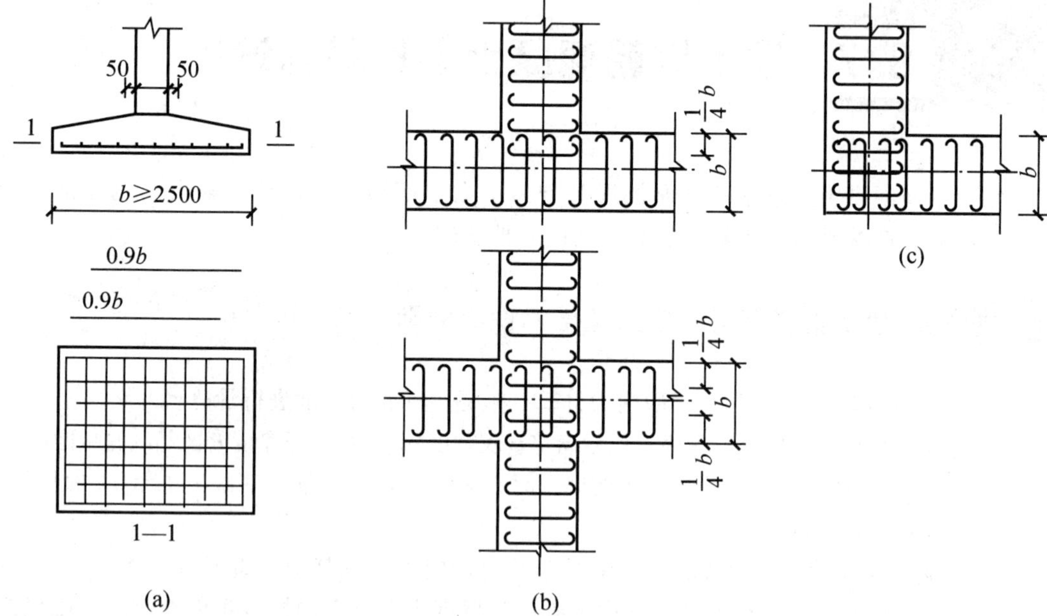

图 8.21　基础底板受力钢筋布置

② 计算基底净反力 p_j。仅由基础顶面上的荷载 F 在基底所产生的基底反力（不包括基础自重和基础上方回填土重所产生的反力），称为基底净反力。计算时，通常沿条形基础长度方向取 $l=1\text{m}$ 进行计算。基底净反力为

$$p_j=\frac{F}{b} \tag{8-17}$$

式中　F——相应于荷载效应基本组合时作用在基础顶面上的荷载，kN；

　　　b——基础宽度，m。

③ 确定基础底板厚度 h。如图 8.22 所示，基础底板如同倒置的悬臂板，在基底净反力作用下，在基础底板内将产生弯矩 M 和剪力 V，在基础任意截面Ⅰ—Ⅰ处的弯矩 M 和剪力 V 为

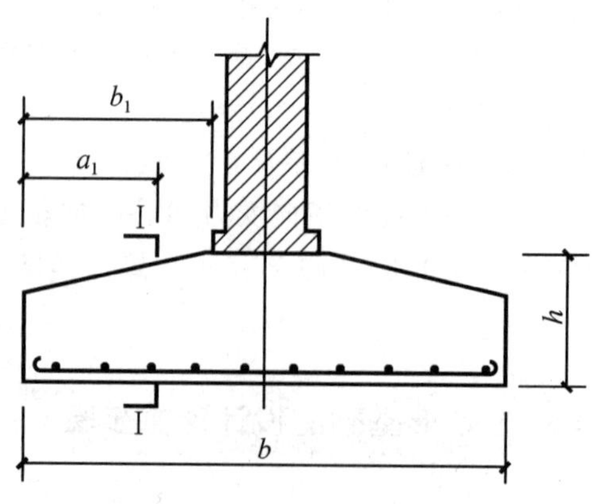

图 8.22　基础底板厚度计算示意

$$M=\frac{1}{2}p_{j}a_{1}^{2} \tag{8-18}$$

$$V=p_{j}a_{1} \tag{8-19}$$

基础内最大弯矩 M 和剪力 V 实际发生在悬臂板的根部。

当墙体材料为混凝土时，取 $a_1=b_1$；当墙体材料为砖墙且大放脚伸出 1/4 砖长时，取 $a_1=b_1+\frac{1}{4}$砖长。

对于基础底板厚度 h 的确定，一般根据经验采用试算法，即一般取 $h\geqslant b/8$（b 为基础宽度），然后进行受剪承载力验算，要求

$$V\leqslant 0.7\beta_{hs}f_{t}bh_{0} \tag{8-20}$$

式中 b——通常沿基础长边方向取 1m；

f_t——混凝土轴心抗拉强度设计值，N/mm^2；

β_{hs}——受剪承载力截面高度影响系数，$\beta_{hs}=\left(\frac{800}{h_0}\right)^{\frac{1}{4}}$，当 $h_0<800mm$ 时，h_0 取 800mm，当 $h_0>2000mm$ 时，h_0 取 2000mm；

h_0——基础底板有效高度，当设垫层时，$h_0=h-40-\frac{\phi}{2}$（ϕ 为受力钢筋直径，单位为 mm），当无垫层时，$h_0=h-70-\frac{\phi}{2}$。

④ 计算基础底板配筋。基础底板配筋一般可近似按式(8-21) 计算，即

$$A_s=\frac{M}{0.9f_{y}h_{0}} \tag{8-21}$$

式中 A_s——条形基础底板每米长度受力钢筋截面面积，mm^2；

f_y——钢筋抗拉强度设计值，N/mm^2。

2. 偏心荷载作用

基础在偏心荷载作用下，基底净反力一般呈梯形分布，如图 8.23 所示。

① 计算基底净反力的偏心距。

$$e_0=\frac{M}{F} \tag{8-22}$$

② 计算基底边缘处的最大和最小基底净反力。

当偏心距 $e_0\leqslant\frac{b}{6}$时，基底边缘处的最大基底净反力和最小基底净反力按式(8-23) 和式(8-24) 计算。

$$p_{j,max}=\frac{F}{b}\left(1+\frac{6e_0}{b}\right) \tag{8-23}$$

$$p_{j,min}=\frac{F}{b}\left(1-\frac{6e_0}{b}\right) \tag{8-24}$$

③ 计算悬臂支座处，即截面Ⅰ—Ⅰ处的基底净反力、弯矩 M 和剪力 V。

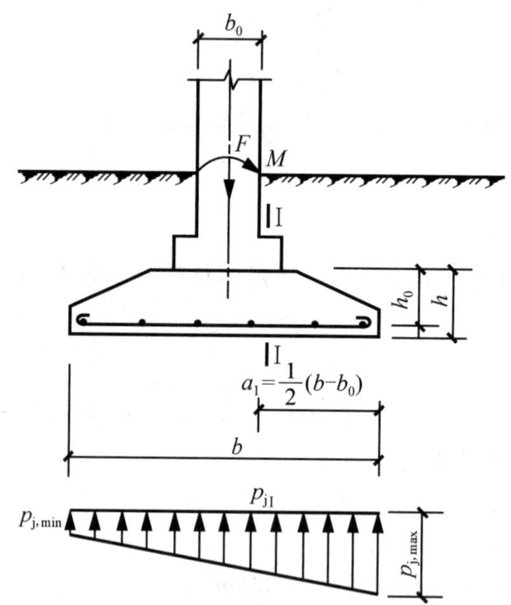

图 8.23 墙下钢筋混凝土条形基础受偏心荷载作用

$$p_{j\,I}=p_{j,min}+\frac{b-a_1}{b}(p_{j,max}-p_{j,min}) \tag{8-25}$$

$$M=\frac{1}{4}(p_{j,max}+p_{j\,I})a_1^2 \tag{8-26}$$

$$V=\frac{1}{2}(p_{j,max}+p_{j\,I})a_1 \tag{8-27}$$

应用案例 8-5

某办公楼砖墙承重，底层墙厚 370mm，相应于荷载效应基本组合时，作用于基础顶面上的荷载 $F=486\text{kN}$，已知条形基础宽度 $b=2800\text{mm}$，基础埋深 $d=1300\text{mm}$，室内外高差为 0.9m，基础材料采用 C20 混凝土，$f_t=1.1\text{N/mm}^2$，其下采用 C10 素混凝土垫层，试确定墙下钢筋混凝土条形基础的底板厚度及配筋。

解：(1) 计算基底净反力，即

$$p_j=\frac{F}{b}=486/2.8\approx174(\text{kN/m})$$

(2) 初步确定基础底板厚度。一般取 $h\geqslant\frac{b}{8}=\frac{2800}{8}=350(\text{mm})$，初选基础底板厚度 $h=350\text{mm}$，则 $h_0=h-40=350-40=310(\text{mm})$，然后进行受剪承载力验算。

(3) 计算基础悬臂部分Ⅰ—Ⅰ截面的最大弯矩 M 和最大剪力 V，即

$$a_1=\frac{1}{2}\times(2.8-0.37)=1.215(\text{m})$$

$$M=\frac{1}{2}p_j a_1^2=\frac{1}{2}\times174\times1.215^2\approx128.4(\text{kN}\cdot\text{m})$$

$$V=p_j a_1=174\times1.215\approx211.4(\text{kN})$$

(4) 受剪承载力验算，即

$0.7\beta_{hs}f_t bh_0=0.7\times1.0\times1.1\times1000\times310=238700(\text{N})=238.7\text{kN}>V=211.4\text{kN}$

满足抗剪要求。

(5) 计算基础底板配筋。如果受力钢筋选用 HPB300 钢筋，$f_y=300\text{N/mm}^2$，则

$$A_s=\frac{M}{0.9f_yh_0}=\frac{128.4\times10^6}{0.9\times300\times310}\approx1534(\text{mm}^2)$$

实际选用 $\phi16@120$（实配 $A_s=1675\text{mm}^2>1534\text{mm}^2$），分布钢筋选用 $\phi8@250$，基础剖面图如图 8.24 所示。

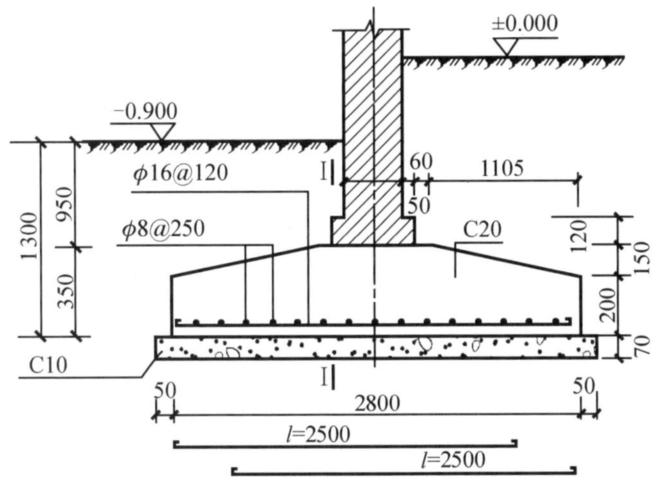

图 8.24 墙下钢筋混凝土条形基础剖面图

8.8 柱下钢筋混凝土独立基础设计

柱下钢筋混凝土独立基础按截面形状可分为锥形和阶梯形两种，按施工方法可分为现浇和预制两种。与墙下钢筋混凝土条形基础一样，在进行柱下钢筋混凝土独立基础设计时，一般先由地基承载力确定基础的底面尺寸，然后再进行基础截面的设计和验算。

8.8.1 柱下钢筋混凝土独立基础的构造要求

1. 现浇柱基础的构造要求

① 柱下钢筋混凝土独立基础可采用锥形基础和阶梯形基础，如采用锥形基础，如图 8.25（a）所示，锥形基础的边缘高度不宜小于 200mm，坡度 $i\leqslant1:3$，顶部做成平台，每边从柱边缘放出不小于 50mm，以便于柱支模。如采用阶梯形基础，如图 8.25（b）所示，每阶高度宜为 300～500mm，当底板厚度 $h\leqslant500\text{mm}$ 时，宜用一阶；当底板厚度

$500mm < h \leqslant 900mm$ 时，宜用两阶；当底板厚度 $h > 900mm$ 时，宜用三阶。阶梯形基础尺寸一般采用 50mm 的倍数，由于阶梯形基础的施工质量容易保证，宜优先考虑采用。

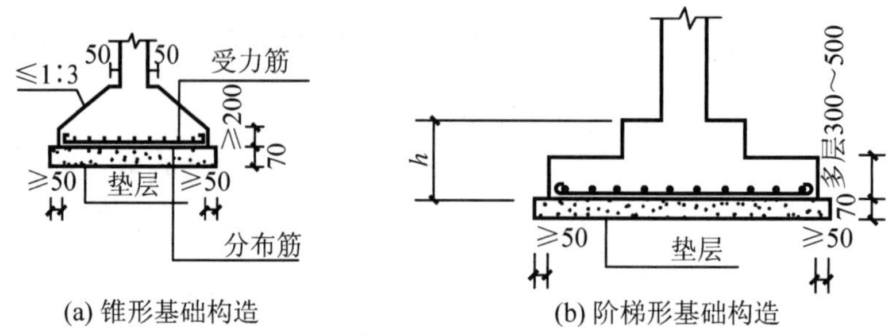

(a) 锥形基础构造　　(b) 阶梯形基础构造

图 8.25　现浇柱基础构造

② 基础混凝土的强度等级不应低于 C20，基础垫层混凝土的强度等级不宜低于 C10，垫层的厚度不宜小于 70mm。

③ 柱下钢筋混凝土独立基础底板受力钢筋直径不宜小于 10mm，间距不宜大于 200mm，也不宜小于 100mm。基础底板钢筋的保护层厚度，当有垫层时，不宜小于 40mm；无垫层时，不宜小于 70mm。

④ 当柱下钢筋混凝土独立基础的边长大于或等于 2.5m 时，底板受力钢筋的长度可取边长或宽度的 9/10，并宜交错布置。

⑤ 钢筋混凝土柱纵向受力钢筋在基础内的锚固长度 l_a 应根据钢筋在基础内的最小保护层厚度，按《混凝土结构设计规范（2015 年版）》(GB 50010—2010) 的有关规定确定。

当有抗震设防要求时，纵向受力钢筋的最小锚固长度 l_{aE} 应按下式计算。

一、二级抗震等级：

$$l_{aE}=1.15l_a$$

三级抗震等级：

$$l_{aE}=1.05l_a$$

四级抗震等级：

$$l_{aE}=l_a$$

式中　l_a——纵向受拉钢筋的锚固长度。

⑥ 现浇柱基础，其插筋的数量、直径及钢筋种类应与柱内纵向受力钢筋相同，插筋的锚固长度应满足上述要求，插筋与柱内纵向受力钢筋的连接方法，应符合《混凝土结构设计规范（2015 年版）》的规定，插筋的下端宜做成直钩放在基础底板钢筋网上。当符合下列条件之一时，可仅将四角的插筋伸至底板钢筋网上，其余插筋在基础顶面下的锚固长度按其是否有抗震要求分别为 l_a 或 l_{aE}，如图 8.26 所示。

a. 柱为轴心受压或小偏心受压，基础底板厚度 $h \geqslant 1200mm$。

b. 柱为大偏心受压，基础底板厚度 $h \geqslant 1400mm$。

2. 预制柱基础的构造要求

预制钢筋混凝土柱与杯口基础的连接应符合下列要求，如图 8.27 所示。

① 柱的插入深度，可按表 8 - 9 选用，并应满足钢筋锚固长度的要求及吊装时柱的稳定性要求。

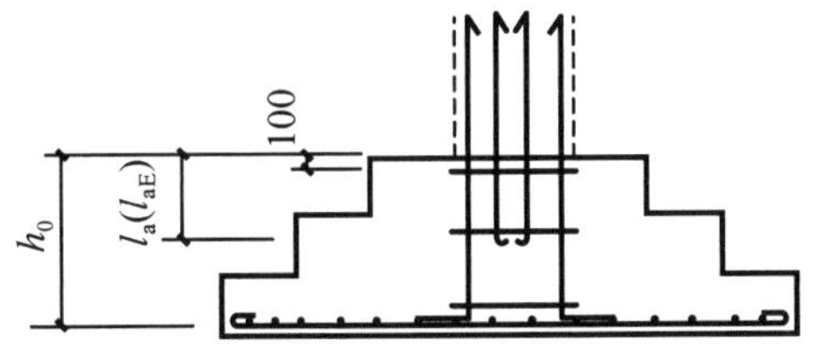

图 8.26 现浇柱基础中插筋构造示意

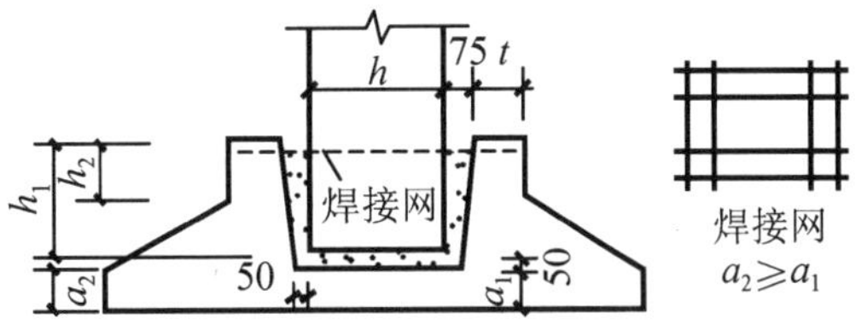

图 8.27 预制柱基础示意

表 8-9 柱的插入深度 h_1 单位：mm

矩形或工字形柱				双肢柱
$h<500$	$500 \leqslant h<800$	$800 \leqslant h \leqslant 1000$	$h>1000$	
$h \sim 1.2h$	h	$0.9h$ 且 $\geqslant 800$	$0.8h$ 且 $\geqslant 1000$	$(1/3 \sim 2/3)h_a$ $(1.5 \sim 1.8)h_b$

1. h 为柱截面长边尺寸，h_a 为双肢柱全截面长边尺寸，h_b 为双肢柱全截面短边尺寸。

2. 柱轴心受压或小偏心受压时，h_1 可适当减小；偏心距大于 $2h$ 时，h_1 应适当加大。

② 基础的杯底厚度和杯壁厚度，可按表 8-10 选用。

表 8-10 基础的杯底厚度和杯壁厚度 单位：mm

柱截面长边尺寸 h	杯底厚度 a	杯壁厚度 t
$h<500$	$\geqslant 150$	150～200
$500 \leqslant h<800$	$\geqslant 200$	$\geqslant 200$
$800 \leqslant h<1000$	$\geqslant 200$	$\geqslant 300$
$1000 \leqslant h<1500$	$\geqslant 250$	$\geqslant 350$
$1500 \leqslant h<2000$	$\geqslant 300$	$\geqslant 400$

1. 双肢柱的杯底厚度值可适当加大。

2. 当有基础梁时，基础梁下的杯壁厚度，应满足其支承宽度的要求。

3. 柱子插入杯口部分的表面应凿毛，柱子与杯口之间的空隙应用比基础混凝土强度等级高一级的细石混凝土充填密实，当达到材料设计强度的 70% 以上时，方能进行上部吊装。

③ 杯壁的配筋，当柱为轴心受压或小偏心受压且 $t/h_2 \geqslant 0.65$ 时，或大偏心受压且 $t/h_2 \geqslant 0.75$ 时，杯壁可不配筋；当柱为轴心受压或小偏心受压且 $0.5 \leqslant t/h_2 < 0.65$ 时，杯壁可按表 8－11 构造配筋；其他情况下应按计算配筋。

表 8－11 杯壁构造配筋 单位：mm

柱截面长边尺寸	$h<1000$	$1000 \leqslant h < 1500$	$1500 \leqslant h \leqslant 2000$
钢筋直径	8～10	10～12	12～16

表 8－11 中钢筋置于杯口顶部，每边两根，如图 8.27 所示。

④ 双杯口基础用于厂房伸缩缝处的双柱下，或者考虑厂房扩建而设置的预留杯口情况。当两杯口之间的杯壁厚度小于 400mm 时，宜在杯壁内配筋。

独立基础施工动画

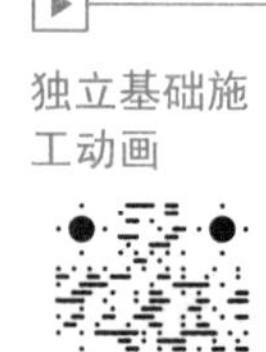

8.8.2 柱下钢筋混凝土独立基础的设计计算

1. 计算基底尺寸 l、b（方法、步骤详见 8.4 节）

2. 确定基础底板厚度

柱下钢筋混凝土独立基础的底板厚度（即基础高度）主要由抗冲切强度确定。在轴心荷载作用下，如果基础底板厚度不足，将会沿柱周边产生冲切破坏，形成 45°斜截面冲切破坏锥体。为了保证基础不发生冲切破坏，应保证基础具有足够的高度，使基础冲切破坏锥体以外由基底净反力产生的冲切力 F_l 小于或等于基础冲切面处混凝土的抗冲切强度。

对于矩形截面柱的矩形基础，应验算柱与基础交接处及基础变阶处的受冲切承载力，受冲切承载力应按下列公式验算，即

$$F_l \leqslant 0.7\beta_{hp} f_t a_m h_0 \tag{8-28}$$

$$a_m = (a_t + a_b)/2 \tag{8-29}$$

$$F_l = p_j A_l \tag{8-30}$$

式中 β_{hp}——受冲切承载力截面高度影响系数，当 h_0 不大于 800mm 时，β_{hp} 取 1.0，当 h_0 大于或等于 2000mm 时，β_{hp} 取 0.9，其间按线性内插法取用；

f_t——混凝土轴心抗拉强度设计值；

h_0——基础冲切破坏锥体的有效高度；

a_m——冲切破坏锥体最不利一侧计算长度；

a_t——冲切破坏锥体最不利一侧斜截面的上边长，当计算柱与基础交接处的受冲切承载力时，取柱宽，当计算基础变阶处的受冲切承载力时，取上阶宽；

a_b——冲切破坏锥体最不利一侧斜截面在基底面积范围内的下边长，当冲切破坏锥体的底面落在基底以内［图 8.28（a）、（b）］，计算柱与基础交接处的受冲切承载力时，取柱宽加两倍基础有效高度，当计算基础变阶处的受冲切承载力时，取上阶宽加两倍该处的基础有效高度，当冲切破坏锥体的底面

在 l 方向落在基底以外，即 $a+2h_0>l$ 时［图 8.28(c)］，$a_b=l$；

p_j——扣除基础自重及其上土重后相应于荷载效应基本组合时的基底单位面积净反力，对偏心受压基础可取基础边缘处最大基底单位面积净反力；

F_l——相应于荷载效应基本组合时作用在 A_l 上的基底净反力设计值；

A_l——受冲切承载力验算时取用的部分基底面积［图 8.28（a）、（b）的阴影面积 $ABCDEF$ 或图 8.28（c）中的阴影面积 $ABDC$］。

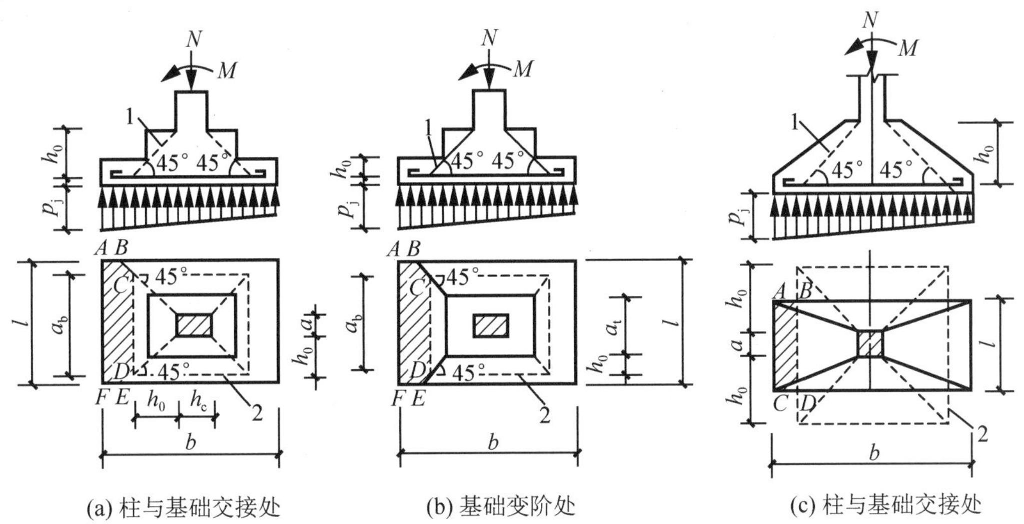

1—冲切破坏锥体最不利一侧的斜截面；2—冲切破坏锥体的底面线

图 8.28 计算阶梯形基础的受冲切承载力截面位置

① 当 $l \geqslant a_t+2h_0$ 时［图 8.28（a）、（b）］，冲切破坏锥体的底面积落在基底面积以内。

$$A_l=\left(\frac{b}{2}-\frac{h_c}{2}-h_0\right)l-\left(\frac{l}{2}-\frac{a_t}{2}-h_0\right)^2 \tag{8-31}$$

② 当 $l<a_t+2h_0$ 时［图 8.28（c）］，冲切破坏角锥体的底面积落在基底面积以外。

$$A_l=\left(\frac{b}{2}-\frac{h_c}{2}-h_0\right)l \tag{8-32}$$

③ 当基底边缘在 45°冲切破坏线以内时，可不进行受冲切承载力验算。

3. 计算基础底板配筋

柱下钢筋混凝土独立基础在基底净反力作用下，将沿柱周边向上弯曲，当弯曲应力超过基础抗弯强度时，基础底板将发生弯曲破坏。一般独立基础长短边尺寸较为接近，基础底板为双向弯曲板，应分别在底板纵横两个方向配置受力钢筋。计算时，可将基础底板视为固定在柱子周边的梯形悬臂板，近似地将基底面积按对角线划分为 4 个梯形面积，计算截面取柱边或变阶处（阶梯形基础），则矩形基础沿长短两个方向的弯矩等于梯形基底面积上基底净反力的合力对柱边或基础变阶处截面的力矩。

对于矩形基础，当台阶的宽高比小于或等于 2.5 和偏心距小于或等于 1/6 基础宽度时，基础底板任意截面的弯矩可按下列公式计算。

(1) 轴心荷载作用[图 8.29 (a)]

Ⅰ—Ⅰ截面：

$$M_{\mathrm{I}}=\frac{1}{24}(b-b')^2(2l+a')p_{\mathrm{j}} \tag{8-33}$$

Ⅱ—Ⅱ截面：

$$M_{\mathrm{II}}=\frac{1}{24}(l-a')^2(2b+b')p_{\mathrm{j}} \tag{8-34}$$

(2) 偏心荷载作用[图 8.29 (b)]

Ⅰ—Ⅰ截面：

$$M_{\mathrm{I}}=\frac{1}{12}a_1^2\left[(2l+a')\left(p_{\max}+p-\frac{2G}{A}\right)+(p_{\max}-p)l\right] \tag{8-35}$$

Ⅱ—Ⅱ截面：

$$M_{\mathrm{II}}=\frac{1}{48}(l-a')^2(2b+b')\left(p_{\max}+p_{\min}-\frac{2G}{A}\right) \tag{8-36}$$

式(8-33)～式(8-36)中

M_{I}、M_{II}——任意截面Ⅰ—Ⅰ、Ⅱ—Ⅱ处相应于荷载效应基本组合时的弯矩设计值；

a_1——任意截面Ⅰ—Ⅰ至基底边缘最大反力处的距离；

l、b——基底的边长；

$p_{\max}$、$p_{\min}$——相应于荷载效应基本组合时的基底边缘最大和最小基底反力设计值；

p——相应于荷载效应基本组合时在任意截面Ⅰ—Ⅰ处的基底反力设计值；

G——考虑荷载分项系数的基础自重及其上的土自重，当组合值由永久荷载控制时，$G=1.35G_k$，G_k为基础及其上土的标准自重。

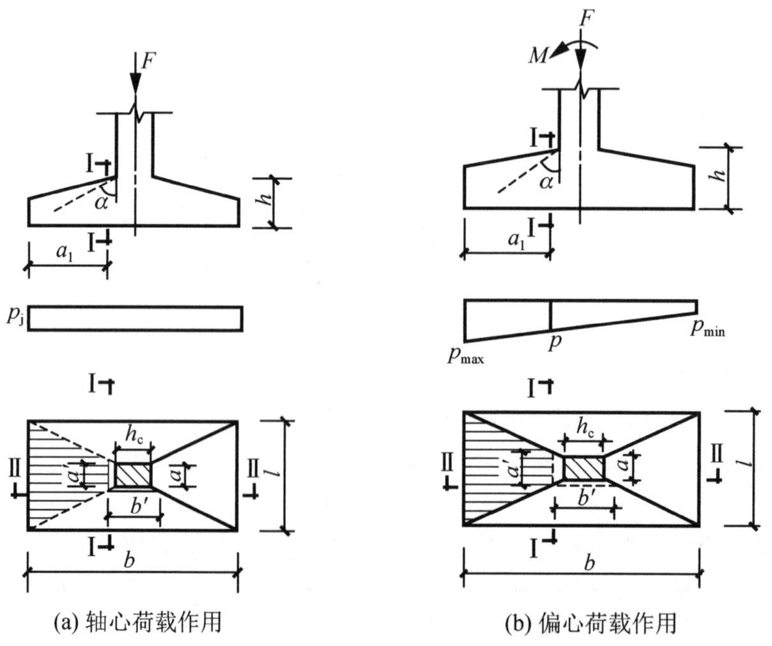

图 8.29　矩形基础底板配筋计算示意

(3) 配筋计算

当求得截面弯矩后，可用式（8－37)、式（8－38）分别计算基础底板纵横两个方向的钢筋面积。

Ⅰ—Ⅰ截面：

$$A_{s,\mathrm{I}}=\frac{M_{\mathrm{I}}}{0.9f_y h_0} \tag{8-37}$$

Ⅱ—Ⅱ截面：

$$A_{s,\mathrm{II}}=\frac{M_{\mathrm{II}}}{0.9f_y h_0} \tag{8-38}$$

式中　f_y——钢筋的抗拉强度设计值，N/mm^2。

应用案例 8－6

某柱下钢筋混凝土独立基础的底面尺寸 $l\times b=3000mm\times2200mm$，柱截面尺寸 $a\times h_c=400mm\times400mm$，基础埋深 $d=1500mm$，基础底板厚度 $h=500mm$，$h_0=460mm$，如图 8.30 所示。柱传来相应于荷载效应基本组合时的轴向力设计值 $F=750kN$，弯矩设计值 $M=110kN\cdot m$，混凝土强度等级 C20，$f_t=1.1N/mm^2$，HPB300 级钢筋，$f_y=300N/mm^2$，基础下设置 100mm 厚 C10 混凝土垫层，试确定基础底板厚度，并计算基础底板配筋。

解：(1) 计算基底净反力的偏心距。

$$e_0=\frac{M}{F}=\frac{110}{750}\approx0.15(m)<\frac{l}{6}=0.5m$$

基底净反力呈梯形分布。

(2) 计算基底边缘处的最大和最小净反力。

$$p_{j,max}=\frac{F}{A}\left(1+\frac{6e}{l}\right)=\frac{750}{3\times2.2}\times\left(1+\frac{6\times0.15}{3}\right)\approx147.7(kPa)$$

$$p_{j,min}=\frac{F}{A}\left(1-\frac{6e}{l}\right)=\frac{750}{3\times2.2}\times\left(1-\frac{6\times0.15}{3}\right)\approx79.5(kPa)$$

(3) 验算基础底板厚度。

基础短边长度 $l=2.2m$，柱截面尺寸为 $400mm\times400mm$，$l>a_t+2h_0=0.4+2\times0.46=1.32(m)$，于是

$$\begin{aligned}A_l&=\left(\frac{b}{2}-\frac{h_c}{2}-h_0\right)l-\left(\frac{l}{2}-\frac{a_t}{2}-h_0\right)^2\\&=\left(\frac{3}{2}-\frac{0.4}{2}-0.46\right)\times2.2-\left(\frac{2.2}{2}-\frac{0.4}{2}-0.46\right)^2\approx1.65(m^2)\end{aligned}$$

$$a_m=\frac{a_t+a_b}{2}=\frac{0.4+0.4+2\times0.46}{2}=0.86(m)$$

$$F_l=p_{j,max}A_l=147.7\times1.65\approx243.71(kN)$$

$$0.7\beta_{hp}f_t a_m h_0=0.7\times1.0\times1.1\times10^3\times0.86\times0.46\approx304.61(kN)$$

满足 $F_l\leqslant0.7\beta_{hp}f_t a_m h_0$ 条件，证明基础底板厚度 $h=500mm$ 符合要求。

(4) 计算基础底板配筋。

设计控制截面在柱边处，此时相应的 a'、b' 和 $p_{j\mathrm{I}}$ 值为

$$a'=0.4m，b'=0.4m$$

$$a_1=(3-0.4)/2=1.3(\mathrm{m})$$

$$p_{\mathrm{j\,I}}=79.5+(147.7-79.5)\times(3-1.3)/3\approx118(\mathrm{kPa})$$

长边方向：

$$\begin{aligned}M_{\mathrm{I}}&=\frac{1}{12}a_1^2\left[(2l+a')\left(p_{\max}+p-\frac{2G}{A}\right)+(p_{\max}-p)l\right]\\&=\frac{1}{12}a_1^2[(2l+a')(p_{\mathrm{j,max}}+p_{\mathrm{j\,I}})+(p_{\mathrm{j,max}}-p_{\mathrm{j\,I}})l]\\&=\frac{1}{12}\times1.3^2\times[(2\times2.2+0.4)\times(147.7+118)+(147.7-118)\times2.2]\\&\approx188.8(\mathrm{kN\cdot m})\end{aligned}$$

短边方向：

$$\begin{aligned}M_{\mathrm{II}}&=\frac{1}{48}(l-a')^2(2b+b')\left(p_{\max}+p_{\min}-\frac{2G}{A}\right)\\&=\frac{1}{48}(l-a')^2(2b+b')(p_{\mathrm{j,max}}+p_{\mathrm{j,min}})\\&=\frac{1}{48}\times(2.2-0.4)^2\times(2\times3+0.4)\times(147.7+79.5)\\&\approx98.2(\mathrm{kN\cdot m})\end{aligned}$$

则长边方向配筋 $A_{\mathrm{s,I}}=\dfrac{M_{\mathrm{I}}}{0.9f_yh_0}=\dfrac{188.8\times10^6}{0.9\times300\times460}\approx1520(\mathrm{mm^2})$

选用①11ϕ16@210 ($A_{\mathrm{s,I}}=2211\mathrm{mm^2}$)

短边方向配筋 $A_{\mathrm{s,II}}=\dfrac{M_{\mathrm{II}}}{0.9f_yh_0}=\dfrac{98.2\times10^6}{0.9\times300\times460}\approx791(\mathrm{mm^2})$

选用②15ϕ10@200 ($A_{\mathrm{s,II}}=1178\mathrm{mm^2}$)

柱下钢筋混凝土独立基础计算与配筋布置如图 8.30 所示。

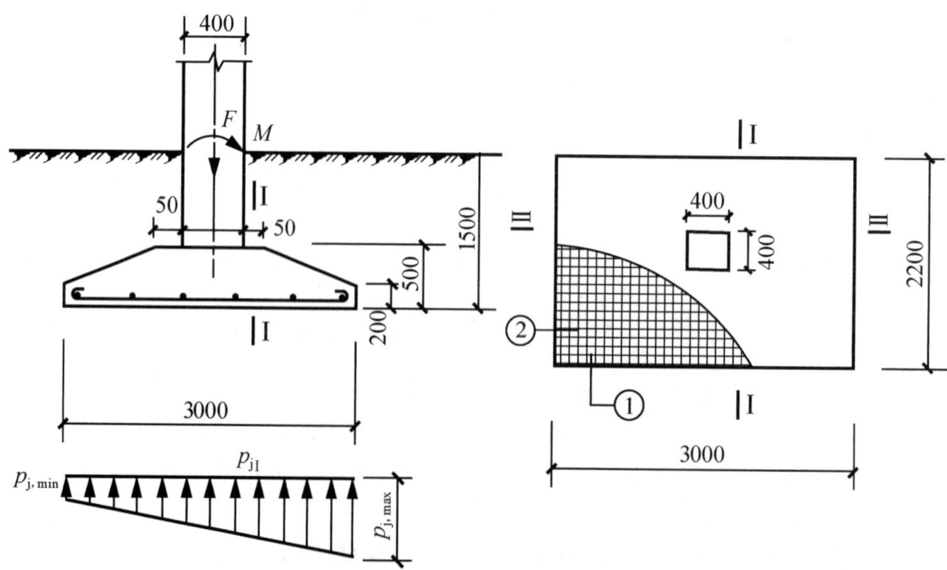

图 8.30 柱下钢筋混凝土独立基础计算与配筋布置

8.9 柱下钢筋混凝土条形基础设计

当地基土软弱而荷载较大时，采用柱下钢筋混凝土独立基础，地基的承载力满足不了要求，为了防止基础产生过大的不均匀沉降等，可将同一排的柱下钢筋混凝土独立基础连通做成柱下钢筋混凝土条形基础。

8.9.1 柱下钢筋混凝土条形基础的构造要求

1. 柱下钢筋混凝土条形基础的概念及使用范围

柱下钢筋混凝土条形基础是指布置成单向或双向的钢筋混凝土条状基础，也称为基础梁。它是由肋梁及其横向伸出的翼板组成的，其断面呈倒T形。

这种基础形式通常在下列情况下采用。

① 当上部结构荷载较大，地基土的承载力较低，采用独立基础不能满足要求时。

② 当采用独立基础所需的基底面积由于邻近建筑物或设备基础的限制而无法扩展时。

③ 当需要增加基础的刚度，以减少地基变形，防止过大的不均匀沉降时。

④ 当基础须跨越局部软弱地基及场地中的暗塘、沟槽、洞穴等时。

2. 柱下钢筋混凝土条形基础的构造要求

柱下钢筋混凝土条形基础的构造除满足一般扩展基础的要求外，尚应符合下列规定。

① 基础梁的高度由计算确定，一般宜为柱距的1/8～1/4（通常取柱距的1/6）；翼板宽b应按地基承载力计算确定；翼板厚度不应小于200mm，当翼板厚度大于250mm时，宜采用变厚度翼板，其坡度宜小于或等于1∶3，当柱荷载较大时，可在柱位处加腋。

② 条形基础的端部宜向外伸出，其长度宜为第一跨距的1/4。

③ 现浇柱与基础梁的交接处，其平面尺寸不应小于图8.31的规定。

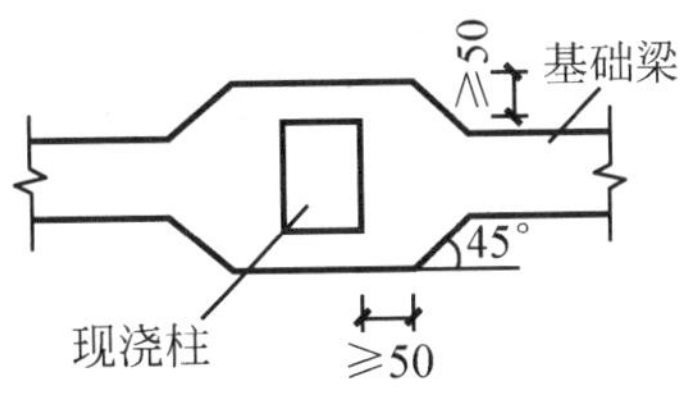

图8.31 现浇柱与基础梁交接处平面尺寸

④ 基础梁顶部和底部的纵向受力钢筋除满足计算要求外，顶部钢筋按计算配筋全部贯通，底部通长钢筋不应小于底部受力钢筋截面总面积的1/3。

⑤ 柱下条形基础的混凝土强度等级不应低于C20。

8.9.2 柱下钢筋混凝土条形基础的简化计算方法

《规范》规定，若建筑物地基比较均匀，上部结构刚度较好，荷载分布比较均匀，且基础梁的高度不小于1/6柱距时，基底反力可按直线分布计算，基础梁的内力可按连续梁计算。此时，边跨跨中弯矩及第一内支座的弯矩值宜乘以 1.2 的系数。当不满足上述条件时，宜按弹性地基梁计算。本节仅简单介绍利用静定分析法和倒梁法进行柱下条形基础设计的思路。

1. 静定分析法

静定分析法是假定柱下条形基础的基底反力呈直线分布，按整体平衡条件求出基底净反力后，将其与柱荷载一起作用于基础梁上，然后按一般静定梁的内力分析方法计算基础各截面的弯矩和剪力。静定分析法适用于上部为柔性结构且基础本身刚度较大的条形基础。该方法未考虑基础与上部结构的相互作用，计算所得的最不利截面上的弯矩绝对值一般较大。

2. 倒梁法

倒梁法是假定柱下条形基础的基底反力为直线分布，以柱脚为条形基础的固定铰支座，将基础视为倒置的连续梁，以基底净反力及柱脚处的弯矩作为基础梁上的荷载，用弯矩分配法来计算其内力，如图 8.32 所示。按这种方法计算的支座反力一般不等于柱荷载，因此应通过逐次调整的方法来消除这种不平衡力。

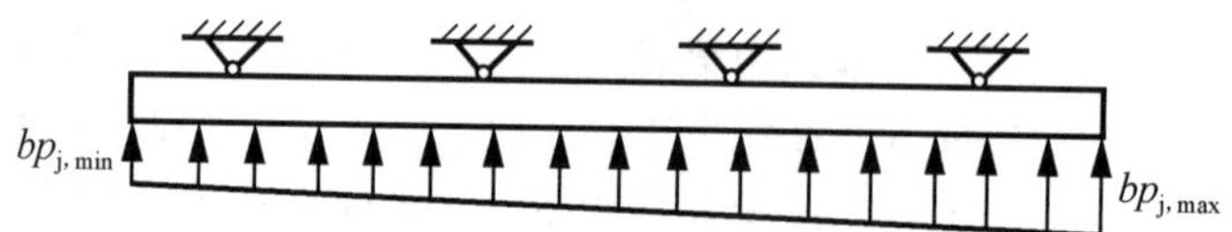

图 8.32　倒梁法计算简图

倒梁法适用于基础或上部结构刚度较大，柱距不大且接近等间距，相邻柱荷载相差不大的情况。这种计算模式只考虑出现于柱间的局部弯曲，忽略了基础的整体弯曲，计算出的柱位处弯矩与柱间最大弯矩较均衡，因此所得的不利截面上的弯矩绝对值一般较小。

3. 柱下钢筋混凝土条形基础的设计计算步骤

柱下钢筋混凝土条形基础的设计计算步骤如下。

① 计算荷载合力作用点位置。柱下钢筋混凝土条形基础的柱荷载分布如图 8.33 (a) 所示，其合力作用点距 F_1 的距离为

$$x=\frac{\sum F_i x_i+\sum M_i}{\sum F_i}$$

② 确定基础梁的长度和悬臂尺寸。

选定基础梁从左边第一柱轴线开始的外伸长度为 a_1，则基础梁的总长度 $L=2(x+a_1)$，从右边第一柱轴线开始的外伸长度 $a_2=L-a-a_1$，经过这种处理后，荷载重心与基础形心重合，基础计算简图如图 8.33 (b) 所示。

③ 根据地基承载力特征值计算基底宽度 b。

④ 根据墙下钢筋混凝土条形基础的设计计算方法确定基底翼板厚度及横向受力钢筋。

⑤ 计算基础梁的纵向内力与配筋。

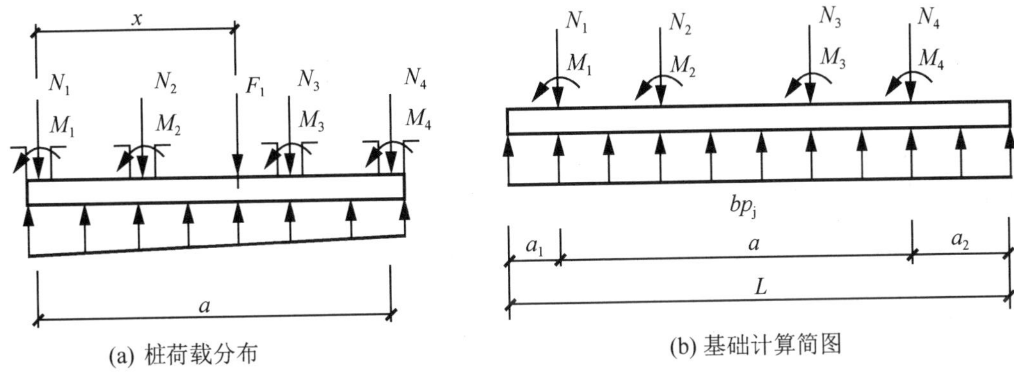

(a) 桩荷载分布

(b) 基础计算简图

图 8.33 柱下条形基础内力计算简图

8.10 十字交叉钢筋混凝土条形基础设计

十字交叉钢筋混凝土条形基础是在柱列下纵横两个方向以条形基础组成的一种空间结构，其交叉节点一般承受柱子传来的荷载。为了简化计算，纵向与横向条形基础在交叉点处的连接可看作上下铰接，这样弯矩不再按两个方向分配，纵向弯矩由纵向条形基础承受，横向弯矩由横向条形基础承受，只需将轴力按一定原则分配到纵、横两个方向的条形基础上，然后分别按两个方向的柱下钢筋混凝土条形基础计算其内力与配筋。

1. 节点荷载的分配原则

节点荷载的分配原则如下所述。

① 满足静力平衡条件。各节点分配到纵向、横向基础上的荷载之和应等于作用在该节点上的荷载。

② 轴力分配可近似按两个方向条形基础的线刚度分配，或根据两个方向在同一节点处地基沉降相等的条件即满足变形协调的原则进行分配。

2. 节点荷载的分配方法

(1) 边柱节点［图 8.34 (a)］

作用在 x、y 方向的分力可按式(8-39)、式(8-40) 计算。

$$F_x=\frac{4b_xs_x}{4b_xs_x+b_ys_y}F \tag{8-39}$$

$$F_y=\frac{4b_ys_y}{4b_xs_x+b_ys_y}F \tag{8-40}$$

式中 b_x、b_y——x、y 方向的基础梁底面宽度；

s_x、s_y——x、y 方向的基础梁弹性特征长度。

$$s_x=\sqrt[4]{\frac{4E_cI_x}{k_sb_x}} \tag{8-41}$$

$$s_y=\sqrt[4]{\frac{4E_cI_y}{k_sb_y}} \tag{8-42}$$

式中 k_s——地基的基床系数，按表 8-12 选用；

E_c——混凝土的弹性模量；

I_x、I_y——x、y 方向的基础梁截面惯性矩。

表 8-12 地基的基床系数 k_s 单位：kN/m²

地基土类型	k_s
淤泥质土或新填土	1000～5000
软质黏性土	5000～10000
软塑黏性土	10000～20000
可塑黏性土	20000～40000
硬塑黏性土	40000～100000
松砂	10000～15000
中密砂或松散砾石	15000～25000
紧密砂或中密砾石	25000～40000

(2) 内柱节点 [图 8.34 (b)]

作用在 x、y 方向的分力可按式(8-43)、式(8-44) 计算。

$$F_x=\frac{b_x s_x}{b_x s_x+b_y s_y}F \tag{8-43}$$

$$F_y=\frac{b_y s_y}{b_x s_x+b_y s_y}F \tag{8-44}$$

(3) 角柱节点 [图 8.34(c)]

作用在 x、y 方向的分力可按式(8-45)、式(8-46) 计算。

$$F_x=\frac{b_x s_x}{b_x s_x+b_y s_y}F \tag{8-45}$$

$$F_y=\frac{b_y s_y}{b_x s_x+b_y s_y}F \tag{8-46}$$

当角柱节点两端有相同长度的外伸端时，可近似按式 (8-45)、式 (8-46) 计算。

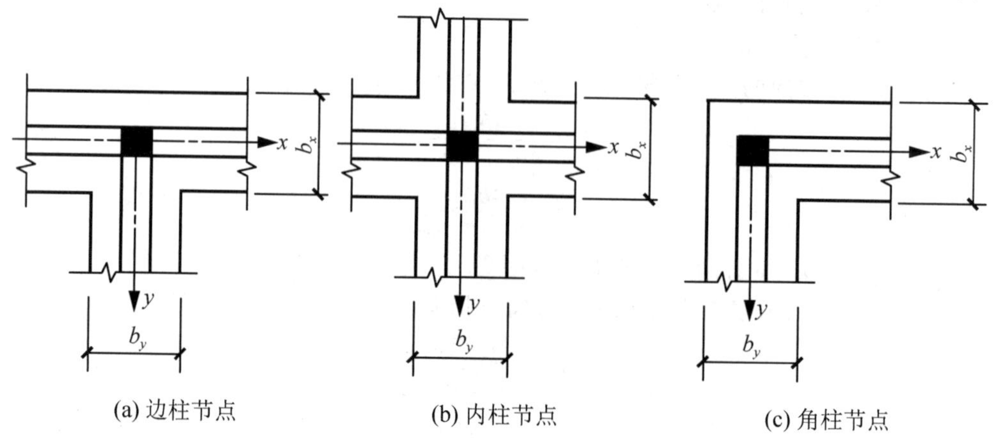

(a) 边柱节点 (b) 内柱节点 (c) 角柱节点

图 8.34 十字交叉钢筋混凝土基础节点

8.11 筏板基础

当上部结构荷载较大，地基承载力较低，采用一般基础不能满足设计要求时，可将基底扩大成支承整个建筑物荷载的连续的钢筋混凝土板式基础，即称为筏板基础。筏板基础不仅能承受较大的建筑物荷载，还能减少地基土的单位面积压力，显著地提高地基承载力，增强基础的整体刚度，有效地调整地基的不均匀沉降，因此在多层和高层建筑中被广泛采用。

筏板基础根据所受荷载等情况分为平板式筏板基础和梁板式筏板基础。平板式筏板基础常做成一块等厚度的钢筋混凝土板，适用于柱荷载不大、柱距较小且等柱距的情况，如图 8.10（a）所示。

当荷载较大时，可加大柱下的板厚。如果柱荷载很大且不均匀，柱距又较大时，可沿柱轴线纵横两个方向设置肋梁，形成梁板式筏板基础，如图 8.10（b）、图 8.10(c) 所示。

8.11.1 筏板基础的构造要求

① 平板式筏板基础的底板厚度可根据受冲切承载力计算确定，且最小厚度不应小于 400mm；梁板式筏板基础的底板厚度不应小于 300mm，且板厚与板格的最小跨度之比不应小于 1/20；12 层以上建筑的梁板式筏板基础，其底板厚度与最大双向板格的短边净跨之比不应小于 1/14，且板厚不应小于 400mm。

② 筏板基础的混凝土强度等级不应低于 C30，当有地下室时应采用防水混凝土，防水混凝土的抗渗等级应根据地下水的最大水头与防渗混凝土厚度的比值，按现行《地下工程防水技术规范》(GB 50108—2008) 选用，必要时宜设架空排水层。

③ 地下室底层柱、剪力墙与梁板式筏板基础的基础梁连接的构造应符合下列要求。

a. 柱、墙的边缘至基础梁边缘的距离不应小于 50mm，如图 8.35 所示。

b. 当交叉基础梁的宽度小于柱截面的边长时，交叉基础梁连接处应设置八字角，柱脚与八字角之间的净距不宜小于 50mm，如图 8.35（a）所示。

c. 单向基础梁与柱的连接，可按图 8.35（b）、(c) 采用。

d. 基础梁与剪力墙的连接，可按图 8.35（d）采用。

④ 筏板与地下室外墙的接缝、地下室外墙沿高度处的水平接缝应严格按施工缝要求施工，必要时可设通长止水带。

⑤ 高层建筑筏板基础与裙房基础之间的构造应符合下列要求。

a. 当高层建筑与相连的裙房之间设置沉降缝时，高层建筑的基础埋深应大于裙房基础的埋深至少 2m，当不满足要求时必须采取有效措施。沉降缝室外地坪以下处应用粗砂填实，如图 8.36 所示。

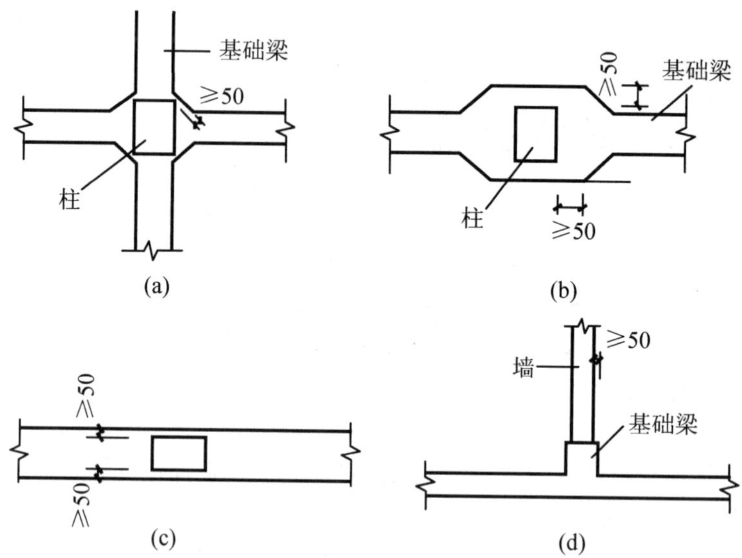

图 8.35 地下室底层柱、剪力墙与基础梁连接的构造要求

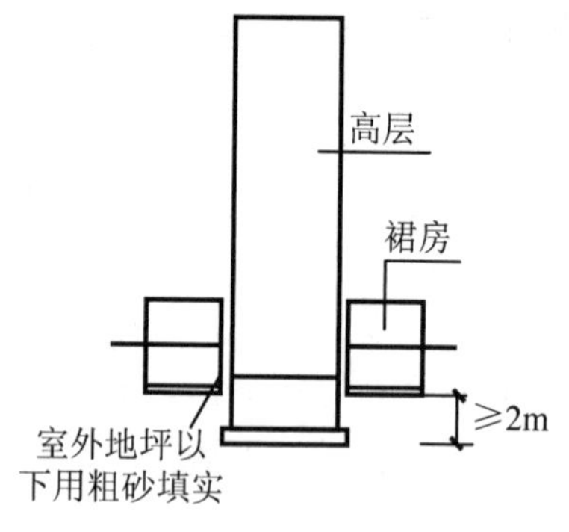

图 8.36 高层建筑与裙房间的沉降缝处理

b. 当高层建筑与相连的裙房之间不设置沉降缝时，宜在裙房一侧设置后浇带，后浇带的位置宜设在距主楼边柱的第二跨内。后浇带混凝土宜根据实测沉降值设计，计算后期沉降差能满足设计要求后方可进行浇筑。

c. 当高层建筑与相连的裙房之间不允许设置沉降缝和后浇带时，应进行地基变形计算，验算时需考虑地基与结构变形的相互影响并采取相应的有效措施。

⑥ 筏板基础地下室施工完毕后，应及时进行基坑回填。回填基坑时，应先清除基坑中的杂物，并应在相对的两侧或四周同时回填并分层夯实。

8.11.2 筏板基础的设计要点

筏板基础施工

筏板基础的设计要点如下。

① 筏板基础的平面尺寸，应根据地基土的承载力、上部结构的布置及荷载分布等因素确定。对单幢建筑物，在地基土比较均匀的条件下，基底平面形心宜与结构竖向永久荷载重心重合；当不能重合时，偏心距 e 宜符合下式要求。

$$e \leqslant 0.1W/A \tag{8-47}$$

式中 W——与偏心距方向一致的基底边缘抵抗矩；

A——基底面积。

筏板基础底板模板施工

② 梁板式筏板基础底板除计算正截面受弯承载力外，其厚度尚应满足受冲切承载力、受剪承载力的要求。平板式筏板基础的板厚应满足受冲切承载力的要求，当柱荷载较大，等厚度筏板的受冲切承载力不能满足要求时，可在筏板上面增设柱墩或在筏板下局部增加板厚，或采用抗冲切箍筋来提高受冲切承载力。此外，平板式筏板除满足受冲切承载力外，尚应验算距内筒边缘或柱边缘 h_0 处筏板的受剪承载力；当筏板变厚度时，尚应验算变厚度处筏板的受剪承载力；当筏板的厚度大于 2000mm 时，宜在板厚中间部位设置直径不小于 12mm、间距不大于 300mm 的双向钢筋网。

基础底板钢筋施工

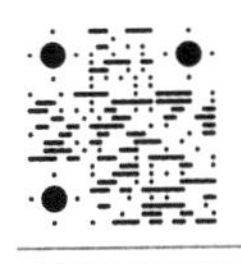

③ 当地基土比较均匀、上部结构刚度较好、梁板式筏板基础梁的高跨比或平板式筏板的厚跨比不小于 1/6，且相邻柱荷载及柱间距的变化不超过 20%时，筏板基础可仅考虑局部弯曲作用。筏板基础的内力，可按基底反力直线分布进行计算，计算时基底反力应扣除底板自重及其上填土的自重。当不满足上述要求时，筏板基础内力应按弹性地基梁方法进行分析计算。

④ 按基底反力直线分布计算的梁板式筏板基础，其基础梁的内力可按连续梁分析，边跨跨中弯矩及第一内支座的弯矩值宜乘以 1.2 的系数。梁板式筏板基础的底板和基础梁的配筋除应满足计算要求外，纵横方向的底部钢筋尚应有 1/3～1/2 贯通全跨，且其配筋率不应小于 0.15%，顶部钢筋按计算配筋全部连通。

⑤ 按基底反力直线分布计算的平板式筏板基础，可按柱下板带和跨中板带分别进行内力分析。柱下板带中，在柱宽及其两侧各 0.5 倍板厚且不大于 1/4 板跨的有效宽度范围内，其钢筋配置量不应小于柱下板带钢筋数量的一半，且应能承受部分不平衡弯矩的作用。

考虑到整体弯曲的影响，平板式筏板基础柱下板带和跨中板带的底部钢筋应有 1/3～1/2 贯通全跨，且其配筋率不应小于 0.15%，顶部钢筋按计算配筋全部连通。

⑥ 梁板式筏板基础的基础梁除满足正截面受弯及斜截面受剪承载力外，尚应按国家标准《混凝土结构设计规范（2015 年版）》有关规定验算底层柱下基础梁顶面的局部受压承载力。

箱形基础施工

8.12 箱形基础

箱形基础是由钢筋混凝土底板、顶板和一定数量纵横布置的内外墙构成的整体刚度很好的箱式结构，如图 8.11 所示。这种基础具有以下特点：①具有很大的刚度和整体性，因而能有效地调整基础的不均匀沉降，常用于上部结构荷载较大、地基土较软弱且分布不均匀的情况；②由于箱形基础能将上部结构较好地嵌固于基础，基础埋置得又较深，因而可降低建筑物的重心，增加建筑物的整体性，具有较好的抗震效果；③具有较好的补偿性，由于箱形基础埋深较大且基础空腹，可卸除基底处原有的地基自重应力，因而大大地减少了基底附加压力。所以箱形基础又称为补偿性基础，在高层建筑中被广泛采用。

8.12.1 箱形基础的构造与基本设计要求

箱形基础的构造与基本设计要求如下。

① 箱形基础的混凝土强度等级不应低于C20。

② 当采用箱形基础时，上部结构体形应力求简单、规则，平面布局尽量对称，基底平面形心宜与上部结构竖向永久荷载重心重合，当不满足上述要求时，偏心距 e 宜满足式(8-45)的要求。

③ 箱形基础的内外墙应沿上部结构柱网和剪力墙位置纵横均匀布置，墙体水平截面总面积不宜小于箱形基础外墙外包尺寸水平投影面积的1/10，对基础平面长宽比值大于4的箱形基础，其纵横水平截面面积不得小于箱形基础外墙外包尺寸水平投影面积的1/8。外墙厚度不应小于250mm，内墙厚度不应小于200mm。

④ 箱形基础的高度应满足结构承载力和刚度的要求，其值不宜小于箱形基础长度的1/20，并不宜小于3m，箱形基础的长度不包括底板悬挑部分。

⑤ 箱形基础的墙体应尽量不开洞或少开洞，并应避免开偏洞、边洞、高度大于2m的高洞和宽度大于1.2m的宽洞。如必须开洞，门洞宜设在柱间居中部位，墙体洞口周围应设置加强钢筋，洞口四周附加钢筋面积不应小于洞口内被切断钢筋面积的一半，且不小于两根直径为16mm的钢筋，此钢筋应从洞口边缘处延长40倍钢筋直径。

⑥ 箱形基础顶板厚度不应小于200mm，底板厚度不应小于300mm。箱形基础的顶板和底板均应采用双层双向配筋，且配筋不宜小于 ϕ4@200，顶板和底板的钢筋配置除符合计算要求外，纵横方向支座钢筋尚应有1/3～1/2的钢筋连通，且连通钢筋的配筋率分别不小于0.15%（纵向）和0.1%（横向），跨中钢筋按实际需要的配筋全部连通。

⑦ 箱形基础的墙体应采用双层双向配筋，墙体的竖向和水平钢筋直径不应小于10mm，间距不应大于200mm，除上部为剪力墙外，内外墙的墙顶处宜配置两根直径不小于20mm的通长构造钢筋。

8.12.2 箱形基础的简化计算

在对箱形基础进行设计时，可采用以下设计计算步骤。

① 确定箱形基础的埋深。

箱形基础的埋深除应满足一般基础埋深有关规定外，地震区箱形基础的埋深还应满足式(8-48)的要求。

$$d \geqslant \frac{1}{15} H_g \tag{8-48}$$

式中 H_g——自天然地面算起的建筑物高度。

② 进行箱形基础的平面布置及构造设计。

③ 确定箱形基础的平面尺寸。

④ 计算基底反力，验算地基承载力。

箱形基础的基底反力可根据行业标准《高层建筑筏形与箱形基础技术规范》(JGJ 6—

2011）提供的实用方法进行计算；对于地基土比较均匀，上部结构为框架结构且荷载比较均匀，基础底板悬挑部分不超出 0.8m，可以不考虑相邻建筑物的影响及满足各项构造要求的单幢建筑物箱形基础，可以将基底划分为若干区格（一般划分为 40 区格，纵向 8 格，横向 5 格），第 i 区格的基底反力可按式(8－49）确定，即

$$p_i = \frac{\sum P}{bl} a_i \tag{8-49}$$

式中 $\sum P$——相应荷载效应基本组合时，上部结构作用在箱形基础上的荷载加上箱形基础自重；

b、l——分别为箱形基础的宽度和长度；

a_i——相应于第 i 区格的基底反力系数，可查阅《高层建筑筏形与箱形基础技术规范》（JGJ 6—2011）附表。

⑤ 验算箱形基础的沉降量与整体倾斜。

⑥ 进行箱形基础的内力分析和截面设计。

⑦ 绘制基础施工图。

8.13 减轻建筑物不均匀沉降的措施

地基的不均匀沉降会造成建筑物的开裂，影响建筑物使用功能的发挥，特别是高压缩性土、膨胀土、湿陷性黄土及软硬不均等不良地基的不均匀沉降较大，对建筑物的影响也更大。如何防止或减轻不均匀沉降，是设计中必须认真思考的问题。常用的方法有：①采用桩基础或其他深基础以减少地基总沉降量；②对地基进行处理，以提高地基的承载力和压缩模量；③在建筑结构和施工中采取措施。总之，采取措施的目的是减少建筑物的总沉降量及不均匀沉降，另外也可提高上部结构对沉降和不均匀沉降的适应能力。

8.13.1 建筑措施

1. 建筑物的体型力求简单

建筑物体型是指其平面形状与立面轮廓。平面形状复杂（如“H”“L”“T”“E”等形状和有凹凸部位）的建筑物，由于基础密集，地基中各单元荷载产生的附加应力互相重叠，使局部沉降量增加。如果建筑物在平面上转折、弯曲太多，则其整体性和抵抗变形的能力将受到影响，容易产生裂缝，如图 8.37 所示。建筑物的立面不宜高低悬殊，因为在高度突变的变位，地基各部分所受的荷载轻重不同，自然也容易出现过大的不均匀沉降。因此，如遇软地基，应力求以下两点。

① 平面形状简单，如用“一”字形建筑物。

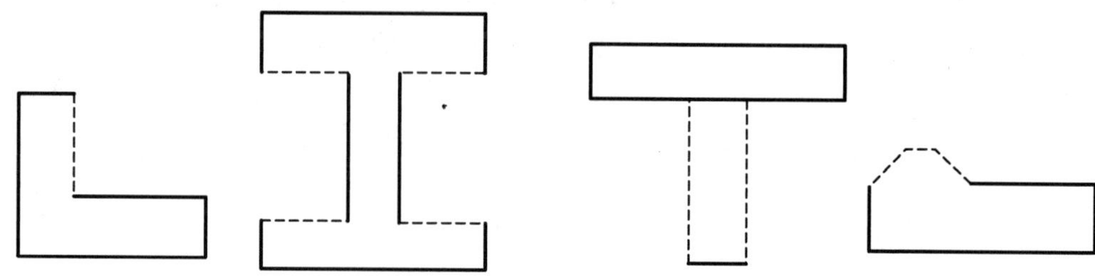

图 8.37　复杂平面的裂缝位置

② 立面体型变化不宜过大，砌体承重结构房屋高差不宜超过 1～2 层。

2. 控制建筑物的长高比及合理布置纵横墙

纵横墙的连接和房屋的楼（屋面）共同形成了砌体承重结构的空间刚度。建筑物在平面上的长度 L 和从基底算起的高度 H_f 之比称为建筑物的长高比，它是决定砌体承重结构房屋刚度的一个主要因素。L/H_f 越小，建筑物的刚度就越好，调整地基不均匀沉降的能力越大。合理布置纵横墙，是增强砌体承重结构房屋整体刚度的重要措施之一。一般来说，房屋的纵向刚度较弱，故地基不均匀沉降的损害主要表现为纵墙的挠曲破坏。内、外纵墙的中断、转折都会削弱建筑物的纵向刚度，当遇地基不良时，应尽量使内、外纵墙都贯通。另外，缩小横墙的间距，也可有效地改善房屋的整体性，从而增强房屋调整不均匀沉降的能力。

3. 设置沉降缝

当遇到地基不均匀、建筑物平面形状复杂、建筑物立面高低悬殊等情况时，应在建筑物的特定部位设置沉降缝，可有效地减小不均匀沉降引起的损害。沉降缝从屋面到基础将建筑物全部分开并分割成若干个长高比较小、整体刚度较好、体型简单、自成沉降体系的单元。

根据经验，沉降缝一般宜设置在建筑物的下列部位。

① 建筑物平面的转折部位。

② 高度差异或荷载突变处。

③ 长高比过大的砌体承重结构或钢筋混凝土框架结构的适当部位。

④ 地基土的压缩性有显著变化处。

⑤ 建筑物结构或基础类型不同处。

⑥ 分期建造房屋的交界处。

4. 合理安排建筑物之间的距离

地基中附加应力的扩散作用使相邻建筑物的沉降相互影响。在软弱地基上，同时建造的两座建筑物之间、新老建筑物之间，若距离太近，都会产生附加的不均匀沉降，从而造成建筑物的互倾或开裂。为了避免相邻建筑物影响的危害，软弱地基上的相邻建筑物要有一定的距离。

5. 调整建筑物各部分的标高

如果建筑物沉降过大，会使标高发生变化，严重时将影响建筑物的使用功能。应根据可能产生的不均匀沉降，采取下列相应措施。

① 根据预估沉降，适当提高室内地坪和地下设施的标高。

② 将相互有联系的建筑物各部分（包括设备）中预估沉降较大者的标高适当提高。

③ 建筑物与设备之间应留有足够的净空。

④ 有管道穿过建筑物时，应留有足够尺寸的孔洞，或采用柔性管道接头。

8.13.2 结构措施

1. 减轻结构自重

建筑物的自重在基底压力中占有较重的比例，在一般民用建筑中可高达60%～70%，在工业建筑中约占50%。因此，减少基础不均匀沉降应首先考虑减轻结构的自重，措施如下。

① 选用轻型结构，如轻钢结构、预应力混凝土结构及各种轻型空间结构。

② 采用轻质材料，如空心砖、空心砌块或其他轻质墙等。

③ 减轻基础及其回填土的自重，尽可能考虑采用浅埋基础；采用架空地板代替室内填土，设置半地下室或地下室等，尽量采用覆土少、自重轻的基础形式。

2. 加强基础整体刚度

根据地基、基础与上部结构共同作用的概念，当上部结构的整体刚度很大时，上部结构能调整和改善地基的不均匀沉降。当建筑物体型复杂、框架结构荷载差异较大及地基比较软弱时，可采用桩基础、筏板基础、箱形基础等。这些基础整体性好、刚度大，可以调整和减少基础的不均匀沉降。

3. 选用适合的结构形式

应选用当支座发生相对变位时不会在结构内引起很大的附加应力的结构形式，如排架、三铰拱（架）等非敏感性结构。例如，采用三铰门架结构做小型仓库和厂房，当基础倾斜时，上部结构不产生次应力，可以取得较好的效果。必须注意，采用这些结构后，还应当采取相应的防范措施，如避免用连续吊车梁及刚性屋面防水层，在墙内加设圈梁等。

4. 设置圈梁和钢筋混凝土构造柱

对于砖石承重墙房屋，不均匀沉降的损害主要表现为墙体的开裂。因此，常在墙内设置钢筋混凝土圈梁来增强其承受变形的能力。当墙体弯曲时，圈梁主要承受拉应力，弥补了砌体抗拉强度不足的弱点，增加了墙体的刚度，能防止墙体出现裂缝及阻止裂缝的开展。

如在墙体转角及适当部位设置现浇钢筋混凝土构造柱，并用锚筋与墙体拉结，可更有效地提高房屋的整体刚度和抗震能力。圈梁和构造柱的设置及构造要求详见有关规定。

8.13.3 施工措施

合理安排施工顺序，注意某些施工方法，也能减小或调整不均匀沉降。

1. 建筑物施工之前使地基预先沉降

活荷载较大的建筑物，如料仓、油罐等，当条件许可时，在施工前采用控制加载速率预压措施，使地基预先沉降，以减少建筑物施工后的沉降及不均匀沉降。

2. 合理安排施工顺序

在软弱地基上进行工程建设时，当拟建的相邻建筑物之间轻重相差悬殊时，一般应先建重建筑物，后建轻建筑物，或先施工主体部分，再施工附属部分，可调整一部分沉降差。

3. 加强基坑开挖时对坑底土的保护

基坑开挖时，要注意对坑底土的保护，特别是当坑底土为淤泥或淤泥质土时，应尽可能避免对土体原状结构的扰动。若槽底已发生扰动，可先挖去扰动部分，再用砂、碎石等进行回填处理。当坑底土为粉土或粉砂时，可采用坑内降水和合适的支护结构，以避免产生流砂现象。

本章小结

通过本章的学习，学生应熟悉、掌握以下内容。

(1) 熟悉柱下钢筋混凝土条形基础、十字交叉钢筋混凝土条形基础、筏板基础及箱形基础的构造要求。

(2) 掌握浅基础类型。天然地基上的浅基础，根据受力条件及构造可分为刚性基础和柔性基础两大类。

(3) 掌握确定基础埋深的影响因素。

(4) 熟练掌握基底尺寸的确定及软弱下卧层的计算。

① 对轴心受压基础：$A \geqslant \frac{F_k}{f_a - \gamma_G d}$。

② 对偏心受压基础：先按轴心荷载作用，初步计算基底面积 A_0；然后将基底面积 A_0 扩大 10%～40%，即 $A=(1.1 \sim 1.4)A_0$；确定基础的长度 l 和宽度 b；最后进行承载力验算，要求 $p_{k,max} \leqslant 1.2f_a$，$\overline{p_k} \leqslant f_a$。

③ 如果地基变形计算深度范围内存在软弱下卧层时，还应验算软弱下卧层的地基承载力。要求作用在软弱下卧层顶面处的附加压力与自重压力值不超过软弱下卧层的承载力，$p_z + p_{cz} \leqslant f_{az}$。

(5) 熟练掌握刚性基础、墙下钢筋混凝土条形基础、柱下钢筋混凝土独立基础的设计。

① 对刚性基础设计要求基础台阶的高度 $H_0 \geqslant \frac{b-b_0}{2\tan\alpha} = \frac{b_2}{\tan\alpha}$。

② 对墙下钢筋混凝土条形基础设计，其重点：基础底板厚度 h 的确定，一般根据经验采用试算法，即一般取 $h \geqslant b/8$，然后进行受剪承载力验算，要求 $V \leqslant 0.7\beta_{hs} f_t b h_0$；计算基础底板的配筋，基础底板配筋一般可近似按下式计算：$A_s = \frac{M}{0.9 f_y h_0}$。

③ 对柱下钢筋混凝土独立基础的设计，其重点是确定基础底板厚度，如果基础底板厚度不足，将会沿柱周边产生冲切破坏，形成45°斜截面冲切破坏锥体。为了保证基础不发生冲切破坏，应保证基础具有足够的高度，使基础冲切破坏锥体以外由基底净

反力产生的冲切力 F_l 小于或等于基础冲切面处混凝土的抗冲切强度，即：$F_l \leqslant 0.7\beta_{hp} f_t a_m h_0$；计算基础底板配筋，基础底板纵横两个方向的钢筋面积均可近似按下式计算：$A_s = \frac{M}{0.9 f_y h_0}$。

习　题

一、填空题

1. 对经常受水平荷载作用的________、________等，以及建造在________或边坡附近的建筑物和构筑物，尚应验算其稳定性。

2. 毛石基础每台阶高度和基础墙厚不宜小于________mm，每阶两边各伸出宽度不宜大于________mm，当基础底宽小于700mm时，应做成矩形基础。

3. 对刚性基础设计，要求刚性基础台阶的高度 H_0 应符合________要求。

4. 墙下钢筋混凝土条形基础的宽度________时，底板受力钢筋的长度可取宽度的9/10，并宜交错布置。

5. 条形基础梁顶部和底部的纵向受力钢筋除满足计算要求外，顶部钢筋按________，底部通长钢筋不应小于底部受力钢筋截面总面积的________。

6. 当高层建筑与相连的裙房之间设置沉降缝时，高层建筑的基础埋深应大于裙房基础的埋深至少__________m，当不满足要求时必须采取有效措施。沉降缝地面以下处应用__________填实。

二、简答题

1. 地基基础设计有哪些要求和基本规定？

2. 影响基础埋深的主要因素有哪些？为什么基底下面可以保留一定厚度的冻土层？

3. 在轴心荷载及偏心荷载作用下，基底面积如何确定？当基底面积很大时，宜采用哪一种基础？

4. 当有软弱下卧层时如何确定基底面积？

5. 简述墙下钢筋混凝土条形基础的设计计算步骤。

6. 简述减少基础不均匀沉降可以采取哪些有效措施。

三、案例分析

1. 某柱下钢筋混凝土独立基础，作用在基础顶面相应于荷载效应标准组合时的竖向力 $F_k=300\text{kN}$，基础埋深为1.0m，地基土为砂土，其天然重度为 18kN/m^3，地基承载力特征值 $f_{ak}=280\text{kPa}$，试计算该基底尺寸。

2. 某墙下条形基础（内墙），上部结构传至基础顶面相应于荷载效应标准组合时的竖向力 $F_k=220\text{kN}$，$M_k=100\text{kN}\cdot\text{m}$，基础埋深1.8m，土层分布为：第一层为杂填土，深0.5m，天然重度 $\gamma=17\text{kN/m}^3$；第二层为黏性土，深3m，天然重度 $\gamma=19\text{kN/m}^3$，孔隙比 $e=0.84$，液性指数 $I_L=0.75$，地基承载力特征值 $f_{ak}=180\text{kPa}$。试计算基础的宽度。

3. 某住宅砖墙承重，外墙厚490mm，上部结构传至基础顶面相应于荷载效应标准组合时的竖向力 $F_k=220kN$，基础埋深 $d=1.6m$，室内外高差为0.6m，地基土为粉土，其重度 $\gamma=18.5kN/m^3$，经修正后的地基承载力特征值 $f_a=200kPa$，基础材料采用毛石，砂浆采用M5，试设计此墙下条形基础，并绘出基础剖面图。

4. 某承重墙厚度为370mm，上部结构传至基础顶面相应于荷载效应标准组合时的竖向力 $F_k=270kN$，基础埋深 $d=1.0m$，采用混凝土强度等级为C15，HPB300钢筋，试验算基础宽度及底板厚度，并计算底板钢筋面积（图8.38）。

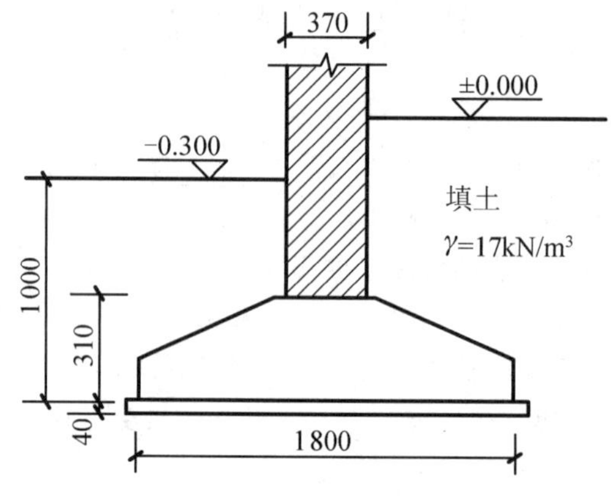

黏土，$\gamma=18.2kN/m^3$

$f_{ak}=180kN/m^2$，$\eta_b=0.3$，$\eta_d=1.6$

图8.38 案例分析4附图

5. 某楼房承重墙厚370mm，上部结构传至基础顶面相应于荷载效应标准组合时的竖向力 $F_k=200kN$，该地区标准冻深1m，属冻胀土，地下水位深3.5m。地层情况：第一层杂填土，厚0.5m，$\gamma=16kN/m^3$；第二层为黏土，厚4m，$\gamma=18.5kN/m^3$，$f_a=180kPa$，$E_s=6MPa$；第三层为淤泥质土，厚度较大，$\gamma=17kN/m^3$，$f_a=80kPa$，$E_s=1.6MPa$。试设计该墙下钢筋混凝土条形基础。

6. 某厂房内现浇柱截面400mm×800mm，上部结构传至基础顶面相应于荷载效应标准组合时的竖向力 $F_k=1500kN$，$M_k=100kN\cdot m$，地下水位深2m。地层情况：第一层为杂填土，厚1m，$\gamma=16kN/m^3$；第二层为黏土，厚3m，$\gamma=19kN/m^3$，$f_a=200kPa$，$E_s=6MPa$；第三层为粉土，厚度较大，$\gamma=18kN/m^3$，$f_a=140kPa$，$E_s=4MPa$。试设计该柱下独立基础，并验算地基变形。

第8章习题答案

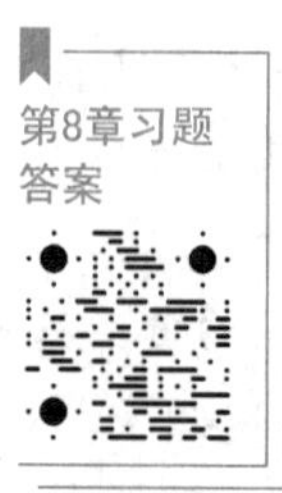

第9章 桩基础与其他深基础

通过本章的学习，了解桩的分类、特点与适用范围；掌握单桩承载力、群桩承载力的确定方法；了解桩基础设计的一般规定、设计步骤，具有设计桩基础的一般能力。

学习要求

能力目标	知识要点	相关知识	权重
了解桩的类型和主要特点	桩的分类和各类桩主要特点	端承桩与摩擦桩的概念，常用的预制桩与灌注桩的类型及特点	0.1
掌握单桩承载力计算	单桩竖向、水平承载力的确定	单桩竖向承载力的传递规律，确定单桩竖向承载力的方法，单桩竖向承载力标准值和单桩竖向承载力设计值的确定	0.3
掌握群桩承载力计算	群桩效应和群桩竖向承载力的确定及群桩软弱下卧层承载力验算	群桩效应的基本概念，群桩破坏的两种模式及承载力计算方法，群桩软弱下卧层承载力验算	0.3
掌握桩基础设计	桩基础竖向承载力和沉降计算	确定桩型、桩长、桩数及平面布置，验算桩基础承载力	0.3

第9章课件

引 例

河南某高层建筑，框架剪力墙结构，地下 1 层，地上 24 层。由工程地质勘察已知地基土分为 8 层：表层为杂填土，厚 1.0m；第二层为软塑黏土，厚 2m；第三层流塑粉质黏土，厚 2.5m；第四层软塑粉质黏土，厚 2.5m；第五层为硬塑粉质黏土，厚 2.0m；第六层为粗砂，中密，厚 3.8m；第七层为强风化岩石，厚 1.7m；第八层为泥质页岩，微风化，厚度大于 20m，设计采用钢筋混凝土管桩基础。思考为什么采用桩基础?

9.1 概述

桩基础简称桩基，是一种承载性能好、适用范围广、历史悠久的深基础。我国在浙江余姚河姆渡村出土的占地 4000m^2 的大量木结构遗存，其中有木桩数百根，经专家研究认为其距今约 7000 年。随着生产力水平的提高和科学技术的发展，桩基的类型、工艺、设计理论、计算方法和应用范围都有了很大的发展，被广泛应用于高层建筑、港口、桥梁等工程中。

9.1.1 桩基的定义和作用

桩是将建筑物的荷载全部或部分传递给地基土的具有一定刚度和抗弯能力的传力构件。它的横截面尺寸比长度小得多。

桩可以在现场或工厂预制，也可以在地基土中开孔直接浇筑。桩的截面形状常为方形、圆形、环状、矩形，也有多边形或 H 形等异形截面。

桩基是由桩与连接桩顶的承台组成的基础，或由柱与桩直接连接的单桩基础，通过桩杆（杆身）将荷载传给深部的土层或侧向土体。

桩基根据工程的特点，可以发挥各种不同的作用，不仅能有效地承受竖向荷载，还能承受水平力和上拔力，也可用来减少机器基础的振动。

9.1.2 桩基的适用范围

桩基的适用范围有以下几种情况。

① 当地基软弱、地下水位高且建筑物荷载大，采用天然地基、地基承载力不足时，需采用桩基。

② 当地基承载力满足要求，但采用天然地基沉降量过大时；或当建筑物沉降要求较严格，建筑等级较高时，需采用桩基。

③ 高层或高耸建筑物需采用桩基，可防止在水平力作用下发生倾覆。

④ 建筑物内外有大量堆载会造成地基过量变形而产生不均匀沉降的，或为防止对邻

近建筑物产生相互影响的新建建筑物，需采用桩基。

⑤ 设有大吨位的重级工作制吊车的重型单层工业厂房可采用桩基。

⑥ 对地基沉降及沉降速率有严格要求的精密设备基础。

⑦ 当地震区、建筑物场地的地基土中有液化土层时，可采用桩基。

⑧ 当浅土层中软弱层较厚，或为杂填土或局部有暗滨、溶洞、古河道、古井等不良地质现象时，可采用桩基。

不属于上述情况时，可根据具体情况，依据“经济合理、技术可靠”的原则，经分析比较后确定是否采用桩基。前面引例所述情况就属于地基软弱，所以分析论证后采用钢筋混凝土管桩基础。

9.1.3 深基础的特点

深基础与浅基础比较，具有下列特点。

① 深基础承载力高。

② 深基础施工需要专门的设备，例如，打桩机、挖槽机、泥浆搅拌设备等。

③ 深基础的技术较为复杂，必须有专业技术人员负责施工技术和质量检查。

④ 深基础的造价比较高。

⑤ 深基础工期比较长。

9.2 桩的类型及各类桩的主要特点

9.2.1 桩的类型

桩一般可以按桩身材料、施工方法、荷载的传递方式、桩的挤土作用进行分类。

① 按桩身材料分为钢筋混凝土桩、预应力混凝土桩、钢桩、木桩、组合材料桩。一些大型工程和桥梁工程中的桩基多采用钢筋混凝土桩和预应力混凝土桩。

② 按施工方法分为预制桩、灌注桩。预制桩在工厂或施工现场预先制作成型，然后运送到桩位，采用锤击、振动或静压的方法将桩沉至设计标高。灌注桩是指在设计桩位用钻、冲或挖等方法成孔，然后在孔中浇筑混凝土成桩的桩型。

③ 按荷载的传递方式分为端承桩和摩擦桩。端承桩是桩顶荷载由桩端阻力承受的桩。摩擦桩是桩顶荷载由桩侧阻力和桩端阻力共同承受的桩。

摩擦桩和端承桩在支承力、荷载传递等方面都有较大的差异，通常摩擦桩的沉降大于

端承桩，同时采用摩擦桩和端承桩会导致墩台产生不均匀沉降，因此，在同一桩基中，不应同时采用摩擦桩和端承桩。

④ 按桩的挤土作用分为挤土桩、部分挤土桩和非挤土桩。

9.2.2 各类桩的主要特点

各类桩的主要特点如下。

(1) 混凝土桩

小型工程中，当桩基主要承受竖向桩顶受压荷载时，可采用混凝土桩。混凝土强度等级一般采用 C20 和 C25。这种桩的价格比较便宜，截面刚度大，易于制成各种尺寸。

(2) 钢筋混凝土桩

钢筋混凝土桩应用较广，常做成实心的方形或圆形，亦可做成十字形截面，可用于承压、抗拔、抗弯等。可工厂预制或现场预制后打入，也可现场钻孔浇筑混凝土成桩。当桩的截面较大时，也可以做成空心管桩，常通过施加预应力制作管桩，以提高自身抗裂能力。

(3) 钢桩

用各种型钢制作的钢桩承载力高，质量轻，施工方便；但价格高，费钢材，易腐蚀。一般在特殊、重要的建筑物中才使用，常见的有钢管桩、宽翼工字型钢桩等。

(4) 木桩

木桩在我国古代的建筑工程中早已使用。木桩虽然经济，但由于承载力低，易腐烂，木材又来之不易，现在已很少使用，只在乡村小桥、临时小型构筑物中还少量使用。木桩常用松木、杉木、柏木和橡木制成。木桩在使用时，应打入地下水位 0.5m 以下。

(5) 组合材料桩

组合材料桩是一种新桩型，由两种材料组合而成，以发挥各种材料的特点。如在素混凝土中掺入适量粉煤灰形成粉煤灰素混凝土桩、在水泥搅拌桩中插入型钢或预制钢筋混凝土小截面桩。但采用组合材料桩相对造价较高，故只在特殊地质情况下才采用。

(6) 预制桩

预制桩的材料有混凝土、钢筋混凝土、预应力钢筋混凝土、钢管、木材等。在工程中应用最广泛的是钢筋混凝土预制桩。

预制桩可以整体制作。但由于运输条件的限制，当桩身较长时，需要分段制作，每段长度不超过 12m，沉桩时再拼接成所需要的长度，但要尽量减少接头数目，接头应保证能传递轴力、弯矩、剪力，并保证在沉桩过程中不松动。常用的接桩方法有钢板焊接接头法和浆锚法，如图 9.1 所示。

预制桩一般适用于下列情况：①不需考虑噪声污染和振动影响的环境；②持力层顶面起伏变化不大；③持力层以上的覆盖层中无坚硬夹层；④水下桩基工程；⑤大面积桩基工程。以上情况采用预制桩可提高工效。

预制桩沉桩的深度，首先应根据勘察资料和上部结构的要求估算，定出桩尖的设计标高。施工时，需要对最后贯入度和桩尖设计标高两方面进行控制。

最后贯入度是指沉至某标高时每次锤击的沉入量，通常以最后每阵的平均贯入度表示。锤击法可用 10 次锤击为一阵，最后贯入度可根据计算或地区经验确定；振动沉桩以每分钟为一阵，要求最后两阵平均贯入度为 10～50mm/min。

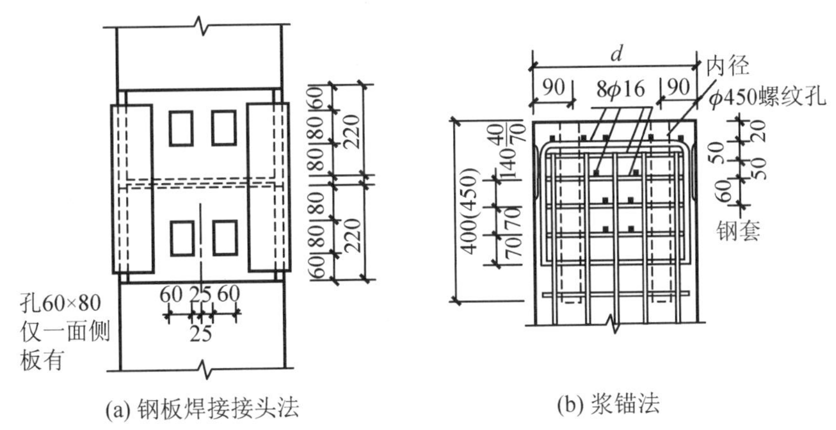

(a) 钢板焊接接头法　　(b) 浆锚法

图 9.1　接桩方法

(7) 灌注桩

灌注桩的配筋率一般较低，用钢量较省，且桩长可随持力层起伏而改变，不需截桩，不设接头。与预制桩相比，不存在起吊及运输的问题。灌注桩要特别注意保证桩身混凝土质量，防止露筋、缩颈、断桩等现象。以上是各种灌注桩的共同特点。灌注桩有许多类型，其优缺点、适用条件各不相同，以下介绍几种。

① 沉管灌注桩：沉管灌注桩简称沉管桩，其施工程序如图 9.2 所示。它是利用锤击、振动或振动冲击的方法将带有预制桩或活瓣桩尖的钢管沉入土中成孔，然后在钢管内放入（或不放）钢筋笼，浇筑和振捣混凝土，一边振动一边拔出套管。

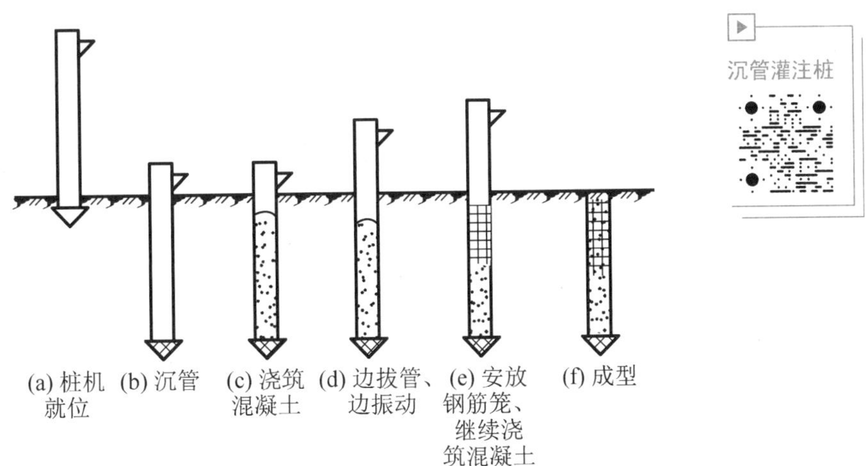

(a) 桩机就位　(b) 沉管　(c) 浇筑混凝土　(d) 边拔管、边振动　(e) 安放钢筋笼、继续浇筑混凝土　(f) 成型

图 9.2　沉管桩的施工程序示意

拔管时应满灌慢拔、随拔随振。沉管桩的桩径一般为 300～600mm，入土深度一般不超过 25m。当桩管长度不够或在处理颈缩事故时，可对沉管桩进行“复打”，就是第一次浇筑混凝土时不放入钢筋笼，而在浇筑完毕后重新在原位置再次沉管，浇筑混凝土，并按规定放

静压沉管灌注桩施工

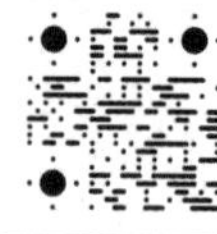

入钢筋笼成桩。这种做法虽能防止颈缩与提高承载力，但造价却有较大提高。

② 钻（冲）孔灌注桩：采用旋转、冲击、冲抓等方法成孔，然后清除孔底残渣，安放钢筋笼，最后浇筑混凝土。钻孔灌注桩在桩径选择上比较灵活，小的在 0.6m 左右，大的达 2m 以上，具有较强的穿透能力，故使用时桩长不太受限制，对高层、超高层建筑采用钻孔嵌岩桩是一种较好的选择。

③ 挖孔灌注桩：简称挖孔桩，可以用人工或机械开孔，我国由于劳动力资源丰富，大都采用人工挖孔。

钻(冲)孔灌注桩的质量问题

采用人工挖孔时，其桩径不宜小于 0.8m。人工挖孔桩的主要施工次序是：挖孔、支护孔壁、清底、安装或绑扎钢筋笼、浇筑混凝土。为防止坍孔，每挖约 1m 深，制作一节混凝土护壁，护壁一般应高出地表 100～200mm，呈斜阶形。孔壁支护的方法通常是用现浇混凝土围圈，如图 9.3 所示。

桩的截面通常采用圆形或矩形，直径或边宽一般小于 1.2m。

挖孔桩的优点：可直接观察地层情况，孔底易清除干净，桩身质量容易得到保证，施工设备简单；无挤土作用，场区内各桩可同时施工。但由于挖孔是井下作业，施工中必须注意防止孔内有害气体、塌孔、落物等危及人员安全。

人工挖孔桩施工

(8) 端承桩

端承桩是桩顶荷载由桩端阻力承受的桩。桩身穿过软弱土层，达到深层坚硬土层或岩层中，如图 9.4 所示。桩侧阻力很小，可略去不计。

(9) 摩擦桩

摩擦桩是桩顶荷载由桩侧阻力和桩端阻力共同承受的桩。它的桩侧阻力很大，不可忽略，桩未达到坚硬土层或岩层，如图 9.5 所示。

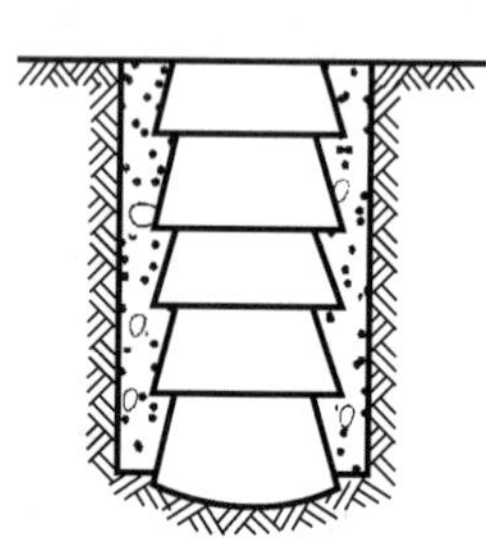

图 9.3 挖孔桩孔壁支护

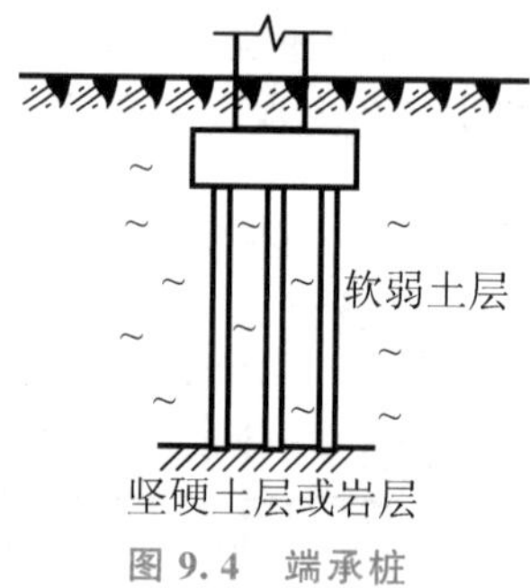

图 9.4 端承桩

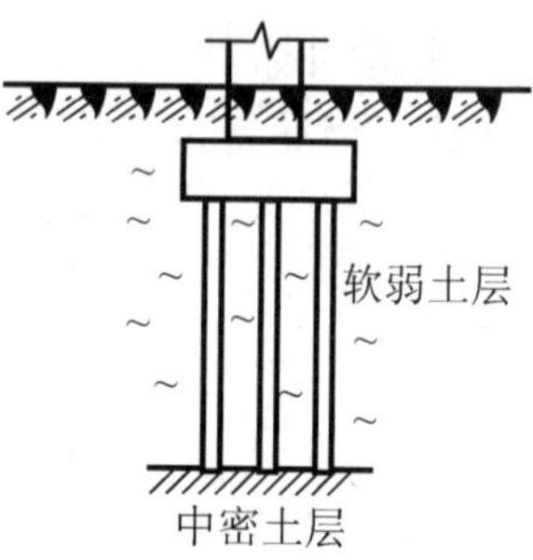

图 9.5 摩擦桩

(10) 挤土桩

挤土桩也称排土桩，指打入或压入土中的实体预制桩、闭口管桩（钢管桩或预应力管桩）和沉管桩。在成桩过程中，桩的周围土被压密或挤开，受到严重扰动，土中超孔隙水压力增长，土体隆起，对周围环境造成严重的损害。

(11) 部分挤土桩

部分挤土桩也称微排出桩，指沉管桩、预钻孔打入式预制桩、打入式敞口桩。在成桩过程中，桩周围土仅受到轻微的扰动，土的原状结构和工程性质的变化不明显。

(12) 非挤土桩

非挤土桩也称非排出桩，指采用干作业法、泥浆护壁法、套管护壁法的钻（冲）孔灌注桩、挖孔桩。非挤土桩对桩周围土没有挤压的作用，不会引起土体中超孔隙水压力的增长，因而桩的施工不会危及相邻建筑物的安全。

9.3 单桩承载力

9.3.1 单桩竖向承载力

单桩竖向承载力是指竖直单桩在轴向外荷载作用下，不丧失稳定、不产生过大变形时的最大荷载值。

桩基在荷载作用下，主要有两种破坏模式：一种是桩身破坏，桩端支承于很硬的地层上，而桩侧土又十分软弱时，桩相当于一根细长柱，此时有可能发生纵向弯曲破坏；另一种是地基破坏，桩穿过软弱土层支承在坚实土层时，其破坏模式类似于浅基础下地基的整体剪切破坏，土从桩端两侧隆起。此外，当桩端持力层为中等强度土层或软弱土层时，在荷载作用下，桩“切入”土中，称为冲剪破坏或贯入破坏。

由上述可见，单桩竖向承载力应根据桩身材料强度和地基土对桩的支承力两方面确定。

1. 根据桩身材料强度确定

通常桩总是同时受轴力、弯矩和剪力的作用，按桩身材料强度计算单桩竖向承载力时，将桩视为轴心受压构件。对于钢筋混凝土桩，其计算公式为

$$R_a=0.9\psi(f_cA+f'_yA'_s) \tag{9-1}$$

式中 R_a——单桩竖向承载力特征值，N；

ψ——纵向弯曲系数，考虑土的侧向作用，一般取 $\psi=1.0$；

f_c——混凝土的轴心抗压强度设计值，N/mm^2；

A——桩身的横截面面积，mm^2；

f'_y——纵向钢筋的抗压强度设计值，N/mm^2；

A'_s——桩身内全部纵向钢筋的截面面积，mm^2。

由于灌注桩成孔和混凝土浇筑的质量难以保证，而预制桩在运输及沉桩过程中受振动和锤击的影响，《建筑桩基技术规范》(JGJ 94—2008) 规定，应将混凝土的轴心抗压强度设计值乘以桩基施工工艺系数 ψ_c。对混凝土预制桩，取 $\psi_c=1$；对干作业非挤土桩，取 $\psi_c=0.9$；对泥浆护壁和套管非挤土桩、部分挤土桩、挤土桩，取 $\psi_c=0.8$。

2. 根据地基土对桩的支承力确定

(1) 按静载试验确定

《规范》规定，对于一级建筑物，单桩竖向承载力特征值应通过单桩竖向静载试验确定。

单桩竖向静载试验是按照设计要求在建筑场地先打试桩顶上分级施加静荷载，并观测

在各级荷载作用下地基的沉降量，直到桩周围地基破坏或桩身破坏，从而求得桩的极限承载力。试桩数量一般不少于桩总数的 1%，且不少于 3 根。

由于打桩会对土体产生扰动，必须待试桩周围土体的强度恢复后方可开始试验，间隔天数应视土质条件及沉桩方法而定，一般间隔天数：预制桩，打入黏性土中不得少于 15d，砂土中不宜少于 7d，饱和软黏土中不得少于 25d；灌注桩应待桩身混凝土达到设计强度后才能进行试验。

① 试验装置。试验装置由加载稳压装置和桩顶沉降观测装置组成。图 9.6 (a) 为利用液压千斤顶和锚桩提供反力（锚桩反力法）的试验装置示意。千斤顶的反力可依靠锚桩承担或由压重平台上的重物来平衡。试验时可根据需要布置 4～6 根锚桩，锚桩深度应小于试桩深度，锚桩与试桩的间距应大于 $4d$（d 为桩截面边长或直径），且大于 2m。观测装置应埋设在试桩和锚桩受力后产生地基变形的影响之外处，以免影响观测结果的精度。采用压重平台提供反力（压重平台法）的试验装置如图 9.6 (b) 所示。

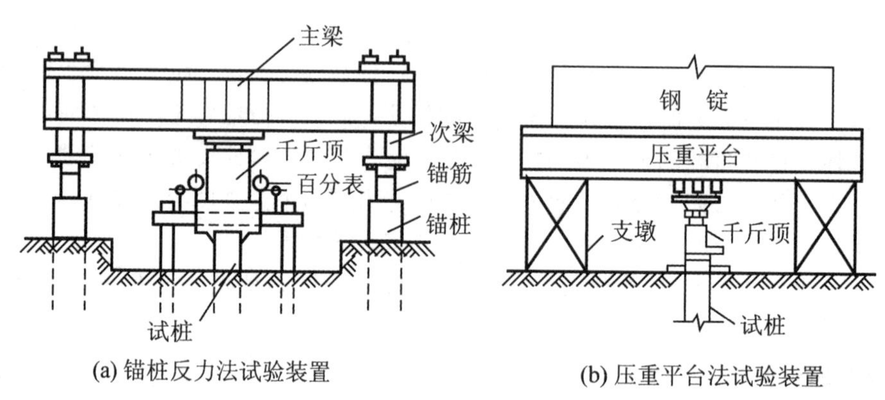

(a) 锚桩反力法试验装置

(b) 压重平台法试验装置

图 9.6　单桩竖向静载试验装置示意

② 试验方法。单桩竖向静载试验的加载方法，应按慢速维持荷载法进行。加载时，荷载由小到大分级增加，可由千斤顶上的压力表控制，每级加载为预估极限承载力的 1/10～1/8。

每级加载后间隔 5min、10min、15min 各测读一次沉降量，以后每隔 15min 测读一次，累计 1h 后每隔 30min 测读一次，每次测读值记入试验记录表。

当持力层为黏性土时，沉降速率不大于 0.1mm/h；持力层为砂土时，沉降速率不大于 0.5mm/h，就满足了沉降相对稳定标准。

快速维持荷载法则规定，每级荷载（维持不变）下观测沉降 1h 即可施加一级荷载。

当在试验过程中出现下列情况时，即可终止加载。

a. 桩发生急剧的、不停滞的下沉。

b. 某级荷载下桩的沉降量大于前一级沉降量的 2 倍，且在 24h 内不能稳定。

c. 某级荷载下，桩的沉降量为前一级荷载作用下沉降量的 5 倍。

d. 桩顶总沉降量达到 40mm 后，继续增加二级或二级以上荷载仍无陡降段。

终止加载后进行卸载，每级卸载值为加载值的 2 倍，每级卸载后隔 15min 测读一次残余沉降，读两次后，隔 30min 再读一次，即可卸下一级荷载。全部卸载后，隔 3～4h 再测读一次。

根据试验结果，可给出荷载-沉降曲线（$Q-s$ 曲线）和各级荷载下沉降-时间曲线（$s-t$ 曲线），如图 9.7 所示。

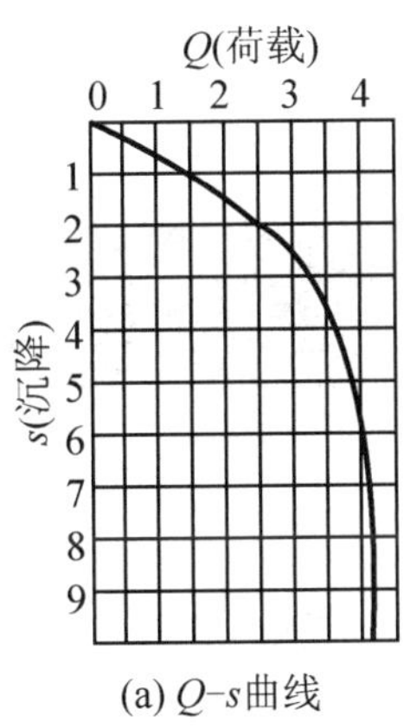

(a) Q–s曲线

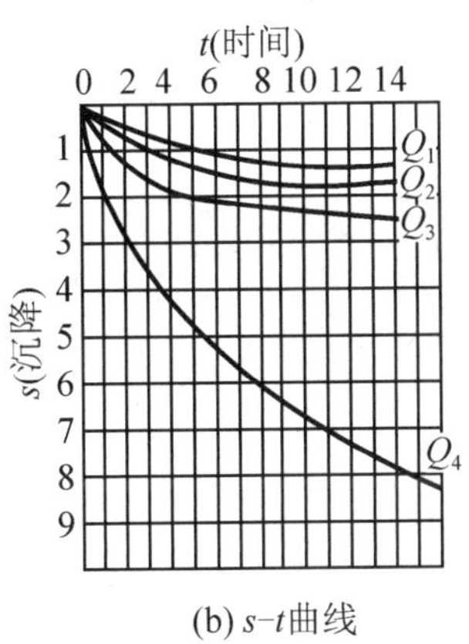

(b) s–t曲线

图 9.7 $Q-S$ 曲线和 $s-t$ 曲线

根据《规范》规定，单桩竖向承载力是由 $Q-s$ 曲线按下列条件确定的。

a. 当曲线存在明显陡降段时，取相应于陡降段起点的荷载值为单桩竖向承载力。

b. 对于直径或桩宽在 550mm 以下的预制桩，在某级荷载 Q_{i+1} 作用下，其沉降量与相应荷载增量的比值 $\left(\frac{\Delta s_{i+1}}{\Delta Q_{i+1}}\right)\geqslant 0.1\text{mm/kN}$ 时，取前一级荷载 Q_i 之值作为单桩竖向承载力。

c. 当符合终止加载条件第二点时，在 $Q-s$ 曲线上取桩顶总沉降量 s 为 40mm 时的相应荷载值作为单桩竖向承载力。

此外，《规范》还规定，对桩基沉降有特殊要求者，应根据具体情况确定。

对静载试验所得的极限承载力必须进行数理统计，求出每根试桩的极限承载力后，按参加统计的试桩数取试桩极限承载力的平均值。要求极差（最大值与最小值之差）不得超过平均值的 30%。当极差超过时，应查明原因，必要时宜增加试桩数；当极差符合规定时，取其平均值作为单桩竖向承载力，但对桩数为 3 根以下的柱下承台，取试桩的最小值为单桩竖向承载力。最后，将单桩竖向承载力除以 2，即得单桩竖向承载力特征值 R_a。

(2) 按《规范》中的经验公式确定

对于二级建筑物，可参照地质条件相同的实验资料，根据具体情况确定，初步设计时，假定同一土层中的摩擦力沿深度方向是均匀分布的，以经验公式进行单桩竖向承载力特征值估算。

摩擦桩：

$$R_a = q_{pa}A_p + u_p\sum q_{sia}l_i \tag{9-2}$$

端承桩：

$$R_a = q_{pa}A_p \tag{9-3}$$

式中 R_a——单桩竖向承载力特征值，kN；

q_{pa}——桩端阻力特征值，kPa，可按地区经验确定，对预制桩可按表 9-1 选用；

A_p——桩底端横截面面积，m^2；

u_p——桩身周边长度，m；

q_{sia}——桩侧阻力特征值，kPa，可按地区经验确定，对预制桩可按表 9-2 选用；

l_i——第 i 层岩土的厚度，m。

当同一承台下桩数大于 3 根时，单桩竖向承载力设计值 $R=1.2R_a$；当桩数小于或等于 3 根时，取 $R=1.1R_a$。

表 9-1　预制桩桩端阻力特征值 q_{pa}　　单位：kPa

土的名称	土的状态	桩的入土深度/m		
		5	10	15
黏性土	$0.5<I_L\leqslant0.75$ $0.25<I_L\leqslant0.5$ $0<I_L\leqslant0.25$	400～600 800～1000 1500～1700	700～900 1400～1600 2100～2300	900～1100 1600～1800 2500～2700
粉土	$e<0.7$	1100～1600	1300～1800	1500～2000
粉砂 细砂 中砂 粗砂	中密、实密	800～100 1100～1300 1700～1900 2700～3000	1400～1600 1800～2000 2600～2800 4000～4300	1600～1800 2100～2300 3100～3300 4600～4900
砾砂、角砾、圆砾、碎石、卵石	中密、实密	3000～5000 3500～5500 4000～6000		
软质岩石 硬质岩石	微风化	5000～7500 7500～10000		

表 9-1 中数值仅用作初步设计时的估算。当入土深度超过 15m 时按 15m 考虑。

表 9-2　预制桩桩侧阻力特征值 q_{sia}

土的名称	土的状态	q_{sia}/kPa	土的名称	土的状态	q_{sia}/kPa
填土	—	9～13	粉土	$e>0.9$ $e=0.7\sim0.9$ $e<0.7$	10～20 20～30 30～40
淤泥	—	5～8			
淤泥质土	—	9～13			
黏性土	$I_L>1$ $0.75<I_L\leqslant1$ $0.5<I_L\leqslant0.75$ $0.25<I_L\leqslant0.5$ $0<I_L\leqslant0.25$ $I_L\leqslant0$	10～17 17～24 24～31 31～38 38～43 43～48	粉、细砂	稍密 中密 密实	10～20 20～30 30～40
			中砂	中密 密实	25～35 35～45
			粗砂	中密 密实	35～45 45～55
红黏土	$0.75<I_L\leqslant1$ $0.25<I_L\leqslant0.75$	6～15 15～35	砾砂	中密、密实	55～65

特别提示

表 9-2 中数值仅用作初步设计时的估算。尚未完成固结的填土和以生活垃圾为主的杂填土可不计其侧阻力。

抗拔桩的侧阻抗力分项系数可取表列数值。

(3) 按静力触探法确定

静力触探是用静压力将一个内部装有阻力传感器的探头均匀地压入土中，由于土层的强度不同，探头在贯入过程中所受到的阻力各异，传感器将这种大小不同的贯入阻力，通过电信号和机械系统，传至自动记录仪，绘出随深度变化的触探曲线。根据贯入阻力与强度间的关系，通过触探曲线分析，即可对复杂的土体进行地层划分，据以估算单桩竖向承载力等。

9.3.2 单桩水平承载力

在工业与民用建筑中的桩基，大多以承受竖向荷载为主，但在风荷载、地震荷载或土压力、水压力等作用下，桩基上也作用有水平荷载。在此情况下，也可能出现作用于桩基上的外力主要为水平力的情况，因此必须对桩基的水平承载力进行验算。

桩在水平力和力矩作用下，作为受弯构件，桩身产生水平变位和弯曲应力，外力的一部分由桩身承担，另一部分通过桩传给桩侧土体。随着水平力和力矩增加，桩的水平变位和弯曲应力也继续增大，当桩顶或地面变位过大时，将引起上部结构的损坏；弯曲应力过大则将使桩身断裂。对于桩侧土，随着水平力和力矩增大，土体由地面向下逐渐产生塑性变形，导致塑性破坏。

影响桩的水平承载力的因素很多，如桩的截面尺寸、材料强度、刚度、桩顶嵌固程度和桩的入土深度及地基土的土质条件。桩的截面尺寸和地基强度越大，桩的水平承载力就越高；桩的入土深度越大，桩的水平承载力就越高，但深度达一定值时继续增加入土深度，桩的承载力不会再提高。桩抵抗水平荷载作用所需的入土深度，称为有效长度。当桩的入土深度大于有效长度时，桩嵌固在某一深度的地基中，地基的水平抗力得到充分发挥，桩产生弯曲变形，不至于被拔出或倾斜。桩头嵌固于承台中的桩，其抗弯刚度大于桩头自由的桩，桩的抗弯刚度提高，桩抵抗横向弯曲的能力也随着提高。

确定单桩水平承载力的方法，有静载试验和理论计算两大类。

1. 静载试验确定单桩水平承载力

单桩水平静载试验是确定桩的水平承载力和地基土的水平抗力系数的最有效的方法，最能反映实际情况。

(1) 试验装置

单桩水平静载试验的试验装置，常用横向放置的千斤顶加载，百分表测水平位移，如

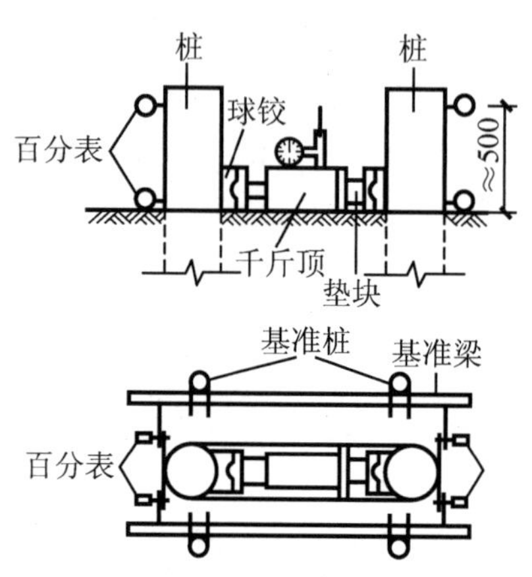

图 9.8　单桩水平静载试验装置

图 9.8 所示。

千斤顶的作用是施加水平力，水平力的作用线应通过地面标高处（地面标高应与实际工程桩承台底面标高相一致）。

千斤顶与试桩接触部位，宜安装球铰支座，以保证水平作用力通过桩身轴线。百分表宜成对布置在试桩侧面，用于测量桩顶的水平位移，同时宜采用大量程的百分表。对每一根试桩，在力的作用水平面上和在该平面以上 50cm 左右处各安装 1～2 只百分表，下表测量桩身在地面处的水平位移，上表测量桩顶的水平位移。根据两表的位移差，可以求出地面以上部分桩身的转角。另外，在试桩的侧面靠位移的反方向上宜埋设基准桩。基准桩应离开试桩一定距离，以免影响试验结果的精确度。

(2) 加载方法

加载时可采用连续加载法或循环加载法。其中循环加载法是最为常用的方法。

循环加载法荷载需分级施加，每次加载等级为预估极限承载力的 1/8～1/5，每级加载的增量一般为 5～10kN。每级加载增量的大小根据桩径的大小并考虑土层的软硬来确定。对于直径为 300～1000mm 的桩，每级增量可取 2.5～20kN；对于过软的土则可采用 2kN 的级差。循环加载法需反复多次加载，加载后先保持 10min，测读水平位移，然后卸载到零，再经过 10min，测读残余位移，再继续加载，如此循环反复 3～5 次，即完成本级水平静载试验，然后接着施加下一级荷载，直至桩达到极限荷载或满足设计要求为止。其中加载时间应尽量缩短，测读位移的时间应准确，试验不能中途停顿。若加载过程中观测到 10min 时的水平位移还不稳定，应延长该级荷载维持时间，直至稳定为止。

(3) 终止加载条件

当桩身已折断或桩侧地表出现明显裂缝（或隆起），或桩顶侧移超过 30～40mm（软土取 40mm）时即可终止试验。

(4) 资料整理

由试验记录可绘制出桩顶水平荷载-时间-水平位移（H_0-t-x_0）曲线（图 9.9）、水平荷载-水平位移（H_0-x_0）曲线（图 9.10）或水平荷载-位移梯度$\left(H_0-\dfrac{\Delta x_0}{\Delta H_0}\right)$曲线（图 9.11）。当测量桩身应力时，可绘制桩身应力分布图及水平荷载与最大弯矩点的钢筋应力（$H_0-\sigma_g$）曲线（图 9.12）。

(5) 水平临界荷载与水平极限荷载

上述曲线都出现了两个特征点，这两个特征点所对应的桩顶水平荷载，即为水平临界荷载和水平极限荷载。

① 水平临界荷载 H_{cr} 是相当于桩身开裂、受拉区混凝土退出工作时的桩顶水平荷载，其值可按下列方法综合确定。

a. 取 H_0-t-x_0 曲线出现突变点（在荷载增量相同的条件下出现比前一级明显增大的位移增量）的前一级荷载。

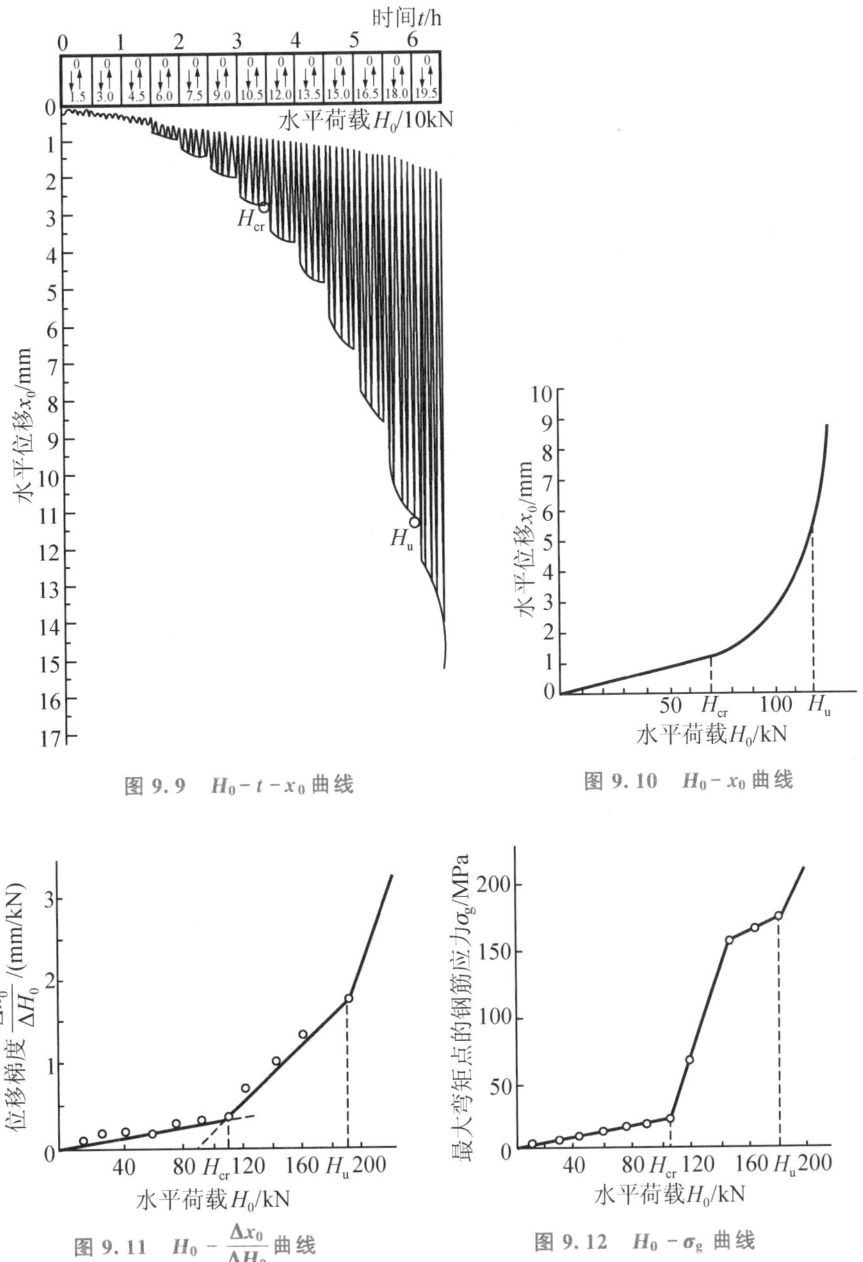

图 9.9　H_0-t-x_0 曲线

图 9.10　H_0-x_0 曲线

图 9.11　$H_0-\frac{\Delta x_0}{\Delta H_0}$ 曲线

图 9.12　$H_0-\sigma_g$ 曲线

b. 取 $H_0-\dfrac{\Delta x_0}{\Delta H_0}$ 曲线的第一直线段的终点或 $\lg H_0-\lg x_0$ 曲线拐点所对应的荷载。

c. 当有桩身应力测试数据时，取 $H_0-\sigma_g$ 曲线第一突变点对应的荷载。

② 水平极限荷载 H_u 是相当于桩身应力达到强度极限时的桩顶水平荷载，或使得桩顶水平位移超过 30～40mm，或使得桩侧土体破坏的前一级水平荷载，其值可按下列方法综合确定。

a. 取 H_0-t-x_0 曲线明显陡降的前一级荷载或按该曲线各级荷载下水平位移包络线的凹向确定。若包络线向上方凹曲，则表明在该级荷载下，桩的位移逐渐趋于稳定；若包络线向下方凹曲，则表明在该级荷载下，随着加卸载循环次数的增加，水平位移仍在增加，且不稳定。由此认为该级水平荷载为桩的破坏荷载，而前一级水平荷载则为水平极限荷载。

b. 取 $H_0-\dfrac{\Delta x_0}{\Delta H_0}$ 曲线第二直线段终点所对应的荷载。

c. 取桩身断裂或钢筋应力达到流限的前一级荷载。

由水平极限荷载 H_u 确定容许承载力时应除以安全系数 2.0。

(6) 确定单桩水平承载力设计值

① 对于受水平荷载较大的一级建筑桩基，单桩水平承载力设计值应通过单桩水平静载试验确定。

② 对于混凝土预制桩、钢桩、桩身全截面配筋率大于 0.65%的灌注桩，根据单桩水平静载试验结果取地面处水平位移为 10mm（对于水平位移敏感的建筑物取水平位移 6mm）所对应的荷载为单桩水平承载力设计值。

③ 对于桩身配筋率小于 0.65%的灌注桩，取单桩水平静载试验的水平临界荷载为单桩水平承载力设计值。

④ 当缺少单桩水平静载试验资料时，可按式(9-4) 估算桩身配筋率小于 0.65%的灌注桩的单桩水平承载力设计值。

$$R_h=\frac{\alpha\gamma f_t W_0}{v_m}(1.25+22\rho_g)\left(1\pm\frac{\varepsilon_n N}{\gamma f_t A_n}\right) \tag{9-4}$$

式中 ±号根据桩顶竖向力性质确定，压力为“+”，拉力为“-”；

α——桩的水平变形系数；

R_h——单桩水平承载力设计值，kN；

γ——桩截面抵抗矩塑性系数，圆形截面 $\gamma=2$，矩形截面 $\gamma=1.5$；

f_t——桩身混凝土抗拉强度设计值；

W_0——桩身换算截面受拉边缘的弹性抵抗矩，圆形截面为 $W_0=\frac{\pi d}{32}[d^2+2(\alpha_E-1)\rho_g d_0^2]$；

d_0——扣除保护层厚的桩直径；

α_E——钢筋弹性模量与混凝土弹性模量的比值；

v_m——桩身最大弯矩系数，按表 9-3 取值，单桩基础和单排桩基纵向轴线与水平力方向相垂直的情况，按桩顶铰接考虑；

ρ_g——桩身配筋率；

A_n——桩身换算截面面积，圆形截面为 $A_n=\frac{\pi d^2}{4}[d+(\alpha_E-1)\rho_g]$；

ε_n——桩顶竖向力影响系数，竖向压力取 0.5，竖向拉力取 1.0；

N——在荷载效应标准组合下的桩顶竖向力，kN。

表 9-3 桩顶（身）最大弯矩系数和桩顶水平位移系数

桩顶约束情况	桩的换算埋深 α_z	最大弯矩系数 v_m	水平位移系数 v_x	桩顶约束情况	桩的换算埋深 α_z	最大弯矩系数 v_m	水平位移系数 v_x
铰接、自由	4.0	0.768	2.441	固接	4.0	0.926	0.940
	3.5	0.750	2.502		3.5	0.934	0.970
	3.0	0.703	2.727		3.0	0.967	1.028
	2.8	0.675	2.905		2.8	0.990	1.055
	2.6	0.639	3.163		2.6	1.018	1.079
	2.4	0.601	3.526		2.4	1.045	1.095

特别提示

表 9-3 中 $\alpha_z>4.0$ 时，取 $\alpha_z=4.0$，z 为桩的入土深度。铰接（自由）的 v_m 为桩身的最大弯矩系数，固接 v_m 为桩顶最大弯矩系数。

⑤ 当缺少单桩水平静载试验资料时，可按式(9-5)估算预制桩、钢桩、桩身配筋率大于 0.65%的灌注桩等的单桩水平承载力设计值。

$$R_h=\frac{\alpha^3 EI}{v_x}x_{0a} \tag{9-5}$$

式中 EI——桩身抗弯刚度，对于钢筋混凝土桩，$EI=0.85E_cI_0$，I_0 为桩身换算截面惯性矩，对圆形截面，$I_0=\frac{W_0 d}{2}$；

x_{0a}——桩顶允许水平位移，m；

v_x——桩顶水平位移系数，按表 9-3 取值。

2. 按理论计算确定单桩水平承载力

承受水平荷载的单桩，其水平位移一般要求限制在很小的范围内，可以把它视为一根直立的弹性地基梁，通过挠曲微分方程解答，计算桩身的弯矩和剪力，并考虑由桩顶竖向荷载产生的轴力，进行桩的强度计算。

9.3.3 单桩抗拔承载力

主要承受竖向抗拔荷载的桩称为竖向抗拔桩。某些建筑物，如高耸的烟囱、海洋建筑物、高压输电铁塔、因高地下水位而受巨大浮托力的箱桩或筏桩基础的地下建筑物、特殊土如膨胀土和冻土上的建筑物等，它们所受的荷载往往会使其下的桩基中的某部分受到上拔力的作用。桩的抗拔承载力主要取决于桩身材料强度及桩与土之间的抗拔侧阻力和桩身自重。

单桩抗拔承载力的计算公式可以分成两大类。第一类为理论计算公式，此类公式是先假定不同的桩的破坏模式，然后以土的抗剪强度和侧压力系数等主要参数进行承载力计算。假定的破坏模式也多种多样，比如圆锥台状破裂面、曲面状破裂面和圆柱状破裂面等。第二类为经验公式，以试桩实测资料为基础，建立起桩的抗拔侧阻力与抗压侧阻力之间的关系和抗拔破坏模式。前一类公式，由于抗拔剪切破坏面的不同假设，以及设置桩的方法对桩周土强度指标确定的复杂性和不确定性，使用起来比较困难。因此，现在一般应用经验公式计算单桩抗拔承载力。

影响单桩抗拔承载力的因素主要有桩周土的土类、土层的形成条件、桩的长度、桩的类型和施工方法、桩的加载历史和荷载的特点等。总之，凡是引起桩周土内应力状态变化的因素，对单桩抗拔承载力都将产生影响。

9.4 群桩承载力

9.4.1 群桩效应的基本概念

在实际工程中，除少量大直径桩基外，一般都是群桩基础。荷载下的群桩基础，各桩的承载力发挥和沉降性状往往与相同情况下的单桩有显著差别，承台底产生的土反力也将分担部分荷载，因此，在进行桩基的设计计算时，必须考虑到群桩的工作特点。

对于群桩基础，作用于承台上的荷载实际上是由桩和地基土共同承担的，由于承台、桩、地基土的相互作用情况不同，桩端阻力、桩侧阻力和地基土的阻力因桩基类型而异。

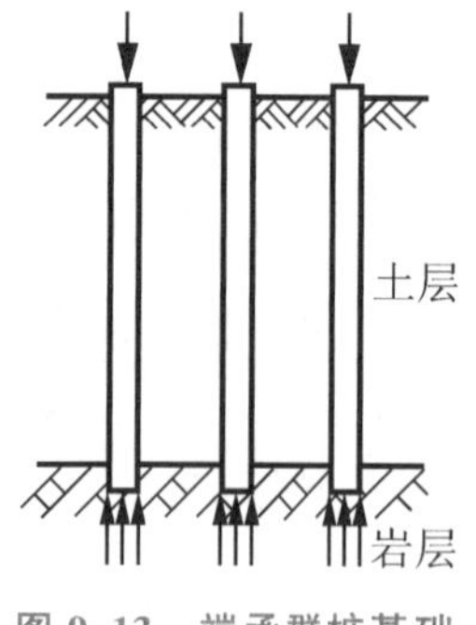

图 9.13 端承群桩基础

1. 端承群桩基础

由于端承桩基持力层坚硬，桩顶沉降较小，桩侧摩阻力不易发挥，桩顶荷载基本上通过桩身直接传到桩端处土层上，如图 9.13 所示。而桩端处承压面积很小，各桩端的压力彼此互不影响，因此可近似认为端承群桩基础中各桩的工作性状与单桩基本一致；同时，由于桩的变形很小，桩间土基本不承受荷载，群桩基础的承载力就等于各单桩的承载力之和；群桩的沉降量也与单桩基本相同，即群桩效应系数 $\eta=1$。

2. 摩擦群桩基础

摩擦群桩主要通过每根桩侧的摩阻力将上部荷载传递到桩侧及桩端土层中。且一般假定桩侧摩阻力在土中引起的附加应力 σ_z 按某一角度 α 沿桩长向下扩散分布，至桩端平面处，压力分布如图 9.14 中阴影部分所示。当桩数少，桩距 s_a 较大时，例如 $s_a>6d$，桩端平面处各桩传来的压力互不重叠或重叠不多［图 9.14 (a)］，此时群桩中各桩的工作情况与单桩的一致，故群桩的承载力等于各单桩承载力之和。但当桩数较多、桩距较小时，例如常用桩距 $s_a=(3\sim4)d$ 时，桩端处地基中各桩传来的压力将相互重叠［图 9.14 (b)］，桩端处压力比单桩时大得多，桩端以下压缩土层的厚度也比单桩要深，此时群桩中各桩的工作状态与单桩迥然不同，其承载力小于各单桩承载力之总和，沉降量则大于单桩的沉降量，即所谓群桩效应。显然，若限制群桩的沉降量与单桩沉降量相同，则群桩中每一根桩的平均承载力就比单桩时要低，即群桩效应系数 $\eta<1$。

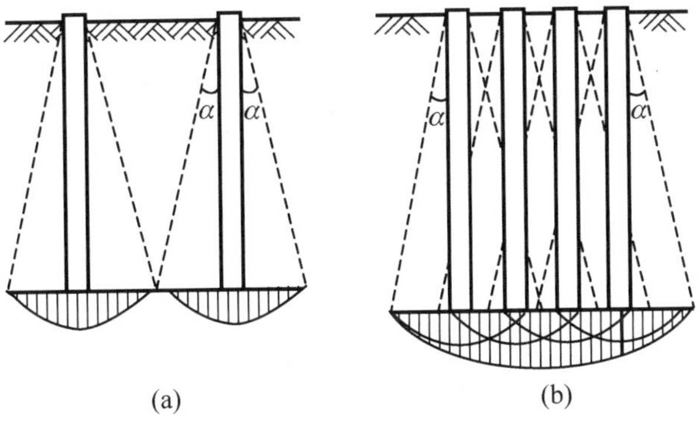

图 9.14　摩擦群桩桩端平面上的压力分布

9.4.2　群桩竖向承载力的确定

国内外大量工程实践和试验研究结果表明，采用单一的群桩效应系数不能正确反映群桩基础的工作状况。群桩基础中桩的极限承载力确定极为复杂，其与桩的间距、土质、桩数、桩径、入土深度及桩的类型和排列方式等因素有关。目前工程上考虑群桩效应的方法有两种：一种是以概率极限设计为指导，通过实测资料的统计分析对群桩内每根桩的侧阻力和端阻力分别乘以群桩效应系数，称为群桩分项效应系数法；另一种是把承台、桩和桩间土视为一假想的实体基础，进行基础下地基承载力和变形验算，称为实体基础法。

群桩分项效应系数法是属于以概率理论为基础的极限状态设计法。引入分项群桩效应系数——桩侧阻群桩效应系数 η_s、桩端阻群桩效应系数 η_p、桩侧阻端阻综合群桩效应系数 η_{sp} 和承台底土阻力群桩效应系数 η_c，定义如下。

$$\eta_s=\frac{\text{群桩中单桩平均极限侧阻}}{\text{单桩平均极限侧阻}}=\frac{q_{sg}}{q_{su}} \tag{9-6}$$

$$\eta_p=\frac{\text{群桩中单桩平均极限端阻}}{\text{单桩平均极限端阻}}=\frac{q_{pg}}{q_{pu}} \tag{9-7}$$

$$\eta_{sp}=\frac{\text{群桩中单桩平均极限承载力}}{\text{单桩平均极限承载力}}=\frac{Q_{ug}}{Q_u} \tag{9-8}$$

$$\eta_c=\frac{\text{群桩承台底平均极限土阻力}}{\text{承台底地基土极限承载力标准值}}=\frac{\sigma_{cu}}{f_{ck}} \tag{9-9}$$

η_s、η_p、η_{sp} 按表 9－4 选用，η_c 与桩距、桩长、承台宽、桩排列、承台内外面积有关，按下式计算。

$$\eta_c=\eta_{ic}\frac{A_{ic}}{A_c}+\eta_{ec}\frac{A_{ec}}{A_c} \tag{9-10}$$

式中　A_{ic}，A_{ec}——分别为承台内外区的净面积，$A_c=A_{ic}+A_{ec}$；

η_{ic}，η_{ec}——分别为承台内外区土阻力群桩效应系数，按表 9－5 取值，当承台下存在高压缩性软弱土层时，η_{ic} 均按 $B_c/l\leqslant0.2$ 取值。

表 9-4　侧阻、端阻群桩效应系数 η_s、η_p 及侧阻端阻综合群桩效应系数 η_{sp}

效应系数	B_c/l	s_a/d							
		黏性土				粉土、砂土			
		3	4	5	6	3	4	5	6
η_s	≤0.20	0.80	0.90	0.96	1.00	1.20	1.10	1.05	1.00
	0.40	0.80	0.90	0.96	1.00	1.20	1.10	1.05	1.00
	0.60	0.79	0.90	0.96	1.00	1.09	1.10	1.05	1.00
	0.80	0.73	0.85	0.94	1.00	0.93	0.97	1.03	1.00
	≥1.00	0.67	0.78	0.86	0.93	0.78	0.82	0.89	0.95
η_p	≤0.20	1.64	1.35	1.18	1.06	1.26	1.18	1.11	1.06
	0.40	1.68	1.40	1.23	1.11	1.32	1.25	1.20	1.15
	0.60	1.72	1.44	1.27	1.16	1.37	1.31	1.26	1.22
	0.80	1.75	1.48	1.31	1.20	1.41	1.36	1.32	1.28
	≥1.00	1.79	1.52	1.35	1.24	1.44	1.40	1.36	1.33
η_{sp}	≤0.20	0.93	0.97	0.99	1.01	1.21	1.11	1.06	1.01
	0.40	0.93	0.97	1.00	1.02	1.22	1.12	1.07	1.02
	0.60	0.93	0.98	1.01	1.02	1.13	1.13	1.08	1.03
	0.80	0.89	0.95	0.99	1.03	1.01	1.03	1.07	1.04
	≥1.00	0.84	0.89	0.94	0.97	0.88	0.91	0.96	1.00

1. B_c、l 分别为承台宽度和桩的入土长度，s_a 为桩距。

2. 当 $B_c/l>6$ 时，取 $\eta_s=\eta_p=\eta_{sp}=1$；两向桩距不等时，$s_a/d$ 取均值。

3. 当桩侧为成层土时，η_s 可按主要土层或分别按各土层类别取值。

4. 对于孔隙比 $e>0.8$ 的非饱和黏性土和松散粉土、砂类土中挤土群桩，表列系数可提高5%；对于密实粉土、砂类土中的群桩，表列系数宜降低5%。

表 9-5　承台内外区土阻力群桩效应系数

B_c/l	s_a/d							
	η_{ic}				η_{ec}			
	3	4	5	6	3	4	5	6
≤0.20	0.11	0.14	0.18	0.21	0.63	0.75	0.88	1.00
0.40	0.15	0.20	0.25	0.30				
0.60	0.19	0.25	0.31	0.37				
0.80	0.21	0.29	0.36	0.43				
≥1.00	0.24	0.32	0.40	0.48				

考虑侧阻、端阻和承台作用的分项系数后，群桩竖向承载力 p_u 及任一复合桩基竖向承载力设计值 R 的表达式如下。

$$p_u = p_{su} + p_{pu} + p_{cu} = \eta_s n Q_{su} + \eta_p n Q_{pu} + \eta_c A_c f_{ck} \tag{9-11}$$

$$R = \eta_s Q_{sk}/r_s + \eta_p Q_{pk}/r_p + \eta_c Q_{ck}/r_c \tag{9-12}$$

$$Q_{ck} = A_c f_{ck}/n \tag{9-13}$$

当仅知道单桩竖向承载力（如静载试验）时，其群桩竖向承载力按式（9-14）、式（9-15）计算。

$$p_u = \eta_{sp} n Q_{uk} + \eta_c A_c f_{ck} \tag{9-14}$$

$$R = \eta_{sp} Q_{uk}/r_{sp} + \eta_c Q_{ck}/r_c \tag{9-15}$$

式中　p_u、p_{su}、p_{pu}、p_{cu}——分别为群桩竖向承载力，侧阻、端阻和承台底地基土极限承载力；

Q_{su}、Q_{pu}——分别为单桩侧阻、端阻极限承载力；

A_c——承台底与土的接触面积；

Q_{sk}、Q_{pk}——分别为单桩总极限侧阻力和总极限端阻力标准值；

Q_{ck}——相应于任一复合桩基承台底地基土总极限阻力的平均标准值；

f_{ck}——承台底 1/2 承台宽度深度范围（≤5m）内地基土极限承载力标准值；

r_s、r_p、r_{sp}、r_c——分别为桩侧阻抗力分项系数、桩端阻抗力分项系数、桩侧阻端阻综合抗力分项系数和承台底土阻抗力分项系数，按表 9-6 选用。

表 9-6　桩基竖向承载力抗力分项系数

桩型与工艺	$r_s = r_p = r_{sp}$		r_c
	静载试验法	经验参数法	
预制桩、钢管桩	1.60	1.65	1.70
大直径灌注桩（清底干净）	1.60	1.65	1.65
泥浆护壁钻（冲）孔灌注桩	1.62	1.67	1.65
干作业钻孔灌注桩（d<0.8m）	1.65	1.70	1.65
沉管桩	1.70	1.75	1.70

在表 9-6 中，如果根据静力触探方法确定预制桩、钢管灌注桩承载力，取 $r_s = r_p = r_{sp} = 0.6$；抗拔桩的侧阻抗力分项系数 r_s 可取表列数值。

承台土阻力发挥值与桩距、桩长、承台宽、桩排列、承台内外面积有关，当承台底面以下存在可液化土、湿陷性黄土、高灵敏度软土、欠固结土、新填土，或可能出现震陷、降水、沉桩过程产生高孔隙水压和土体隆起时，在设计时不考虑承台土阻力，即不考虑承台效应，取 $\eta_c = 0$，将其作为安全系数保留。η_s、η_p、η_{sp}取表 9-4 中 $B_c/l \leq 0.2$ 一行的对应值。

特别提示

根据上述分析，对群桩承载力分两种情况进行计算。

1. 不考虑群桩效应，群桩承载力为各单桩承载力的总和，包括端承群桩、桩数不超过3根的非端承群桩。

2. 桩数超过3根的非端承群桩，需考虑群桩效应。

9.4.3 群桩软弱下卧层承载力验算

当桩端平面以下受力层范围内存在软弱下卧层时，应进行下卧层的承载力验算。根据该下卧层发生强度破坏的可能性，群基破坏可分为整体冲剪破坏和基桩冲剪破坏两种情况，如图9.15所示。验算时要求

$$\sigma_z+\gamma_z z\leqslant q_{wuk}/\gamma_q \tag{9-16}$$

式中 σ_z——作用于软弱下卧层顶面的附加应力，可按式(9-17)或式(9-18)计算；

γ_z——软弱层顶面以上各土层重度加权平均设计值；

z——地面至软弱层顶面的深度；

q_{wuk}——软弱下卧层经深度修正的地基极限承载力标准值；

γ_q——地基承载力分项系数，可取 $\gamma_q=1.65$。

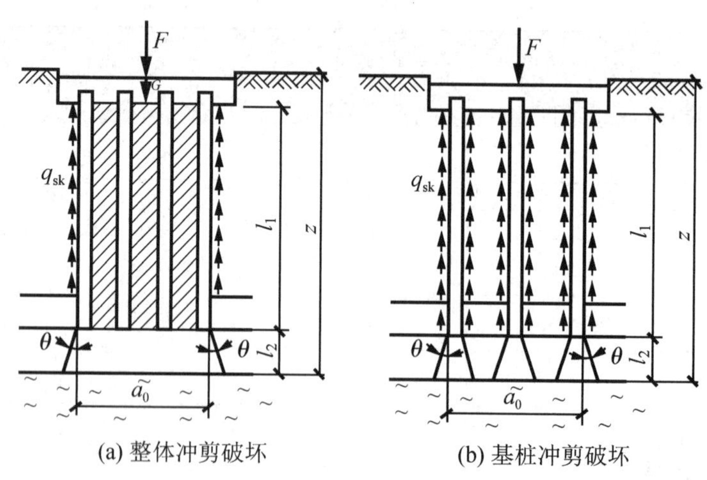

图9.15 软弱下卧层承载力验算

① 对桩距 $s_a\leqslant 6d$ 的群桩基础，一般可作整体冲剪破坏考虑，按式(9-17)计算下卧层顶面 σ_z。

$$\sigma_z=\frac{\gamma_0(F+G)-2(a_0+b_0)\sum q_{sik}l_i}{(a_0+2t\tan\theta)(b_0+2t\tan\theta)} \tag{9-17}$$

式中 F——作用于承台顶面的竖向力设计值；

G——承台及其上土的自重设计值；

a_0、b_0——桩群外围桩边包络线内矩形面积的长、短边长；

θ——桩端硬持力层压力扩散角，按表9-7取值；

其余符号意义同前。

表9-7 桩端硬持力层压力扩散角 θ

E_{s1}/E_{s2}	θ	
	$t=0.25b_0$	$t\geq 0.5b_0$
1	4°	12°
3	6°	23°
5	10°	25°
10	20°	30°

特别提示

表9-7中，E_{s1}、E_{s2}分别为硬持力层、软下卧层的压缩模量。当 $t<0.25b_0$ 时，θ 降低取值。

② 当桩距 $s_a>6d$，且各桩端的压力扩散线不相交于硬持力层中时，即硬持力层厚度 $t<\frac{(s_a-d_e)\text{ctan}\theta}{2}$ 的群桩基础及单桩基础，应作基桩冲剪破坏考虑，可得下卧层顶面 σ_z 的表达式为

$$\sigma_z=\frac{4(\gamma_0 N_i-u\sum q_{sik}l_i)}{\pi(d_e+2t\tan\theta)^2} \tag{9-18}$$

式中 N_i——桩顶轴向压力设计值，kN；

d_e——桩端等代直径，圆形桩 $d_e=d$，方桩 $d_e=1.13b$（b 为桩边长），按表9-7确定 θ 时，取 $d_e=b_0$。

9.5 桩基设计

桩基设计的目的是使作为支承上部结构的地基和基础结构必须具有足够的承载力，其变形不超过上部结构安全和正常使用所允许的范围。桩基在设计之前必须要有以下资料。

① 建筑物上部结构的情况，如结构形式、平面布置、荷载大小、结构构造及使用要求。

② 工程地质勘察资料，必须在提出工程地质勘察任务时，说明拟定的桩基方案。

③ 当地建筑材料供应情况。

④ 当地的施工条件，包括沉桩机具、施工方法及施工质量。

⑤ 施工现场及周围环境的情况，交通和施工机械进出场地条件，周围是否有对振动敏感的建筑物。

⑥ 当地及现场周围建筑基础设计及施工的经验等。

9.5.1 桩基设计的内容及步骤

桩基设计的内容及步骤如下。

① 选择桩型和几何尺寸，初步确定承台底面标高。

② 确定单桩竖向和水平向（以承受水平力为主的桩）承载力设计值。

③ 确定桩的数量、间距和布置方式。

④ 验算桩基的承载力和沉降。

⑤ 桩身结构设计。

⑥ 承台设计。

⑦ 绘制桩基施工图。

9.5.2 收集设计资料

设计桩基之前必须充分掌握设计原始资料，包括建筑类型、荷载、工程地质勘察资料、施工技术设备及材料来源，并尽量了解当地使用桩基的经验。

对桩基的详细勘察除满足现行勘察规范要求外还应满足以下要求。

① 勘探点间距：端承桩和嵌岩桩，勘探点间距一般为 12～24m，主要根据桩端持力层顶面坡度决定；摩擦桩，勘探点间距一般为 20～30m，若土层性质或状态变化较大时，可适当加密勘探点；在复杂地质条件下的柱下单桩基础应按桩列线布置勘探点。

② 勘探深度：布置 1/3～1/2 的勘探孔作为控制性孔，一级建筑桩基场地至少应有 3 个，二级建筑桩基场地不少于 2 个。控制性孔应穿透桩端平面以下压缩层厚度，一般性勘探孔应深入桩端平面以下 3～5m；嵌岩桩钻孔应深入持力岩层不小于 3～5 倍桩径；当持力岩层较薄时，部分钻孔应钻穿持力岩层。岩溶地区，应查明溶洞、溶沟、溶槽、石笋等的分布情况。

在勘察深度地区范围内的每一地层，都应进行室内试验或原位测试，提供设计所需参数。

9.5.3 桩型、截面尺寸及桩长的选择

我国目前桩的材料主要是混凝土和钢筋，《规范》规定，预制桩的混凝土强度等级不应低于 C30，灌注桩不应低于 C25，水下灌注桩不应低于 C30，预应力桩不低于 C40。

选择桩型及截面尺寸，应从建筑物实际情况出发，结合施工条件及工地地质情况进行综合考虑。预制方桩的截面尺寸一般可在 300mm×300mm～500mm×500mm 范围内选择，灌注桩的截面尺寸一般可在 300mm×300mm～1200mm×1200mm 范围内选择。

确定桩长的关键在于选择持力层，因桩端持力层对桩的承载力和沉降有着重要的影响。坚实土层和岩石最适宜作为桩端持力层，在施工条件容许的深度内，若没有坚实土层，可选中等强度的土层作为持力层。

桩端进入坚实土层的深度应满足下列要求：对黏性土和粉土，不宜小于2～3倍桩径；对砂土，不宜小于1.5倍桩径；对碎石土，不宜小于1倍桩径；嵌岩桩嵌入中等风化或微风化岩体的最小深度，不宜小于0.5m。桩端以下坚实土层的厚度，一般不宜小于5倍桩径，嵌岩桩在桩底以下3倍桩径范围内应无软弱夹层、断裂带、洞穴和空隙分布。

为了减小建筑物的不均匀沉降，同一建筑物应尽量避免同时采用不同类型的桩。同一桩基中相邻桩的桩底标高应加以控制，对于桩端进入坚实土层的端承桩，其桩底高差不宜超过桩的中心距；对于摩擦桩，在相同土层中不宜超过桩长的1/10。

承台底面标高的选择，应考虑上部建筑物的使用要求、承台本身的预估高度及季节性冻结的影响。

桩的沉桩深度一般是由桩端设计标高和最后贯入度两个指标控制的。桩端设计标高是根据地基资料和上部结构要求确定的桩端进入持力层的深度；最后贯入度是指桩沉至其标高时每次锤击的沉入量，通常以最后每一阵的平均贯入度 x 表示。锤击法可用10次锤击为一阵，要求最后两阵平均贯入度可根据试验或地区经验确定，一般为10～30mm/min；振动沉桩以1min为一阵，要求最后两阵平均贯入度为10～50mm/min。对于端承桩以最后贯入度控制为主，以桩端设计标高为参考；对于摩擦桩以桩端设计标高控制为主，以最后贯入度为参考。

9.5.4 确定桩数及其平面布置

1. 确定桩数

根据单桩竖向承载力设计值和上部结构荷载情况可确定桩数。

当桩基为中心受压时，桩数 n 为

$$n \geqslant \frac{F+G}{R} \tag{9-19}$$

当桩基为偏心受压时，桩数 n 为

$$n \geqslant \mu \frac{F+G}{R} \tag{9-20}$$

式中 F——作用在桩基上竖向荷载设计值，kN；

G——承台及其上土受到的重力，kN；

R——单桩竖向承载力设计值，kN；

μ——考虑偏心荷载的增大系数，一般取1.1～1.2。

2. 确定桩距

所谓桩距就是指桩的中心距，一般取3～4倍桩径。桩距太大会增加承台的体积和用料；太小则使桩基（摩擦桩）的沉降量增加，且给施工造成困难。桩的最小桩距应符合表9-8的规定，对扩底桩还应符合表9-9的规定。

表 9-8　桩的最小桩距

土类和成桩工艺		正常情况	桩数≥9，排数≤3，摩阻支承为主的桩基
非挤土和部分挤土灌注桩		2.5d	3.0d
挤土灌注桩	穿越非饱和土	3.0d	3.5d
	穿越饱和软土	3.5d	4.0d
挤土预制桩		3.0d	3.5d
打入式敞口管桩和 H 形钢桩		3.0d	3.5d

表 9-9　灌注桩扩大端最小桩距

成桩方法	最小桩距/m
钻（挖）孔灌注桩	1.5d 或 1.5d+1（当 d>2m 时）
沉管扩底灌注桩	2.0d

3. 桩位的布置

桩位的布置应尽可能使上部荷载的中心与群桩的横截面重心重合，当外荷载中弯矩占较大比重时，宜尽可能增大群桩截面抵抗矩，加密外围桩的布置。桩在平面内可布置成方形（或矩形）、网格或三角形网格的形式；条形基础下的桩，可采用单排或双排布置，如图 9.16 所示。

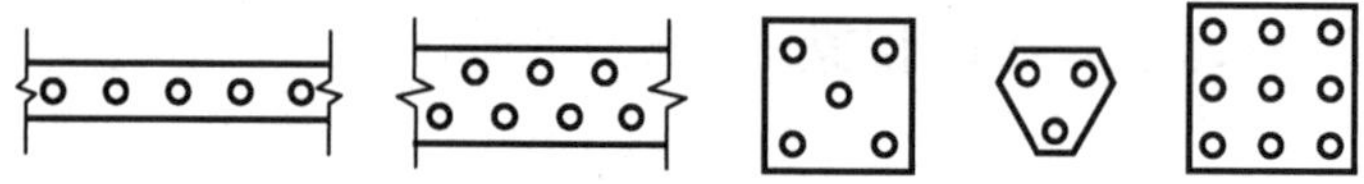

图 9.16　桩位布置示意

9.5.5　验算桩基的承载力

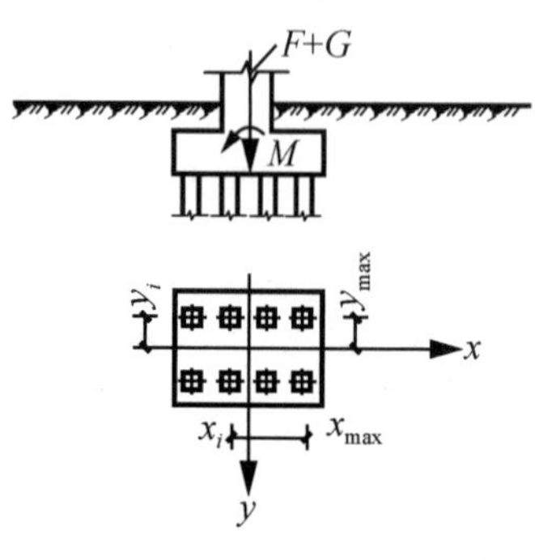

图 9.17　桩顶荷载计算简图

桩基中各单桩承受的外力设计值 Q 应按下列公式验算，如图 9.17 所示。

当轴心受压时

$$Q=\frac{F+G}{n}\leqslant R \tag{9-21}$$

式中　Q——桩基中单桩承受的外力设计值，kN；

F——作用在桩基上的竖向荷载设计值，kN；

G——桩基承台自重设计值及承台上土的自重标准值，kN；

n——桩数；

R——单桩竖向承载力设计值，kN。

当偏心受压时

$$Q_i = \frac{F+G}{n} \pm \frac{M_x y_i}{\sum y_i^2} \pm \frac{M_y x_i}{\sum x_i^2} \tag{9-22}$$

$$Q_{\max} = \frac{F+G}{n} \pm \frac{M_x y_{\max}}{\sum y_i^2} \pm \frac{M_y x_{\max}}{\sum x_i^2} \leqslant 1.2R \tag{9-23}$$

式中 Q_i——桩基中第 i 根桩所承受的外力设计值，kN；

M_x、M_y——作用于群桩上的外力通过群桩重心的 x、y 轴的力矩设计值，kN·m；

x_i、y_i——第 i 桩中心至通过群桩重心的 x、y 轴的距离，m；

$Q_{\max}$——离群桩横截面重心最远处（$x_{\max}$、$y_{\max}$）的桩承受的外力设计值，kN。

9.5.6 桩身结构设计

预制桩桩身混凝土强度等级不宜低于C30，采用静压法沉桩时可适当降低，但不宜低于C20；预应力混凝土桩的混凝土强度等级不宜低于C40。混凝土预制桩的截面边长不应小于200mm，预应力混凝土预制桩的截面边长不宜小于250mm。

预制桩的桩身应配置一定数量的纵向钢筋（主筋）和箍筋，主筋选4～8根直径14～25mm的钢筋。最小配筋率一般不宜小于0.8%。如采用静压法沉桩时，其最小配筋率不宜小于0.6%。截面边长在300mm以下者，可用4根主筋，箍筋直径6～8mm，间距不大于200mm，在桩顶和桩尖处应适当加密。用打入法沉桩时，直接受到锤击的桩顶应放置3层钢筋网，桩尖在沉入土层及使用期中要克服土的阻力，故应把所有主筋焊在一根圆钢上或在桩尖处用钢板加强，受力筋的混凝土保护层不小于30mm。桩上须埋设吊环，位置由计算确定。桩的混凝土强度必须达设计强度的100%才可起吊和搬运。

灌注桩混凝土强度等级不得低于C20，水下灌注混凝土不得低于C25，混凝土预制桩尖不得低于C30。当桩顶轴向压力和水平力满足桩基规范受力条件时，可按构造要求配置桩顶与承台的连接钢筋笼。对一级建筑桩基，主筋为6～10根$\phi12$～$\phi14$钢筋，其最小配筋率不宜小于0.2%，锚入承台$30d_g$（主筋直径），深入桩身长度$\geqslant 10d$，且不小于承台下软弱土层层底深度；对二级建筑桩基，可配置4～8根$\phi10$～$\phi12$的主筋，锚入承台$30d_g$，且深入桩身长度$\geqslant 5d$，对于沉管灌注桩，配筋长度不应小于承台软弱土层层底厚度；三级建筑桩基可不配构造钢筋。对于抗压桩和抗拔桩，受力筋不宜小于$6\phi10$，纵向受力筋应沿桩身周边均匀布置，净距不应小于60mm，并尽量减少钢筋接头，箍筋采用$\phi6$～$\phi8$@200～300钢筋，宜采用螺旋式箍筋。受水平荷载较大的桩基和抗震桩基，桩顶（3～5）d范围内箍筋应加密；当钢筋笼长度超过4m时，应每隔2m左右设一道$\phi12$～$\phi18$焊接加劲箍筋，受力筋的混凝土保护层厚度不应小于35mm，水下灌注混凝土不得小于50mm。

轴心荷载作用下的桩身截面强度可按9.3.1节方法计算，偏心荷载（包括水平力和弯矩）作用时，可按9.3.2节方法求出桩身最大弯矩及其相应位置，再根据《混凝土结构设计规范（2015年版）》要求，按偏心受压确定出桩身截面所需的主筋面积，但需要满足各类桩的最小配筋率。对经常受水平力或上拔力的建筑物，还应验算桩身的裂缝宽度，其最大裂缝宽度不得超过0.2mm，对处于腐蚀介质中的桩基则不得出现裂缝，并需采取专门的防护措施，以保证桩基的耐久性。

预制桩除满足上述要求外，还应考虑运输、起吊和锤击过程中的各种强度验算。桩在自重作用下产生的弯曲应力与吊点的数量和位置有关。桩长在 20m 以下的，起吊时采用双点吊；在打桩架龙门吊立时，采用单点吊。吊点位置应按吊点间的正弯矩和吊点处的负弯矩相等的条件确定，如图 9.18 所示。式中 q 为桩单位长度的重力，k 为考虑在吊运过程中桩可能受到的冲击和振动而取的动力系数，可取 1.3。桩在运输或堆放时的支点应放在起吊吊点处。通常，普通混凝土桩的配筋常由起吊和吊立的强度计算控制。

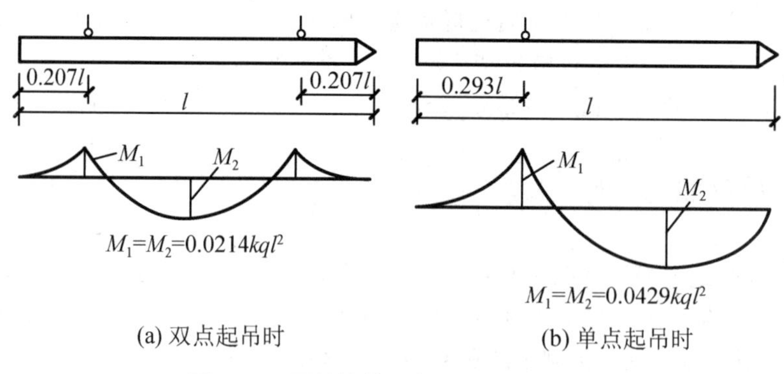

图 9.18　预制桩的吊点位置和弯矩示意

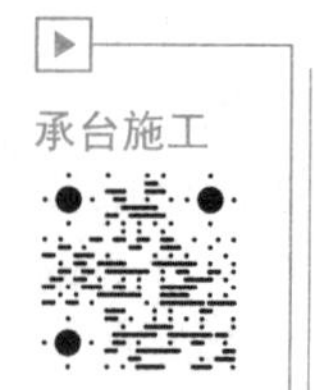

9.5.7 承台的设计

1. 承台的构造要求

承台平面形状应根据上部结构的要求和桩的布置形式决定。常见的形状有矩形、三角形、多边形、圆形、环形及条形等。承台的最小宽度不应小于 500mm。承台边缘至中心的距离不宜小于桩的直径或边长，且边缘挑出部分不应小于 150mm，对于条形承台梁边缘挑出部分不应小于 75mm，条形承台和桩下独立桩基承台的厚度不应小于 300mm。

承台混凝土强度等级不宜小于 C20，承台底面钢筋的混凝土保护层厚度不小于 70mm。当设 100mm 厚素混凝土垫层时，保护层厚度可减至 50mm，垫层强度等级宜为 C15。

承台的配筋除应满足计算要求外，还应满足承台梁的纵向受力筋直径不小于 12mm，架立筋直径不宜小于 10mm，箍筋直径不宜小于 6mm；对柱下独立桩基承台的纵向受力筋应通长配置；矩形承台板配筋宜按双向均匀布置，钢筋直径不宜小于 10mm，间距应满足 100～200mm；对于三桩承台，应按三向板带均匀配置，最里面 3 根钢筋相交围成的三角形应位于柱截面范围内。

2. 承台的结构计算

(1) 承台厚度的确定

承台厚度按冲切及剪切条件确定，冲切计算分柱、承台变阶处和角桩对承台的冲切 3 种。柱对承台的冲切计算，承台板截面的有效高度 h_0 应满足式(9－24) 要求。

$$F_l \leqslant 0.7 f_t u_m h_0 \tag{9-24}$$

式中　F_l——冲切破坏锥体底面以外各桩的桩顶反力设计值之和；

u_m——距柱边 $h_0/2$ 处冲切破坏锥体的周长；

f_t——混凝土轴心抗拉强度设计值。

承台变阶处冲切计算亦按式(9-24)进行。但式中 h_0 为承台变阶处的有效高度，F_l 为承台变阶处冲切破坏锥体底面以外各柱的桩顶反力设计值之和，u_m 为承台变阶处 $h_0/2$ 处冲切破坏锥体的周长。

角桩对承台的冲切计算，h_0 应满足式(9-25)要求。

$$F_l \leqslant 0.7 f_t \frac{s_1+s_2}{2} h_0 \tag{9-25}$$

式中 s_1、s_2——冲切破坏锥体上、下周长，如图 9.19 所示；

F_l——角桩桩顶反力设计值，若为偏心荷载，取 Q_{max} 计算。

承台受剪的验算方法与柱下钢筋混凝土独立基础相似，应按现行规范计算。

(2) 承台的弯矩计算

① 多桩矩形承台（图 9.20）的计算截面取在柱边和承台高度变化处（杯口外侧和台阶边缘）。

$$M_{xi} = \sum Q_i y_i \tag{9-26}$$

$$M_{yi} = \sum Q_i x_i \tag{9-27}$$

式中 M_{xi}、M_{yi}——垂直于 y、x 轴方向计算截面处的弯矩设计值，kN·m；

x_i、y_i——垂直于 y、x 轴方向自桩轴线到相应计算截面的距离，m。

② 等边三桩承台（图 9.21）的计算为

$$M = \frac{Q_{max}}{3}\left(s - \frac{\sqrt{3}}{4}h\right) \tag{9-28}$$

式中 M——由承台形心到承台边缘距离范围内板带的弯矩设计值，kN·m；

s——桩距，m；

h——方柱边长或圆柱直径，m。

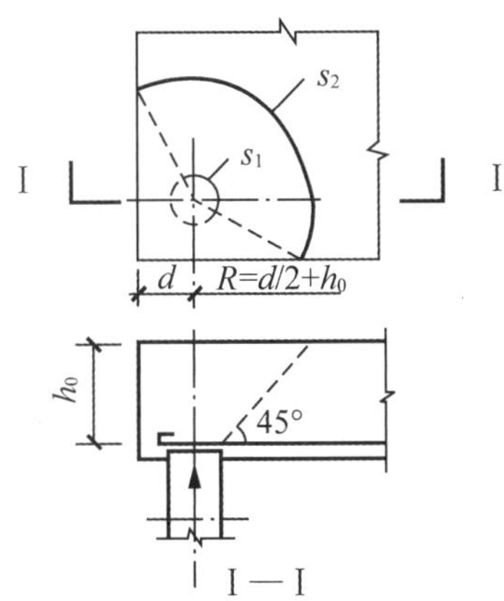

图 9.19 角桩冲切计算

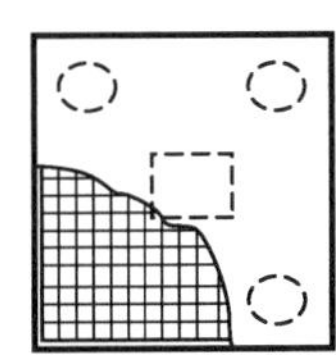
图 9.20 多桩矩形承台

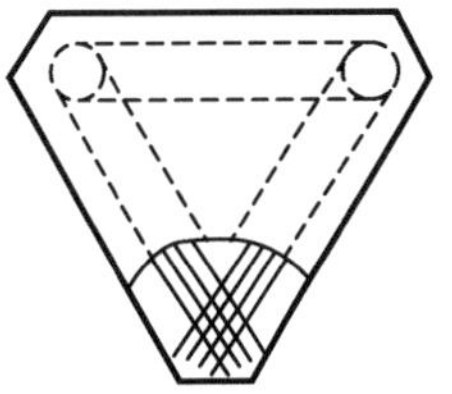
图 9.21 等边三桩承台

③ 等腰三桩承台的计算为

$$M_1 = \frac{Q_{max}}{3}\left(s - \frac{0.75}{\sqrt{4-\alpha^2}}h_1\right) \tag{9-29}$$

$$M_2=\frac{Q_{\max}}{3}\left(\alpha s-\frac{0.75}{\sqrt{4-\alpha^2}}h_2\right) \tag{9-30}$$

式中　M_1、M_2——由承台形心到承台两腰和底边距离范围内板带的弯矩设计值，kN·m；

h_1——垂直于承台底边的柱截面的边长，m；

h_2——平行于承台底边的柱截面的边长，m；

α——短向桩距与长向桩距之比，当 $\alpha<0.5$ 时，应按变截面的两桩承台设计；

s——桩距，m。

④ 墙下桩基的条形承台，也称承台梁，可按墙梁理论计算。对中、小型桩基承台梁，其桩距在 2m 以内、墙厚在 370mm 以内时，一般可按构造配筋。

综合应用案例

某工程位于软土地区，采用柱下钢筋混凝土预制桩基础。已知柱截面 400mm×600mm，作用到基础顶面处的荷载为：竖向荷载设计值 $F=2300$kN，弯矩设计值 $M=330$kN·m，剪力设计值 $V=50$kN。基础顶面距离设计地面 0.5m，承台底面埋深 $d=2.0$m。建设场地地表层为松散杂填土，厚 2.0m；以下为灰色黏土，厚 8.3m；再下为粉土，未穿。土的物理学性质指标如图 9.22 所示。地下水位在地面以下 2.0m。已进行桩的静载试验，其 $p-s$ 曲线第二拐点相应荷载分别为 810kN、800kN、790kN。试设计此工程的桩基。

解：(1) 确定桩型、材料及尺寸。

采用钢筋混凝土预制方桩，断面尺寸 350mm×350mm，以粉土层作为持力层，桩入持力层深度 $3d=3\times0.35=1.05$(m)（不含桩尖部分）。伸入承台 5cm，考虑桩尖长 0.6m，则桩长 $l=8.3+1.05+0.05+0.6=10$(m)。

材料选用：混凝土强度等级为 C30，钢筋为 HPB300 级，4ϕ16（最后计算可确定）；承台混凝土等级为 C20，钢筋为 HPB300 级。

(2) 单桩承载力设计值的确定。

① 桩的材料强度。

由以上所选材料及截面，已知 $f_c=20\text{N/mm}^2$，$A=350\text{mm}\times350\text{mm}=122500\text{mm}^2$，$A'_s=804\text{mm}^2$，$f'_y=210\text{N/mm}^2$。

$$R_a=0.9\phi(f_cA+f'_yA'_s)=0.9\times1\times(20\times122500+210\times804)\approx2356.96(\text{kN})$$

② 静载试验 $p-s$ 曲线第二拐点对应荷载即为桩极限承载力，800kN、810kN、790kN 三者的平均值为 800kN。单桩极限承载力的极差为 $810-790=20$(kN)，符合规定。故 $R_a=\frac{800}{2}=400$(kN)，$R=1.2R_a=480$kN。

③ 由《规范》提供的经验数据。

桩身穿过黏土层，$I_L=1.0$，$q_{sa}=17$kPa（由表 9-2 得）。

持力层粉土，$e=0.63$，入土深度 9.4m，则 $q_{pa}=1300$kPa，$q_{sa}=35$kPa，故

$$\begin{aligned}R_a&=q_{pa}A_p+u_p\sum q_{sia}l_i=1300\times0.35^2+0.35\times4\times(8.3\times17+1.05\times35)\\&=408.24(\text{kN})\end{aligned}$$

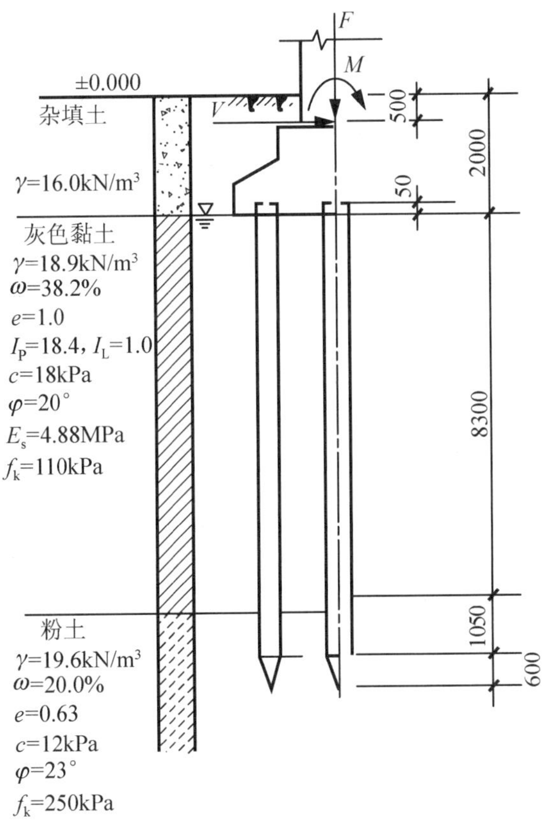

图 9.22 应用案例附图

$R=1.2R_a=408.24\times1.2=489.888(\text{kN})$，取 $R=480\text{kN}$。

(3) 桩数和桩的布置。

初步确定桩承台尺寸为2m×3m；高 2.0－0.5＝1.5(m)，埋深 2m。

$$F=2300\text{kN}，G=\gamma_G\times d\times2\times3=20\times2\times2\times3=240(\text{kN})$$

桩数 $n=\mu\dfrac{F+G}{R}=1.1\times\dfrac{2300+240}{480}\approx5.82$（根），取 6 根。

桩基布置如图 9.23 所示，桩距 $s=(3\sim4)d=(3\sim4)\times0.35=(1.05\sim1.4)\text{m}$。取 $s=1.15\text{m}$（纵向），$s=1.30\text{m}$（横向）。

(4) 桩基中单桩受力验算。

单桩平均受竖向力：

$$Q_i=\frac{F+G}{n}=\frac{2300+240}{6}\approx423(\text{kN})<R=480\text{kN}$$

单桩最大、最小竖向力：

$$Q_{\substack{\max\\ \min}}=\frac{F+G}{n}\pm\frac{M_y x_{\max}}{\sum x_i^2}=423\pm\frac{(330+50\times1.5)\times1.15}{4\times1.15^2}$$

$$\approx\begin{cases}511.04(\text{kN})<1.2R=1.2\times480=576(\text{kN})\\334.96(\text{kN})>0\end{cases}$$

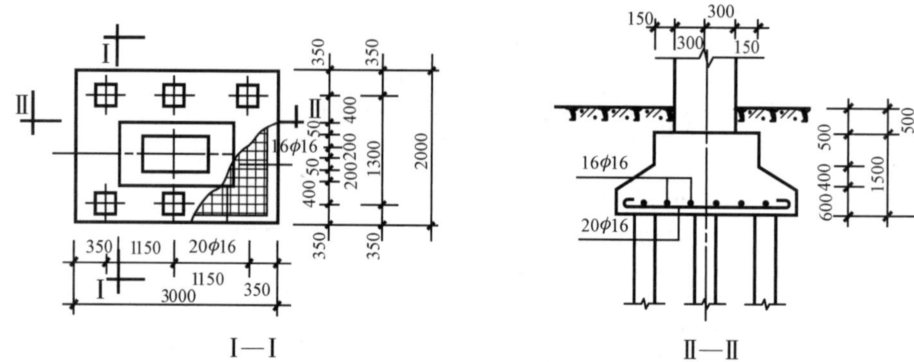

图 9.23　桩基布置

(5) 单桩设计。

桩身采用 C30 混凝土，Ⅰ级钢筋，受拉强度设计值 $f_y=210\text{N/mm}^2$，保护层厚度 $a=35\text{mm}$。

在打桩架龙口吊立时，只能采用一个吊点起吊桩身，吊点距桩顶距离 l_1 为 0.0429m，并需考虑 1.5 倍的动力系数。桩尖长度≈1.5×桩径 (d) ≈0.6m，桩头插入承台 0.05m，则桩总长 $l=8.3+0.6+0.05+1.05=10.0(\text{m})$。

$$M=1.5\times0.0429ql^2=1.5\times0.0429\times25\times0.35^2\times10^2$$
$$\approx19.71(\text{kN}\cdot\text{m})(q\text{ 为桩身每米的重力})$$

桩横截面有效高度 $h_0=350-35=315(\text{mm})$。

$$A_s=\frac{M}{0.9h_0f_y}=\frac{19.71\times10^6}{0.9\times315\times210}\approx331.07(\text{mm}^2)$$

选 2ϕ16，$A_s=402\text{mm}^2$。

桩横截面每边配筋 2ϕ16，整根桩 4ϕ16。

(6) 承台强度验算 (略)。

(7) 绘制施工图。

绘制施工图如图 9.23 和图 9.24 所示。

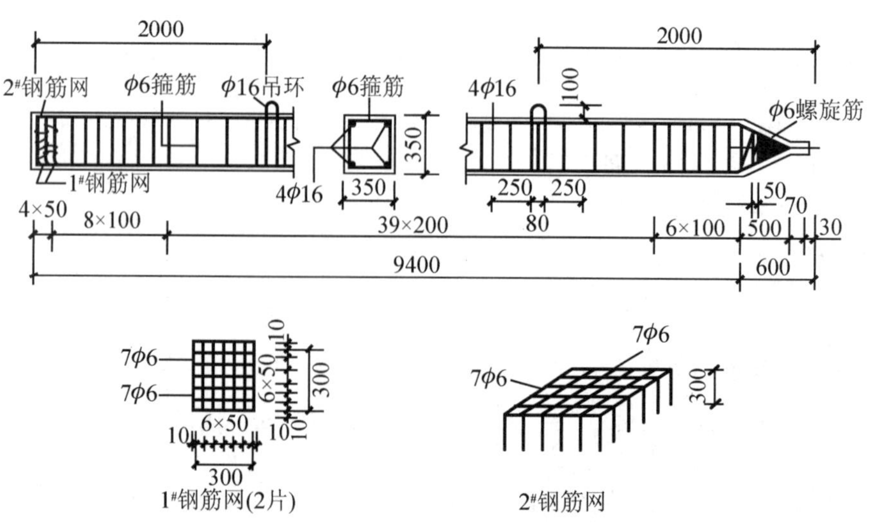

图 9.24　桩的配筋构造

9.6 沉井基础

9.6.1 概述

1. 概念

沉井基础是一个井筒状的结构物，常用混凝土或钢筋混凝土在施工地点预制好，然后在井内不断除土，井体借自重克服外壁与土的摩阻力而不断下沉至设计标高，并经过封底、填心以后，成为桥梁墩台或其他结构的基础。

2. 特点

沉井基础埋深可以很大，整体性强，稳定性好，有较大的承载面积，能承受较大的垂直荷载和水平荷载；沉井在下沉过程中，作为坑壁支护结构，起挡土挡水作用；施工中不需要很复杂的机械设备，施工技术也较简单。沉井施工工期较长；在饱和细砂、粉砂和亚砂土中施工沉井，井内抽水易发生流砂现象，造成沉井倾斜；沉井下沉过程中遇到大孤石、树干或井底沿岩层表面倾斜过大，均会给施工带来一定的困难。

3. 适用条件

沉井基础适用于上部荷载较大而表层地基土的容许承载力不足，作扩大基础开挖工作量大，以及支承困难，但在一定深度下有较好的持力层时；采用沉井与其他基础相比，经济上较为合理时；在山区河流中，虽然土质较好，但冲刷大，或河中有较大卵石不便采用桩基施工时；岩层表面较平坦且覆盖层薄，但河水较深，采用扩大基础围堰有困难时。

9.6.2 沉井的构造和施工工艺

1. 沉井的构造

沉井的外观形状在平面上可设计成单孔、单排或多排孔井，形状有圆形、方形、矩形、椭圆形等。在竖直平面有柱形、阶梯形等。

沉井由刃脚、井壁、内隔墙、凹槽、封底、底板及顶板等部分组成，如图 9.25 所示。

（1）刃脚

在井筒下端，形如刀刃，下沉时刃脚切入土中。刃脚必须要有足够的强度，以免产生挠曲或破坏。刃脚底面也称踏面，宽度一般为 100～200mm。当需要穿过坚硬土层或岩层时，踏面宜用钢板或角钢保护，刃脚内侧的倾斜角为 45°～60°。

（2）井壁

井壁是沉井的主体部分，必须要具有足够的强度用以挡土，又需要有足够的重力克服外壁与土体之间的摩阻力和刃脚土的阻力，使其在自重作用下节节下沉。井壁厚度一般为

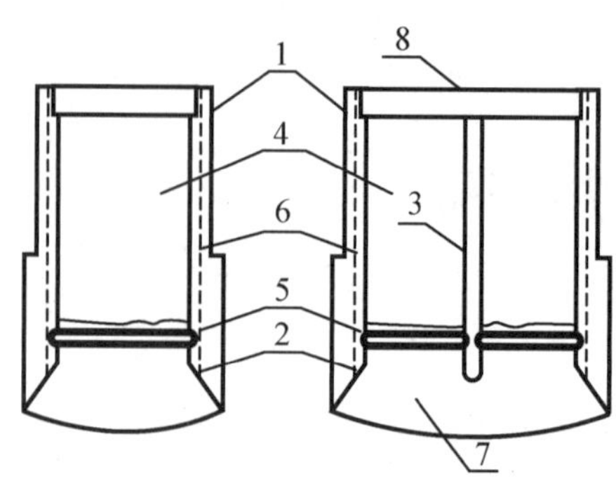

1—井壁；2—刃脚；3—内隔墙；4—井孔；5—凹槽；6—射水管组；7—封底；8—顶板

图 9.25　沉井构造

0.8～1.2m。

(3) 内隔墙

内隔墙的作用是加强沉井的刚度。其底面标高应比刃脚踏面高 0.5m，以利于沉井下沉。内隔墙间距一般不超过 5～6m，厚度一般为 0.5～1.2m。

(4) 凹槽

凹槽位于刃脚内侧上方，其作用是使封底混凝土与井壁有较好的接合，使封底混凝土底面的反力更好地传给井壁，深度为 0.15～0.25m，高约为 1.0m。

(5) 封底

沉井下沉到设计标高后进行清基，然后用混凝土封底。封底可以防止地下水涌入井内，其厚度由应力验算决定，根据经验也可取不小于井孔最小边长的 1.5 倍。混凝土强度等级一般不低于 C15。

(6) 顶板

沉井用于地下建筑物时，顶部需要浇筑钢筋混凝土顶板。顶板厚度一般为 1.5～2.0m，钢筋配置由计算确定。

2. 沉井的施工工艺

沉井施工一般分为旱地沉井施工、水中筑岛及浮运沉井 3 种。施工前应详细了解场地的地质和水文条件，制订出详细的施工计划及必要的措施，确保施工安全。

(1) 旱地沉井施工

旱地沉井施工可分为就地制造、挖土下沉、封底、填充井孔及浇筑底板等（图 9.26），其一般工序如下。

① 定位放样，平整场地，浇筑底节沉井。在定位放样以后，应将基础所在地的地面进行整平和夯实，在地面上铺设厚度不小于 0.5m 的砂或砂砾垫层。其次铺垫木、立底节沉井模板和绑扎钢筋。然后在垫木上面放出刃脚踏面大样，铺上踏面底模，安放刃脚的型钢，立刃脚斜面底模、隔墙底模和沉井内模，绑扎钢筋，最后立外模和模板拉杆。

浇筑混凝土。在浇筑混凝土之前，必须检查核对模板各部尺寸和钢筋布置是否符合设计要求，支撑及各种紧固联系是否安全可靠。浇筑混凝土要随时检查有无漏浆和支撑是否良好。混凝土浇好后要注意养护，夏季防暴晒，冬季防冻结。

② 拆模和抽垫木。抽垫木应按一定的顺序进行，以免引起沉井开裂、移动或倾斜。

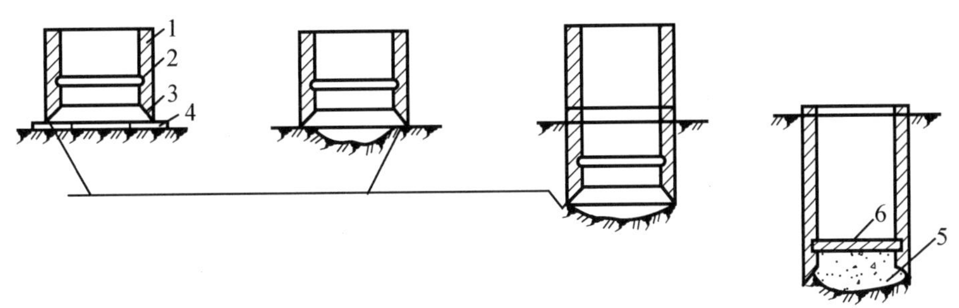

(a) 制作第一节井筒　(b) 抽垫木，挖土下沉　(c) 沉井接高继续下沉　(d) 封底，并浇筑混凝土底板

1—井壁；2—凹槽；3—刃脚；4—垫木；5—素混凝土封底；6—底板

图 9.26　旱地沉井施工示意

先抽除内隔墙下的垫木，再抽除沉井短边下的垫木，最后抽长边下的垫木。抽长边下的垫木时，以定位垫木（最后抽的垫木）为中心，对称地由远到近抽除，最后抽除定位垫木。

在抽垫木过程中，抽除一根垫木后应立即用砂回填并捣实。

③ 挖土下沉沉井。当沉井穿过稳定的土层，不会因排水产生流砂时，可采用排水挖土下沉，土的挖除可采用人工挖土或机械除土。通常是先挖井孔中心，再挖内隔墙下的土，后挖刃脚下的土。不排水下沉一般采用抓土斗或水力吸泥机。使用吸泥机时要不断向井内补水，使井内水位高出井外水位 1～2m，以免发生流砂或涌土现象。

④ 沉井接高。当沉井顶面离地面 1～2m 时，如还要下沉，应停止挖土，接筑上一节沉井。每节沉井高度以 4～6m 为宜。接高的沉井中轴应与底节沉井中轴重合。混凝土施工接缝应按设计要求，布置好接缝钢筋，清除浮浆并凿毛，然后立模浇筑混凝土。

⑤ 地基检验及处理。沉井下沉至设计标高后，必须检验基底的地质情况是否与设计资料相符，地基是否平整。能抽干水的可直接检验，否则要由潜水员下水检验，必要时用钻机取样鉴定。基底应尽量整平，清除污泥，并使基底没有软弱夹层。

⑥ 封底、填充井孔及浇筑顶板。地基经检验、处理合格后，应立即封底，宜在排水情况下进行。抽干水有困难时应用水下浇筑混凝土的方法，待封底混凝土达到设计强度后方可抽水，然后填充井孔。对填砂砾或空孔的沉井，必须在井顶浇筑钢筋混凝土顶板。顶板达到设计强度后，方可砌筑墩台。

(2) 水中沉井施工

① 水中筑岛。在河流的浅滩或施工最高水位不超过 4m 处，可采用砂或砾石在水中筑岛，周围用草袋围护 [图 9.27 (a)]；若水深或流速加大，可采用围堰防护筑岛 [图 9.27 (b)]；当水深较大（通常<15m）或流速较大时，宜采用钢板桩围堰筑岛 [图 9.27(c)]。岛面应高出最高施工水位 0.5m 以上，砂岛地基强度应符合要求，围堰筑岛时，围堰距井壁外缘距离 $b \geqslant H\tan(45° - \varphi/2)$，且≥2m（$H$ 为筑岛高度，φ 为砂在水中的内摩擦角）。其余施工方法与旱地沉井施工相同。

② 浮运沉井。当水深（如>10m）造成水中筑岛困难或不经济时，可采用浮运法施工，即将沉井在岸边做成空体结构，或采用其他措施（如带钢气筒等）使沉井浮于水上，

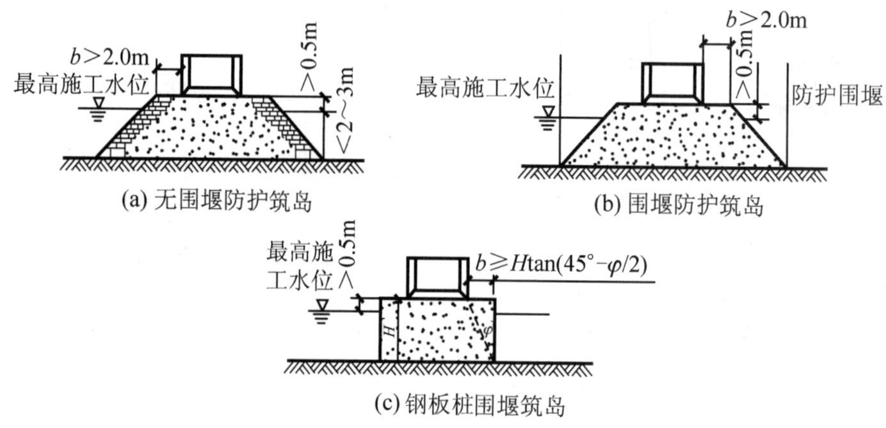

图 9.27　水中筑岛示意

利用在岸边铺成的滑道滑入水中（图 9.28），然后用绳索牵引至设计位置。在悬浮状态下，逐步将水或混凝土注入空体中，使沉井徐徐下沉至河底。若沉井较高，需分段制造，在悬浮状态下逐节接长下沉至河底，但整个过程应保证沉井本身稳定。当刃脚切入河床一定深度后，即可按一般沉井下沉方法施工。

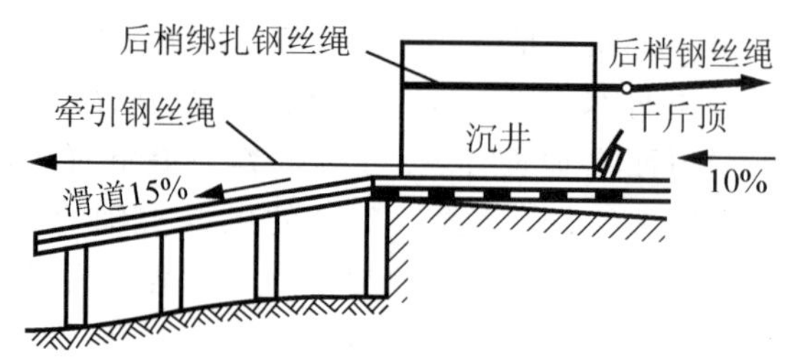

图 9.28　浮运沉井下水示意

（3）沉井下沉过程中常遇到的问题及处理方法

① 突然下沉。突然下沉的原因是井壁外的摩阻力很小，当刃脚附近土体挖除后，沉井失去支承而剧烈下沉。这样，容易使沉井产生较大的倾斜或超沉，应予避免。采用均匀挖土、增大踏面宽度或加设底梁等措施可以解决沉井突然下沉的问题。

② 偏斜。沉井偏斜大多发生在下沉不深时。导致偏斜的主要原因有：a. 土体表面松软，或制作场地或河底高低不平，软硬不均；b. 刃脚制作质量差，井壁与刃脚中线不重合；c. 抽垫木方法欠妥，回填不及时；d. 除土不均匀对称，下沉时有突沉和停沉现象；e. 刃脚遇障碍物被顶住而未及时发现，排土堆放不合理，或单侧受水流冲击淘空等导致沉井受力不对称。

纠正偏斜，通常可用除土、压重、顶部施加水平力或刃脚下支垫等方法处理，空气幕沉井也可采用单侧压气纠正偏斜。若沉井倾斜，可在高侧集中除土，加重物，或用高压射水冲松土层，低侧回填砂石，必要时在井顶施加水平力扶正。若中心偏移则先除土，使井底中心向设计中心倾斜，然后在对侧除土，使沉井恢复竖直，如此反复至沉井逐步移近设计中心。当刃脚遇障碍物时，须先清除再下沉。如遇树根、大孤石或钢料铁件，排水施工时可人工排除，必要时用少量炸药（少于 200g）炸碎；不排水施工时，可由潜水工进行水下切割或爆破。

③ 难沉，即沉井下沉过慢或停沉。导致难沉的主要原因是：a. 开挖面深度不够，正面阻力大；b. 偏斜，或刃脚下遇到障碍物、坚硬岩层和土层；c. 井壁摩阻力大于沉井自重；d. 井壁无减阻措施或泥浆套、空气幕等遭到破坏。

解决难沉的措施主要是增加沉井自重和减小沉井井壁的摩阻力。减小沉井井壁摩阻力的方法有：将沉井设计成台阶形、倾斜形，或在施工中尽量使井壁光滑；在井壁内埋设高压射水管组，利用高压水流冲松井壁附近的土，水沿井壁上升润滑井壁，减小井壁摩阻力，帮助沉井下沉。对下沉较深的沉井，为减小井壁摩阻力常用泥浆润滑套或空气幕下沉沉井的方法。

泥浆润滑套是把按一定比例配置好的泥浆灌注在沉井井壁周围形成一个具有润滑作用的泥浆套，可大大减小沉井下沉时的井壁摩阻力，使沉井顺利下沉。

④ 流砂。在粉、细砂层中下沉沉井，经常出现流砂现象，若不采取适当措施将造成沉井严重倾斜。产生流砂的主要原因是土中动水压力的水头梯度大于临界值。故防止流砂的措施有：排水下沉时发生流砂可向井内灌水，采取不排水除土，减小水头梯度；也可采用井点、深井或深井泵降水，降低井外水位，改变水头梯度方向使土层稳定，防止流砂发生。

9.7 地下连续墙

9.7.1 概述

1. 地下连续墙概念

地下连续墙是在工程开挖土方之前，用特制的挖槽机械在泥浆（又称触变泥浆、安定液、稳定液等）护壁的情况下每次开挖一定长度（一个单元槽段）的沟槽，待开挖至设计深度并清除沉淀下来的泥渣后，把地面上加工好的钢筋骨架（一般称为钢筋笼）用起重机械吊放入充满泥浆的沟槽内，用导管向沟槽内浇筑混凝土。混凝土由沟槽底部开始逐渐向上浇筑，并将泥浆置换出来，待混凝土浇至设计标高后，一个单元槽段即施工完毕。各个单元槽段之间由特制的接头连接，形成连续的地下钢筋混凝土墙。若地下连续墙为封闭状，则基坑开挖后，地下连续墙既可挡土又可防水，为地下工程施工提供条件。地下连续墙也可以作为建筑的外墙承重结构，两墙合一，大大提高了施工的经济效益。

2. 地下连续墙适用范围

地下连续墙施工起始于20世纪50年代的意大利，目前已成为地下工程和深基础施工中有效的施工方法。我国的一些重大地下工程和深基础工程是利用地下连续墙施工完成的，取得了很好的效果，如在广州白天鹅宾馆、广州花园酒店、上海电信大楼、上海国际贸易中心、新上海国际大厦、上海金茂大厦、北京王府井大饭店等高层建筑深基础工程中都应用了地下连续墙。我国目前施工的地下连续墙，最深的达 65.4m，最厚的达 1.30m，最薄的为 0.45m。国外施工的地下连续墙，最深的已达 131m，垂直精度可达 1/2000。

从地下连续墙的功能看，有的地下连续墙单纯用作支护结构，有的既作支护结构又作为地下室结构外墙。88 层的上海金茂大厦，其地下连续墙厚 1m，既作为支护结构又作为地下室结构外墙，得到了很好的效果。

地下连续墙主要用于建筑物的地下室、地下停车场、地下街道、地下铁道、地下道路、泵站、地下变电站和电站、盾构等工程的竖井、挡土墙、防渗墙、地下油库、各种基础结构等。

3. 地下连续墙特点

地下连续墙的优点如下。

① 适用于各种土质。在我国目前除岩溶地区和承压水头很高的砂砾层必须结合采用其他辅助措施外，在其他各种土质中皆可应用地下连续墙。

② 施工时振动小、噪声低，对环境影响相对较少。

③ 在建筑物、构筑物密集地区可以施工，对邻近的结构和地下设施没有什么影响。

④ 可以在各种复杂条件下进行施工。如已经倒塌的 110 层的美国世界贸易中心大厦的地基为哈德逊河河岸，地下埋有码头、垃圾等，且地下水位较高，地下连续墙对此工程来说是一种适宜的支护结构。

⑤ 防渗性能好。地下连续墙的防渗性能好，能抵挡较高的水头压力，除特殊情况外，施工时基坑外不再需要降低地下水位。

⑥ 可用于“逆筑法”施工。将地下连续墙方法与“逆筑法”结合，就形成一种深基础和多层地下室施工的有效方法，地下部分可以自上而下施工。

但是，地下连续墙施工法也有不足之处，比如施工时会产生较多泥浆，如果施工现场管理不善，会造成现场潮湿和泥泞，且需对废泥浆进行处理；现浇的地下连续墙的墙面虽可保证一定的垂直度但不够光滑，如对墙面的光滑度要求较高，尚需加工处理或另做衬壁。

9.7.2 地下连续墙设计与施工

1. 地下连续墙设计

地下连续墙的设计计算目前国内外还没有一套公认的成熟的方法，往往要通过各种计算方法并经过比较判断，而后根据现场测试和观测结果，对原设计进行修改。所以本节只做极简单的介绍，详见有关专著。

地下连续墙既要作为永久性结构的一部分，又要作为施工过程中的临时性防护结构，因此，设计时应对施工期间和使用期间各阶段及各种支承条件下的墙体内力进行计算。

作用在墙体上的荷载，除自重外，主要有侧向土压力、水压力、地震力和上部荷载、施工荷载等。

（1）作用在墙体上的侧向土压力计算

在地下连续墙设计计算中的一个最重要问题就是要确定作用在墙体上的侧向土压力，它与墙体的刚度、支承情况、加设方式、开挖方法、土质和墙高等有关，目前有下列几种主要计算方法。

① 按朗肯土压力理论计算主动土压力。本法用得较多，我国大多数设计单位也多采用本法。现场实测表明，按朗肯土压力理论计算的主动土压力计算值与实测值较为接近。

② 按静止土压力计算。有人认为地下连续墙的刚度很大，侧向位移很小，因而可按静止土压力计算。

③ 以各种土质土压力实测值为基础而提出的主动力分布图形计算。

（2）施工阶段的静力计算

地下连续墙施工阶段的静力计算方法是根据板桩的计算方法而发展起来的，有的计算方法与板桩计算相似，目前的计算理论和方法如下。

① 较古典的计算方法，如倒梁法等。计算时考虑土压力为已知，不考虑墙体和支撑的变形。

② 墙体弯矩和支撑轴向力不随开挖过程而变化的计算方法。计算时考虑土压力为已知墙体变形，但不考虑支撑变形。

③ 考虑墙体变形对土压力产生影响的计算方法。计算时考虑土压力是变化的，并同时考虑墙体和支撑的变形。

④ 墙体弯矩和支撑轴向力随开挖过程和支撑设置而变化的计算方法。计算时考虑土压力为已知，也考虑墙体和支撑的变形。

地下连续墙施工1

实际应用中以前两种计算方法为主。

（3）钢筋混凝土墙体构造

钢筋的配置除根据墙体受力情况进行设计计算外，还应考虑施工构造的要求。

2. 地下连续墙施工

（1）修筑导墙

沿设计轴线两侧开挖导沟，修筑钢筋混凝土（钢、木）导墙，以供成槽机械钻进导向，维护表土和保持泥浆稳定液面。导墙内壁面之间的净空应比地下连续墙设计厚度加宽 40～60mm，埋深一般为 1～2m，墙厚 0.1～0.2m。

地下连续墙施工2

（2）制备泥浆

泥浆以膨润土或细粒土在现场加水搅拌制成，用以平衡侧向地下水压力和土压力，泥浆压力使泥浆渗入土体孔隙，在墙壁表面形成一层组织致密、透水性很小的泥皮，保护槽壁稳定而不致坍塌，并起到携渣、防渗等作用。泥浆液面应保持高出地下水位 0.5～1.0m，相对密度（1.05～1.10）应大于地下水的密度。其浓度、黏度、pH、含水率、泥皮厚度及胶体率等多项指标应严格控制并随时测定、调整，以保证其稳定性。

（3）成槽

成槽是地下连续墙施工中最主要的工序，对于不同土质条件和槽壁深度应采用不同的成槽机械开挖槽段。例如大卵石或孤石等复杂地层可用冲击钻；切削一般土层，特别是软弱土，常用导板抓斗、铲斗或回转钻头抓铲。采用多头钻机开槽，每段槽孔长度可取 6～8m；采用抓斗或冲击钻成槽，每段长度可更大，墙体深度可达几十米。

(4) 槽段的连接

地下连续墙各单元槽段之间靠接头连接。接头通常要满足受力和防渗要求，且施工简单。国内目前使用最多的接头形式是用接头管连接的非刚性接头。在单元槽段内挖除土体后，在槽段的一端先吊放接头管。再吊入钢筋笼，浇筑混凝土，然后逐渐将接头管拔出，形成半圆形接头，如图 9.29 所示。

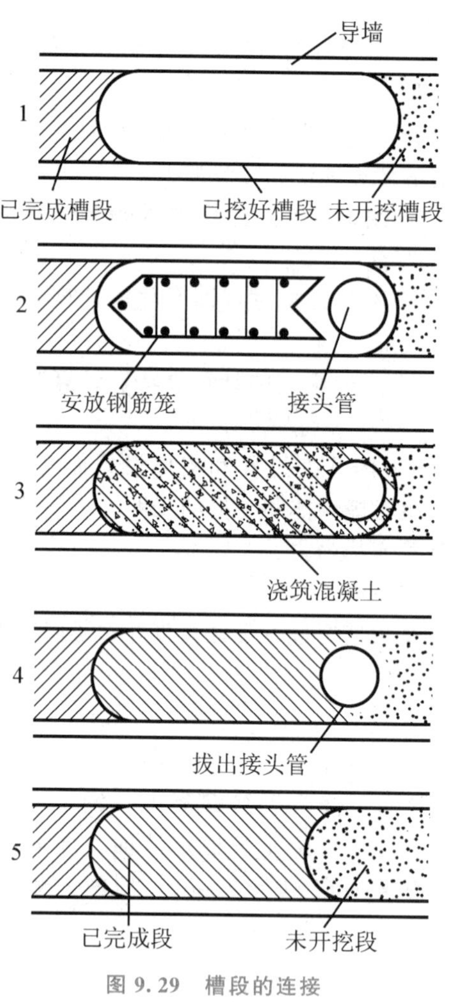

图 9.29　槽段的连接

9.8　高层建筑深基础

随着生产的发展和社会需求的增加，高层建筑越来越多，深基础工程发展迅速。高层建筑基于地基稳定性的需求，对基础的承载力、结构刚度、施工工艺等都提出了很高要求。

从设计的角度看，凡是基础的入土深度与基础的短边尺寸之比超过一定界限的均可归入深基础一类。深基础的类型很多，如前面的桩基、沉井基础、地下连续墙，以及大直径桩墩基础、箱桩基础等。以下仅对大直径桩墩基础和箱桩基础进行简单介绍。

1. 大直径桩墩基础

随着高层建筑的兴建，天然地基已无法承受上部结构的荷载，即使采用传统的桩基也无法解决问题。因此大直径桩墩基础应运而生。

(1) 墩基础特点

大直径墩基础是通过在地基中成孔后浇筑混凝土形成的大口径深基础。墩基础主要以混凝土及钢材作为建筑材料，其结构由3部分组成：墩承台（或墩帽）、墩身和扩大头（图9.30），能承受很高的竖向荷载和水平向荷载。如我国广州白云宾馆、深圳金城大厦和中国国家图书馆等高层建筑，以及许多单层和多层工业厂房建筑都采用墩基础。墩基础与桩基有一定相似之处，但也存在区别，主要表现为：桩是一种长细的地下结构物，而墩的断面尺寸一般较大，长细比则较小；墩不能以打入或压入法施工；墩往往单独承担荷载，且承载力比桩高得多。如上海宝钢一号高炉，高120m，总荷载5×10^5kN，地基为淤泥质软土，天然地基不满足强度要求，如用传统的钢筋混凝土桩，单桩承载力按250kN计算，则需2000根桩，高炉下承台面积内无法排列，如按群桩计算，又无法满足群桩承载力要求。因此，宝钢一号高炉最终采用了ϕ914.6mm、长60m的大直径钢管桩，共144根，满足了地基承载力要求。又如，广州某工程采用大直径混凝土墩，直径3.2m，深30m，单墩承载力可达7×10^4kN。

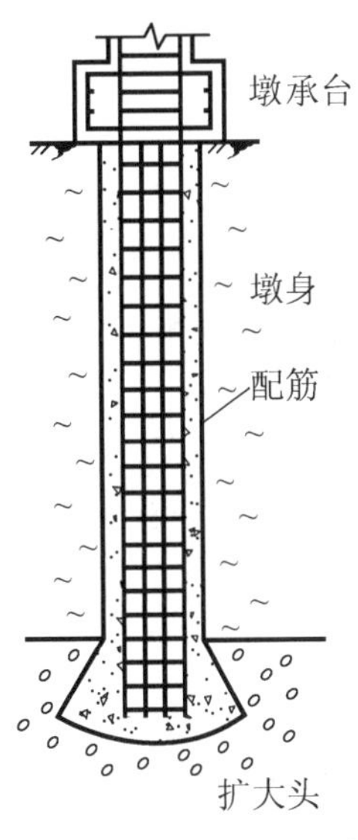

图9.30 墩基础构造

(2) 大直径桩墩设计

大直径桩墩设计一柱一桩，不需要承台。通常这类工程为一级建筑，单桩承载力应由桩的静载试验确定，但因大直径桩墩的单桩承载力极大，难以进行静载试验，只能采用经验参数法计算。由于大直径桩墩施工精细，通常在成孔后由人员下至孔底检查合格才浇筑混凝土，所以质量可以保证。

为节省混凝土量与造价，将上下一般粗的大直径桩墩发展为桩身减小、底部增大的扩底桩墩，可用较少的混凝土量获得较大的承载力，技术可靠，经济效益显著，是目前最佳的桩型。

(3) 大直径桩墩基础施工

大直径桩墩基础施工包括：准确定桩位，开挖成孔，清除桩底虚土，验孔，安设钢筋笼，装导管，混凝土一次连续浇成。开挖成孔要规整、足尺，如用人工挖桩孔应注意安全，预防孔壁坍塌，同时应有通风设备，防止中毒。每一根桩都必须有详细的施工记录，以确保质量。

2. 箱桩基础

当高层建筑的地基土质较好时，通常采用箱形基础，可以满足地基承载力的要求，同时满足地震区对基础埋深即稳定性的要求。箱形基础埋深大，基坑开挖土方量大，为空心结构，自重小于挖除的土重，因此箱形基础为部分补偿性设计。箱形基础的空间可以作为高层建筑地下商业、文化、体育场所及设备层。

若高层建筑的地基土质软弱，仅用箱形基础无法满足地基承载力的要求，则必须在箱形基础底板下做承重桩基。这类箱形基础加桩基的基础简称箱桩基础。例如，某市国际大厦是一座中外合资的现代化贸易中心大厦，主楼 38 层，总高 135.6m。地基表层为素填土，厚约 4m；第 2 层为可塑粉质黏土，厚约 3m；第 3 层为软塑粉质黏土，厚约 8m。地基承载力低，无法采用天然地基。根据上部高层的荷载与地质条件，在 3 层箱形基础埋深 12m 下设置钢筋混凝土桩，桩截面尺寸为 450mm×450mm，桩长 26m，计算单桩竖向承载力设计值为 2500kN，桩的静载试验结果为 2800～3300kN，共 400 根长桩，承受桩端以上总荷载 8×10^5kN。该国际大厦已建成多年，使用良好。

箱桩基础这种基础形式改变了软弱地基难以建高层建筑的观念。

若建筑场地地基土质并不软弱，采用箱形基础已满足上部高层建筑荷载的要求时，就不要在箱形基础下做桩基，否则会造成不必要的材料与资金的浪费，应予以避免。

本章小结

本章对桩基类型、单桩竖向承载力和单桩水平承载力的计算方法、桩基的设计及其他深基础进行了详细的阐述。

(1) 桩基的分类。按桩身材料分为钢筋混凝土桩、预应力混凝土桩、钢桩、木桩、组合材料桩；按施工方法分为预制桩、灌注桩；按荷载的传递方式分为端承桩和摩擦桩；按桩的挤土作用分挤土桩、部分挤土桩、非挤土桩。

(2) 单桩竖向承载力的计算方法。可根据桩身材料强度确定或根据土对桩的支承力确定。根据土对桩的支承力确定的方法有按静载试验确定和按《规范》中的经验公式确定。

(3) 单桩水平承载力。单桩水平承载力设计值采用静载试验和理论计算两种方法确定。

(4) 桩基设计步骤。

① 调查研究，收集资料。

② 选择桩型和几何尺寸，初步确定承台底面标高。

③ 确定单桩竖向和水平向（承受水平力为主的桩）承载力设计值。

④ 确定桩的数量、间距和布置方式。

⑤ 验算桩基的承载力和沉降。
⑥ 桩身结构设计。
⑦ 承台设计。
⑧ 绘制桩基施工图。
(5) 其他深基础主要包括沉井基础、地下连续墙、大直径桩墩基础、箱桩基础等。

习 题

一、选择题

1. 对打入同一地基且长度、横截面面积均相同的圆形桩和方桩而言，下述________是正确的。

A. 总端阻力两者相同，总侧阻力圆桩大
B. 总侧阻力方桩大，单桩承载力圆桩大
C. 总侧阻力圆桩大，单桩承载力圆桩小
D. 总端阻力两者相同，单桩承载力方桩大

2. 桩顶受有轴向压力的竖直桩，按照桩身截面与桩周土的相对位移，桩侧阻力的方向________。

A. 只能向上
B. 可能向上、向下或沿桩身上部向下、下部向上
C. 只能向下
D. 与桩的侧面呈某一角度

3. 桩基承台的最小埋深为________。

A. 500mm　　B. 600mm　　C. 800mm　　D. 1000mm

4. 最宜采用桩基的地基土质情况为________。

A. 地基上部软弱而下部不太深处埋藏有坚实地层时
B. 地基有过大沉降时
C. 软弱地基
D. 淤泥质土

二、简答题

1. 在什么情况下可以考虑采用桩基?
2. 什么称作群桩效应?
3. 单桩竖向承载力可由哪几种方法确定?
4. 在摩擦桩中，群桩承载力是否是单桩承载力之和？为什么？
5. 桩基设计包括哪些项目?
6. 沉井基础施工中应注意哪些问题？如果沉井基础在施工过程中发生倾斜该怎么处理？

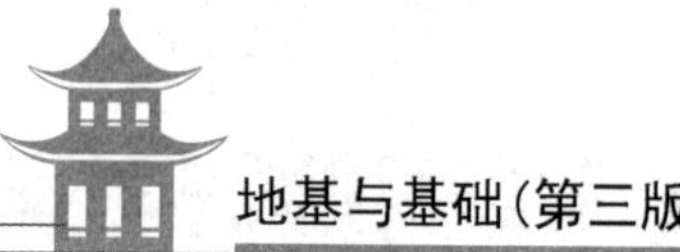

7. 什么是地下连续墙？地下连续墙有何优点？

8. 什么是箱桩基础？箱桩基础适用于什么工程和地质条件？

三、案例分析

1. 某商业大厦地基土第一层为黏性土，厚 1.5m，$I_L=0.4$；第二层为淤泥，厚 21.5m，含水率 $\omega=55\%$；第三层为中密粗砂，采用桩基。已知预制方桩的截面为 400mm×400mm，长 24m（从承台底面算起），桩打入 1.0m，试按《规范》经验公式计算单桩竖向承载力特征值 R_a。

2. 某工程为框架结构，钢筋混凝土柱的截面为 350mm×400mm，作用在柱基顶面上的荷载设计值 $F=2000\text{kN}$，$M_y=300\text{kN}\cdot\text{m}$。地基土表层为杂填土，厚 1.5m；第二层为软塑黏土，厚 9m，$q_{s2a}=16.6\text{kPa}$；第三层可塑粉质黏土，厚 5m，$q_{s3a}=35\text{kPa}$，$q_{sa}=870\text{kPa}$。试设计该工程基础方案。

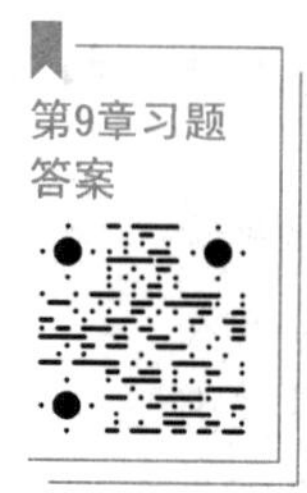

第10章 基坑支护

学习目标

通过本章的学习，了解地基处理、基坑支护的概念，了解基坑工程施工对环境的影响；熟悉基坑支护结构的类型及特点；重点掌握重力式水泥土墙、支挡式结构、土钉墙的设计与施工。

学习要求

能力目标	知识要点	相关知识	权重
熟悉基坑支护结构的类型	支护结构选型	支护结构类型	0.1
掌握重力式水泥土墙的设计与施工	设计要点、施工工艺流程及施工质量控制要点	条分法； 正截面承载力验算； 水泥土的配合比	0.3
掌握支挡式结构的设计与施工	挡土结构、土层锚杆的设计要点与施工方法	《建筑基坑支护技术规程》 《混凝土结构设计规范（2015年版）》	0.4
掌握土钉墙的设计与施工	设计与构造要求、施工工艺流程、施工质量检测	构造要求； 施工工序	0.2

第10章课件

引　例

×××商务综合楼位于北京市朝阳区亚运村街道，东临北苑路，西临北苑西路。拟建工程南北长约143m，东西宽约80m，地上22层，地下3层，框架结构，筏板基础。基坑开挖深度最深为地下16m，开挖深度范围内土层基本为砂质粉土、粉质砂土等。本工程基坑部分施工项目包括基坑降水、边坡支护、土方开挖施工。

该基坑降水方案采用管井疏水方法降低基坑内地下水位，由于基坑南侧距已有建筑物较近，没有降水井施工工作面，为保证地下结构施工时基坑的干燥，对南侧采用旋喷桩止水帷幕设计。边坡支护采用土钉墙加桩锚支护，该支护结构安全性高，边坡土体的位移小，能确保邻近建筑物的安全。土方开挖采用机械挖土，分3层进行，并与支护结构结合施工。本章将分别介绍重力式水泥土墙（旋喷桩）、土钉墙及桩锚支护的特点及设计施工方法。

10.1　概述

基坑支护施工

基坑工程的主要内容有土方开挖、井点降水、地基处理和支护结构等。

1. 土方开挖

土方开挖是基坑工程施工中的重要工序，在大、中型建设项目中，由于土方开挖的工程量大、工期长，往往对整个建设项目的顺利进行和经济效果有着较大的影响。因此，必须严格按照支护结构设计的要求和施工组织设计的内容进行精心准备，精心组织施工。

土方开挖可分为放坡开挖和支护开挖两种，采用何种方式，应根据基坑深度、地基土岩性、地下水位及渗水量、场地大小、周围建筑物情况等条件来决定。土方开挖方法有分层开挖、分段或分块开挖、盆式开挖和岛式开挖。鉴于土方开挖工程具有劳动繁重及施工条件复杂等特点，除了做好施工前的准备工作外，在有条件时应尽可能地采用机械化的施工。

机械开挖土方应注意的问题如下。

① 应根据地下水位高低、施工机械条件、进度要求合理地选用施工机械，一般深度在2m以内的大面积基坑开挖，宜采用推土机或装载机推土和装车；对长度和宽度均较大的大面积土方一次开挖，可用铲运机铲土；对面积大且深的基础，多采用0.5m^3、1.0m^3斗容量的液压正铲挖土机；如操作面较狭窄，且有地下水，土的湿度大，可采用液压反铲挖土机在停机面一次开挖；深5m以上，且分层开挖或开沟道的基坑，用正铲挖土机进入基坑分层开挖；对设备基础基坑或高层建筑地下室深基坑，可采用多层接力开挖方法，土方用翻斗汽车运出，最后用搭木垛的方法使挖土机开出基坑；在地下水中可用拉铲或抓铲挖土。

② 土方开挖应绘制土方开挖图，确定开挖路线、开挖顺序、开挖范围、基底标高、边坡坡度、排水沟和集水井位置及挖出土方的堆放地点，对机械开挖不到之处，即基坑边

角部位，应用少量人工配合清坡，将松土清至机械的作业半径范围内，再用机械运走。由于机械挖土对土的扰动较大，且不能准确地将地基抄平，容易出现超挖现象，所以要求施工中机械挖土只能挖至基底以上 20～30cm，剩余的土方采用人工或其他方法挖除。对某些面积不大、深度较大的基坑，一般宜尽量利用挖土机开挖，不开或少开坡道。

③ 土方开挖时，两人操作间距应大于 2.5m；多台机械开挖时，挖土机的间距应大于 10m。在挖土机工作的范围内不许进行其他作业。挖土应由上而下，逐层进行，严禁先挖坡脚或逆坡挖土。

2. 井点降水

轻型井点抽水工作演示

土方开挖和基础施工经常会遇到地表和地下水大量浸入，造成地基浸泡，使地基承载力降低的现象，或出现管涌、流砂、坑底隆起、坑外地层过度变形等现象，导致地基基础无法施工，影响邻近建（构）筑物使用安全和工程顺利进行，因此，基坑的降水是基坑工程施工必须首先解决的。基坑降水方法有集水明排法、降水法和回灌法。常用的基坑降水类型与适用范围见表 10－1，可根据基坑规模、基坑深度、场地及周边工程、水文与地质条件、需降水深度、周围环境状况、支护结构类型、工期要求及技术经济效益等进行全面综合考虑、分析、比较后合理选用降水类型。

表 10－1 常用的基坑降水类型与适用范围

类型		适用土类	渗透系数/(cm/s)	降水深度/m	水文地质特征
集水明排		填土、粉土、砂土、黏性土	$1\times10^{-7}\sim2\times10^{-4}$	≤3	上层滞水或潜水
降水	轻型井点		$1\times10^{-7}\sim2\times10^{-4}$	≤6	
	多级轻型井点		$1\times10^{-7}\sim2\times10^{-4}$	6～10	
	喷射井点		$1\times10^{-7}\sim2\times10^{-4}$	8～20	
	电渗井点		$<1\times10^{-7}$	6～10	
	真空降水管井		$>1\times10^{-6}$	>6	
	降水管井	粉土、砂土、黏性土、碎石土、黄土	$>1\times10^{-5}$	>6	含水丰富的潜水、承压水和裂隙水
回灌		填土、粉土、砂土、碎石土、黄土	$>1\times10^{-5}$	不限	不限

深基础或深的建（构）筑物施工，地下水位以下含水丰富的土方开挖，采用一般的集水明排法排水常会遇到大量地下涌水，难以排干，当遇粉砂层、细砂层时，还会出现严重的翻浆、冒泥、流砂现象，不但使基坑无法挖深，还会造成大量水土流失，使边坡失稳或附近地面出现塌陷，严重影响邻近建（构）筑物的安全，遇此情况，一般应采用人工降低地下水位的方法施工。

人工降低地下水位常用的方法为轻型井点降水法，它是在基坑开挖前，沿开挖基坑的四周，或沿一侧、两侧、三侧埋设一定数量深于坑底的井点滤水管或管井，以总管连接或直接与抽水设备连接从中抽水，使地下水位降落到基坑底 0.5～1.0m 以下，以便在无水干燥的条件下开挖土方和进行基础施工。其主要机具设备由井点管、连接管、集水总管及抽水设备等组成。轻型井点降水施工包括井点布置、井点管埋设和使用，其施工工艺如图 10.1所示。

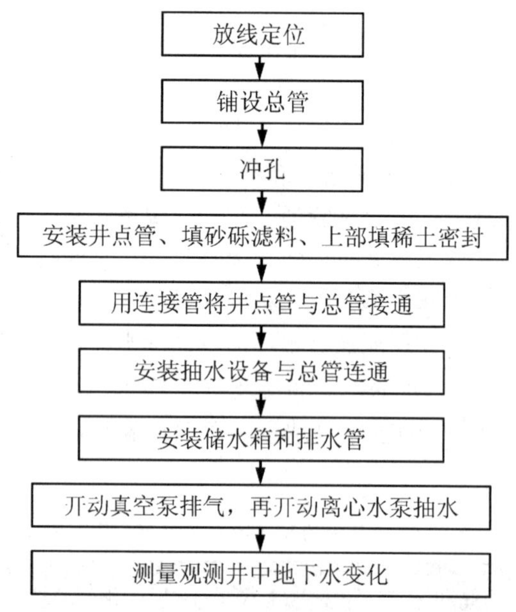

图 10.1　轻型井点降水施工工艺

3. 地基处理

当建筑物的天然地基很软弱，不能满足地基承载力和变形的设计要求时，地基需经过人工处理后再建造基础，这就是地基处理，也称地基加固。

通常天然地基存在以下几类问题之一时，必须采用地基处理措施，以保证建筑物的安全和正常使用。

① 强度与稳定性不足。当地基的抗剪强度不足以支撑上部结构的自重及外荷载时，地基就会产生局部或整体的剪切破坏，从而影响建筑物的正常使用，甚至引起破坏。

② 压缩与不均匀沉降。当地基在上部结构的自重及外荷载作用下产生过大的变形时，会影响结构的正常使用；当超过建筑物所能允许的不均匀沉降时，结构可能开裂。

③ 渗流。这是地下水在运动中出现的问题，会产生水量损失，可能导致建筑物发生事故。

④ 动力荷载作用，会造成地基失稳和震陷。任何建筑物的荷载，最终将传递到地基上，由于上部结构材料强度很高，而相应的地基土的强度很低、压缩性较大，因此必须设置一定结构形式和尺寸的基础。

常用的地基处理方法有灰土地基、砂和砂石地基、土工合成材料地基、粉煤灰地基、强夯地基、注浆地基、预压地基、振冲地基、高压喷射注浆地基、水泥土搅拌桩地基、土和灰土挤密桩复合地基、水泥粉煤灰碎石桩复合地基、夯实水泥土桩复合地基和砂桩地基。总体可以分为四大类：换土垫层法、强夯法、挤密法和化学加固法。

4. 支护结构

基坑工程的土方开挖，当受到场地限制不允许按规定坡度放坡开挖，或基坑放坡开挖所增加的工程量过大、不经济而采用坑壁竖直开挖时，必须设置基坑支护结构，以防止坑壁坍塌，确保基坑内施工作业安全，避免对邻近建筑物和市政设施等的正常使用造成危害。基坑支护结构主要承受基坑土方开挖卸载时所产生的土压力、水压力和附加荷载产生的侧压力，起到挡土和止水的作用，是稳定基坑的一种施工临时挡墙结构。对于不同的场地环境、不同的建筑物形式，基坑支护结构如何选型，如何合理地布置和计算，如何组织施工及施工过程中的支护结构监测和环境保护等，就是本章需要研究的问题。

为了保证基坑设计的合理性与经济性，基坑支护设计与施工时，需要注意以下方面。

① 建立可靠的设计质量管理办法。

② 采用动态设计信息施工技术法，保证深基坑安全施工。

③ 加强基坑支护技术的科研工作，促进技术进步。

10.2 基坑支护结构的类型及特点

10.2.1 常用支护结构类型

基坑支护结构的类型很多，其构成也各不相同。

1. 重力式水泥土墙结构

重力式水泥土墙通常以其自重和刚度保护基坑壁，既挡土又挡水，一般不设内支撑，必要时亦可辅以内支撑，以加大基坑的支护深度。

2. 支挡式结构

支挡式结构将排桩、双排桩（有的地区加止水帷幕）或地下连续墙等用作挡土结构，另设内支撑或外拉的土层锚杆。

3. 边坡稳定结构

边坡稳定结构有土钉墙和喷锚支护，是一种利用加固后的原位土体来维护基坑边坡土体稳定的支护方法，由土钉（锚杆）、钢丝网喷射混凝土面板和加固后的原位土体 3 部分组成。

除上述 3 类支护结构外，还有其他一些形式，有时还可以两种类型混合应用，如上面用土钉墙下面用排桩支护等。

10.2.2 支护结构选型

支护结构设计的第一步即支护结构选型，首先根据基坑开挖深度、周围环境情况、土层及地下水位，根据工程经验或专家系统并经过经济比较，正确地采用支护结构的安全等级。

根据我国的行业标准《建筑基坑支护技术规程》(JGJ 120—2012),支护结构根据其破坏后果的严重程度,分为表 10-2 所示的 3 个安全等级,在计算时要分别取用不同的重要性系数 γ_0。

表 10-2 支护结构安全等级和重要性系数 γ_0

安全等级	破坏后果	重要性系数 γ_0
一级	支护结构破坏、土体过大变形对基坑周边环境或主体结构施工影响很严重	≥1.10
二级	支护结构破坏、土体过大变形对基坑周边环境或主体结构施工影响严重	≥1.00
三级	支护结构破坏、土体过大变形对基坑周边环境或主体结构施工影响不严重	≥0.90

有特殊要求的支护结构安全等级,可根据具体情况另行确定。

支护结构选型时,应综合考虑下列因素,按表 10-3 选型。

① 基坑深度。

② 土的性状及地下水条件。

③ 基坑周边环境对基坑变形的承受能力及支护结构失效的后果。

④ 主体地下结构和基础形式及其施工方法,基坑平面尺寸及形状。

⑤ 支护结构施工工艺的可行性。

⑥ 施工场地条件及施工季节。

⑦ 经济指标、环保性能和施工工期。

表 10-3 支护结构选型

结构类型		适用条件		
		安全等级	基坑深度、环境条件、土类和地下水条件	
支挡式结构	锚拉式支挡结构	一级 二级 三级	适用于较深的基坑	(1) 排桩适用于可采用降水或截水帷幕的基坑; (2) 地下连续墙宜同时用作主体地下结构外墙,可同时用于截水; (3) 锚杆不宜用在软土层和高水位的碎石土、砂土层中; (4) 当邻近基坑有建筑物地下室、地下构筑物等,锚杆的有效锚固长度不足时,不应采用锚杆; (5) 当锚杆施工会造成基坑周边建(构)筑物的损害或违反城市地下空间规划等规定时,不应采用锚杆
	支撑式支挡结构		适用于较深的基坑	
	悬臂式支挡结构		适用于较浅的基坑	
	双排桩		当锚拉式、支撑式和悬臂式支挡结构不适用时,可考虑采用双排桩	
	支护结构与主体结构结合的逆作法		适用于基坑周边环境条件很复杂的深基坑	

续表

<table>
<tr><th colspan="2" rowspan="2">结构类型</th><th colspan="3">适用条件</th></tr>
<tr><th>安全等级</th><th colspan="2">基坑深度、环境条件、土类和地下水条件</th></tr>
<tr><td rowspan="4">土钉墙</td><td>单一土钉墙</td><td rowspan="4">二级
三级</td><td>适用于地下水位以上或降水的非软土基坑，且基坑深度不宜大于12m</td><td rowspan="4">当基坑潜在滑动面内有建筑物、重要地下管线时，不宜采用土钉墙</td></tr>
<tr><td>预应力锚杆复合土钉墙</td><td>适用于地下水位以上或降水的非软土基坑，且基坑深度不宜大于15m</td></tr>
<tr><td>水泥土桩复合土钉墙</td><td>用于非软土基坑时，基坑深度不宜大于12m；用于淤泥质土基坑时，基坑深度不宜大于6m；不宜用在高水位的碎石土、砂土层中</td></tr>
<tr><td>微型桩复合土钉墙</td><td>适用于地下水位以上或降水的基坑，用于非软土基坑时，基坑深度不宜大于12m；用于淤泥质土基坑时，基坑深度不宜大于6m</td></tr>
<tr><td colspan="2">重力式水泥土墙</td><td>二级
三级</td><td colspan="2">适用于淤泥质土、淤泥基坑，且基坑深度不宜大于7m</td></tr>
<tr><td colspan="2">放坡</td><td>三级</td><td colspan="2">(1) 施工场地满足放坡条件；
(2) 放坡与上述支护结构形式结合</td></tr>
</table>

支护结构的选型原则应满足下列基本条件。

① 符合支护结构安全等级要求，确保基坑侧壁稳定，施工安全。

② 确保邻近建筑物、道路、地下管线等的正常使用。

③ 要方便土方开挖和地下结构工程施工。

④ 应做到经济合理、缩短工期、效益良好。

针对某一具体工程，其基坑支护结构类型可选择表10-3中的任意一种或多种类型的组合，如本章引例工程，由于基坑开挖深度较大及地基土体的特点，就选择了重力式水泥土墙作为止水帷幕、土钉墙加桩锚结构的支护形式。

10.3 重力式水泥土墙设计

重力式水泥土墙是由深层搅拌（浆喷、粉喷）水泥土桩或高压旋喷桩与桩间土组成的复合支护结构，具有挡土和隔渗的双重作用。重力式水泥土墙一般用于开挖深度不大于7m的基坑工程，主要适用于承载力标准值小于140kPa的软弱黏性土及厚度不大的砂性土基坑。重力式水泥土墙平面布置形式多采用格栅式，也可采用实体式，如图10.2所示。

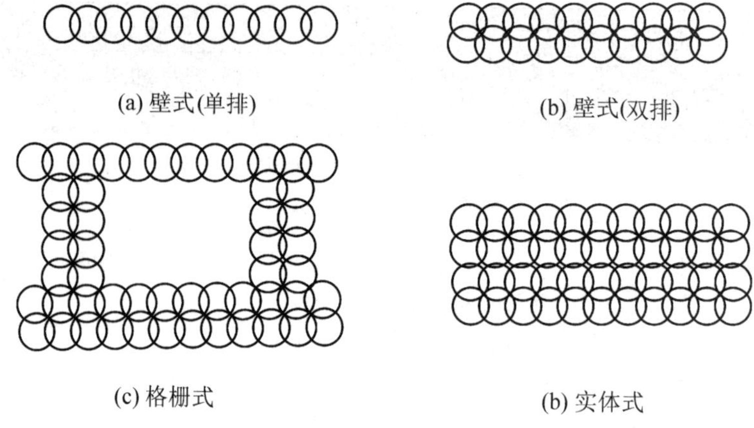

图 10.2　重力式水泥土墙平面布置形式

10.3.1　水泥土墙结构设计

水泥土墙应按照重力式挡墙的设计原则进行，包括深层搅拌水泥土桩排挡墙和旋喷桩排挡墙，除个别情况例外，一般都不设支撑。根据《建筑基坑支护技术规程》(JGJ 120—2012)，具体如下。

1. 嵌固深度计算

水泥土墙的嵌固深度设计值 h_d，应满足坑底隆起稳定性要求，抗隆起稳定性可按式(10－1)～(10－3)验算。

$$\frac{\gamma_{m2}}{\gamma_{m1}}\cdot\frac{DN_q+cN_c}{(h+D)+q_0}\geqslant K_{he} \tag{10-1}$$

$$N_q=\tan^2\left(45°+\frac{\varphi}{2}\right)e^{\pi\tan\varphi} \tag{10-2}$$

$$N_c=(N_q-1)/\tan\varphi \tag{10-3}$$

式中　K_{he}——抗隆起安全系数，安全等级为一级、二级、三级的支护结构，K_{he}分别不应小于 1.8、1.6、1.4；

γ_{m1}——基坑外墙底面以上土的重度，kN/m^3，对地下水位以下的砂土、碎石土、粉土取浮重度，对多层土取各层土按厚度加权的平均重度；

γ_{m2}——基坑内墙底面以上土的重度，kN/m^3，对地下水位以下的砂土、碎石土、粉土取浮重度，对多层土取各层土按厚度加权的平均重度；

D——基坑底面至软弱下卧层顶面的土层厚度，m；

h——基坑深度，m；

q_0——地面均布荷载，kPa；

N_c、N_q——承载力系数；

c、φ——挡墙底面以下土的黏聚力 (kPa)、内摩擦角 (°)，按《建筑基坑支护技术规程》第 3.1.14 条的规定取值。

水泥土墙的嵌固深度 h_d，对于淤泥质土，不宜小于 1.2h；对淤泥，不宜小于 1.3h。

2. 墙体厚度计算

水泥土墙的厚度设计值 B，宜根据抗倾覆稳定条件计算确定。

$$\frac{E_{pk}a_p+(G-u_m B)a_G}{E_{ak}a_a}\geqslant K_{ov} \tag{10-4}$$

式中 K_{ov}——抗倾覆稳定安全系数，其值不应小于1.3；

a_a——水泥土墙外侧主动土压力合力作用点至墙趾的竖向距离，m；

a_p——水泥土墙内侧被动土压力合力作用点至墙趾的竖向距离，m；

a_G——水泥土墙自重与墙底水压力合力作用点至墙趾的水平距离，m；

E_{ak}、E_{pk}——作用在水泥土墙上的主动土压力、被动土压力标准值，kN/m，按《建筑基坑支护技术规程》第3.1.14条规定取值；

G——水泥土墙的自重，kN/m；

u_m——水泥土墙底面上的水压力，kPa。

3. 正截面承载力验算

水泥土墙厚度设计值，除应符合上述要求外，其正截面承载力尚需符合下述要求。

（1）压应力验算

$$\gamma_0\gamma_F\gamma_{cs}Z+\frac{6M_i}{B^2}\leqslant f_{cs} \tag{10-5}$$

（2）拉应力验算

$$\frac{6M_i}{B^2}-\gamma_{cs}Z\leqslant 0.15f_{cs} \tag{10-6}$$

（3）剪应力验算

$$\frac{E_{ak,i}-\mu G_i-E_{pk,i}}{B}\leqslant\frac{1}{6}f_{cs} \tag{10-7}$$

式中 M_i——水泥土墙验算截面的弯矩设计值，kN·m/m；

B——验算截面处水泥土墙的宽度，m；

γ_{cs}——水泥土墙的重度，kN/m^3；

Z——验算截面至水泥土墙顶的垂直距离，m；

f_{cs}——水泥土开挖龄期时的轴心抗压强度设计值，kPa，应根据现场试验或工程经验确定；

γ_F——荷载综合分项系数，按《建筑基坑支护技术规程》第3.1.6条取用；

$E_{ak,i}$、$E_{pk,i}$——验算截面以上的主动土压力标准值、被动土压力标准值，kN/m，可按《建筑基坑支护技术规程》第3.4.2条的规定计算，验算截面在基底以上时，取 $E_{pk,i}=0$；

G_i——验算截面以上的墙体自重，kN/m；

μ——墙体材料的抗剪断系数，取0.4～0.5。

在进行设计计算时，还应注意以下方面。

① 当坑底存在软弱土层时，应进行坑底隆起稳定性验算。

② 当坑底存在软弱土层时，应按圆滑动面法验算水泥土墙的整体稳定性。

③ 水泥土墙的墙顶水平位移可采用“m 法”计算。

④ 水泥土墙的所用水泥强度等级不低于42.5，水泥掺入量不应小于15%。设计前应

取得土质参数和有关配合比强度的室内试验数据。

⑤ 在成桩过程中要求喷搅均匀。在含水量大、土质软弱的土层中，应增加水泥的掺入量。在淤泥质土中水泥的掺入量不应小于18%，经过试验可掺入一定量的粉煤灰。

⑥ 水泥土墙顶部宜设置0.1～0.2m的钢筋混凝土压顶。压顶与墙用插筋连接，插筋长度不宜小于1.0m，直径不宜小于12mm，每桩1根。

⑦ 水泥土墙应有28d以上的龄期方能进行土方开挖。

10.3.2 水泥土墙施工

水泥土墙的施工包括施工机具的选择、施工工艺、水泥土的配合比、施工质量控制等方面，下面以深层搅拌水泥土桩为例进行介绍。

深层搅拌水泥土桩是采用水泥作为固化剂，利用特制的深层搅拌机械，在地基深处就地将软土和水泥强制搅拌形成水泥土，利用水泥和软土之间所产生的一系列物理－化学反应，使软土硬化成整体性的、有一定强度的水泥土柱状加固体。

深层搅拌水泥土桩具有施工时振动和噪声小、工期较短、无支撑等特点，它既可挡土又可防水，而且造价低廉。普通的深层搅拌水泥土桩，通常用于不太深的基坑支护，若采用加盘搅拌水泥土桩（SMW工法桩)，则能承受较大的侧向压力，用于较深的基坑支护。近年来，深层搅拌水泥土桩在国内已较广泛地用于软土地基的基坑工程，在上海等地区应用广泛，多用于深度不超过7m的基坑。深层搅拌水泥土桩在施工时，由于搅松了地基土，有时会对周围建筑物产生一定影响，宜采取措施预防。

1. 施工机具的选择

（1）深层搅拌机

深层搅拌机是深层搅拌水泥土桩施工的主要机械。目前应用的有中心管喷浆方式和叶片喷浆方式两类。前者喷浆方式中的水泥浆是从两根搅拌轴之间的另一根管子喷出，不影响搅拌均匀度，可适用于多种固化剂；后者是使水泥浆从叶片上若干个小孔喷出，水泥浆与土体混合较均匀，适用于大直径叶片和连续搅拌，但因喷浆孔小易被堵塞，叶片喷浆只能使用纯水泥浆而不能采用其他固化剂。

（2）配套机械

配套机械主要包括灰浆搅拌机、集料斗、灰浆泵。其中SJB-3型深层搅拌机采用HB6-3型灰浆泵，GZB-600型深层搅拌机采用PA-15B型灰浆泵。

2. 施工工艺

深层搅拌水泥桩成桩工艺可采用“一次喷浆、二次搅拌”或“二次喷浆、三次搅拌”工艺，主要依据水泥掺入比及土质情况而定。一般水泥掺量较小、土质较松时，可用前者；反之可用后者。

深层搅拌水泥桩的施工工艺流程如下。

（1）定位

用起重机（或用塔架）悬吊搅拌机到达指定桩位，对中。

（2）预搅下沉

待深层搅拌机的冷却水循环正常后，启动搅拌机，放松起重机钢丝绳，使搅拌机沿导向架搅拌切土下沉。

(3) 制备水泥浆

待深层搅拌机下沉到设计深度后，即开始按设计确定的配合比拌制水泥浆（水灰比宜为0.45～0.50)，压浆前将水泥浆倒入集料斗中。

(4) 喷浆、搅拌、提升

待深层搅拌机下沉到设计深度后，开启灰浆泵将水泥浆压入地基，且边喷浆边搅拌，同时按设计确定的提升速度提升深层搅拌机。提升速度不宜大于0.5m/min。

(5) 重复搅拌下沉、上升

为使土和水泥浆搅拌均匀，可再次将搅拌机边旋转边沉入土中，至设计深度后再提升出地面。桩体要互相搭接200mm以形成整体。相邻桩的施工间歇时间宜小于10h。

(6) 清洗、移位

向集料斗中注入适量清水，开启灰浆泵，清洗全部管路中残存的水泥浆，并将黏附在搅拌头上的软土清洗干净。移位后进行下一根桩的施工。桩位偏差应小于50mm，垂直度误差应不超过1%。在桩机移位，特别是转向时要注意桩机的稳定。

深层搅拌水泥土桩施工工艺流程示意如图10.3所示。

在水泥土墙施工时，由于地基土的搅拌和水泥浆的喷入，扰动了原土层，会引起附近土层一定的变形。在施工时如周围存在需保护的设施，在施工速度和施工顺序方面需精心安排。

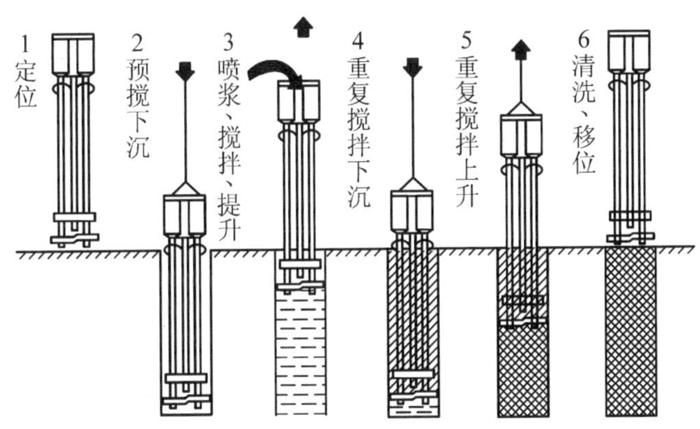

图10.3 深层搅拌水泥土桩施工工艺流程示意

3. 水泥土的配合比

水泥土的无侧限抗压强度 q_u 一般为500～4000kPa，比天然软土大几十倍至数百倍，相应的抗拉强度、抗剪强度亦提高不少。水泥掺入量的大小取决于水泥土墙设计的抗压强度。水泥强度等级每提高一级，水泥土的无侧限抗压强度 q_u 增大20%～30%。通常选用龄期为3个月的强度作为水泥土的标准强度较为适宜。搅拌法施工要求水泥浆流动度大，水灰比一般采用0.45～0.50，但软土含水量大，对水泥土强度增长不利。为了减少用水量，又利于泵送，可选用木质素磺酸钙作减水剂，另掺入三乙醇胺以改善水泥土的凝固条件。

4. 施工质量控制

施工时质量控制的要点如下。

(1) 抄平放线

施工前应平整场地，并测量施工范围内自然地面标高，放出水泥土墙位置的灰线，确定桩位。在铺设好轨道或滚管后，应测出搅拌机底盘标高，以此确定搅拌机悬吊提升及下降的起讫位置，控制桩顶、桩底标高，若采用步履式机架则可根据立柱底标高确定。

(2) 样槽开挖

由于水泥土墙是由水泥土桩密排（格栅式）布置的，桩的密度很大，施工中会出现较大涌土现象，即在施工桩位处土体涌出高于原地面，一般会高出 1/15～1/8 桩长。这为桩顶标高控制及后期混凝土面板施工带来麻烦。因此在水泥土墙施工前应先在成桩施工范围开挖一定深度的样槽，样槽宽度可比水泥土墙宽 b 增加 300～500mm，深度应根据土的密度等确定，一般可取桩长的 1/10。

(3) 清除障碍

施工前应清除搅拌桩施工范围内的一切障碍，如旧建筑基础、树根、枯井等，以防止施工受阻或成桩偏斜。当清除障碍范围较大或深度较深时，应做好覆土压实，防止机架倾斜。清障工作可与样槽开挖同时进行。

(4) 机架垂直度控制

机架垂直度是决定成桩垂直度的关键，因此必须严格控制，垂直度偏差应控制在 1% 以内。

(5) 水泥浆制备

水泥应采用新鲜、不受潮、无结块的合格水泥，拌制时应注意控制搅拌时间、水灰比及外掺剂的掺量，严格称量下料。

(6) 工艺试桩

在施工前应做工艺试桩。通过试桩，熟悉施工区的土质状况，确定施工工艺参数，如：钻进深度、灰浆配合比、喷浆下沉及提升速度、喷浆速率、喷浆压力及钻进状况等。

(7) 成桩施工

① 控制下沉及提升速度。一般预搅下沉的速度应控制在 0.8m/min，喷浆提升速度不宜大于 0.5m/min，重复搅拌升降可控制在 0.5～0.8m/min。

② 严格控制喷浆速度与喷浆提升（或下沉）速度的关系。确保水泥浆沿全桩长均匀分布，并保证在提升开始的同时注浆，在提升至桩顶时，该桩全部浆液喷注完毕，控制好喷浆速率与提升（下沉）速度的关系是十分重要的。喷浆和搅拌提升速度的误差不得大于±0.1m/min。对水泥掺入比较大，或桩顶需加大掺量的桩的施工，可采用二次喷浆、三次搅拌工艺。

③ 防止断桩。施工中发生意外中断注浆或提升过快现象时，应立即暂停施工，重新下钻至停浆面或少浆桩段以下 0.5m 的位置，重新注浆提升，保证桩身完整，防止断桩。

④ 邻桩施工。连续的水泥土墙中相邻桩施工的时间间隔一般不应超过 24h。因故停歇时间超过 24h 时，应采取补桩或在后施工桩中增加水泥掺量（可增加 20%～30%）、补桩及注浆等措施。前后排桩施工应错位成踏步式，以便发生停歇时，前后施工桩体成错位搭接形式，有利于墙体稳定及保证止水效果。

⑤ 钻头及搅拌叶检查。经常性、制度性地检查搅拌叶磨损情况，当发生过大磨损时，应及时更换或修补钻头，钻头直径偏差应不超过 3%。对叶片注浆搅拌头，应经常检查注

浆孔是否阻塞；对中心注浆管的搅拌头应检查球阀工作状况，使其正常喷浆。

(8) 试块制作

一般情况每一台班应做一组试块（3 块），试模尺寸为 70.7mm×70.7mm×70.7mm，试块水泥土可在第二次提升后的搅拌叶边提取，按规定的养护条件进行养护。

(9) 成桩记录

施工过程中必须及时做好成桩记录，不得事后补记或事前先记，成桩记录应真实反映施工状况。成桩记录主要内容包括：水泥浆配合比、供浆状况、搅拌机下沉及提升时间、注浆时间、停浆时间等。

10.4 支挡式结构设计

支挡式结构是以挡土结构和土层锚杆或支撑为主的，或仅以挡土结构为主的支护结构。

10.4.1 挡土结构设计与施工

1. 挡土结构设计

(1) 嵌固深度计算

① 悬臂式支挡结构的挡土结构的嵌固深度 h_d，应符合式（10－8）的要求。

$$h_p \sum E_p - 1.2\gamma_0 h_a \sum E_a = 0 \tag{10-8}$$

式中 $\sum E_p$—— 桩、挡土结构底以上基坑内侧各土层水平抗力标准值的合力；

h_p—— 合力 $\sum E_p$ 作用点至挡土结构底的距离；

$\sum E_a$—— 桩、挡土结构底以上基坑外侧各土层水平荷载标准值的合力；

h_a—— 合力 $\sum E_a$ 作用点至桩、挡土结构底的距离。

② 单层支点支挡式结构的挡土结构的嵌固深度设计值 h_d 按下列规定计算。

a. 基坑底面以下，支挡式结构设定弯矩零点位置至基坑底面的距离 h_{c1}，按式（10－9）、式（10－10）确定。

$$e_{alk} = e_{plk} \tag{10-9}$$

$$h_{c1} = \frac{h_{a1} \sum E_{ac} - h_{p1} \sum E_{pc}}{T_{c1}} - h_{T1} \tag{10-10}$$

式中 e_{alk}——水平荷载标准值；

e_{plk}——水平抗力标准值；

h_{a1}—— 合力 $\sum E_{ac}$ 作用点至设定弯矩零点的距离；

$\sum E_{ac}$—— 设定弯矩零点位置以上基坑外侧各土层水平荷载标准值的合力之和；

$\sum E_{pc}$—— 设定弯矩零点位置以上基坑内侧各土层水平抗力标准值的合力之和；

h_{p1}—— 合力 $\sum E_{pc}$ 作用点至设定弯矩零点的距离；

h_{T1}——支点至基坑底面的距离；

h_{c1}——基坑底面至设定弯矩零点位置的距离。

b. 支点力 T_{c1}按式（10－10）计算。

c. 挡土结构嵌固深度设计值 h_d，应符合式（10－11）的要求。

$$h_p \sum E_p + T_{c1}(h_{T1} + h_d) - 1.2\gamma_0 h_a \sum E_a = 0 \qquad (10-11)$$

③ 多层支点支挡式结构的挡土结构的嵌固深度设计值 h_d，按整体稳定条件用圆弧滑动简单条分法计算。

当按上述方法计算求得的悬臂式支挡结构及单层支点支挡式结构的挡土结构的嵌固深度设计值 $h_d<0.3h$ 时，宜取 $h_d=0.3h$；多层支点支挡式结构的挡土结构的嵌固深度设计值 $h_d<0.2h$ 时，宜取 $h_d=0.2h$。

（2）内力与变形计算

行业标准《建筑基坑支护技术规程》推荐弹性支点法。挡土结构外侧承受土压力、附加荷载等产生的水平荷载标准值为 e_{aik}；挡土结构内侧的支点化作支撑弹簧，以支撑体系水平刚度系数表示；挡土结构坑底以下的被动侧的水平抗力，以水平抗力刚度系数表示。

支挡式结构的挡土结构在外力作用下的挠曲方程如下所示。

$$EI\frac{d^4 y}{dZ} - e_{aik} b_s = 0 \quad (0 \leqslant Z \leqslant h_0) \qquad (10-12)$$

$$EI\frac{d^4 y}{dZ} + m b_0 (Z - h_n) y - e_{aik} b_s = 0 (Z \geqslant h_n) \qquad (10-13)$$

支点处的边界条件按式（10－14）确定。

$$T_j = k_{Tj}(y_j - y_{oj}) \qquad (10-14)$$

式中 EI——结构计算宽度内的抗弯刚度；

m——地基土水平抗力系数的比例系数，kN/m^4；

b_0——抗力计算宽度［地下连续墙和水泥土墙取单位宽度，圆形桩排桩结构取 $b_0=0.9\times(1.5d+0.5)$（d 为桩直径），方形桩排桩结构取 $b_0=0.9\times(1.5b+0.5)$（b 为方桩边长）］，如抗力计算宽度大于排桩间距，应取排桩间距；

Z——基坑开挖从地面至计算点的距离；

h_n——第 n 工况基坑开挖深度；

y——计算点处的变形；

b_s——荷载计算宽度，排桩取排桩间距，地下连续墙取单位宽度；

k_{Tj}——第 j 层支点的水平刚度系数；

y_j——第 j 层支点处的水平位移值；

y_{oj}——在支点设置前，第 j 层支点处的水平位移值；

T_j——第 j 层支点力，当 $T_j \leqslant T_{oj}$（第 j 层支点处的预加力）时，T_j 应按该层支点位移为 y_{oj} 的边界条件确定。

上式中的 m 值，应根据单桩水平静载试验结果按式（10－15）计算。

$$m=\frac{\left(\frac{H_{cr}}{x_{cr}}v_x\right)^{5/3}}{b_0\ (EI)^{2/3}} \tag{10-15}$$

式中 m——地基土水平抗力系数的比例系数，kN/m^4；

H_{cr}——单桩水平临界荷载，kN；

x_{cr}——单桩水平临界荷载对应的位移，m；

v_x——桩顶位移系数；

b_0——计算宽度。

（3）挡土结构计算

① 内力及支点力设计值的计算。

a. 截面弯矩设计值：

$$M=1.25\gamma_0 M_c \tag{10-16}$$

式中 M_c——截面弯矩计算值。

b. 截面剪力设计值：

$$V=1.25\gamma_0 V_c \tag{10-17}$$

式中 V_c——截面剪力计算值。

c. 有支点的支挡式结构第 j 层支点力设计值：

$$T_{dj}=1.25\gamma_0 T_{cj} \tag{10-18}$$

式中 T_{cj}——第 j 层支点力计算值。

② 截面承载力计算。

a. 沿周边均匀配置纵向钢筋的圆形截面和矩形截面的排桩和地下连续墙，其正截面受弯及斜截面受剪承载力计算，以及有关纵向钢筋和箍筋等的构造要求，均应符合国家标准《混凝土结构设计规范（2015 年版）》的有关规定。

b. 沿截面受拉区和受压区的周边配置局部均匀纵向钢筋或集中纵向钢筋的圆形截面钢筋混凝土桩，其正截面受弯承载力按式（10－19）、式（10－20）计算。

$$af_{cm}A\left(1-\frac{\sin2\pi a}{2\pi a}\right)+f_y(A'_{sr}+A'_{sc}-A_{sr}-A_{sc})=0 \tag{10-19}$$

$$M\leqslant\frac{2}{3}f_{cm}Ar\,\frac{\sin^3\pi a}{\pi}+f_yA_{sc}y_{sc}+f_yA_{sr}r_s\,\frac{\sin\pi a_s}{\pi a_s}+f_yA'_{sc}y'_{sc} \tag{10-20}$$

选取的距离 y_{sc}、y'_{sc} 应符合下列条件。

$$y_{sc}\geqslant r_s\cos\pi a_s \tag{10-21}$$

$$y'_{sc}\geqslant r_s\cos\pi a'_s \tag{10-22}$$

混凝土受压区圆心半角的余弦应符合下列要求。

$$\cos\pi a\geqslant1-\left(1-\frac{r_s}{r}\cos\pi a_s\right)\xi_b \tag{10-23}$$

式中 a——对应于受压区混凝土截面面积的圆心角（rad）与 2π 的比值；

a_s——对应于周边均匀受拉钢筋的圆心角（rad）与 2π 的比值，a_s 宜在 1/6～1/3 之间选取，通常可取定值 0.25；

a'_s——对应于周边均匀受拉钢筋的圆心角（rad）与 2π 的比值，宜取 $a'_s\leqslant0.5a$；

A——构件截面面积；

A_{sr}，A'_{sr}——均匀配置在圆心角 $2\pi a_s$、$2\pi a'_s$ 内沿周边的纵向受拉、受压钢筋的截面面积；

r——圆形截面的半径；

r_s——纵向钢筋所在圆周的半径；

y_{sc}，y'_{sc}——纵向受拉、受压钢筋截面面积 A_{sc}、A'_{sc}的重心至圆心的距离；

f_y——钢筋的抗拉强度设计值；

f_{cm}——混凝土的弯曲抗压强度设计值；

ξ_b——矩形截面的相对界限受压区高度。

2. 挡土结构施工

(1) 钢板桩施工

钢板桩是带锁口的热轧型钢，钢板桩靠锁口相互咬口连接，形成连续的钢板桩墙，用来挡土和挡水。钢板桩支护由于其施工速度快、可重复使用，因此在一定条件下使用会取得较好的经济效益。但钢板桩的刚度相对较小。

① 钢板桩打设前的准备工作。钢板桩的设置位置应便于基础施工，即在基础结构边缘之外留有支、拆模板的余地。特殊情况下如利用钢板桩作箱形基础底板或桩基承台的侧模，则必须衬以纤维或油毛毡等隔离材料，以便钢板桩拔出。

钢板桩的平面布置，应尽量平直整齐，避免不规则的转角，以便充分利用标准钢板桩和便于设置支撑。对于多层支撑的钢板桩，宜先开沟槽安设支撑并预加顶紧力（约为设计值的 50%），再挖土，以减少钢板桩支护的变形。结成钢板桩挡土结构应在钢板桩接缝处设置可靠的防渗止水的构造，必要时可在沉桩后的坑外负钢板桩锁口处注浆防渗。

a. 钢板桩的检验与矫正。钢板桩在进入施工现场前须检验、整理。尤其是使用过的钢板桩，因在打桩、拔桩、运输、堆放过程中易变形，如不矫正不利于打入。

对用于基坑临时支护的钢板桩，主要进行外观检验，包括表面缺陷、长度、宽度、厚度、高度、端头矩形比、平直度和锁口形状等。对桩上影响打设的焊接件应割除。如有割孔、断面缺损应补强。若有严重锈蚀，应测量断面实际厚度，以便计算时予以折减。经过检验，如误差超过质量标准规定，应在打设前予以矫正。矫正后的钢板桩在运输和堆放时尽量不使其弯曲变形，避免碰撞，尤其不能将连接锁口碰坏。堆放的场地要平整坚实，堆放时最下层钢板桩应垫木块。

b. 导架安装。为保证沉桩轴线位置的正确和桩的竖直，控制桩的打入精度，防止钢板桩的屈曲变形和提高桩的贯入能力，一般都需设置一定刚度的、坚固的导架，也称“施工围檩”。导架通常由导梁和围檩桩等组成，其形式在平面上有单面和双面之分，在高度上有单层和双层之分。一般常用的是单层双面导架。围檩桩的间距一般为 2.5～3.5m，双面围檩之间的间距一般比板桩墙厚度大 8～15mm。导架的位置不能与钢板桩相碰。围檩桩不能随着钢板桩的打设而下沉或变形。导架的高度要适宜，要有利于控制钢板桩的施工高度和提高工效。

c. 沉桩机械的选择。打设钢板桩可用落锤、汽锤、柴油锤和振动锤。前 3 种皆为冲击打入法，为使桩锤的冲击力能均匀分布在板桩断面上，避免偏心锤击，防止桩顶面损伤，在桩锤和钢板桩之间应设桩帽。桩帽有各种现成规格可供选用，如无合适的型号，可根据要求自行设计与加工。

振动锤打设钢板桩辅助设施简单，噪声小，污染少，宜用于软土、粉土、黏性土等土层，也可以用于砂土层，但不宜用于细砂层。振动锤还可用于拔桩。

② 钢板桩的打设。

a. 打设方法的选择。钢板桩的打设方法分为单独打入法和屏风式打入法两种。

单独打入法：是从板桩墙的一角开始，逐块（或两块为一组）打设，直至结束。这种方法简便、迅速，不需要其他辅助支架，但是易使钢板桩向一侧倾斜，且误差积累后不易纠正。因此，这种方法只适用于钢板桩长度较小的情况。

屏风式打入法：是将10～20根钢板桩成排插入导架内，呈屏风状，然后再分批打设。打设时先将屏风墙两端的钢板桩打至设计标高或一定深度，成为定位钢板桩，然后在中间按顺序分别以1/3和1/2钢板桩高度呈阶梯状打入。屏风式打入法的优点是可减少倾斜误差积累，防止过大倾斜，对要求闭合的钢板桩墙，常采用此法；其缺点是插桩的自立高度较大，要注意插桩的稳定和施工安全。

b. 钢板桩的打设步骤。先用吊车将钢板桩吊至插桩点处进行插桩，插桩时锁口要对准，每插入一块即套上桩帽轻轻加以锤击。在打设过程中，为保证钢板桩的垂直度，要用两台经纬仪从两个方向加以控制。为防止锁口中心线平面位移，可在打设进行方向的钢板桩锁口处设卡板，阻止钢板桩位移。同时在腰梁上预先算出每块板块的位置，以便随时检查校正。

钢板桩分几次打入，如第一次由20m高打至15m，第二次则打至10m，第三次打至导梁高度，待导架拆除后第四次打至设计标高。打设时，开始打设的第一、二块钢板桩的打入位置和方向要确保精度，它可以起样板导向作用，一般每打入1m应测量一次。打设时若阻力过大，钢板桩难于贯入时，不能用锤硬打，可伴以高压冲水或振动法沉桩；若钢板桩有锈蚀或变形，应及时调整，还可在锁口内涂以油脂，以减少阻力。在软土中打设钢板桩，有时会出现把相邻钢板桩带入的现象。为了防止出现这种情况，可以把相邻钢板桩焊在腰梁上，或者数根钢板桩用型钢连在一起；另外在锁口处涂以油脂，并采用特殊塞子，防止土砂进入连接锁口。钢板桩墙的转角和封闭合拢施工，可采用异形板桩、连接件法、骑缝搭接法或轴线调整法。

③ 钢板桩的拔除。在进行基坑回填土时，要拔除钢板桩，以便修整后重新使用。拔除钢板桩要研究拔除顺序、拔除时间及桩孔处理方法。

对于封闭式钢板桩墙，拔桩的开始点宜离开角桩5根以上，必要时还可用跳拔的方法间隔拔除。拔桩的顺序一般与打设顺序相反。拔除钢板桩宜用振动锤或振动锤与起重机共同拔除。后者适用于单用振动锤拔不出的钢板桩，需在钢板桩上设吊架，起重机在振动锤振拔的同时向上引拔。

振动锤产生强迫振动，破坏钢板桩与周围土体间的黏结力，依靠附加的起吊力克服拔桩阻力将桩拔出。拔桩时，可先用振动锤将锁口振活以减小与土的黏结，然后边振边拔。为及时回填桩孔，当桩拔至比基础底板略高时，暂停引拔，用振动锤振动几分钟让土孔填实。拔桩会带土和扰动土层，尤其在软土层中可能会使基坑内已施工的结构或管道发生沉陷，并影响邻近已有建筑物、道路和地下管线的正常使用，对此必须采取有效措施。对拔桩造成的土层中的空隙要及时填实，可在振拔时回灌水或边振边拔并填砂，但有时效果较差。因此，在控制地层位移有较高要求时，应考虑在拔桩的同时进行跟踪注浆。

(2) 地下连续墙施工

① 修筑导墙。导墙是地下连续墙挖槽之前修筑的临时结构,对挖槽起重要作用。

现浇钢筋混凝土导墙的施工顺序为:平整场地→测量定位→挖槽及处理弃土→绑扎钢筋→支模板→浇筑混凝土→拆模并设置横撑→导墙外侧回填土。

② 泥浆护壁。泥浆的作用是护壁、携渣。在地下连续墙施工过程中,泥浆要与地下水、砂、土、混凝土接触,膨润土、掺合料等成分会有所消耗,而且也会混入一些土渣和电解质离子等,使泥浆受到污染并导致质量恶化。被污染后质量恶化了的泥浆,经处理后可重复使用,对污染严重或处理不经济者则应舍弃。

③ 挖槽。挖槽中的注意事项如下。

a. 施钻时要注意控制钻进速度,不要过快或过慢,钻进速度的确定要考虑土的坚硬程度并与排泥速度相协调。

b. 挖槽过程中还要防止发生卡钻,即钻机被卡在槽内,难以上下。造成卡钻的原因可能是多方面的,如泥渣沉淀在钻机周围,将钻机与槽壁之间的孔隙堵塞;中途停止钻进未及时将钻机提出槽外;槽壁局部坍方,将钻机埋住;钻进过程中遇到地下障碍物被卡住;槽孔偏斜过大等均有可能造成卡钻。

c. 挖空心深槽如果遇到孔隙率很大的砾石地层,护壁泥浆会大量渗入孔隙流失,遇到未经处理的落水洞、暗沟等,泥浆也会沿洞、沟大量流失,使槽内浆位迅速下降,造成"漏浆"。

d. 挖槽过程中还要防止槽孔偏斜和弯曲。

e. 在地下连续墙施工时保持槽壁稳定、防止槽壁坍方是十分重要的问题。一旦发生坍方,将可能导致地面沉陷而使挖槽机械倾覆,对邻近的建筑物和地下管线也会造成破坏。

当挖槽出现坍塌迹象时,如泥浆大量漏失,液位明显下降,泥浆内有大量泡沫上冒或出现异常的扰动,导墙及附近地面出现沉降,排土量超过设计断面的土方量,多头钻或抓斗升降困难等,此时应首先将挖槽机提至地面,然后迅速采取措施,避免坍塌进一步扩大。常用的措施是立即进行补浆,严重的坍方应用优质黏土(掺入20%水泥)回填至坍塌处以上1~2m,待沉积密实后再行钻进。

④ 清底。在挖槽结束后清除槽底沉淀物的工作称为清底。清底是地下连续墙施工中的一项重要工作。如不清底,残留在槽底的沉渣会使地下连续墙底部与持力层地基之间形成夹层,使地下连续墙的沉降量增大,承载力降低并削弱墙体底部的截水防渗能力,甚至可能会导致管涌。而且,沉渣混入混凝土会使混凝土强度降低,随着浇筑过程中混凝土的流动被挤至接头处,则严重影响接头部位的防渗性能。沉渣会使混凝土的流动性降低,影响浇筑速度,还会造成钢筋笼上浮,如沉渣过厚,钢筋笼插不到设计位置,则使墙体结构配筋发生变化。因此,必须认真做好清底工作,减少沉渣带来的危害。

清除沉渣的方法,常用的有砂石吸力泵排泥法、压缩空气升液排泥法、潜水泥浆泵排泥法、抓斗直接排泥法等。清底一般安排在插入钢筋笼之前进行,对于以泥浆反循环法进行挖槽的施工,可在挖槽后紧接着进行清底工作。

⑤ 地下连续墙的接头施工。当地下连续墙中有其他的预埋件或预留孔洞时,可利用聚苯乙烯泡沫塑料、木箱等进行覆盖,但要注意不要因泥浆浮力而使覆盖物移位或损坏,

并且在土方开挖时覆盖物要易于从混凝土面上被取下。

⑥ 钢筋笼加工与吊放。

a. 钢筋笼加工。钢筋笼两端部与接头管或相邻墙段混凝土接头面之间应留有不大于150mm的间隙，钢筋笼下端500mm长度范围内宜按1∶10的坡度向内弯折，且钢筋笼的下端与槽底之间宜留有不小于500mm的间隙。钢筋笼主筋净保护层厚度不宜小于70mm，保护层垫块厚50mm，在垫块和墙面之间留有20～30mm的间隙。

b. 钢筋笼吊放。当应用吊梁或吊架插入钢筋笼时，吊点中心必须对准槽段中心，缓慢垂直落入槽内，此时必须注意不要因起重臂摆动而使钢筋笼产生横向摆动，以致槽壁坍塌。钢筋笼插入槽内后，应检查其顶端高度是否符合设计要求，然后用横担或在主筋上设弯钩将其搁置在导墙上。

⑦ 混凝土浇筑。地下连续墙的混凝土用导管法进行浇筑。由于导管内混凝土和槽内泥浆的压力不同，导管下口处存在压力差，因而混凝土可以从导管内流出。在整个浇筑过程中，混凝土导管应埋入混凝土内2～4m，最小埋深不得小于1.5m，使从导管下口流出的混凝土将表层混凝土向上推动而避免与泥浆直接接触，否则混凝土流出时会把混凝土上升面附近的泥浆卷入混凝土内。但导管的最大插入深度亦不宜超过9m，插入太深，将会影响混凝土在导管内的流动，有时还会使钢筋笼上浮。

浇筑时要保持槽内混凝土面均衡上升，浇筑速度一般为30～35m^3/h，速度快的可达到甚至超过60m^3/h。导管不能做横向运动，否则会使沉渣和泥浆混入混凝土中。导管的提升速度应与混凝土的上升速度相适应，避免提升过快造成混凝土脱空现象，或提升过晚而造成埋管拔不出的事故。

当混凝土浇筑到离顶部约3m附近时，导管内混凝土不易流出，这时要放慢浇筑速度，或将导管埋深减为1m，如果仍浇筑不下去，可将导管上下抽动，但抽动范围不得超过30cm。浇筑到墙顶层时，由于混凝土与泥浆混杂，混凝土面上存在的一层浮浆层需要清除掉。浇筑的混凝土面高度应比设计高度超出300～500mm，待混凝土硬化后，再用风镐将浮浆层凿去，以利于新老混凝土的结合。

为保证混凝土的均匀性，混凝土浇筑不得中断，遇到特殊情况时，间歇时间一般应控制在15min内，但任何情况下不得超过30min，每个单元槽段的浇筑时间，一般应控制在4～6h内。

在混凝土浇筑过程中，还要随时用探锤测量混凝土面实际标高（应至少量测3个点取其平均值），计算混凝土上升高度和导管埋入深度，统计混凝土浇筑量，及时做好记录。

10.4.2 土层锚杆设计与施工

土层锚杆（以下简称土锚）是一种受拉杆件，它一端（锚固段）锚固在稳定的地层中，另一端与支挡式结构的挡土结构相连接，将支挡式结构和其他结构所承受的荷载（土压力、水压力及水上浮力等）通过拉杆传递到稳定土层中的锚固体上，再由锚固体将传来的荷载分散到周围稳定的地层中去。利用土锚支承支挡式结构（钢板桩、灌注桩、地下连续墙等）的优点是在基坑施工时坑内无支撑，土方开挖和地下结构施工不受支撑干扰，施工作业面宽敞，改善施工条件。目前，土锚在高层建筑基坑工程中的应用已日益增多，已由非黏性土层发展到黏性土层，近年来，已有将土锚应用到软黏土层中的成功实例，今后随着对锚固法的不断改进及检测手段的日臻完善，土锚的适用范围及应用会更加广泛。

锚拉式支挡结构由挡土结构、腰梁（围檩）及托架、土锚 3 部分组成。腰梁的目的是将作用于挡土结构上的水、土压力传递给土锚，并使各杆的应力通过腰梁得到均匀分配。土锚由锚头、拉杆（拉索）和锚固体 3 部分组成。

1. 土锚设计

土锚的设计包括材料选择、土锚布置和锚固体设计等。由于土锚的承载力受诸多因素（地质、材料、施工因素等）影响，因此若按弹塑性理论和土力学原理进行精确的设计计算是十分复杂的，且与实际情况有出入，所以一般还是根据经验数据进行设计，然后通过现场试验进行检验。

（1）材料选择

土锚的拉杆在张拉时应具有足够大的弹性变形与强度，为了降低用钢量，大多宜采用高强度钢。我国当前常用的拉杆材料为粗钢筋和钢绞线。粗钢筋通常用 $\phi22\sim\phi32$，灌浆土锚的拉杆钢筋宜选用变形钢筋，以增加钢筋与砂浆的握裹力。钢绞线近年来应用较多，多为高强度低松弛钢绞线。

土锚灌浆所用水泥宜选用普通硅酸盐水泥，强度等级在 32.5 级以上，不宜采用矿渣硅酸盐水泥和火山灰硅酸盐水泥，也不得采用高铝水泥。细骨料应选用粒径小于 2mm 的中细砂，砂的含泥率不应超过 3%，砂中所含云母、有机质、硫化物及硫酸盐等有害物质的含量按质量计不应大于 1%。搅拌用水不应含有影响水泥正常凝结与硬化的有害杂质，不得用污水。

（2）土锚布置

土锚的锚固区应设置在主动土压力滑面以外且地层稳定的土体中，以便使锚固段有足够的锚固力，确保在设计荷载的作用下正常工作。锚固区在布置时还应考虑离开原有建筑物基础一定距离，一般不宜小于 5～6m。如果布置的土锚超出了建筑红线，应取得有关方面的同意。

土锚的间距取决于支挡式结构承受的荷载和每根土锚能承受的拉力值。土锚的间距越大，每根土锚承受的拉力亦越大，因此需要计算确定。另外，间距过大，将增加腰梁应力，需加大腰梁断面；缩小间距，可使腰梁应力减小，但若间距过小，会产生“群锚效应”，即土锚之间发生相互干扰，降低了单根土锚的极限抗拔力而造成危险。一般要求土锚上下排垂直间距不宜小于 2.0m，水平间距不宜小于 1.5m。

对土锚来说，水平分力是有效的，而垂直分力无效，土锚的水平分力随着土锚倾角的增大而减小，倾角太大不但降低了锚固效果，而且由于垂直分力的增大，还增加了支挡式结构底部的压力，可能会造成支挡式结构和周围地基的沉降。土锚的设置方向应与可锚固土层的位置、支挡式结构的位置及施工条件等有关。当土层为多层土时，土锚的锚固体最好位于土质较好的土质中，以提高土锚的承载力。土锚还要避开邻近的地下构筑物和管道，而且最好不与原有的或设计中的锚杆相交叉。土锚倾角的大小还影响钻孔的方便程度，尤其是在软土层中钻孔时，如倾角过小需用套管钻进，此外还影响灌浆的方便程度。

一般要求土锚倾角为15°～25°，且不宜大于45°。

土锚的层数取决于支挡式结构的截面和其所承受的荷载，除能取得合理的平衡以外，还应考虑支挡式结构允许的变形量和施工条件等综合因素。

最上层土锚的上面应有足够的覆土厚度，以防由于土锚向上的垂直分力作用而使地面隆起。覆土厚度经计算确定，应保证覆土重力大于土锚的垂直分力。此外，在可能产生流砂的地区布置土锚时，锚头标高与砂层应有一定距离，以防渗流距离过短造成流砂多钻孔涌出。

(3) 土锚的承载力

土锚的承载力即土锚的极限抗拔力。土锚极限抗拔力通常取决于拉杆的极限抗拉强度、拉杆与锚固体之间的极限握裹力、锚固体与土体间的极限侧阻力。由于拉杆与锚固体之间的极限握裹力远大于锚固体与土体之间的极限侧阻力，所以在拉杆选择适当的前提下，土锚极限抗拔力主要取决于后者。

目前计算土锚极限抗拔力的基本公式为

$$P_{\mathrm{ug}} = F + Q = \pi D_1 \int_{Z_1}^{Z_1+l_1} \tau_z \mathrm{d}z + \pi D_2 \int_{Z_2}^{Z_2+l_2} \tau_z \mathrm{d}z + qA \tag{10-24}$$

式中 P_{ug}——土锚的极限抗拔力，kN；

F——锚固体周围表面的总侧阻力，kN；

Q——锚固体受压面的总端阻力，kN；

D_1——锚固体直径，cm；

D_2——锚固体扩孔部分的直径，cm；

τ_z——深度 z 处单位面积上的极限侧阻力，MPa；

q——锚固体扩孔部分土体的抗压强度，MPa；

A——锚固体扩孔部分的承压面积，cm^2；

l_1、l_2、Z_1、Z_2——长度，cm。

土体的极限侧阻力 τ_z 值是影响土锚极限抗拔力的重要因素之一，其值受诸多因素的影响而变化，如土层的物理力学性质、灌浆压力、土锚类型、埋深等。对于非高压灌浆的土锚，土体的极限侧阻力可按下式计算。

$$\tau_z = c + k_0 \gamma h \tan\varphi \tag{10-25}$$

式中 c——钻孔壁周边土的黏聚力；

φ——钻孔壁周边土的内摩擦角；

γ——土体的重度；

h——锚固段上部土层的厚度（取平均值）；

k_0——锚固段孔壁的土压系数，取决于土层性质，$k_0=0.5\sim1.0$。

对于采用高压灌浆的土锚，则土体的极限侧阻力按下式计算。

$$\tau_z = c + \sigma \tan\varphi \tag{10-26}$$

式中 σ——钻孔壁周边的法向压应力；

其他符号意义同前。

土锚的设计容许荷载等于极限抗拔力除以安全系数。安全系数受多种因素的影响，如地质勘察资料的可靠度、计算依据及施工水平、工程的安全等级等。一般临时性的土锚采用的安全系数应不小于1.3。

(4) 土锚的稳定性

土锚的稳定性分为整体稳定性和深部破裂面稳定性两种。整体失稳时，土层滑动面在支挡式结构的下面，由于土体的滑动，使支挡式结构和土锚失效而整体失稳。对于此种情况一般可采用圆弧滑动简单条分法具体试算边坡的整体稳定。土锚锚固段一定要在滑动面之外，稳定安全系数应不小于1.5。

深部破裂面稳定性的验算可采用德国Kranz的简易计算法，整个系统中假定深部滑动线通过锚固体中点c与支挡式结构底端b，并由c垂直向上延长到d，cd为假想墙。这样，由支挡式结构、深部滑动线、假想墙包围的土体$abcd$上，作用力有土体自重G、作用于支挡式结构上的主动土压力的反作用力E_a、作用于假想墙上的主动土压力E_1和作用于bc面上的反力Q。当土体$abcd$处于平衡状态时，即可利用力多边形求得土锚所能承受的最大拉力T_{max}及其水平分力$T_{h,max}$。$T_{h,max}$与土锚设计的水平分力T_h之比值称为土锚的稳定安全系数k_s，当

$$k_s=\frac{T_{h,max}}{T_h}\geqslant 1.5 \tag{10-27}$$

则认为不会出现上述的深部破裂面破坏。

2. 土锚施工

土锚施工包括土锚的加工、钻孔、安放拉杆、压力灌浆、养护、张拉和锚固、试验。在正式开工之前还需进行必要的准备工作。

(1) 施工准备工作

在土锚正式施工之前一般须进行下列准备工作。

① 充分研究设计文件、地质水文资料、环境条件。

② 编制施工组织设计。

③ 修建施工便道及排水沟，安装临时水、电线，保证供水、排水和电力供应。

④ 认真检查土锚原材料型号、品种、规格，核对质检单，必要时进行材料性能试验。

⑤ 进行技术交底，明确设计意图和施工技术要求。

(2) 钻孔

土锚钻机有多种类型，各种类型有不同的施工工艺特点与适用条件。按工作原理分，主要有回转式钻机、螺旋钻机和旋转冲击式钻机，主要根据土质、钻孔深度和地下水的情况进行选择。钻孔方法的选择主要取决于土质和钻孔机械，常用的土锚钻孔方法有干作业钻进法和水作业钻进法两种。

成孔质量是保证土锚质量的关键，要求孔壁平直，不得坍陷和松动。保证孔口处不坍塌；对易塌孔的土层（如杂填土地层）应设置护壁套管钻进；钻孔达到规定深度后，在安放土锚前，对于干作业造孔的要用高压风将孔内残留土渣清除干净；对于水作业造孔的要用水灌孔，直至孔口流出清水为止，以便保证安放钢拉杆的位置和灌注水泥浆的质量准确。此外，钻孔时不得使用膨润土循环泥浆护壁，以免在孔壁上形成泥皮，降低锚固体与孔壁间的摩阻力。还有钻孔直径、钻孔深度、钻孔倾斜度均应符合设计要求，钻孔定位的水平误差、标高误差及偏斜度也应控制在规定范围之内。

(3) 安放拉杆

在土锚的加工与安放过程中，要注意两点：一是土锚自由段的防腐和隔离处理；二是

插入土锚时的对中措施。

对有自由段的土锚，自由段的防腐和隔离处理非常重要。街道地下水对钢材具有腐蚀性，土锚自由段若不进行防腐处理，时间久了，土锚会因锈蚀而断裂，危及支挡式结构的安全。土锚的自由段处于不稳定土层中，一旦土层有滑动，自由段拉杆应可以自由伸缩，因此，要使自由段与土层和注浆体隔离。

钢筋拉杆在防腐、隔离层施工时，宜先清除拉杆上的铁锈，再涂一度环氧防腐漆冷底子油，待其干燥后，再涂一度环氧玻璃钢（或玻璃聚氨酯预聚体等），待其固化后，再缠绕两层聚乙烯塑料薄膜，也可以在除锈去污后的钢筋拉杆上涂上润滑油脂，然后套上塑料管，与锚固段相交处的塑料管管口应密封并用铅丝绑紧；钢丝束拉杆的防腐、隔离方法是用玻璃纤维布缠绕两层，外面再用胶带缠绕，亦可将钢丝束拉杆的自由段插入特别护管内，护管与孔壁间的空隙可与锚固段同时进行灌浆；钢丝线拉杆自由段的防腐、隔离方法是在其杆体上涂防腐油脂，然后套上聚丙烯防护套。钢丝束和钢绞线通常以涂油脂和包装物保护的形式送到现场，因此，下料切断后要清除有效锚固段的防护层并用溶剂或蒸汽仔细清除防护油脂，以保证锚固段拉杆与锚固体砂浆有良好的黏结。

土锚的长度一般都在 10m 以上，为了将拉杆安放在钻孔的中央，防止自由段产生过大的挠度，在插入钻孔时不搅动土壁并保证锚固段有足够的保护层厚度、拉杆与锚固体有足够的握裹力，要在拉杆表面设置定位器（或撑筋环），定位器间距一般在 2m 左右，外径宜小于钻孔直径 1cm。

（4）压力灌浆

压力灌浆是土锚施工中的一个重要工序，灌浆的作用是：①形成锚固段；②防止钢拉杆腐蚀；③充填土层中的孔隙和裂缝。

灌浆液采用水泥砂浆或水泥浆，灌浆液的配合比（质量比）应根据设计要求确定，灌浆多为底部灌浆，灌浆管应随土锚一同放入钻孔内，灌浆方法有一次灌浆法和二次灌浆法两种。一次灌浆法只用一根灌浆管，灌浆管的一端绑扎在土锚底部并随土锚同时送入钻孔内，灌浆管端距孔底宜为 10～20cm，另一端与压浆泵连接。开动压浆泵将搅拌好的浆注入钻孔底部，自孔底向外灌注，待浆液流出孔口时，用水泥袋等堵塞孔口，并用湿黏土封口，严密捣实，再以 2～4MPa 的压力进行补灌，要稳压数分钟灌浆才告结束。二次灌浆法要用两根灌浆管，第一次灌浆用灌浆管的管端距离土锚末端 50cm 左右，管底出口处用胶布等封住，以防沉放时土进入管口。第二次灌浆用灌浆管的管端距离土锚末端 100cm 左右，管底出口处亦用胶布等封住，且从管端 50cm 处向上每隔 2m 左右做出 1m 长的花管，花管的孔眼为 $\phi 8$，花管做几段视锚固长度而定。

（5）张拉和锚固

灌浆后的土锚养护 7～8d 后，锚固段强度大于 15MPa 并达到设计强度等级的 75%以上后，便可对土锚进行张拉和锚固。张拉前先在支挡式结构上安装腰梁，承压面应平整，并与土锚轴线方向垂直。张拉设备与预应力结构张拉所用设备相同，锚具选用与土锚匹配，如变形钢筋多用螺钉端杆锚具，钢绞线多用夹片式锚具，钢丝束多用镦头锚。

张拉前要先校核张拉设备，检验锚具硬度，清洁锚具孔内油污、泥沙。土锚张拉应按一定程序进行，张拉顺序应考虑对邻近土锚的影响。土锚张拉之前，应取 0.1～0.2 倍设计承载力对土锚预张拉 1～2 次，使其各部位的接触紧密，杆体完全平直。土锚张拉控制应力不应超过土锚杆体强度标准值的75%，锁定荷载宜取设计荷载的90%～100%。

(6) 试验

目前土锚的极限抗拔力尚无完善的计算方法，理论研究工作尚落后于工程实践，因此，在土锚工程中，试验是检查土锚质量的重要手段，也是验证和改善土锚设计和施工工艺的重要依据。土锚的现场试验项目主要包括基本试验和验收试验。

基本试验亦称极限抗拔力试验，它是在土锚工程正式施工前，在基坑工程现场，选择具有代表性的地层（通常是物理力学性能较差者）进行土锚拉拔试验，为土锚设计提供依据。试验要求用作拉拔试验的土锚参数、材料、造孔直径及灌浆工艺等必须与实际使用的工程土锚相同。对同一地层的同种土锚，拉拔试验的土锚数量不得少于3根；灌浆后的土锚，要待砂浆达到70%以上的强度后才能进行拉拔试验。基本试验采用循环加卸载法，最大的试验荷载不宜超过土锚杆体承载力标准值的90%。土锚极限抗拔力取破坏荷载的前一级荷载。验收试验方法与基本试验相同，但最大试验荷载只取到土锚轴向受拉承载力设计值；试验土锚的数量取土锚总数的5%，且不得少于3根。通过验收试验，取得土锚的荷载—变位性状的数据，并可与基本试验的成果对照核实，以判断施工土锚是否符合设计要求。

10.5 土钉墙设计与施工

土钉墙是近几年发展起来的一种新型挡土结构。它通过在土体内设置一定长度的钢筋，并与坡面的钢筋网喷射混凝土面板相结合，与边坡土体形成复合体共同工作，从而有效提高边坡的稳定能力，增强土体破坏的延性。土钉墙与被动起挡土作用的支护结构不同，它对土体起到嵌固作用，对边坡进行加固，增加边坡支护锚固力，使边坡稳定。

1. 土钉墙设计及构造要求

土钉墙设计及构造要求如下。

① 土钉墙坡度不宜大于1∶0.2。

② 土钉墙高度由基坑开挖深度决定，一般为700～800mm。

③ 土钉必须和面层有效连接，应设置承压板或加强钢筋等构造，承压板或加强钢筋应与土钉螺栓连接或焊接连接。

④ 土钉长度宜为开挖深度的0.5～1.2倍，间距宜为1～2m，与水平面夹角宜为5°～20°。

⑤ 土钉钢筋宜采用HRB400、HRB500级钢筋，直径宜为16～32mm，钻孔直径宜为70～120mm。

⑥ 注浆材料宜采用水泥浆或水泥砂浆，其强度等级不宜低于20MPa。

⑦ 喷射混凝土面层宜配制钢筋网，钢筋直径宜为6～10mm，间距宜为150～250mm，喷射混凝土强度等级不宜低于C20，面层厚度宜取80～100mm。

⑧ 坡面上下段钢筋网搭接长度应大于 300mm。

当地下水位高于基坑底面时，应采取降水或截水措施。土钉墙墙顶应采用砂浆或混凝土护面，坡顶和坡脚应设排水措施，坡面上可根据具体情况设置泄水孔。

2. 土钉墙施工

土钉墙施工工艺流程如下。

开挖工作面后修饰坡面→埋设喷射混凝土厚度控制标志→喷射第一层混凝土→钻孔、安设土钉、注浆→绑扎钢筋网、安设连接件→喷射第二层混凝土→设置坡顶、坡面、坡脚排水系统。

土方开挖和土钉墙施工应按照设计要求自上而下分段分层进行，在机械开挖后，应辅以人工修整边坡，基坑开挖时，每层开挖的最大高度取决于该土体可以直立而不坍塌的能力，一般与土钉竖向间距相同，以便土钉施工。纵向开挖长度主要取决于施工流程的相互衔接，一般为 10m 左右。土钉墙施工是随着工作面开挖而分层施工的，上层土钉砂浆及喷射混凝土面层达到设计强度的 70%后，方可开挖下层土方，进行下层土钉施工。

土钉墙施工工序如下。

① 定位。

② 成孔。成孔方法通常采用螺旋钻、冲击钻等钻机钻孔，其孔径为 100～120mm；人工成孔时，孔径为 70～100mm。

③ 插筋。成孔完毕后应尽快插入钢筋并注浆，以防塌孔。

④ 注浆。注浆是采用注浆泵将水泥浆或水泥砂浆注入孔内，使之形成与周围土体黏结密实的土钉。注浆时，注浆管宜插至孔底不大于 200mm 处，孔口部位宜设置止浆塞及排气管，以保证注浆密实。

⑤ 挂钢筋网。钢筋网应在喷射第一层混凝土后铺设，钢筋网与第一层混凝土的间距不小于 20mm。

⑥ 喷射混凝土。喷射混凝土作业应分段进行，同一分段内喷射顺序应自下而上，一次喷射厚度宜为 30～80mm。施工时，喷头与受喷面应保持垂直，距离为 0.6～1m，混凝土终凝 2h 后，应喷水养护。

3. 土钉墙质量检测

土钉墙质量检测内容如下。

① 土钉墙采用抗拔试验检测承载力，同一条件下，试验数量不宜少于土钉总数的 1%，且不少于 3 根。

② 墙面喷射混凝土厚度采用钻孔检测，钻孔数宜每 $100m^2$ 墙面取一组，每组不少于 3 点。

4. 土钉墙的特点

土钉支护施工

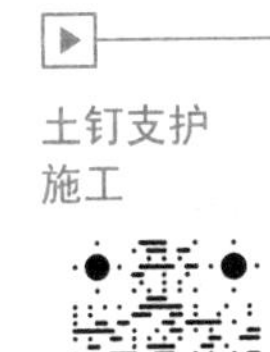

土钉墙的特点如下。

① 合理利用土体的自承载能力，将土体作为支护结构不可分割的部分。

② 施工简便，不需单独占用场地，施工场地狭小时更能突出其优越性。

③ 工程造价低。

④ 适用于地下水位以上或降水后的人工填土、黏性土和弱胶结砂土地

基基坑支护。

⑤ 土钉墙支护基坑深度不宜超过 12m。

10.6 基坑工程施工对环境的影响

随着高层、超高层建筑越来越多，基坑施工和支护技术也得到了很大的发展，但其对周边环境产生了一定程度的影响，主要有以下几个方面。

10.6.1 基坑周围沉降问题

1. 支护结构变形引起的沉降

支护结构发生变形和位移引起的环境效应表现如下。

① 支护结构本身破坏而导致边坡失稳。

② 支护结构整体破坏而导致基坑隆起。

③ 支护结构发生变形和位移而引起邻近建筑设施破坏。

基坑工程施工的过程中，会对周围土体有不同程度的扰动，一个重要影响表现为引起周围地表不均匀下沉，从而影响周围建（构）筑物及地下管线的正常使用，严重的还会造成工程事故。

2. 基坑降水引起的沉降

降低地下水位引起的环境效应表现如下。

① 降低地下水位引起的地面沉降。

② 地下水渗透破坏引起的基坑坍塌。

③ 基坑突涌导致的基土开裂。

在深基坑开挖过程中，降低地下水位过大或支护结构有较大变形时，可能会引起基坑周围地面沉降。若不均匀沉降过大，还有可能引起建筑物倾斜，墙体、道路及地下管线开裂等严重问题。

此外基坑止水帷幕渗漏也会造成环境问题，如地下连续墙接缝不吻合或在透水层处有蜂窝空洞；钢板桩沉桩遇石等硬物出现偏移不咬缝；旋喷止水桩在水下成型不佳等。当止水帷幕出现渗漏时，往往来势猛又大量漏水漏砂，导致边坡失稳、坍塌、倒桩及附近建筑物、路面急剧沉陷。

10.6.2 基坑工程中的环境污染

1. 噪声污染

降排水设备、打桩设备、各种钻孔设备、搅拌机、挖土机、起重机及运土车辆等都会产生噪声，对声环境造成影响。这些设备可产生100dB以上的噪声，而一般人能接受的噪声在40～70dB之间。

2. 化学污染

在我国沿海、沿江地区，土层常为饱和软黏土，地质条件很差。为防止管涌、流砂、基坑隆起或支护结构过大变形等问题，往往需要在坑底或支护结构后侧灌浆以形成加固区。而这些化学加固多具有不同程度的毒性。特别是有机高分子化合物，如环氧树脂、乙二胺、苯酚等。这些注浆进入土体后，通过溶滤、离子交换、分解沉淀、聚合等反应，从而不同程度地污染地下水，导致环境恶化。

3. 废弃物污染

在深基坑工程施工过程中，会产生大量废弃物，如废弃泥浆、混凝土渣等。它们会侵占耕地、污染水源、影响土壤性质，造成周围环境的恶化。

4. 空气污染

施工现场地面裸露产生的浮土，泥浆、渣土和土方开挖外运溢撒，搅拌机产生的水泥粉尘等，在频繁、干燥季风的吹扬搬运作用下产生的悬浮颗粒和水泥粉尘等，均会对空气造成污染。

10.6.3 基坑工程中的其他问题

1. 振动破坏

在基坑工程施工过程中，由于打桩、车辆或施工设备运动等引起的机械振动次数频繁，对周围一些较脆弱建筑物，如波速很低的古建筑承重体系，往往会引起疲劳破坏。

2. 挤土问题

当基坑支护结构采用预制钢筋混凝土桩、钢板桩或其他挤密型桩时，可能会引起桩周土发生一定的竖向和水平位移，从而对支护结构及周围环境产生较大的负面影响。

3. 水土流失

某些基坑工程占用农业耕地，施工时平整场地、倾卸物料、土方开挖等原因可能会产生地形改变，从而导致水土流失。在施工过程中有大量的暴露地面，施工机械的运动、开挖等会引起土体很大扰动，易造成土地侵蚀。建筑材料留在地下，也会为以后的建设留下隐患。这些都是基坑工程中常见的环境问题。

4. 对正常生活与交通秩序的干扰

施工场地多位于繁华的城市中心区，人口密集，流动人口量大，道路拥挤。大型施工设备、运输车辆频繁进出，影响群众出行，造成乘客换乘车不便、延误时间等，会影响绿色城市、绿色社区、绿色住宅的人居环境。

综合应用案例

×××工程位于北京市西城区，西临德胜门外大街，北临德外东后街，东临德外东后街，南临弘慈巷，紧临主要道路的便道。本工程由地上和地下两部分组成，其中地上17层，地下3层，建筑物总高度为69.50m，上部为框架结构，筏板基础。基础垫层底标高为-14.500m。基础埋深除去±0.000与自然地面的高差后按13.40～14.20m计。拟建场地地形比较平坦，地面标高（即各钻孔孔口标高）在48.640～49.050m之间。

根据已有的图纸、《岩土工程勘察报告》和设计单位对现场的实地勘察确定边坡支护方案如下。

基坑支护采用土钉墙+桩锚支护，该支护结构安全性高，边坡土体的位移小，能确保邻近建筑物的安全。

1. 南侧边坡

喷锚支护：挖深14.50m，放坡系数为0.2，土钉分9层，呈梅花形布置，土钉锚固体直径100mm，土钉钢筋为1ϕ22。喷锚面层为ϕ6.5@250mm×250mm钢筋网和1ϕ14横向压筋，喷射100mm厚的C20细石混凝土，混凝土配合比为水泥：砂子：石屑=1：2.5：2。坡顶四周做1.0m宽散水，做法同喷锚面层，坡比0.02：1。南侧边坡土钉设计见表10-4。

表10-4　南侧边坡土钉设计

层序	锚孔直径/mm	垂直间距/m	水平间距/m	土钉倾角/(°)	锚筋直径/mm	锚筋长度/m	压筋直径/mm
一	100	1.50	1.40	10	ϕ22	9	ϕ14
二	150	1.50	1.40	15	1×7ϕ5	18	槽18#a
三	100	1.50	1.40	10	ϕ22	12	ϕ14
四	150	1.50	1.40	15	1×7ϕ5	16	槽18#a
五	100	1.50	1.40	10	ϕ22	10	ϕ14
六	150	1.50	1.40	15	1×7ϕ5	15	槽18#a
七	100	1.50	1.40	10	ϕ22	9	ϕ14
八	100	1.50	1.40	10	ϕ22	8	ϕ14
九	100	1.50	1.40	10	ϕ22	7	ϕ14

表10-4中第二、四、六层为预应力锚杆，自由段为5m，单锚锁定值为150kN。

2. 基坑西侧

土钉墙+桩锚联合支护的方式，范围为西侧113m（布置76根护坡桩）。护坡桩采用钻孔灌注桩，混凝土强度等级为C25，护坡桩间距1.5m，直径800mm，桩长12.0m，帽梁混凝土强度等级为C25，主筋为15根ϕ22均匀布置；在帽梁位置设置一层锚杆，长23m，间距1500mm，直径150mm。上部土钉墙支护放坡系数为0.2，土钉侧向间距1.5m，土钉长度如遇到障碍物，可根据现场实际情况加以调整与加固。其中土钉设计见表10-5。

表 10-5 基坑西侧土钉设计

层序	锚孔直径 /mm	垂直间距 /m	水平间距 /m	土钉倾角 /(°)	锚筋直径 /mm	锚筋长度 /m	压筋直径 /mm
一	100	1.50	1.40	10	ϕ22	6	ϕ14
二	100	1.50	1.40	15	ϕ22	12	钢垫板
三	100	1.50	1.40	10	ϕ22	6	ϕ14
四	100	1.50	1.40	10	ϕ22	4	ϕ14

特别提示

表 10-5 中第二层为预应力土钉，锁定值为 80kN。

3. 基坑北侧

喷锚支护。挖深 13.70m (13.5m)，放坡系数为 0.2，土钉分 9 层，呈梅花形布置，土钉锚固体直径 100mm，土钉钢筋为 1ϕ22。喷锚面层为 ϕ6.5@250mm×250mm 钢筋网和 1ϕ14 横向压筋，喷射 100mm 厚的 C20 细石混凝土，混凝土配合比为水泥：砂子：石屑=1：2.5：2。坡顶四周做 1.0m 宽散水，做法同喷锚面层，坡比 0.02：1。土钉设计见表 10-6。

表 10-6 基坑北侧土钉设计

层序	锚孔直径 /mm	垂直间距 /m	水平间距 /m	土钉倾角 /(°)	锚筋直径 /mm	锚筋长度 /m	压筋直径 /mm
一	100	1.50	1.40	10	ϕ22	9	ϕ14
二	150	1.50	1.40	15	1×7ϕ5	16	槽 18#a
三	100	1.50	1.40	10	ϕ22	12	ϕ14
四	100	1.50	1.40	10	ϕ22	10	ϕ14
五	150	1.50	1.40	15	1×7ϕ5	15	槽 18#a
六	100	1.50	1.40	10	ϕ22	10	ϕ14
七	100	1.50	1.40	10	ϕ22	9	ϕ14
八	100	1.50	1.40	10	ϕ22	8	ϕ14
九	100	1.00	1.40	10	ϕ22	7	ϕ14

表 10-6 中第二、五层为预应力锚杆，自由段长为 5m，单锚锁定值为 180kN。

4. 基坑东侧

根据施工现场的实际情况，东侧锅炉房处距离边坡较近，拟采用桩锚支护方式进行加固处理，具体如下：护坡桩采用钻孔灌注桩，混凝土强度等级为C25，护坡桩间距1.5m，直径800mm，桩长17.5m，帽梁混凝土强度等级为C25；共设置二层土锚，间距1500mm，直径150mm；腰梁用22b工字钢；此处的肥槽根据现场距离减少或不留；锅炉房支护的宽度为15m，共布置10根护坡桩。

护坡桩帽梁：规格1000mm×500mm，配筋4ϕ22+4ϕ14，箍筋ϕ6.5@200，混凝土强度等级为C25，保护层厚度为35mm。

5. 桩间土处理

人工将桩间土掏至桩径的一半并平整，在桩间土上铺挂钢板网（规格2cm×2cm），用射钉固定在两侧的桩体上，遇到松散土层时采用编钢筋网护壁，在桩体侧面每间隔60cm凿深3～5cm深直径为3cm的小洞压筋，采用ϕ14钢筋穿入小洞压在钢筋网上，小洞用砂浆填实，然后喷射C20混凝土，厚度5cm。

6. 排水措施

基坑坡壁出现有少量渗水时，则在坡壁插入导水管使滞水从导水管中渗流而出，并在基坑底部沿护坡内侧挖深20cm、宽20cm的排水明沟，坡度为3‰；间隔20m设一个集水坑（半径为60cm，深70cm），集水坑内根据需要下泵；排水明沟和集水坑均满填滤料。

本章小结

本章主要介绍了土方开挖时基坑支护结构的设置，主要如下。

(1) 了解基坑工程对周围环境的影响。

(2) 熟悉支护结构的类型及其特点。

(3) 掌握重力式水泥土墙的设计要点、施工工艺流程及施工质量控制要点。

(4) 掌握支挡式结构的挡土结构、土锚的设计要点与施工方法。

(5) 掌握土钉墙的设计与构造要求、施工工艺流程及施工质量检测方法。

习　题

一、填空题

1. 常用的地基加固方法有________、强夯法、________及化学加固法四大类。

2. 水泥土墙一般用于开挖深度不大于________m的基坑工程，主要适用于承载力标准值小于________kPa软弱黏性土及厚度不大的砂性土。

3. 深层搅拌水泥桩的施工工艺流程是定位、预搅下沉、__________、__________、________和清洗、移位。

4. 现浇钢筋混凝土导墙的施工顺序为平整场地、测量定位、________、绑扎钢筋、支模板、浇筑混凝土、________、________。

5. 土钉墙采用抗拔试验检测承载力，同一条件下，试验数量不宜少于土钉总数的________%，且不少于________根。

二、简答题

1. 简述基坑支护结构的主要作用。
2. 简述基坑支护结构的主要类型。
3. 水泥土墙的施工技术措施和质量措施有哪些？
4. 简述土锚的构造和施工工艺。
5. 简述土钉墙的构造和施工工艺。
6. 简述地下连续墙的施工过程。

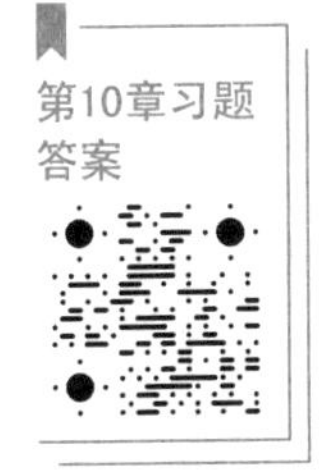

第11章 地基处理

学习目标

通过本章的学习，了解常用地基处理方法的原理与适用范围，熟悉复合地基设计的概念，掌握换土垫层法的设计要点。

学习要求

能力目标	知识要点	相关知识	权重
了解地基处理的目的、对象、分类、原则	地基处理的目的、对象、分类、原则及注意事项	地基处理的目的、对象、分类、原则及注意事项	0.1
掌握换土垫层法的设计要点	换土垫层法的作用、适用范围与设计要点	换土垫层法的作用及适用范围、垫层的设计计算方法与步骤、垫层的施工要点、质量检测的方法	0.3
熟悉排水固结法概念	排水固结法概念、加固机理	排水固结法的概念、加固机理、排水系统、加载系统	0.2
了解密实法、化学加固法和加筋原理	碾压法、夯实法、挤密法和振冲法的概念； 高压喷射注浆法、深层搅拌法的概念； 加筋的概念	密实法的分类及特点； 化学加固法的分类及特点； 加筋的特点	0.4

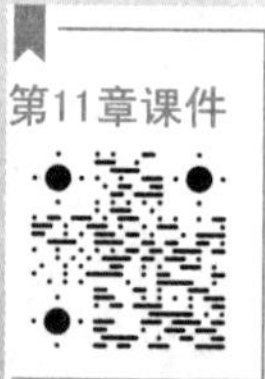

引 例

某海滨城市一所大学教师公寓5层，场地表层为中密粉土；第二层为松散的细砂，厚1.6m；第三层为淤泥土，厚2.6m；第四层为密实卵石，厚2.1m；第五层为基岩。地基中存在一层淤泥质土，饱和松散，含有大量海相贝壳，具有较强的触变性，振动析水现象明显，标准贯入锤击数$N=1.6$，其中两次为零击，按常规必须打桩，但打桩费用很高，所以必须进行地基处理，采用什么方案既安全又经济呢？

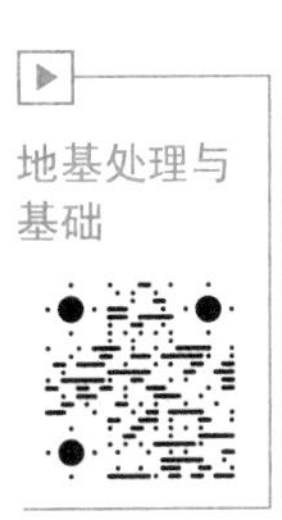

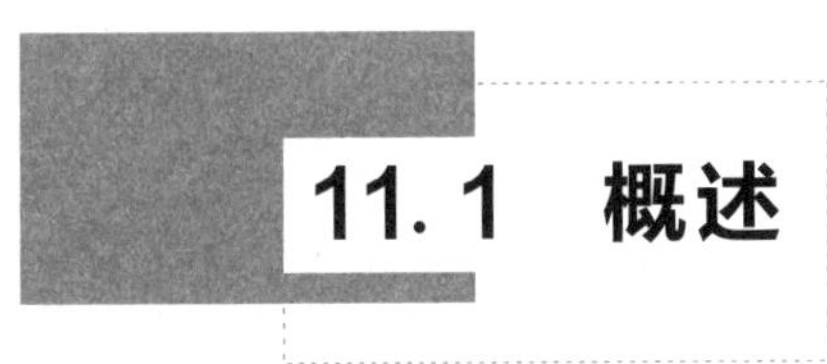

11.1 概述

当建筑物的地基存在强度不足、压缩性过大或不均匀时，为保证建筑物的安全与正常使用，有时必须考虑对地基进行人工处理。需要处理的地基大多为软弱土和不良土，主要有软黏土、湿陷性黄土、杂填土、饱和粉细砂与粉土地基、膨胀土、泥炭土、多年冻土、岩溶和土洞等。随着我国经济建设的发展和科学技术的进步，高层建筑物和重型结构物不断修建，对地基的强度和变形要求越来越高。因此，地基处理也就越来越广泛和重要。

地基处理是一项历史悠久的工程。早在两千年前，我国就开始利用夯实法和在软土中夯入碎石等压密土层的方法。中华人民共和国成立后，先后采用过砂垫层、砂井和硅化法、振冲法、强夯法及加筋等处理软弱地基。我国各地自然地理环境不同，土质各异，地基条件区域性较强，因而地基基础这门学科特别复杂。我们不但要善于针对不同的地质条件、不同的结构物选定最合适的基础形式、尺寸和布置方案，而且要善于选取最恰当的地基处理方法。

1. 地基处理的目的与意义

在软弱地基上建造工程，可能会发生以下问题：沉降或差异沉降特大、大范围地基沉降、地基剪切破坏、承载力不足、地基液化、地基渗漏、管涌等。地基处理的目的，就是针对这些问题，采取适当的措施来改善地基条件，这些措施主要包括以下5个方面。

（1）改善剪切特性

地基的剪切破坏及在土压力作用下的稳定性，取决于地基土的抗剪强度。因此为了防止剪切破坏及减轻土压力，需要采取一定措施以增加地基土的抗剪强度。

（2）改善压缩特性

需要研究采用何种措施以提高地基土的压缩模量，借以减少地基土的沉降。另外，防止侧向流动（塑性流动）产生的剪切变形，也是改善压缩特性的目的之一。

（3）改善透水特性

地下水的运动会造成一些地基问题。因此，需要研究采取何种措施使地基土变得不透水或减轻其水压力。

(4) 改善动力特性

地震时饱和松散粉细砂(包括一部分粉土)将会产生液化。为此,需要研究采取何种措施防止地基土液化,并改善其振动特性以提高地基的抗震性能。

(5) 改善特殊土的不良地基特性

主要是消除或减少黄土的湿陷性和膨胀土的胀缩性等特殊土的不良地基特性。

2. 地基处理的对象

地基处理的对象包括软弱地基与不良地基两方面。

(1) 软弱地基

软弱地基在地表下相当深范围内为软弱土。

① 软弱土的特性。软弱土包括淤泥、淤泥质土、冲填土和杂填土。这类土的工程特性为压缩性高、抗剪强度低,通常很难满足地基承载力和变形的要求,不能作为永久性大型建筑物的天然地基。

淤泥和淤泥质土具有下列特性。

a. 天然含水率高。淤泥和淤泥质土的天然含水率很高,大于土的液限,呈流塑状态。

b. 孔隙比大。这类土的孔隙比 $e \geqslant 1.0$,即土中孔隙的体积等于或大于固体的体积。其中 $e \geqslant 1.5$ 的土称为淤泥,$1 \leqslant e < 1.5$ 的土称为淤泥质土。

c. 压缩性高。淤泥和淤泥质土的压缩性很高,一般压缩系数为 $0.7 \sim 1.5 \mathrm{MPa}^{-1}$,属高压缩性土。最差的淤泥可达 $4.5 \mathrm{MPa}^{-1}$,属超高压缩性土。

d. 渗透性差。这类土的固体直径小,渗透系数也小,这类地基的沉降可能会持续几年或几十年才能稳定。

e. 具有结构性。这类土一旦受到扰动,其絮状结构受到破坏,土的强度显著降低。灵敏度大,通常大于 4。

② 软弱土的分布。淤泥和淤泥质土比较广泛地分布在上海、天津、宁波、连云港、广州、厦门等沿海地区,以及昆明、武汉等内陆平原及山区。

冲填土分布在我国长江、黄浦江、珠江两岸等地区,是在整治和疏通江河航道时,用挖泥船通过泥浆泵将泥砂夹大量水分吹到江河两岸而形成的沉积土。

杂填土的分布最广。杂填土是由于人类活动而任意堆填的建筑垃圾、工业废料和生活垃圾。杂填土成因没有规律,组成的物质杂乱,分布极不均匀,结构松散。

(2) 不良地基

不良地基包括饱和松散粉细砂、湿陷性黄土、膨胀土和季节性冻土、泥炭土、岩溶与土洞地基、山区地基等特殊土,这些都需要进行地基处理。

3. 地基处理方法的分类

地基处理的分类方法多种多样,按处理深度可分为浅层处理和深层处理;按时间可分为临时处理和永久处理;按土的性质可分为砂性土处理和黏性土处理;按地基处理的作用机理大致可分为土质改良、土的置换、土的补强。

地基处理的基本方法有许多,包括碾压及夯实、换土垫层、排水固结、振动及挤密、置换及拌入、加筋等方法,见表 11-1。

表 11-1 地基处理方法分类

序号	分类	处理方法	原理及作用	适用范围
1	碾压及夯实	重锤夯实、机械碾压、振动压实、强夯（动力固结）	利用压实原理，通过机械碾压夯击，把表层地基土压实；强夯则利用强大的夯击能，在地基中产生强烈的冲击波和动应力，迫使地基土动力固结密实	适用于碎石土、砂土、粉土、低饱和度的黏性土、杂填土等，对饱和黏性土应慎重采用
2	换土垫层	砂石垫层、素土垫层、灰土垫层、矿渣垫层	以砂石、素土、灰土和矿渣等强度较高的材料，置换地基表层软弱土，提高持力层的承载力，扩散应力，减小沉降量	适用于暗沟、暗塘等软弱土的浅层处理
3	排水固结	天然地基预压、砂井预压、塑料排水带预压、真空预压、降水预压	在地基中增设竖向排水体，加速地基的固结和强度增长，提高地基的稳定性；加速沉降发展，使基础沉降提前完成	适用于处理饱和软弱土层，对于渗透性极低的泥炭土，必须慎重对待
4	振冲及挤密	振冲挤密、灰土挤密桩、砂桩、石灰桩、爆破挤密	采用一定的技术措施，通过振冲或挤密，使土体的孔隙减少，强度提高；必要时，在振冲挤密过程中回填砂、砾石、灰土、素土等，与地基土组成复合地基，从而提高地基的承载力，减小沉降量	适用于处理松砂、粉土、杂填土及湿陷性黄土
5	置换及拌入	振冲置换、深层搅拌、高压喷射注浆、石灰桩等	采用专门的技术措施，以砂、碎石等置换软弱地基中的部分软弱土，或在部分软弱地基中掺入水泥、石灰或砂浆等形成加固体，与未处理部分土组成复合地基，从而提高地基的承载力，减小沉降量	黏性土、冲填土、粉砂、细砂等，振冲置换法对于不排水、抗剪强度 τ_t＜20kPa 的地基土慎用
6	加筋	土工聚合物加筋、锚固、树根桩、加筋土	在地基或土体中埋设强度较大的土工聚合物、钢片等加筋材料，使地基或土体能承受抗拉力，防止断裂，保持整体性，提高刚度，改变地基土体的应力场和应变场，从而提高地基的承载力，改善变形特性	软弱地基、填土及陡坡填土、砂土

很多地基处理的方法都具有多种处理效果。如碎石桩具有挤密、置换、排水和加筋多重作用；石灰桩又挤密又吸水，吸水后进一步挤密等。因此，在选择地基处理的方法时，要综合考虑其所获得的多种处理效果。

4. 地基处理方法的选用原则

地基处理方法的选用原则如下。

① 选用方案应与工程的规模、特点和当地土的类别相适应。

② 处理后土的加固深度符合要求。

③ 符合上部结构的要求。

④ 选择能使用的材料。

⑤ 选择能选用的机械设备，并掌握加固原理与技术。

⑥ 保证周围环境因素和邻近建筑物的安全。

⑦ 符合对施工工期的要求，应留有余地。

⑧ 选择高素质专业技术施工队伍。

⑨ 施工技术条件与经济技术比较，尽量节省材料与资金。

总之，应做到技术先进、经济合理、安全适用、确保质量、因地制宜、就地取材、保护环境、节约资源。

选定了地基处理方案后，地基处理应尽量提早进行，地基处理后强度的提高往往需要一定的时间，随着时间的延长，强度会继续增长。施工时应调整施工速度，确保地基的稳定和安全。还要在施工过程中加强管理，以防止由于管理不善而导致未能取得预期的处理效果。

在施工中对各个环节的质量标准要严格掌握，如换土垫层压实时的最优含水率和最大干重度控制，堆载预压的填土速率和边桩位移控制。施工结束后应按国家规定进行工程质量检验和验收。

经地基处理的建筑物应在施工期间进行沉降观测，要对被加固的软弱地基进行现场勘探，以便及时了解地基处理效果、修正加固设计、调整施工速度。有时在地基处理前，为了保证邻近建筑物的安全，还要对邻近建筑物进行沉降和裂缝等观测。

11.2 换土垫层法

11.2.1 换土垫层法的作用及适用范围

换土垫层法是将基底以下一定范围内的软弱土层挖除，然后回填砂、碎石、灰土或素土等强度较大的材料，分层夯压密实后作为地基垫层，也称换填法。按回填材料的不同可分为砂垫层、碎石垫层、灰土垫层和素土垫层等。不同的材料的力学性质不同，但作用和计算原理相同。

1. 换土垫层法的作用

(1) 提高地基的承载力

挖除了原来的软弱土质，换填了强度高、压缩性低的砂、石垫层，可以提高地基的承载力。

(2) 减小地基沉降量

通过砂、石垫层的应力扩散作用，减小了垫层下天然软弱土层所受的附加压力，因而减小了地基的沉降量。

(3) 加速软弱土层的排水固结

砂、石垫层透水性大，软弱土层受压力后，砂、石垫层作为良好的排水面，使孔隙水压力迅速消散，从而加速了软土固结过程。

(4) 防止冻胀和消除膨胀土地基的胀缩作用

由于砂、石等粗颗粒材料的孔隙大，不会出现毛细管现象，因此用砂、石垫层可以防止水集聚而产生的冻胀。在膨胀土地基上用砂、石垫层代替部分或全部膨胀土，可以有效地避免土的胀缩作用。

2. 换土垫层法的适用范围

换土垫层法适用于淤泥、淤泥质土、湿陷性黄土、素填土、杂填土及暗沟、暗塘等的浅层处理。

换土垫层法多用于多层或低层建筑物的条形基础或独立基础的情况，换土的宽度与深度有限，既经济又安全。特别指出的是，砂垫层不宜用于处理湿陷性黄土地基，因为砂垫层较大的透水性反而易引起黄土的湿陷。用素土或灰土垫层处理湿陷性黄土地基，可消除1～3m厚黄土的湿陷性。

对于不同的工程，砂垫层的作用是不一样的，在房屋建筑工程中主要起换土作用，而在路堤和土坝工程中则主要起排水固结作用。

下面就以砂垫层为例介绍垫层的设计计算方法和施工要求。

11.2.2 砂垫层的设计与计算

砂垫层设计应满足建筑物对地基的强度和变形的要求。具体内容就是确定合理的砂垫层断面，即厚度和宽度。对于起换土作用的垫层，既要有足够的厚度来置换可能被剪切破坏的软弱土层，又要有足够的宽度以防止砂垫层的两侧挤出。

1. 砂垫层的厚度

用一定厚度的砂垫层置换软弱土层后，上部荷载通过砂垫层按一定扩散角传递到下卧土层顶面上的全部压力，不应超过下卧土层的容许承载力，如图11.1所示。

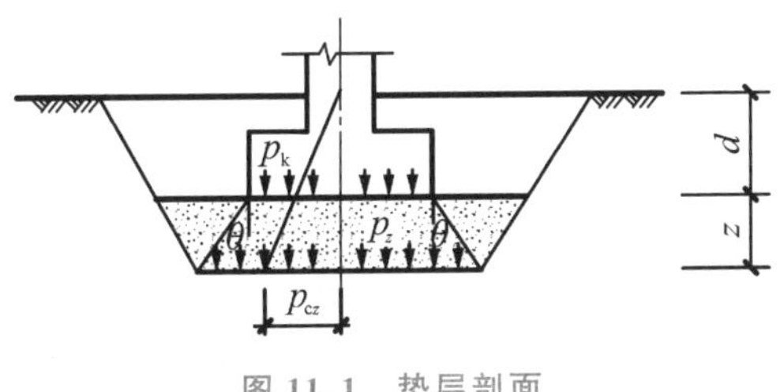

图 11.1 垫层剖面

$$p_z + p_{cz} \leqslant f_{az} \tag{11-1}$$

式中 p_z——相应于荷载效应标准组合时，垫层底面处的附加应力，kPa；

p_{cz}——垫层底面处自重压力标准值，kPa；

f_{az}——垫层底面处下卧土层经修正后的地基承载力特征值，kPa。

垫层的厚度不宜大于3m。垫层底面处的附加压力值 p_z 可分别按式(11－2) 与式(11－3) 简化计算。

条形基础：

$$p_z=\frac{b(p_k-p_c)}{b+2z\tan\theta} \tag{11-2}$$

矩形基础：

$$p_z=\frac{bl(p_k-p_c)}{(b+2z\tan\theta)(l+2z\tan\theta)} \tag{11-3}$$

式中 b——矩形基础或条形基础基底宽度，m；

l——矩形基础基底长度，m；

p_k——相应于荷载效应标准组合时，基底平均压力值，kPa；

p_c——基底处土的自重压力值，kPa；

z——基底垫层的厚度，m；

θ——垫层的压力扩散角，(°)，按表 11－2 采用。

表 11－2 压力扩散角 θ 单位：(°)

z/b	换填材料		
	碎石、砾砂、圆砾、角砾、粗砂、中砂、石屑、卵石、矿渣	粉质黏土和粉煤灰 ($8<I_P<14$)	灰土
0.25	20	6	28
≥0.50	30	23	28

当 $z/b<0.25$ 时，取 $\theta=0°$；当 $0.25<z/b<0.5$ 时，θ 可由内插值法求得；当 $z/b>0.5$ 时，θ 值不变。

2. 砂垫层的宽度

砂垫层宽度应满足两方面要求：一是满足应力扩散要求，二是防止侧面土的挤出。目前常用地区经验确定，或依式 (11－4) 计算。

$$b'=b+2z\tan\theta \tag{11-4}$$

式中 b'——垫层底面宽度，m。

垫层顶面宽度宜超出基底每边不小于 300mm，或从垫层底面两侧向上按开挖基坑的要求放坡。

砂垫层的承载力应通过现场试验确定。一般工程当无试验资料时可按《建筑地基处理技术规范》(JGJ 79—2012) 选用，并应验算下卧层的承载力。

对于重要的建筑物或垫层下存在软弱下卧层的建筑物，还应进行地基变形计算。对超出原地面标高的垫层或换填材料密度显然高于天然土密度的垫层，应考虑其附加荷载对建筑物的沉降影响。

综合应用案例

某住宅楼采用钢筋混凝土结构的条形基础，宽 1.2m，埋深 0.8m，基础的平均重度为 $25kN/m^3$，作用于基础顶面的竖向荷载为 125kN/m。地基土情况：表层为粉质黏土，重度 $\gamma_1=17.5kN/m^3$，厚度 $h_1=1.2m$；第二层土为淤泥质土，$\gamma_{sat}=17.8kN/m^3$，$h_2=10m$，地基承载力特征值 $f_{ak}=50kPa$。地下水位深 1.2m。因地基土较软弱，不能承受上部建筑物的荷载，试设计砂垫层的厚度和宽度。

解：(1) 假设砂垫层的厚度为 1m。

(2) 垫层厚度的验算。

① 基底处的平均压力值 $p_k=\dfrac{F_k+G_k}{b}=\dfrac{125+25\times1.2\times0.8}{1.2}\approx124(kPa)$。

② 垫层底面处的附加压力值 p_z 的计算。

由于 $z/b=1/1.2\approx0.83>0.5$，通过查表 11-2，垫层的压力扩散角 $\theta=30°$。

$$p_z=\frac{b(p_k-p_c)}{b+2z\tan\theta}=\frac{1.2\times(124-17.5\times0.8)}{1.2+2\times1\times\tan30°}\approx56.1(kPa)$$

③ 垫层底面处土的自重压力值 p_{cz} 的计算。

$$\begin{aligned}p_{cz}&=\gamma_1h_1+\gamma'(d+z-h_1)\\&=17.5\times1.2+(17.8-10)\times(0.8+1-1.2)\\&\approx25.7(kPa)\end{aligned}$$

④ 垫层底面处经深度修正后的地基承载力特征值 f_{az} 的计算。

根据下卧层淤泥地基承载力特征值 $f_{ak}=50kPa$，再经深度修正后得地基承载力特征值。

$$\begin{aligned}f_{az}&=f_{ak}+\eta_b\gamma(b-3)+\eta_d\gamma_m(d-0.5)\\&=50+1.0\times\frac{17.5\times1.2+(17.8-10)\times(0.8+1-1.2)}{0.8+1}\times(1.8-0.5)\approx68.5(kPa)\end{aligned}$$

⑤ 验算垫层下卧层的强度。

$$p_z+p_{cz}=56.1+25.7=81.8(kPa)>f_{az}=68.5kPa$$

这说明垫层的厚度不够，假设垫层厚 1.7m，重新计算。

$$p_z=\frac{1.2\times(124-17.5\times0.8)}{1.2+2\times1.7\times\tan30°}\approx42.1(kPa)$$

$$p_{cz}=17.5\times1.2+(17.8-10)\times(0.8+1.7-1.2)\approx31.1(kPa)$$

$$f_{az}=50+1.0\times\frac{17.5\times1.2+(17.8-10)\times(0.8+1.7-1.2)}{0.8+1.7}\times(0.8+1.7-0.5)\approx74.9(kPa)$$

$$p_z+p_{cz}=42.1+31.1=73.2(kPa)<f_{az}=74.9kPa$$

垫层厚度满足要求。

(3) 确定垫层底面的宽度。

$$b'=b+2z\tan\theta=1.2+2\times1.7\times\tan30°\approx3.2(m)$$

(4) 绘制砂垫层剖面图（图 11.2）。

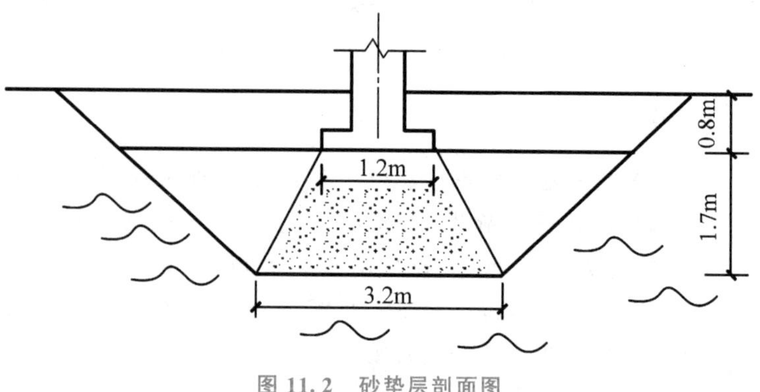

图 11.2 砂垫层剖面图

11.2.3 砂垫层的施工要点

砂垫层的施工要点如下。

① 砂垫层所用材料必须具有良好的压实性，宜采用中砂、粗砂、砾砂、碎（卵）石等粒料。细砂也可作为垫层材料，但不易压实，且强度不高，宜掺入一定数量碎（卵）石；砂和砂石材料不得含有草根和垃圾等有机物质；用作排水固结的垫层材料含泥率不宜超过 3%；碎（卵）石的最大粒径不宜大于 50mm。

② 在地下水位以下施工时，应采用排水或降低地下水位的措施，使基坑保持无积水状态。

③ 砂和砂石垫层底面宜铺设在同一标高处，若深度不同，基坑底土面应挖成阶梯或斜坡搭接，并按先深后浅的顺序进行垫层施工，搭接处应夯压密实。

④ 砂垫层的施工方法可采用碾压法、振动法、夯实法等多种方法。施工时应分层铺筑，在下层密实度经检验达到质量检验标准后，方可进行上层施工。砂垫层施工时含水率对压实效果影响很大，含水率低，碾压效果不好；砂若浸没于水，效果也很差。其最优含水率应湿润或接近饱和最好。

⑤ 人工级配的砂石地基，应将砂石拌和均匀后，再进行铺填捣实。

11.2.4 施工质量检验

垫层质量可用标准贯入试验、静力触探、动力触探和环刀法检验。对垫层的总体质量验收也可通过载荷试验进行。

垫层的施工质量检验是保证工程建设安全的必要手段，一般包括分层施工质量检查和工程质量验收。垫层的施工质量检查必须分层进行，并在每层的压实系数符合设计要求后铺填上层土。换填结束后，可按工程的要求进行垫层的工程质量验收。

对粉质黏土、灰土、粉煤灰和砂石垫层的分层施工质量检验可用环刀法、贯入仪、静力触探、轻型动力触探或标准贯入试验检验，对砂石、矿渣垫层可用重型动力触探检验。压实系数也可采用环刀法、灌砂法、灌水法或其他方法检验。

采用环刀法检验垫层的施工质量时，取样点应位于每层厚度的 2/3 深度处。检验点数量，对大基坑每 50～100m^2 不应少于 1 个检验点，对基槽每 10～20m 不应少于 1 个检测点，每个独立柱基不应少于 1 个检测点。采用贯入仪或动力触探检验垫层的施工质量时，每分层检验点的间距应小于 4m。

工程质量验收可通过荷载试验进行，在有充分试验依据时，也可采用标准贯入试验或静力触探试验。采用载荷试验检验垫层承载力时，每个单体工程不宜少于 3 个点，对于大型工程则应按单体工程的数量或工程的面积确定检验点数。

11.3 排水固结法

引 例

某厂场地为厚层海相淤泥，含水率达 60%，压缩系数 $a_{1-2}=1.0\text{MPa}^{-1}$，为高压缩性软土，采用袋装砂井真空预压法加固地基。抽气 3d，膜下真空度高达 600mmHg，相当于 80kPa 荷载。共抽气 128d，实测预压场地沉降量达到 660mm。地基承载力由 40kPa 提高为 85kPa，缩短了工期，节约了投资，效果显著。

11.3.1 概述

我国沿海地区广泛分布着饱和软黏土，这种土的特点是含水量大、孔隙比大、颗粒细、压缩性高、强度低、透水性差。在软土地区修建建筑物或进行填方工程时，会产生很大的固结沉降和沉降差，而且地基土强度不够，承载力和稳定性也往往不能满足工程要求，在工程中，常采用排水固结法对软土地基进行处理。

排水固结法是指给地基预先施加荷载，为加速地基中水分的排出速率，同时在地基中设置竖向和横向的排水通道，使得土体中的孔隙水排出，逐渐固结，地基发生沉降，同时强度逐步提高的方法。该法常用于解决软黏土地基的沉降和稳定问题，可使地基的沉降在加载预压期间基本完成或大部分完成，使建筑物在使用期间不致产生过大的沉降和沉降差。同时，可增加地基土的抗剪强度，从而提高地基的承载力和稳定性。实际上，排水固结法是由排水系统和加载系统两部分共同组合而成的。

11.3.2 加固机理

根据太沙基固结理论，饱和黏性土固结所需的时间和排水距离的平方成正比。为了加速土层固结，最有效的方法就是增加土层排水途径，缩短排水距离，排水固结法就是在被加固地基中置入砂井、塑料排水板等竖向排水体，使土层中孔隙水主要从水平向通过砂井，部分从竖向排出，因而极大加速了地基的固结速率，如图 11.3 所示。

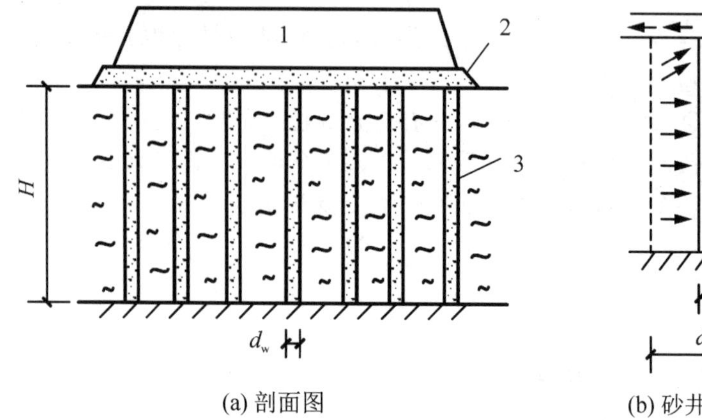

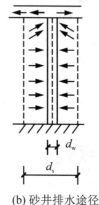

(a) 剖面图　　(b) 砂井排水途径

1—堆载；2—砂垫层；3—砂井

图 11.3　砂井排水示意

11.3.3 排水系统

排水系统的作用主要在于改变地基原有的排水边界条件，增加孔隙水排出的途径，缩短排水距离，排水系统由竖向的排水体和水平向的排水垫层构成。竖向排水体有普通砂井、袋装砂井和塑料排水板，其中常用的是砂井，它是先在地基中成孔，然后灌砂使之密实而成。近几年来袋装砂井在我国得到较广泛的应用，它具有用砂料省、连续性好、不致因地基变形而折断、施工简便等优点，但砂井阻力对袋装砂井的效应影响较为显著。由塑料芯板和滤膜外套组成的塑料排水板作为竖向排水体在工程上的应用日益增加，塑料排水板可在工厂制作，运输方便，尤其适合缺乏砂源的地区使用，可同时节省投资。

当软土层较薄或土的渗透性较好而施工期允许较长时，可仅在地面铺设一定厚度的砂垫层，然后加载。当工程上遇到透水性很差的深厚软土层时，可在地基中设置砂井等竖向排水体，地面连以排水砂垫层，构成排水系统，加快土体固结。

11.3.4 加载系统

加载系统即施加起固结作用的荷载，使土中的孔隙水因产生压差而渗流使土固结的系统。加载系统的作用是通过对地基施加预压荷载，使地基土的固结压力增加而产生固结。其材料有固体（土、石料等）、液体（水等）、真空负压力荷载等。加载系统的排水固结法包括堆载预压法、真空预压法、降低地下水位法等。

堆载预压法是工程中常用的一种方法，堆载一般用填土、砂石等其他堆载材料，由于堆载需要大量的土石等材料，往往需要到外地运输，工程量大，造价高。

真空预压法就是先在软土表面铺设一层透水的砂或砾石，然后打设竖向排水通道袋装砂井或塑料排水板，并在砂或砾石层上覆盖不透气的薄膜材料，如橡皮布、塑料布、黏土膏或沥青等，使软土与大气隔绝。通过在砂垫层里预埋的吸水管道，用真空泵抽气，形成真空，利用大气压力加压。膜下真空度可达 60cmHg 以上，且可保持稳定，相当于 80kPa

堆载预压的效果。

降低地下水位法是利用地下水位下降，土的有效自重应力增加，促使地基土体固结。该方法适宜于砂性土地基，也适用于软黏土层存在砂性土的情况。但降低地下水位可能会引起邻近建筑物基础的附加沉降，要引起足够重视。

排水固结法的设计，主要是根据上部结构荷载的大小、地基土的性质及工期要求，确定竖向排水体的直径、间距、深度和排列方式，确定预压荷载的大小和预压时间，通过预压，使地基能满足建筑物对变形和稳定性的要求。

排水固结法的施工工艺和施工机械随着该法的广泛使用也得到了发展，如打设袋装砂井和塑料排水板的两用设备就具有轻型、简便的优点；真空预压法、降低地下水位法在工程中的应用也取得了良好的效果，为排水固结法的发展积累了宝贵的经验。

排水系统是一种手段，如没有加载系统，孔隙中的水没有压力差就不会自然排出，地基也就得不到加固；如果只增加固结压力，不缩短土层的排水距离，则不能在预压期间尽快地完成设计所要求的沉降量，强度不能及时提高，加载也不能顺利进行。所以上述两个系统，在设计时总是联系起来考虑的。

11.4 密实法

11.4.1 碾压法

碾压法是用压路机、推土机或羊足碾、平碾等机械在需压实的场地上，按计划与次序往复碾压，分层铺土，分层压实。通过处理，可使填土或地基表层疏松土孔隙体积减小，密实度提高，从而降低土的压缩性，提高其抗剪强度和承载力。这种方法常用于地下水位以上大面积填土和杂填土地基的压实。用 8～12t 的压路机碾压杂填土，压实深度为 30～40cm，地基承载力可采用 80～120kPa。

在工程实践中，除了进行室内击实试验外，还应进行现场碾压试验。通过试验，确定在一定压实能条件下土的合适含水率，恰当的分层碾压厚度和遍数，以便确定满足设计要求的工艺参数。黏性土压实前，应先对被碾压的土料进行含水率测定，只有含水率在合适范围内的土料才允许进场，每层铺土厚度约为 300mm。

11.4.2 夯实法

夯实法分为重锤夯实法和强夯法。

1. **重锤夯实法**

重锤夯实法的原理是利用起重机械将夯锤提升到一定高度，然后自由下落产生很大的冲击能来挤密地基、减小孔隙、提高强度，经不断重复夯击，使整个建筑物地基得以加固，满足建筑物对地基土强度和变形的要求。

一般砂性土、黏性土经重锤夯击后，会在地基表面形成一层比较密实的土层（硬壳），从而使地基表层土的强度得以提高。湿陷性黄土经夯击，可以减少表层土的湿陷性，对于杂填土则可以减少其不均匀性。

重锤夯实法的主要设备为起重机械、夯锤、钢丝绳和吊钩等。

重锤夯实法一般适用于离地下水位 0.8m 以上的稍湿黏性土、砂土、湿陷性黄土、杂填土和分层填土，但在有效夯实深度内存在黏性土层时不宜采用。

重锤夯实的效果或影响深度与夯锤的质量、锤底直径、落距、夯实的遍数、土的含水率及土质条件等因素有关。只有合理地选定上述参数和控制夯实的含水率，才能达到预定的夯实效果；也只有在土的最优含水率条件下，才能得到最有效的夯实效果，否则会出现“橡皮土”等不良现象。

拟加固土层必须高出地下水位 0.8m 以上，且该范围内不宜存在饱和软土层，否则可能将表层土夯成“橡皮土”，反而破坏土的结构和增大压缩性。因此，当地下水位埋藏深度在夯击的影响深度范围内时，需采取降水措施。

2. **强夯法**

强夯法1

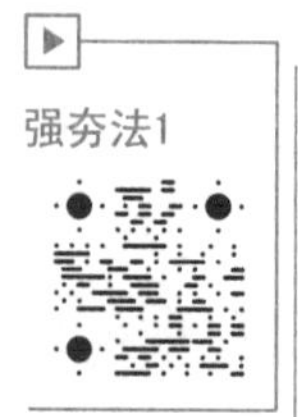

强夯法是用大吨位的起重机，把很重的锤（一般为 80～400kN）从高处自由下落（落距为 8～30m）给地基以冲击力和振动，强力夯实地基以提高其强度、降低压缩性。

强夯法还可改善地基土抵抗振动液化的能力和消除湿陷性黄土的湿陷性。同时，夯击还提高了土的均匀程度，减少可能出现的差异沉降。

强夯法2

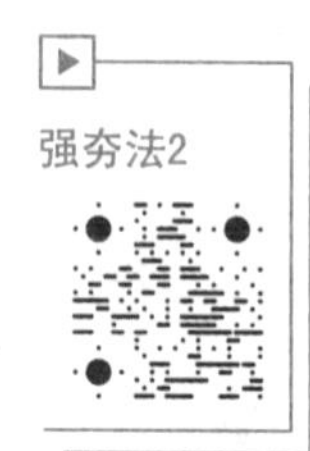

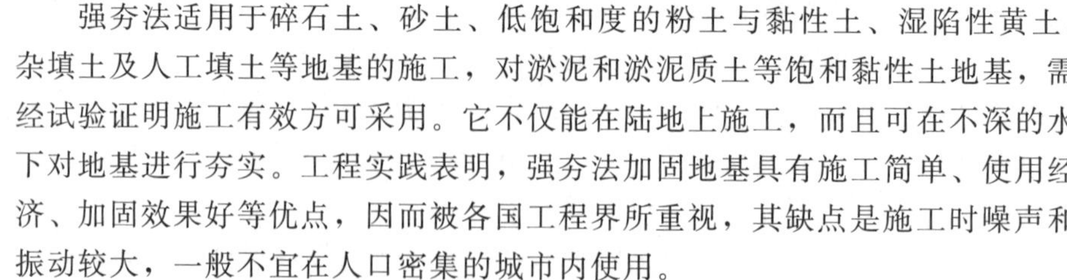

强夯法适用于碎石土、砂土、低饱和度的粉土与黏性土、湿陷性黄土、杂填土及人工填土等地基的施工，对淤泥和淤泥质土等饱和黏性土地基，需经试验证明施工有效方可采用。它不仅能在陆地上施工，而且可在不深的水下对地基进行夯实。工程实践表明，强夯法加固地基具有施工简单、使用经济、加固效果好等优点，因而被各国工程界所重视，其缺点是施工时噪声和振动较大，一般不宜在人口密集的城市内使用。

前面引例中提到的工程，经专家认真分析，地基中淤泥土不仅软弱而且厚度达 2.6m，不妥善处理，必留下事故隐患，该楼设计地面比天然地面高 1m，该大学附近又修公路开山有大量碎石材料。经研究，采用了强夯法加固方案。现在场地上铺 1m 厚碎石，在夯击后的坑中，填充碎石或中砂，多次夯击切断淤泥质土，形成砂石墩。该方案获得成功，节约资金数万元，工程使用多年，情况良好。

11.4.3 挤密法及振冲法

1. 挤密法

挤密砂桩是属于柔性桩加固地基的范畴，它主要靠桩管打入地基时对土的横向挤密作用，使土粒彼此移动，颗粒之间互相靠紧，孔隙减小，孔的骨架作用随之增强。所以挤密法加固地基使松软土发生挤密固结，从而使土的压缩性减小，抗剪强度提高。软弱土被挤密后与桩体共同作用组成复合地基，共同传递建筑物的荷载。

挤密砂桩适用于处理松砂、杂填土和黏粒含量不多的黏性土地基，砂桩能有效防止砂土地基振动液化，但对饱和黏性土地基，由于土的渗透性较小，抗剪强度低，灵敏度大，夯击沉管过程中产生的超孔隙水压力不能迅速消散，挤密效果差，且将土的天然结构破坏，抗剪强度降低，故施工时须慎重对待。

挤密砂桩和排水砂井虽然都在地基中形成砂柱体，但两者作用不同。砂桩的主要作用是使挤密桩周围的软弱或松散土层与桩共同组成基础的持力层，以提高地基强度，减少地基变形。设置砂桩时，基坑应在设计标高以上预留 3 倍桩径覆土，打桩时坑底发生隆起，施工结束后挖除覆土。

制作砂桩宜采用中、粗砂，含泥率不大于 5%，含水率依土质及施工机具确定。砂桩的灌砂量按井孔体积和砂在中密状态的干容重计算，实际灌砂量（不含水重）应不低于计算灌砂量的 95%。

桩身及桩与桩之间挤密土的质量，均可采用标准贯入或轻便触探检验，也可用锤击法检查密实度，必要时则进行载荷试验。

2. 振冲法

在砂土中，利用加水和振动可以使地基密实。振冲法就是根据这个原理而发展起来的一种加固深厚软弱土的方法。振冲法施工的主要设备为振冲器，它类似插入式混凝土振捣器，由潜水电动机、偏心块和通水管 3 部分组成。振冲器内的偏心块在电动机带动下高速旋转而产生高频振动，在高压水流的联合作用下，可使振冲器贯入土中，当到达设计深度后，关闭下喷水口，打开上喷水口，然后向振冲形成的孔中填以粗砂、砾石或碎石。振冲器振一段，上提一段，最后在地基中形成一根密实的砂、砾石或碎石桩体，一般称为碎石桩。

碎石桩在国外从 20 世纪 30 年代开始用于加固松砂地基，20 世纪 50 年代用于加固黏性土地基。振冲法加固黏性土的机理与加固砂土的机理不尽相同。加固砂土地基时，通过振冲与水冲使振冲器周围一定范围内的砂土产生振动液化，液化后的砂土颗粒在重力、上覆土压力及填料挤压作用下重新排列而密实，其加固机理是利用砂土液化的原理。振冲后的砂土地基不但承载力与变形模量有所提高，而且预先经历了人工振动液化，提高了抗震能力。而砂（碎石）桩的存在又提供了良好的排水通道，降低了地震时的超孔隙水压力，也是提高抗震能力的又一个原因。

加固黏性土地基，特别是饱和黏性土地基时，在振动力作用下，由于土的渗透性比较小，土中水不易排出，所以碎石桩的作用主要是置换，填入的碎石在土中形成较大直径的抗体并与周围土共同作用形成复合地基。大部分荷载由碎石桩承担，被挤密的黏性土也可承担一部分荷载。

3. 复合地基的变形模量和地基承载力

(1) 变形模量

软弱地基经振冲加固后，变成由碎石桩与桩间挤密土组成的物理力学性质各异的复合地基。大面积碎石桩计算图式如图 11.4 所示。

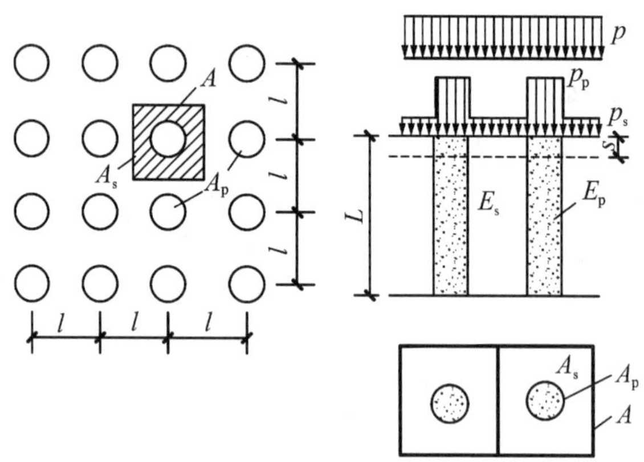

图 11.4　大面积碎石桩计算图式

图中：p、p_p、p_s 分别为作用于复合地基、碎石桩及桩间土的压力，t/m^2；L 为碎石桩的桩长，m；l 为碎石桩的桩距，m；A 为一根碎石桩所承担的加固面积，m^2，$A=A_p+A_s$；A_p 为一根碎石桩的面积，m^2；A_s 为一根碎石桩所承担的加固范围内土的面积，m^2。

当荷载 p 作用于复合地基上时，假定基础是刚性的，则在地表面的平面内碎石桩和桩间土的沉降相同。由于 $E_p>E_s$，根据胡克定律，荷载将向碎石桩上集中，与此相应地，作用于桩间土上的荷载就降低，这就是复合地基提高承载力的基本原理。

在一根碎石桩所承担的加固面积 A（$A=A_p+A_s$）范围内，复合地基的变形模量 E 是由碎石桩的变形模量 E_p 和桩间土的变形模量 E_s 所组成的。当 A 不变时，随着 A_p 增大，A_s减小，则 E 必然增大；反之，则必然减小。因此，在设计上可用碎石桩与桩间土的面积加权平均法确定复合地基的 E 值。

$$E=\frac{E_pA_p+E_sA_s}{A} \tag{11-5}$$

(2) 地基承载力

根据复合地基的平衡方程式：

$$pA=p_pA_p+p_sA_s$$

即

$$p=\frac{p_pA_p+p_sA_s}{A}$$

将应力集中比 $n=\dfrac{p_p}{p_s}$，置换率 $\alpha=\dfrac{A_p}{A}$代入上式，则

$$p=[\alpha(n-1)+1]p_s \tag{11-6}$$

由上式可知，只要经荷载试验实测出 p_p 和 p_s，就可求得复合地基极限承载力。

11.5 化学加固法

凡是将化学溶液或胶结剂灌入土中，使土粒胶结起来，以提高地基强度和减少沉降量的加固方法统称化学加固法。目前采用的化学浆液有以下几种。

① 水泥浆液：用高标号的硅酸盐水泥和速凝剂组成的浆液。

② 以硅酸钠（水玻璃）为主的浆液：常用水玻璃和氯化钙溶液。

③ 以丙烯酸氨为主的浆液。

④ 以纸浆为主的浆液：如重铬酸盐木质素浆液，其加固效果尚可，但有毒性，易污染地下水。

化学加固法的施工方法有压力灌注法、深层搅拌法、高压喷射注浆法和电渗硅化法等。现主要介绍高压喷射注浆法和深层搅拌法。

11.5.1 高压喷射注浆法

1. 加固地基原理

高压喷射注浆法是用钻机钻孔至所需深度后，将喷射管插入地层预定的深度，用高压脉冲泵将水泥浆液从喷射管喷出，强力冲击破坏土体，使浆液与土搅拌混合，经过凝结固化，便在土中形成固结体，以达到加固的目的。其施工顺序如图 11.5 所示。

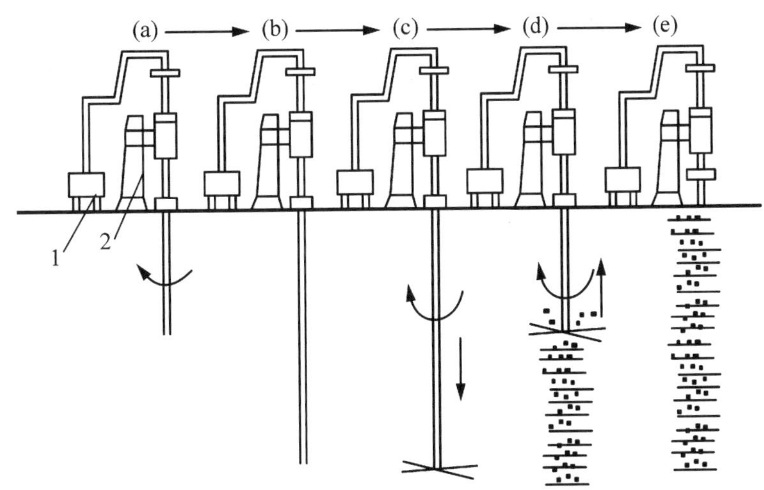

1—高压脉冲泵；2—钻机

(a) 开始钻进；(b) 钻进结束；(c) 高压旋喷开始；(d) 边旋转、边提升；(e) 喷射完毕，桩体形成

图 11.5 高压喷射注浆法施工顺序示意

2. 分类

高压喷射注浆法分类如下。

① 按注浆形式分：有旋转喷射、定向喷射和摆动喷射 3 种注浆形式。

② 按喷射管结构分：有单管、二重管和三重管 3 种。

单管法只喷射水泥浆液，一般形成直径 0.3～0.8m 的旋喷桩。二重管法开始先从外管喷射水，然后外管喷射瞬时固化材料，内管喷射胶凝时间较长的渗透性材料，两管同时喷射，形成直径为 1m 的旋喷桩。三重管法为 3 根同心管子，内管通水泥浆，中管通 20～25MPa 的高压水，外管通压缩空气，施工时先用钻机成孔，然后把三重旋喷管吊放到孔底，随即打开高压水和压缩空气阀门，通过三重旋喷管底端侧壁上直径 2.5mm 的喷嘴，射出高压水、气，把孔壁的土体冲散。同时，泥浆泵把高压水泥浆从另一喷嘴压出，使水泥浆与冲散的土体拌和，三重管慢速旋转提升，把孔周地基加固成直径 1.3～1.6m 的坚硬桩柱。

3. 高压喷射注浆法的特点

高压喷射注浆法的特点有以下几点。

① 能够比较均匀地加固透水性很小的细粒土。

② 不会发生浆液从地下流失的现象。

③ 能在室内或洞内净空很小的条件下对土层深部进行加固施工。

高压喷射注浆法加固后的地基承载力，一般可按复合地基或桩基考虑，由于加固后的桩柱直径上下不一致，且强度不均匀，若单纯按桩基考虑则偏不安全，条件许可情况下，尽可能做现场载荷试验来确定地基承载力。

高压喷射注浆法可适用于砂土、黏砂土、湿陷性黄土及有人工填土等地基的加固。其用途较广，可以提高地基的承载力，可做成连续墙防止渗水，可防止基坑开挖对相邻结构物的影响，增加边坡的稳定性，防止板桩墙渗水或涌砂，也可应用于托换工程中的事故处理。

11.5.2 深层搅拌法

深层搅拌法加固软黏土技术是利用水泥或石灰作为固化剂，通过特制的深层搅拌机械，在地基深部就地将软黏土和固化剂强制拌和，使软黏土硬结成一系列水泥（或石灰）土桩或地下连续墙，这些加固体与天然地基形成复合地基，共同承担建筑物的荷载。

加固机理主要是水泥表面的矿物与软土中的水发生水解和水化反应，形成水泥石骨架，利用水泥的水解和水化反应，部分水化物与周围具有一定活性的黏土颗粒发生反应，形成较大的土团粒，起到加固土体的作用。

深层搅拌法的施工顺序如下。

① 就位。将搅拌机的搅拌头定位对中，启动电动机。当地面起伏不平时，应使起重机保持平衡。

② 预搅下沉。启动搅拌机沿导向架搅拌下沉。

③ 制备水泥浆。当搅拌头沉到设计深度后，略为提升搅拌头，开始制备水泥浆，由灰浆泵输送配制的水泥浆，通过中心管，压开球形阀，使水泥浆进入软土。

④ 喷浆搅拌。边喷浆、边搅拌、边提升，使水泥浆和土体充分拌和，直至地面。

⑤ 重复上下搅拌。为使软土和水泥浆搅拌均匀，可将搅拌头重复下沉到设计深度后

再将搅拌机提升出地面。至此，一根柱状加固体即告完成。

深层搅拌法将固化剂和原地基黏性土搅拌混合，因而减少了水对周围地基的影响，也不使地基侧向挤出，故对周围已有建筑物的影响很小。其水泥用量较少，施工时无振动、无噪声，可在城市内进行施工。

深层搅拌法与砂井堆载预压法相比，在短时期内即可获得很高的地基承载力；与换土垫层法相比，可减少大量土方量。深层搅拌法土体处理后容重基本不变，不会使软弱下卧层产生附加沉降。经深层搅拌法加固后的地基承载力，可按复合地基设计。

11.6 加筋

加筋即在土体中加入起抗拉作用的筋材，例如土工合成材料、金属材料等，通过筋土间作用，达到减小或抵抗土压力、调整基底接触应力的目的。加筋可用于支挡式结构或浅层地基处理。

11.6.1 土工合成材料

土工合成材料由合成纤维制成，也称土工聚合物，又称土工织物，是土工用合成纤维材料的总称。目前世界各国多以聚丙烯、涤纶为生产土工纤维的主要材料。土工合成材料具有强度高、弹性好、耐磨、耐化学腐蚀、滤水、不霉烂、不缩水、不怕虫蛀等良好性能。

1. 土工合成材料的分类

土工合成材料的分类有以下几种。

(1) 土工织物

织造（有纺）土工织物，包括经纬编织和针织土工织物；非织造（无纺）土工织物，包括针刺黏结、热黏结和化学黏结。

(2) 土工膜

土工膜包括沥青土工膜、聚合物土工膜。

(3) 特种土工合成材料

特种土工合成材料包括人工格栅、土工模袋、玻纤网、土工网、土工垫、土工格室、超轻型合成材料。

(4) 复合型土工合成材料

复合型土工合成材料包括复合土工膜、复合排水材料。

2. 土工合成材料的功能

土工合成材料的功能包括反滤、排水、隔离、加筋、防渗和防护六大类。土工合成材料一般具有多种功能，在实际应用中，往往是一种功能起主导作用，其他功能则不同程度地发挥作用。以下主要介绍4种功能。

(1) 反滤

在渗流口铺设一定规格的土工合成材料作为反滤层，可起到一般砂砾层的作用，提高被保护土的抗渗强度，保护土颗粒不被流失且保证排水通畅，从而防止发生流土、管涌和堵塞等对工程不利的情况。

(2) 排水

土工合成材料具有很好的透水性，在地基处理中，可以排除地下水，不会堵塞，形成水平排水通道。

(3) 隔离

对具有不同性质的两层土或两种材料，或土与其他材料之间可采用土工合成材料进行隔离，避免混杂产生不良效果。如道路工程中常采用土工合成材料防止软弱土层侵入路基的碎石层，避免引起翻浆冒泥。

(4) 加筋

利用土工合成材料的高强度和韧性等力学性质，可分散荷载，增大土体的刚度模量以改善土体。当土工合成材料用作土体加筋时，其基本作用是给土体提供抗拉强度。

① 用于加固土坡和堤坝。

a. 可使边坡变陡，节省占地面积。

b. 防止滑动圆弧通过路堤和地基土。

c. 防止路堤下面因承载力不足而发生破坏。

d. 跨越可能的沉陷区等。

② 用于加固地基。由于土工合成材料有较高的强度和韧性等力学性能，且能紧贴于地基表面，使其上部施加的荷载能均匀分布在地层中，当地基可能产生冲切破坏时，铺设的土工合成材料将阻止破坏面的出现，从而提高地基承载力。

当受集中荷载作用时，在较大的荷载作用下，高模量的土工合成材料受力后将产生一个垂直分力，抵消部分荷载。

③ 用于加筋土挡墙。在挡土结构的土体中，每隔一定距离铺设的起加固作用的土工合成材料可作为拉筋起到加筋作用，如图 11.6 所示。

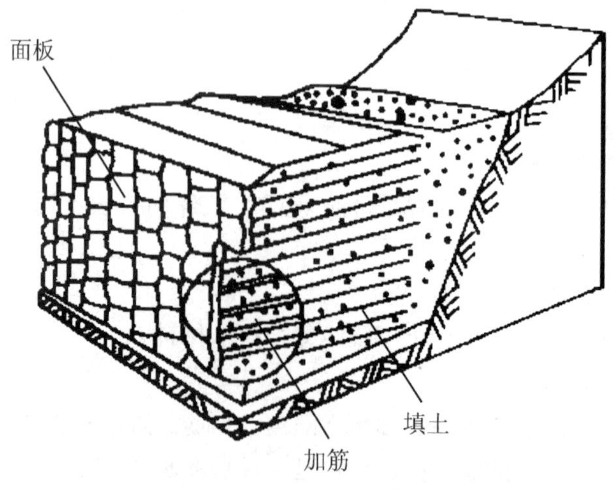

图 11.6　加筋土挡墙示意

3. 土工合成材料加筋垫层的加固原理

土工合成材料加筋垫层的加固原理主要如下。

① 增强垫层的整体性和刚度，调整不均匀沉降。

② 扩散应力。由于垫层刚度增大的影响，扩大了荷载扩散的范围，使应力均匀分布。

③ 约束作用，即约束下卧软弱土地基的侧向变形。

11.6.2 树根桩

树根桩是指小直径、高强度的钢筋混凝土灌注桩。由于成桩方向可竖可斜，犹如在基础下生出了若干“树根”而得名。

树根桩适用于既有建筑物的修复和加固、古建筑整修、地下铁道穿越、桥梁工程等各类地基处理和基础加固，以及增强边坡稳定等。

树根桩穿过既有建筑物基础时，应凿开基础，将主钢筋与树根桩主筋焊接，并应将基础顶面上的混凝土与树根桩混凝土牢固结合。采用斜向树根桩时，应采取防止钢筋笼端部插入孔壁土体中的措施。

本章小结

本章对软弱土地基处理的目的、方法、原则进行了详细的阐述，主要包括以下内容。

(1) 地基处理：软弱地基通常需要经过人工处理后再建造基础，这种地基加固称为地基处理。地基处理的对象是软弱地基与不良地基。

(2) 地基处理的方法如下。

① 按处理深度可分为浅层处理和深层处理。

② 按时间可分为临时处理和永久处理。

③ 按土的性质可分为砂性土处理和黏性土处理。

④ 按加固机理分为置换、夯实、挤密、排水固结、加筋等。

(3) 地基处理常用方法：换土垫层法、排水固结法、密实法、化学加固法、加筋。

习　题

一、选择题

1. 夯实深层地基土宜采用的方法是______。

A. 强夯法　　B. 重锤夯实法　　C. 分层压实法　　D. 振动压实法

2. 砂石桩加固地基的原理是______。

A. 换土垫层　　B. 碾压夯实　　C. 排水固结　　D. 挤密土层

3. 厚度较大的饱和软黏土，地基加固较好的方法为______。

A. 换土垫层法　B. 挤密振冲法　C. 排水固结法　D. 强夯法

4. 堆载预压法加固地基的机理是______。

A. 置换软土　B. 挤密土层　C. 碾压夯实　D. 排水固结

5. 堆载预压法适用于处理______地基。

A. 碎石类土和砂土　B. 湿陷性黄土

C. 饱和的粉土　D. 淤泥、淤泥质土和饱和软黏土

二、简答题

1. 试述地基处理的目的及一般方法。

2. 试述换土垫层法处理原理及适用范围。如何计算垫层宽度和厚度？

3. 试述排水固结作用机理及适用范围。

4. 振冲法与挤密法的加固机理是什么？

5. 高压喷射注浆法与深层搅拌法加固各有什么不同特点？

三、案例分析

1. 某中学3层教学楼，采用砖混结构条形基础，宽1m，埋深0.8m，基础的平均重度为26kN/m^3，作用于基础顶面的竖向荷载为130kN/m。地基土情况：表层为素填土，重度$\gamma_1=17.5$kN/m^3，厚度$h_1=1.3$m；第二层土为淤泥质土，$\gamma_2=17.8$kN/m^3，$h_2=6.5$m，地基承载力特征值$f_{ak}=65$kPa。地下水位深1.3m。试设计该教学楼的砂垫层。

2. 某一软土地基上堤坝工程，坝顶宽5m，上下游边坡坡度为1∶1.5，坝高为8m，坝体为均质粉质黏土，重度为$\gamma=19.9$kN/m^3，含水率为20%，抗剪强度为20kPa；地基为一厚20m的淤泥黏土，下卧为砂石层，淤泥黏土含水率50%，不排水抗剪强度18kPa，砂石层透水性好，密实，强度较大。试分析并提出合理的地基处理方法。

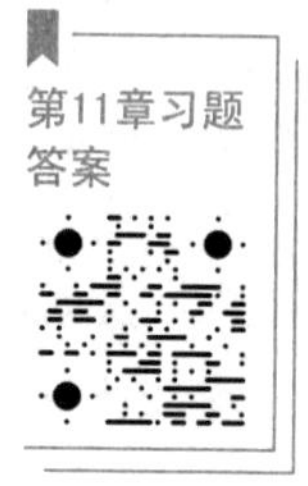

参 考 文 献

陈晋中，2008. 土力学与地基基础［M］. 北京：机械工业出版社 .
陈兰云，吴育萍，盛海洋，2015. 土力学及地基基础［M］. 3 版 . 北京：机械工业出版社 .
陈书申，陈晓平，2006. 土力学与地基基础［M］. 3 版 . 武汉：武汉理工大学出版社 .
陈希哲，1982. 土力学地基基础［M］. 北京：清华大学出版社 .
陈希哲，1995. 土力学及基础工程［M］. 北京：中央广播电视大学出版社 .
丁梧秀，2006. 地基与基础［M］. 郑州：郑州大学出版社 .
东南大学，等，2005. 土力学［M］. 2 版 . 北京：中国建筑工业出版社 .
龚晓南，2002. 土力学［M］. 北京：中国建筑工业出版社 .
顾晓鲁，钱鸿缙，刘惠珊，等，2003. 地基与基础［M］. 3 版 . 北京：中国建筑工业出版社 .
何世玲，2005. 土力学与基础工程［M］. 北京：化学工业出版社 .
卢廷浩，2005. 土力学［M］. 2 版 . 南京：河海大学出版社 .
潘明远，2007. 建筑工程质量事故分析与处理［M］. 北京：中国电力出版社 .
钱家欢，1988. 土力学［M］. 南京：河海大学出版社 .
孙文怀，1999. 基础工程设计与地基处理［M］. 北京：中国建材工业出版社 .
天津大学，1986. 土力学与地基［M］. 北京：人民交通出版社 .
王秀兰，王玮，韩家宝，2015. 地基与基础［M］. 3 版 . 北京：人民交通出版社 .
杨太生，2004. 地基与基础［M］. 北京：中国建筑工业出版社 .
袁聚云，2001. 基础工程设计原理［M］. 上海：同济大学出版社 .
张克恭，刘松玉，2001. 土力学［M］. 北京：中国建筑工业出版社 .
赵明华，2017. 基础工程［M］. 3 版 . 北京：高等教育出版社 .
赵明华，李纲，曹喜仁，等，2003. 土力学地基与基础疑难释义［M］. 2 版 . 北京：中国建筑工业出版社 .
祝龙根，等，1999. 地基基础测试新技术［M］. 北京：机械工业出版社 .